生产建设项目土壤侵蚀及其生态环境损害评估

史东梅 蒋光毅 吕 刚 等 著

科学出版社

北 京

内 容 简 介

　　生产建设项目在施工建设期或生产运行期形成开挖边坡、扰动地表、工程堆积体、硬化路面等扰动地貌单元，人为水土流失现象严重；各扰动地貌单元对项目区及周边地区的生态破坏是造成人为水土流失生态环境损害的根本原因。本书在生产建设项目土壤侵蚀环境分析基础上，建立生产建设项目水土流失危害影响评价体系，揭示工程堆积体边坡径流侵蚀过程及稳定性条件，分类设计典型水土保持措施，提出生产建设项目人为水土流失生态环境损害鉴定评估范式及关键科学问题。研究结果丰富了生产建设项目土壤侵蚀学科体系，也为人为水土流失生态环境损害鉴定评估提供支持。

　　本书可供水土保持学、土壤学、生态学、自然地理学等研究人员、高等院校师生，以及水利、生态环境、国土、农业、林业、司法等部门参考阅读。

图书在版编目(CIP)数据

生产建设项目土壤侵蚀及其生态环境损害评估 / 史东梅等著. --北京：
科学出版社，2024.6
ISBN 978-7-03-078505-3

Ⅰ.①生… Ⅱ.①史… Ⅲ.①基本建设项目-土壤侵蚀-研究②基本建设项目-土壤环境-环境污染-危害性-评估 Ⅳ.①S157②X825

中国国家版本馆 CIP 数据核字(2024)第 095409 号

责任编辑：陈丽华 / 责任校对：彭　映
责任印制：罗　科 / 封面设计：墨创文化

科 学 出 版 社 出版

北京东黄城根北街16号
邮政编码：100717
http://www.sciencep.com

成都锦瑞印刷有限责任公司 印刷
科学出版社发行　各地新华书店经销

*

2024 年 6 月第 一 版　　开本：787×1092 1/16
2024 年 6 月第一次印刷　　印张：20 3/4
字数：492 000

定价：219.00 元
(如有印装质量问题，我社负责调换)

《生产建设项目土壤侵蚀及其

生态环境损害评估》

撰稿者名单

主要撰写人员：史东梅　蒋光毅　吕　刚　于亚莉

参写人员（按姓氏拼音排序）：

高家勇　郭宏忠　李叶鑫　盘礼东

彭旭东　汪三树　殷琪瑶　曾小英

序

    各种生产建设项目如城镇建设、道路建设、采矿工程、水利工程等在施工建设期或生产运行期会形成大量的开挖边坡、扰动地表、松散工程堆积体、硬化路面等扰动地貌单元，可能发生严重的水土流失，工程堆积体在强降雨诱发下是人为崩塌、滑坡和泥石流的发源地。2023 年 1 月，中共中央办公厅、国务院办公厅印发《关于加强新时代水土保持工作的意见》，提出加大对造成水土流失的生态破坏行为的惩治力度，对造成生态环境损害的，依法依规严格追究生态环境损害赔偿责任。生态环境损害鉴定评估是新时代生态文明建设的重要制度保证，有利于科学管理因各种违法违规的生产建设项目人为水土流失所引起的水土资源、植被资源和水土保持生态服务功能损害事件，实现区域水土保持与社会经济协调发展目标。

    《生产建设项目土壤侵蚀及其生态环境损害评估》一书，采用野外调查、原位监测、野外放水冲刷试验和案例分析等综合手段，以生产建设项目侵蚀环境与扰动地貌单元侵蚀特征为切入点，建立生产建设项目水土流失危害评价指标体系，分析工程堆积体边坡径流侵蚀特征及稳定性特征，揭示扰动地貌单元近自然生态修复原理，建立生产建设项目人为水土流失生态环境损害鉴定评估程序。该书特色表现在：①对比分析了不同生产建设项目类型的侵蚀环境特征，确定了各种施工活动与原生侵蚀动力对扰动地貌单元的作用及影响范围。②从边坡水动力参数变化、侵蚀产沙及细沟发育全过程视角，揭示了工程堆积体边坡径流侵蚀机制，并基于模型情景解析了工程堆积体边坡稳定性条件。③提出了生产建设项目水土流失危害评价指标体系，确定喀斯特区扰动地貌单元水土流失危害分级标准。④建立了生产建设项目人为水土流失生态环境损害鉴定评估程序、因果关系分析及典型案例评估范式，提出人为水土流失生态环境损害评估应关注的关键问题。

    该书各章内容相对独立、数据翔实、研究视角独特，研究结果丰富了土壤侵蚀与水土保持学科体系，也为生产建设项目人为水土流失生态环境损害鉴定评估提供理论支持。

欧亚科学院院士　唐克丽

前　言

在"十三五"期间，我国共审批大中型生产建设项目水土保持方案 15.52 万个，仅 2020年审批的 8.58 万个水土保持方案就涉及水土流失防治责任范围 2.64 万 km²，认定并查处"未批先建""未批先弃""超出防治责任范围"等违法违规项目 3.84 万个。2020 年 5月，《中华人民共和国民法典》的通过标志着我国生态环境损害赔偿制度的正式确立，2022年 12 月中共中央办公厅、国务院办公厅印发《关于加强新时代水土保持工作的意见》，提出加大对造成水土流失的生态破坏行为的惩治力度，对造成生态环境损害的，依法依规严格追究生态环境损害赔偿责任。生产建设项目在施工建设活动、生产活动、水力(风力)及重力等侵蚀动力叠加作用下的各种扰动地貌单元人为水土流失的过程是生产建设项目生态环境损害的根本原因，生产建设项目人为水土流失存在人为—自然侵蚀动力叠加、地表物质组成复杂、时空分布差异明显的特点。从水土保持领域的视角出发，生产建设项目人为水土流失生态环境损害主要表现为水土资源、植被资源生态破坏和水土保持设施破坏，水土保持生态服务功能下降及对周边生态环境的潜在影响。目前生产建设项目人为水土流失防治在技术层面已形成事前方案编制(包括设计)、事中监测和监理、事后水土保持设施验收的全过程监管体系，但对于因各种违法违规的生产建设项目人为水土流失所引起的水土资源、植被资源和水土保持生态服务功能损害事件，尤其人为水土流失及其生态破坏行为与生态环境损害之间的因果关系链建立、生态环境损害基线阈值判定和损害价值量化方法选择，尚处于探索阶段，这些问题也是新时代生产建设项目人为水土流失强监管所面临的新课题。

本书是作者近 10 年的生产建设项目土壤侵蚀研究成果及从事水土保持、林学、生态环境司法鉴定工作的系统凝练，共 7 章，基于土壤侵蚀学、水土保持学、水土保持经济学等相关理论和综合技术手段，对生产建设项目土壤侵蚀与人为水土流失生态环境损害鉴定评估进行了系统性研究。第 1 章绪论，介绍国内外生产建设项目土壤侵蚀规律、水土流失危害及生态环境损害研究现状及发展趋势；第 2 章生产建设项目土壤侵蚀环境及变化特征，对比 3 种生产建设项目土壤侵蚀环境特征，分析施工活动与原生侵蚀动力对不同扰动地貌单元的作用及影响；第 3 章生产建设项目水土流失危害影响分析，基于各扰动地貌单元水源涵养功能评价，建立生产建设项目水土流失危害评价指标体系；第 4 章生产建设项目工程堆积体边坡径流侵蚀过程，采用野外实地放水冲刷法揭示了不同土石比的工程堆积体边坡径流侵蚀变化规律；第 5 章生产建设项目工程堆积体边坡稳定性分析，采用 SLOPE/W模块分析不同次降雨条件下的工程堆积体边坡稳定性变化、影响因素及措施增强效应；第 6 章生产建设项目水土保持措施典型设计，提出生产建设项目区扰动地貌单元近自然生态修复原理及其水土保持措施典型设计；第 7 章生产建设项目人为水土流失生态环境损害鉴定评估，提出人为水土流失生态环境损害术语，建立人为水土流失生态环境损害鉴定评估程序，并分类探索不同生产建设项目类型的典型损害案例分析范式。研究结果不仅丰富了水土保持学科体系，也深化了生产建设项目土壤侵蚀与水土保持生态修复体系，为生产建设项目人为水土流失生态环境损害鉴定评估提供了理论依据、技术支持和评估参考。

本书由史东梅总体策划，史东梅、蒋光毅、吕刚、于亚莉等共同完成书稿撰写工作，各章撰写分工如下：第1章吕刚、史东梅、李叶鑫、高家勇；第2章史东梅、吕刚、蒋光毅、盘礼东、高家勇；第3章蒋光毅、史东梅、于亚莉、彭旭东、盘礼东；第4章彭旭东、史东梅、蒋光毅、汪三树；第5章李叶鑫、史东梅、曾小英、汪三树；第6章于亚莉、吕刚、曾小英、史东梅、李叶鑫；第7章史东梅、郭宏忠、殷琪瑶、吕刚、彭旭东、盘礼东、汪三树。研究生高家勇、江娜、许颖、伍俊豪、叶青、刘静和本科生乔佳玉为全书校核、图表绘制做了大量工作。

感谢重庆市水利局"生产建设项目工程堆积体水土流失规律研究""生产建设项目水土流失危害研究""生产建设项目人为水土流失生态环境损害导则"等科技项目和贵州东方世纪科技股份有限公司"生产建设项目水土流失危害评价标准研究"等科技项目的资助。

由于生产建设项目土壤侵蚀营力复杂、水土流失形式及生态破坏引起的损害类型多样，同时限于著者认识水平，敬请同行专家与读者对书中不足之处批评指正。

目　　录

第1章 绪　　论

随着我国社会经济快速发展，各种生产建设项目如水利水电建设、矿产开发、公路铁路建设、管道工程、房地产等呈现出规模大、数量多的发展趋势。据水利部《中国水土保持公报》统计，在"十三五"期间，全国共审批生产建设项目水土保持方案 240 953 个，涉及水土流失防治责任范围 8.20 万 km^2，完成 59 258 个生产建设项目水土保持设施验收，组织 7 大流域管理机构对 2960 个在建部批水土保持方案开展了监督检查。各种生产建设项目在建设和运行中，都存在剥离表土、破坏植被、改变地表及地下水分循环路径、强烈扰动地面、影响项目区原有生态服务功能的特点，对于生产建设项目造成的人为水土流失防治，国家相继颁布了《生产建设项目水土流失防治标准》(GB/T 50434—2018)、《生产建设项目水土保持技术标准》(GB 50433—2018)及《生产建设项目水土保持监测与评价标准》(GB/T 51240—2018)，为生产建设项目水土保持措施设计、施工监理、动态监测、设施验收等过程提供了技术支持。在新时代生态文明建设背景下，国家提出要依法落实生产建设项目水土保持方案制度，全面监控、精准判别人为水土流失情况，依法依规严格追究生态环境损害赔偿责任。本章系统分析国内外生产建设项目土壤侵蚀规律、水土流失影响及风险评估、生产建设项目人为水土流失生态环境损害等，提出未来应加强的研究方向。

1.1　生产建设项目土壤侵蚀对象下垫面及侵蚀类型

1.1.1　土壤侵蚀对象

各种生产建设项目破坏了原地表植被、土壤层次结构和水循环系统，大量深挖方、高填方工程产生了由土壤、母质和浅层基岩碎块、碎片组成的松散堆积物，即岩土体，以及机械压实造成的硬化地面、路面等，生产建设项目土壤侵蚀对象即为岩土体和硬化地面。国内外关于土石混合物的研究是随着大规模工程建设及岩土力学发展而提出的，Sleeman(1990)对松散堆积物土壤母质及其颗粒粒径组成进行了研究，Poesen 和 Lavee(1994)研究表明岩石碎片在水土保持中具有重要作用。铁路建设中路基土壤的物理性能、机械性能、水分状态、密度等随时间推移会发生变化，造成路基稳定性变差(Lazorenko et al.，2019)。Vandoorne 等(2021)通过对铁路建设中土壤基质势、渗透势变化的研究，发现在降雨过程中土壤内部基质势、渗透势变高，会破坏土壤结构，影响铁路地基的土壤稳定性。Penka 等(2022)通过对美国公路建设中土壤水文、岩土工程、粗砂粒状况变化的分析，发现土壤高含水量降低了承载能力，导致出现变形问题和路面裂缝，并引发滑坡、泥石流等灾害。

国内最早出现"岩土侵蚀"概念，即堆渣坡面及平台除了发生常见的面蚀、沟蚀，还出现沉陷侵蚀、砂砾化面蚀、土壤泻溜、坡面泥石流等侵蚀方式(王治国等，1994)。生产建设项目工程堆积体作为一种典型物质组成极不均匀、结构松散的土石混合物，其土壤侵蚀属于"岩土侵蚀"范畴。徐文杰和胡瑞林(2009)从岩土力学角度将土石混合体定义为第四纪以来形成的，由具有一定工程尺度、强度较高的块石、细粒土体及孔隙构成的，且具有一定含石量，极端不均匀的松散岩土介质系统。

1.1.2　扰动下垫面类型

20世纪40年代，英国、美国等开始关注生产建设活动扰动土和废弃地研究，以矿山开发形成的各种下垫面类型为重点。Rubio-Montoya和Brown(1984)研究了煤矿区下垫面煤矸石侵蚀特性，认为其多含有煤渣、碎石；露天矿排土场物质组成复杂、下垫面类型多样，在不同回填方条件下排土场弃土弃渣自然固结率差异较大，易在重力、水流入渗及其相互作用下造成堆积体局部沉降速率不同，进而诱发坍塌(Kløve，1998)。Lal(1994)和MacDonald等(2001)研究表明，道路建设工程形成大量裸露下垫面，地表扰动改变了原地貌地表径流及地下水等水文要素，对该地区土壤侵蚀产生了重要影响。

生产建设项目不仅对原生地表下垫面造成破坏、扰动，而且在工程建设过程中由于受挖填方施工时段、材料质量、标段划分、运距等诸多因素影响，不可避免地产生大量弃土弃渣(李文银等，1996)。王文龙等(2006)提出扰动地面概念，并采用野外放水冲刷试验对神府东胜煤田人为扰动地面侵蚀产沙规律进行模拟研究。神府东胜煤田下垫面可划分为原始地面、扰动地面、非硬化路面、弃土坡面、沙少石多弃渣坡面、沙多石少弃渣坡面(罗婷等，2012a)，在开发建设过程中造成的各种扰动地面、弃土体对水土流失有重要影响(郭明明等，2014)。此外，胡平(2020)将矿区下垫面分为块石干燥、圆砾干燥、角砾结皮干燥、碎石干燥、圆砾湿润、植被低覆盖细砂、植被中覆盖细砂、植被高覆盖中砂、植被中低覆盖亚黏土湿润、植被中覆盖黏土垄地湿润10种类型，分析不同下垫面类型特征对风沙流的影响；也可依据弃土堆置方法和形态将弃土堆置体概化为散乱锥状堆置、依坡倾倒堆置、分层碾压坡顶散乱堆置、线性垄岗式堆置、坡顶平台有车辆碾压的倾倒堆置5类人为堆置微地貌(赵暄等，2013)，将西北干旱荒漠区露天煤矿划分为圆砾、角砾、块石、碎石、细沙、中沙、亚黏土、黏土8类进行风沙流特征研究(麻文章等，2022)。

1.1.3　土壤侵蚀类型及形式

生产建设项目土壤侵蚀以人类生产建设活动为主要外营力，主要体现在项目区水资源、土地资源及生态环境的破坏和损失，包括岩石、土壤、土状物、泥状物、废渣、尾矿、垃圾等多种物质破坏、侵蚀、搬运和沉积，是人类生产建设活动中扰动地表和地下岩土层、堆放废弃物、构筑人工边坡而造成的水土资源和土地生产力的破坏和损失，是一种典型的人为加速侵蚀,常以"点状"或"线性"、单一或综合形式出现,具有流失量大、突发性强、集中危害大等特点(赵永军,2007;高旭彪等,2007)。开发区建设、道路建设和水利工程等建设活动破坏植被、损坏水土保持设施、开挖山体及"随意开挖""随意堆积""随意倾倒"等现象,造成大量裸露土石方未经夯实且无保护措施,这些裸露土石方成为新的水土流失源(朱波等,1999)。甘枝茂等(1999)认为,城郊型侵蚀环境的组成要素包括水力、重力、风力和人力等侵蚀营力系统,原地面物质、外来物质临时堆土和"三废"堆积等侵蚀物源系统和地貌、植被及地面入渗等侵蚀界面系统;江玉林和张洪江(2008)还对高速公路土壤侵蚀类型、机制及其防治措施进行相关研究。工程开挖是生产建设过程中最为典型的人为扰动方式之一,当坡面接受上方汇水后,各侵蚀方式演变速度明显加快,侵蚀产沙量迅速增大(张新和等,2008)。基于"岩土侵蚀"内涵并按导致土壤侵蚀的外营力可将弃渣场土壤侵蚀类型划分为水力侵蚀、重力侵蚀、混合侵蚀(吕春娟,2004),工程堆积体土壤侵蚀也可划分为水力岩土侵蚀、工程建设诱发的重力侵蚀、泥石流侵蚀、风蚀和其他特殊侵蚀类型(李夷荔和林文莲,2001)。项目在建设过程中土石方开挖、填筑过程中的弃渣、土石料开采及废渣料弃倒将压占破坏一定范围内的植被、扰动原地貌、使土壤抗蚀能力下降,形成新的侵蚀源地(李建中和何倩,2022)。

国外生产建设活动引发的土壤侵蚀研究主要集中在采矿废弃地、公路、铁路及水电站等处。研究认为,生物活动、人类活动和风化作用是不同年限工程堆积体表层弃土形成土壤发生层的主要原因,扰动道路土壤可蚀性、土壤侵蚀量与降雨强度、表面覆盖度和覆盖材料等相关(Selkirk and Riley,1996)。矿产资源开采不可避免地要进行表土剥离、搬迁、堆积,人为大量扰动使得矿区废弃堆积体对漫流、产流、产沙过程产生直接或者间接影响(Takken et al.,2001)。排土场是露天煤矿土壤侵蚀最严重的区域(Zhang et al.,2015),存在溅蚀、面蚀、细沟侵蚀、崩塌、滑坡和泥石流等多种侵蚀形式(Kleeberg et al.,2008)。

1.2　生产建设项目土壤侵蚀规律

1.2.1　扰动地貌单元的入渗

土壤入渗是调节次降雨与地表径流关系的关键环节,生产建设项目不同扰动地貌单元的物理力学性质、入渗性能与土石含量、堆放方式、堆积年限有关且与原地面差异明显。通过不同堆积年限下各种扰动下垫面对比分析,认为下垫面稳定入渗率大小依次为1997年弃土＞1997年弃渣＞扰动土＞原状土＞非硬化路面,新堆积土体入渗率明显高于原状土,其稳定入渗率随堆放时间逐渐降低并达到原状土水平(王答相,2004;倪含斌和张丽萍,2007)。许兆义等(2003)、杨永成(2002)、奚成刚等(2003)研究了铁路工程施工期路基边坡渗流、产流产沙等及施工扰动对小流域产沙的影响。甘永德等(2018)引入碎石体积比例系数,量化了土壤中碎石对入渗的影响,进行径流小区天然降雨产汇流试验并与山坡降雨入渗产流模型的模拟结果进行对比分析。徐宪立等(2006)认为,道路建设对地形改造、开挖及填埋等扰动活动在原地貌上会形成不同微地形,道路线性特征是流域汇流引流重要途径，应考虑整个路网与自然水网的交互作用，找出路网对流域的影响。

国外道路修建破坏了原地貌并扰乱了地表水文过程，增加了土壤侵蚀(Gresswell et al.，1979；Larsen and Parks，1997)。道路表面的土壤侵蚀已经成为一个地区的重要产沙来源，道路产沙量主要与降雨量和道路的坡度有关(Grayson et al.，1993)。道路存在改变了原始自然坡面的水文过程，具体表现为将径流汇入排水沟或输移到主沟道，形成利于上述土壤侵蚀发育的环境(de Vente et al.，2006；Fryirs and Gore，2014)。采矿活动改变了原有的土地利用方式，露天采矿破坏了整个地表，极大地损害了地表生态景观(Slonecker and Benger，2001)。

1.2.2　扰动地貌单元产流产沙

生产建设项目扰动下垫面产流产沙及其水沙关系是水土流失危害评价、水土保持措施布设的前提，常用方法有野外实地放水冲刷法、人工模拟降雨法、模型法、类比工程法等。孙虎和甘枝茂(1998)针对城镇建设引起人为弃土堆积斜坡和人为弃土堆的野外人工模拟降雨实验表明，在短历时和高强度降雨条件下，人为弃土斜坡侵蚀产沙量是裸撂荒坡的10.76～12.23倍；生产建设项目水土流失量预测基本方法有通用土壤流失方程(universal soil loss equation，USLE)模型法、毗邻项目类比、侵蚀强度类比法、典型调查推算法(李智广和曾大林，2001；高玉华等，2002)。李璐等(2004)指出，目前预测方法缺乏基础数据收集和基础理论研究，行业内也没有合理可行且成熟的预测方法，径流小区实测法和专家预测法的结果之间差距可达177.3倍。蔺明华等(2006)通过对比天然降雨、人工降雨、放水冲刷试验等成果，提出新增水土流失评价的数学模型法、新增土壤侵蚀系数法及水土流失系数法3种方法。高旭彪等(2007)在加速侵蚀倍率基础上，提出用因子分析法计算、预测生产建设项目扰动地貌单元土壤侵蚀模数。示踪法和摄影测量法也常用于生产建设项目土壤流失量监测，如贺秀斌等(2006)认为 ^{7}Be 核素示踪技术可提供短时期季节性或单次降水事件的弃土弃渣水土流失监测，李丽等(2012)使用遥感技术监测公路建设项目自然环境因子、工程不良地质因子、公路气象灾害因子，可用于环境评价及不良地质分区等。

目前矿区工程堆积体的土壤侵蚀特征、规律的研究最为系统深入。王治国等(1994)针对平朔安太堡矿岩土侵蚀形式、分布、成因及危害，首次提出"以排为主，排蓄结合，调节水分，增强整体稳定性，迅速复垦，植被恢复，建立生物工程相结合的控制体系"的排土场岩土侵蚀控制方针。在神府东胜煤矿区，学者们先后开展了人为泥石流分布形成条件与工程活动关系及人为泥石流固体物质补给特点(张丽萍等，1999；王文龙等，2006)、人为崩塌滑坡分布特点及与工程建设活动的关系研究(张平仓等，1994)。生产建设项目工程堆积体因土壤质地、砾石不同，其侵蚀过程的产沙、产流不同，如砂土、壤土、砾土质堆积体的坡面流速与产沙率均呈显著正相关关系(李建明等，2019)，不同砾石含量红壤区工程堆积体的产沙过程经历了突变、波动变化、稳定发展3个阶段(史倩华等，2015)；在坡面上方来水与降雨共同作用下，堆积体坡面侵蚀过程的泥沙量和坡面径流量均增大，且泥沙量的增大幅度超过径流量，汇流与降雨之间存在交互作用(牛耀彬等，2020)；而重力作用在扰动风沙土坡面侵蚀中具有重要作用(陈卓等，2020)。露天煤矿人工边坡的室内模拟降雨表明，地形对侵蚀沉积过程的显著性顺序依次为反 S 形边坡＞S 形边坡＞直坡＞凹边坡＞直坡＞凹坡(Chen et al.，2022)。

国外相关研究也表明，各种扰动地貌单元的产流产沙量均高于原地面。与耕地、林地相比，城镇建设活动的土壤侵蚀速率可达原地貌的 2～40000 倍(McClintock and Harbor，1995)，而道路建设土壤侵蚀速率比未扰动土地大 4 个数量级以上(Ramos-Scharrón and MacDonald，2005)。在道路建设过程中，填方边坡重力侵蚀是道路边坡侵蚀泥沙的主要来源(Wemple et al.，2001)，道路排水方式可改变地表径流的路径，在下坡部位形成切沟(Nyssen et al.，2002)；道路侵蚀不仅会造成大量水土资源损失，而且会增加进入沟道和河流中的泥沙量(Croke and Mockler，2001)。Katritzidakis 等(2007)介绍了欧洲南部高速公路生产建设造成的环境扰动和地表破坏。在摩洛哥的高速公路建设中，高速公路通过的山区路段，其公路路堤修筑在较高的斜坡上，这些斜坡易受到降雨侵蚀，引起水土流失(Chehlafi et al.，2019)。同样，印度采矿活动在清除植被、爆破、钻探后，利用 GIS 评估土壤侵蚀率，发现以采矿业为主的集水区是侵蚀较为严重的地区(Mhaske et al.，2021)。Ramos-Scharrón 等(2022)在波多黎各对比分析了椰壳纤维毯处理前后 13%路堑边坡侵蚀率变化，发现该措施可将侵蚀率减少至处理前的 70%；挪威公路边坡径流具有时空变异性，这是最佳管理措施布设时的主要参考因素(Mooselu et al.，2022)。在美国利用双环渗透仪测量硬化路面渗透率，发现即使路面可能存在大量允许渗透的裂缝，道路建设依然对降雨下渗影响巨大，且不同材料路面影响效果不一(Wiles and Sharp，2008)。加拿大进行道路和地下管道开发时对泥炭水物理性质与沼泽水文的影响研究发现，对水物理性质的影响在顶部 10cm 的泥炭中最为明显，在沼泽与道路交叉的地方，水流阻塞最为明显(Elmes et al.，2022)。Schroeder(1987)以露天矿区弃土为例，探讨了坡度因子对 USLE 在预测矿区弃土侵蚀速率的影响，认为在坡度小于 9%时，USLE 预测值偏低，坡度大于 9%时其预测值则偏高。Mclsaac 等(1987)观测到，边坡陡度对扰动土壤流失的影响与 USLE 边坡陡度因子预测结果相似，对于长度大于 4m 且陡度在 9%～33%的斜坡，USLE 倾向于高估观测的坡度陡度效应。Riley(1995)在澳大利亚铀矿废石堆的小规模水槽试验表明，未经管理的表面可侵蚀性是相邻自然山坡的 100 倍，不存在较低的侵蚀阈值，即使流经过废石堆的最小流量也会侵蚀和运输一些表面物质。在意大利煤矿开采区，人为大面积开采活动影响了区域水文循环，使土壤含水量增加，径流引起坡面土壤侵蚀减少(Pacetti et al.，2020)。

1.2.3　边坡稳定性分析方法

目前边坡稳定性分析方法可分为定性分析法、定量分析法和不确定性分析法 3 大类(图 1.1)。定性分析法主要是通过工程地质勘查，对影响边坡稳定性主要因素、可能变形破坏方式及失稳力学机制等进行分析，对被评价边坡稳定性及可能发展趋势做定性分析。常用定性分析方法有自然(成因)历史分析法、工程地质类比法、图解法、边坡稳定性分析数据库等。

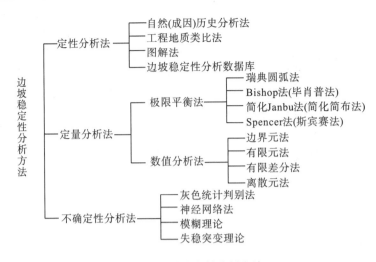

图 1.1　边坡稳定性分析方法

边坡稳定性分析常用定量方法有极限平衡法、数值分析法等。Geo-Studio 是一套专业、高效且功能强大的适用于岩土工程和岩土环境的模拟计算分析工具，可以分析地质构造、土木工程、采矿工程等方面的边坡稳定性问题。SLOPE/W 是 Geo-Studio 2012 主要模块之一，其建模分析的边坡稳定性问题有天然岩土边坡、加筋地基(包括土钉和土工布)、边坡开挖、地震载荷、岩土路堤、拉伸破坏、开挖基坑挡墙、锚固支撑结构、部分或全部浮容重、边坡护脚、任意点线性载荷、边坡顶部附加载荷和非饱和土性质。

工程堆积体是一种典型土石混合体，具有来源多样、物质组成复杂、粒径大小差异大、结构松散、孔隙结构和透水性与土壤迥异的特点，这些均对边坡稳定性有一定影响(Kukemilks et al.，2018)；降雨是导致边坡失稳的最主要和最普遍的影响因素，降雨诱发的滑坡约占滑坡总数的90%(任永强，2013)，在降雨尤其是极端降雨条件下诱发的次生地质灾害具有随机性和多发性特点；工程堆积体一般会形成 30°~40°较陡坡面，在降雨特别是暴雨条件下极易发生滑移(刘衡秋和胡瑞林，2008)；块石存在会改变边坡内部细观结构，当含石率超过 30%时，边坡的失稳形式发生明显变化(陈晓等，2020)；降雨强度、降雨时长、雨型和土体渗透系数均对山西高速公路的高边坡稳定性有影响，但边坡失稳有一定时间滞后性(陈洪江等，2017)。Beullens 等(2014)认为，坡向是影响堆积体细沟侵蚀的重要因素，且在坡向与主风向一致的西南坡上细沟侵蚀最为严重。调查表明，重庆三峡库区段内在居住区及道路交通主干线沿线滑坡 80%以上属于松散土体滑坡(李俊业和曾蓉，2010)；弃渣场边坡不均匀沉降和散体重力作用常表现为蠕滑—拉裂破坏、拉裂—滑移破坏(黄鑫等，2010)；堆积体坡顶裂隙深度存在特定临界值，当裂隙深度大于该值后，边坡稳定性系数逐渐呈现平稳趋势，这说明边坡破坏达到稳定平衡状态(张祥祥，2018)。采用人工模拟降雨室内大型滑坡模型，对不同降雨强度下滑坡堆积体孔隙水压力变化与土压力的响应规律与变形破坏模式进行研究，可揭示降雨诱发滑坡变形破坏机理(王如宾等，2019)；工程堆积体边坡侵蚀过程可划分为面蚀、裂缝变形、细沟侵蚀、裂隙贯穿和稳定阶段(Li et al.，2022)。数值模拟可较好地反映工程堆积体边坡失稳过程与失稳机制，

Geo-Studio 软件能够计算工程堆积体在不同降雨条件下湿润锋、孔隙水压力、边坡安全系数等指标的变化规律与发育特征(倪晓辉,2022),揭示最危险滑动面的演化规律和破坏机制(Korshunov et al.,2016;孙世国等,2021),同时结合 FLAC 3D 软件确定边坡失稳时的应力分布与变形特征(张骞棋,2018)。Vessia 等(2017)提出采用多维度理论模型计算土石边坡安全系数,而有限元边坡模型结合极限平衡方法可分析不同石块含量边坡的稳定性(Napoli et al.,2018);姜勇军(2022)通过对比不同护坡模式下土壤容重、土壤侵蚀模数变化发现,采用拱形骨架+六棱砖+植草护坡模式有利于提高边坡的稳定性。

1.3 生产建设项目水土流失影响分析

1.3.1 对原地貌土壤物理性质影响

生产建设项目对原地貌土壤物理性质的影响主要表现在物质组成来源复杂、砾石含量增加、土壤结构和剖面层次破坏等,极大地改变了原地貌的产汇流条件和入渗性能。生产建设项目区原始地表土壤抗蚀力远远强于扰动地面的土壤抗蚀力(罗婷等,2012b);与原地貌土壤相比,弃渣土平均紧实度远大于原状土,渗透性高于原状土,抗剪强度和液塑限指数也明显降低,这直接影响土体稳定性和抗侵蚀性能(郭宏忠等,2014);利用图像分析法和经典统计学方法对粒径大于 1cm 的砾石含量分析发现,工程堆积体坡面各粒径砾石含量数据大多符合正态分布且砾石粒径与分选程度呈正相关(王森等,2017);土体裂缝出现可改变内蒙古露天煤矿排土场的土壤容重、孔隙、饱和导水率等物理性质,进而影响排土场水分入渗、地表径流及产流产沙等水土流失过程(李叶鑫等,2022)。对砾石存在的作用,多数试验研究表明,砾石含量在风沙土类工程堆积体产流前段可促进径流、后段则抑制径流,砾石含量低(小于 10%)时堆积体高含沙水流频发,而砾石含量较高(20%~30%)时堆积体几乎不出现高含沙水流(康宏亮等,2016);砾石能抑制黄土类工程堆积体坡面土壤侵蚀,而红壤类和风沙土类工程堆积体砾石含量对土壤侵蚀的影响复杂多变(耿绍波等,2021)。采用"空间代替时间"手段分析土石质工程堆积体植被恢复过程物种多样性与土壤理化性质互作关系,发现随植被恢复年限增加土壤理化性质得到不同程度改善(姚一文等,2021)。工程建设过程产生的工程堆积体对土壤物理性质产生影响,会造成地表结构疏松、土壤疏松,易引发泥石流(杨帅等,2017);生产建设活动在改变项目区原有地表物质组成及水沙规律的同时,也会导致周边环境破坏、水文状况改变和非点源污染源扩散(张乐涛和高照良,2014);黄河流域生产建设活动破坏了大量植被和地表土壤结构,导致土壤侵蚀严重,土壤侵蚀导致河床淤积,降低了土壤生产力(Wang and Zhao,2020)。

国外对矿区和道路建设过程中的影响研究较为系统深入。道路土壤侵蚀已经成为一个区域的重要产沙来源,道路产沙量主要与降雨量和道路坡度有关(Grayson et al.,1993)。土壤物理性质变化程度受到土壤管理强烈影响,生产建设项目会破坏土壤孔隙连续性并降低结构强度,从而降低维持风化和机械应力的能力(Geris et al.,2021)。Hancock 等

(2008)通过三维激光扫描研究澳大利亚矿山新弃土边坡细沟侵蚀，发现弃土边坡细沟发育速度很快（从次降雨到雨季），如果有足够径流冲刷，细沟可以发育成冲沟。采矿活动改变了原有土地利用方式，露天采矿破坏了整个地表，极大地损害了地表生态景观（Slonecker and Benger，2001）。波兰采用磁性方法和矿物学技术测定火力发电站在干灰处理场和原灰沉淀池中新鲜飞灰和底灰组成成分，发现土壤剖面母质的不均匀性可显著影响磁性矿物的磁性参数（Uzarowicz et al.，2021）。意大利使用快速循环变场磁共振技术分析退化土壤水文连通性，发现土壤水文连通性受土壤结构及其功能综合作用的影响（Conte and Ferro，2022）。

1.3.2　对周边生态环境影响

我国生产建设项目对周边生态环境影响多侧重道路建设、矿区开采和城镇化等，主要表现在影响项目区的水文状态、增加区域产流量和产沙量，提高人为滑坡和泥石流的危险性，也可造成环境污染现象。城镇化过程对区域水源涵养功能影响的研究较为系统深入，岑国平（1990）提出城市雨水径流计算模型，城镇化建设导致下垫面渗水、蓄水性能变差，透水性下垫面比例增大可有效提高下垫面蓄渗作用（陈朋铭等，2022）；而基于情景分析法对绿地、沥青混凝土路面、铺砖路面、水磨石路面、SRS屋面透水性进行研究，发现在不同降雨条件下，透水性较强的下垫面的降雨入渗损失较大（杨巧等，2022）；此外城镇化还会通过改变地表覆被状况，对城市水循环产生间接影响，如对竖向的蒸散发与下渗及横向的地表径流与壤中流等水文过程的影响（陈利顶等，2013）；邵雅静等（2022）提出城镇化建设对区域生态环境也会造成影响，利用Pearson相关系数和双变量空间自相关方法，发现黄河流域城镇化与生态系统服务关系在时空尺度上表现出正向效应减弱和负向效应增强。研究发现，由于施工期铁路路堤改变了原来小流域部分支沟的径流途径，小流域径流主要由壤中流和路堤上游洼地积水的渗流组成且退水过程按对数曲线规律变化（许兆义等，2003）；路基边坡水土流失严重，极易出现崩塌、滑坡（王朝伦，2017）；道路建设对植被也有较大影响，如青藏铁路两侧0～100m植被破坏明显、沿线1km范围内植被生长受到抑制（李延森等，2017），西南地区道路建设对原有生态系统、植被净初级生产力造成严重影响（蒋爱萍等，2022）；通过对公路建设施工造成的滑移泥石流堆积体的水文地质、降雨量、岩性、土层渗水性等因素进行分析发现，在路基上层采用路堑墙和锚索框格梁结合方式加固、在路基下层采用抗滑桩，可以有效减少滑移泥石流的影响（刘情等，2020）。白中科等（2018）在系统诊断矿区生态系统受损及恢复重建特征基础上，提出矿区"地貌重塑、土壤重构、植被重建、景观重现、生物多样性重组与保护"土地复垦与生态修复实现途径。根据SBAS-InSAR技术原理利用奇异值分解方法对岭北稀土矿区进行研究发现，稀土开采具有较高扰动，矿区地表剧烈扰动，存在严重滑坡风险（王利娟等，2022）；肖武等（2022）基于Landsat时序影像数据并结合连续变化监测和分类（continuous change detection and classification，CCDC）算法，发现山东煤炭开采产生的沉陷水体扰动效应主要集中在沉陷水体外围120m范围内，其土壤水分变化剧烈。青海煤矿露天开采一段时期存在的生态环境问题有地貌景观破坏、植被破坏、土地挖损和压占、冻土破坏、水系湿地破坏与采坑积水、地下水含水层破坏、土地沙化与水土流失、不稳定边坡 8 种类型(王佟等，2021)。胡振琪和赵艳玲(2022)认为矿区协同治理的关键是解决取沙、输沙、用沙环节的技术问题和三者耦合关系，"夹层式"土壤剖面结构和多层次充填施工可实现土壤重构，解决黄河流域矿区生态环境恶化和泥沙淤积问题。

国外对周边生态环境影响的研究多见于矿区和道路建设对区域产流产沙造成影响或发生诱发性崩塌、滑坡等生态安全。在印度，大规模露天采矿造成采矿区土壤侵蚀、泥沙运输和堆积，大规模采矿业破坏了土壤结构，土壤抵抗侵蚀能力变差，造成严重水土流失，同时影响了周边生态环境(Karan et al.，2019)。道路填方边坡发生的重力侵蚀是道路边坡侵蚀泥沙的主要来源(Wemple et al.，2001)。在流域尺度，道路网络在一定程度上改变了流域径流泥沙输移模式，还影响了流域水文连通性和泥沙连通性，导致沟道、河流和水库的泥沙淤积(Sidle et al.，2004)；道路网络与流域沟网的连通程度决定了道路对流域输沙量的大小，道路与沟道距离较近且输移路径连通性好，则道路输沙潜力较大；反之则较小(Sosa-Pérez and MacDonald，2017；Mancini and Lane，2020)；道路网络改变了流域自然排水形式，这直接影响侵蚀沉积物的稳定性导致沉积物向下游转移(Jing et al.，2022)。矿山排水是全世界的一个主要环境问题，影响着废弃或仍活跃的采矿工程存在的大片地区。伊朗提出基于最大熵、随机森林和增强回归树的机器学习模型可评估地质、环境、地形及水文因素对道路建设区沟壑侵蚀发生的影响，这有助于减少道路沿线沟壑侵蚀，更好地保护河流系统(Rahmati et al.，2022)。Rodrigues 等(2022)基于 GIS 数据并采用快速影响评估矩阵(rapid impact assessment matrix，RIAM)分析，对巴西一中型城市的植被、侵蚀、排水设施和废水进行实地调查，结果表明流域管理优先顺序与植被、排水结构问题相关程度高。Olokeogun 和 Kumar(2022)基于遥感图像及实地调查对尼日利亚因城市居住压力而形成的脆弱性进行评估，发现利用遥感图像可以获得由建筑物、基础设施(如道路建设)等人类活动所引起的土地脆弱性变化及关键影响因素。

1.4　生产建设项目水土流失危害及生态环境损害

1.4.1　水土流失危害及损害表现形式

中国水土保持学会水土保持规划设计专业委员会(2011)、贺康宁等(2009)认为生产建设项目水土流失指因各项施工活动及排放过多有毒、有害物质而造成水土资源和土地生产力的破坏和损失，其应包括开发建设项目及影响范围内水损失(水资源及其环境)和土体损失(岩石、土壤、土状物、泥状物、废渣等)；其水土流失具有侵蚀空间有限、时间较短，侵蚀类型复杂、方式多样，侵蚀发生有潜在性和突发性，侵蚀(流失)物质极其复杂、危害严重的特征。生态环境损害指因污染环境、破坏生态造成环境空气、地表水、地下水、海水、沉积物、土壤等环境要素和植物、动物、微生物等生物要素的不利改变及上述要素构成生态系统的功能退化和服务减少(《生态环境损害鉴定评估技术指南　总纲和关键环节

第 1 部分：总纲》（GB/T 39791.1—2020）），生态环境损害基线确定和因果关系鉴定是生态环境损害研究的难点和重点（於方等，2020）。生态环境损害根据损害行为发生的角度，可分为污染环境类和破坏生态类。目前在生态环境损害基线、生态环境损害量化、生态环境恢复效果评估方面已有不少研究成果。吴钢等（2016）系统开展了生态环境损害基线确定、因果关系判定、损害程度及损害经济学评估方法等研究，构建了生态环境损害鉴定评估平台，提高了生态环境损害追责问责的科学性、规范性和可操作性。对于生产建设项目水土流失生态环境损害，从水土保持领域视角出发，人为水土流失造成的生态环境损害表现为土地资源及地表植被、水资源、水土保持设施与水土保持功能、生态系统服务功能及项目区周边环境的破坏（李发鹏等，2017）。姜德文（2018）认为工程建设存在引发崩塌、滑坡、泥石流灾害，造成严重水土流失和植被破坏，严重损坏或破坏已建成水土保持设施，破坏生态功能区、生态环境敏感区和脆弱区等区域生态红线等情况。生产建设类项目的生态环境损害主要表现在破坏土壤和土地资源、改变（破坏）水文循环和水资源量、降低林草植被结构和覆盖度、破坏原有生态系统平衡，其是由各种生产建设活动的生态破坏行为造成的（史东梅等，2020）。研究表明，生态累积状态受 3 种行为（自然行为、能源开发行为和其他人类活动）的驱动和影响，表现为生态要素损伤、系统结构变化和系统状态失衡三级状态，生态累积具有影响多态性、空间多尺度性和过程渐变性的特点（张建民等，2022）；吴秦豫等（2021）综合 GIS 和突变级数方法评估陕西煤炭基地生态系统恢复力，发现研究区水文、地形地貌、土壤和植被群落决定了生态系统功能、结构与恢复力，生态退化风险等级由高到低依次为风沙草滩区、黄土丘陵区、黄河沿岸土山石区；水电站建设会影响自然保护区生物多样性、水源涵养服务、美学价值，城市建设会破坏声环境影响居民正常生活等（吕晨璨等，2021）；在草原煤矿开采生命周期各阶段，基于土地环境生态累积响应机理对生态承载力、生态累积效应、生态系统弹性关系的分析，可提出生态系统弹性调控技术路径（董霁红等，2021）。生态环境损害确认关键环节在于基线确定和因果关系分析，损害基线确认有历史数据法、参考点位法、环境标准法和模型推算法 4 种方法（龚雪刚等，2016）；因果关系判定应坚持有事故发生、成分含量、分类后果、时空分布 4 类判定准则（乔冰等，2021）。由此可见，生产建设项目水土流失危害与生产建设项目水土流失生态环境损害在内涵上基本一致。

国外与生产建设项目水土流失危害相关的研究有土壤水文连通性、土壤重建、生态环境退化、生态系统服务、道路侵蚀敏感性、土壤生态系统功能等。Álvarez-Rogel 等（2021）为明确地中海半干旱地区金属尾矿植被定植的不同阶段对土壤的影响，在野外和实验室条件下测定土壤的物理、化学和生物指标，结果表明先锋植物和保育植物主要分布在尾矿内部，尾矿土中存在结构发育、阳离子交换能力增加、有机碳和氮含量增加等成土过程。D'Ambrosio 等（2022）使用暴雨洪水管理模型（storm water management model，SWMM）建模评估意大利可持续城市排水系统的可行性及不同水文行为的差异，研究表明持续城市排水系统提高了排水管网的效率，下水道溢流量减少 70% 以上，并改善了由城市建设导致土壤渗透系数降低的情况。David 等（2021）在对尼日利亚采矿后热带稀树草原生态系统短期影响的研究中，采用 α 多样性[物种丰富度、香农（Shannon）和辛普森（Simpson）多样性指数]、β 多样性和指示物种测算的方式，发现稀树草原地区的物种丰富度、多样性和组成可能因煤矿开采作业而下降。Dangerfield 等(2021)采用基于树木年轮干扰检测方法,对美国公路附近树冠退化进行空间聚类分析,发现公路修建改变山坡水文并导致植物根系分离和土壤压实,且相邻树木的辐射、冠层温度及辐射强度等会增加。Martins 等(2022)提出在亚马孙地区工业采矿退化地区实施幼苗种植、诱导自然再生、水力播种等恢复措施,建议种植与丛枝菌根真菌和生物炭相关的物种,并通过测定营养循环、多样性指数、树木高度、土壤属性等参数评估其恢复效果。Khan 等(2021)使用 Plaxis 3D 中的有限单元法(finite element method,FEM)对美国 Yazoo 黏土公路的路堤边坡水分变化区进行三维流动分析,数据表明长历时、低强度降雨会使近地表土壤饱和,且最高渗透发生在坡顶,水分变化区垂直深 3.5m。Brandes 等(2021)提出包含海岸地貌、腐蚀体积、沿海地面覆盖物和地上现有结构等参数在内的道路侵蚀敏感性指数(coastal road erosion susceptibility index,CRESI),可用于评估美国沿海公路侵蚀程度对海岸线抗蚀区结构退化敏感性。越南为研究居住在垃圾填埋场或石矿场/采石场附近居民的健康风险,使用问卷调查方式进行调查并测试周边噪声,研究表明石矿场附近居民皮肤病发病率更高,且健康危害性与居民的认知有关(Hoang et al.,2022)。

1.4.2　水土流失危害评价及生态环境损害评估

我国在 2016 年对不同生产建设项目类型在不同区域造成的水土流失危害进行了量化对比分析,为分类管理和精细管理提供依据;开发建设项目水土流失危害评价可从对主体工程、居民、水域和周边生态系统影响 4 方面进行(郭宏忠等,2006);开发建设项目水土流失影响度综合评价模型可从开发建设项目影响时间、扰动后侵蚀强度、影响范围、可恢复程度和生产运行期影响 5 个主导因子拟合,在生态文明背景下地方人民政府应划定水土保持生态红线,强化生产建设项目水土保持监督管理,健全水土保持监测体系,严防人为活动加剧水土流失和生态损害(姜德文,2007,2017)。姚小兰等(2022)对于不同生产建设项目类型的风险评估,基于景观生态学和 GIS 技术定量评价海南高速公路两侧 3km 内未建、在建、竣工三年的景观要素变化,发现高速公路生境隔离与破碎化可累积产生远期负面生态效应。Xu 等(2021)结合遥感影像,选取景观损失指数和生态敏感性指数建立山西露天煤矿景观生态风险评估模型,可为露天煤矿区景观格局优化和生态安全格局构建提供科学依据。Longhini 等(2022)采用地球化学多指标法可评估受矿坝坍塌影响的沿海地区沉积物质量指数、水质指数等,建立环境风险评估框架。

对于生产建设项目人为水土流失生态环境损害价值评估,大体上有恢复费用法和功能价值法 2 种,生态补偿也可用于损害价值评估。水土保持生态服务功能指在水土保持过程中所采用的各项措施对保护和改良人类及人类社会赖以生存的自然环境条件的综合效用,包括保护和涵养水源功能、保护和改良土壤功能、固碳释氧功能、净化空气功能、防风固沙功能(余新晓等,2007);吴岚(2007)将我国水土保持生态服务功能划分为 7 个一级类型,并采用多种方法评估了区域水土保持生态服务功能量及价值量,探讨了水土保持生态服务补偿方法与途径。鲁春霞等(2001)分析了土壤盐渍化影响因素,并采用恢复费用法进行土壤盐渍化对生态环境损害的经济评估。赵晶等(2011)基于生态系统服务功能价值计算方法和陆地生态系统服务功能价值表评估高速公路建设的生态系统服务功能价值,发现高速公路建设占用土地面积从大到小依次为园地＞林地＞耕地＞草地,生态系统服务功能中气候调节、营养物质循环、基因资源功能减幅最大。唐紫晗等(2014)基于千年生态系统评估(millennium ecosystem assessment,MA)理论框架、机会成本法、影子工程法等方法,对重庆采煤塌陷地生态系统服务价值变化进行分析,结果表明耕地单位面积生态服务价值量最高,塌陷地单位面积生态服务价值量较小。张红振等(2016)采用资源等值分析法计算场地土壤污染损害和地下水污染损害,可对土壤污染损害、单位土壤修复效益、地下水污染损害、单位地下水修复效益等参数进行评估。李慧等(2015)对两淮典型矿区农田生态系统向水域生态系统转变前后的生态服务价值进行定量估算和比较,评价结果能够正确判断由于采矿活动导致经济、环境与生态方面的损益,对因地制宜实施矿区生态系统重建与恢复等相关实践活动具有重要指导意义。刘英等(2021)基于 InVEST 模型评估神东矿区的水源供给、土壤保持、碳储存生态系统服务的空间分布及聚类特征,并基于矿井尺度分析不同程度开采区、矿井采区和非采区及复垦区生态系统服务的差异性。此外,可运用权变估值法(contingent valuation method,CVM)模拟市场,分析受访者对其愿意支付或获取的价值量大小,可作为估算生态环境改善或恶化价值评估基础标准(郭江等,2018);也可用替代等值法进行生态系统服务期间损害量化评估,制定生态恢复方案,提出生态恢复工程费用计算方法及参考标准,为进行生态环境损害价值量化提供方法和依据(郭培培等,2021)。

国外对生产建设项目造成的水土流失危害有单项评价和综合评价两种定量思路,重点开展了道路、采矿的生态风险评估和生态系统服务功能评估等。Cerdà(2007)通过模拟降雨研究发现西班牙路堤边坡在施工建设中,无植被防护路堤水土流失是有植被的 30 倍左右,建议在道路施工后进行修复工程以减少泥沙产生,保护道路并避免交通事故发生。Zech 等(2008)研究认为,公路施工现场水土流失会给当地河网带来大量泥沙,降低水质,甚至引起水环境污染。Roach 和 Wade(2006)首次采用生境等效性分析(habitat equivalency analysis,HEA)作为事前政策评估工具,用 HEA 估算损害的生态服务损失,并通过衡量恢复性生态补偿以抵消这些损失,讨论了估算潜在自然资源损害的程序,在 HEA 框架下获得合适生态补偿,并将恢复性生态补偿转化为经济损失估计。Hossain 等(2016)利用生命周期评估技术,以 1t 砌块生产为功能单元,对比评价了 3 种不同材料来源的混凝土路面砖在全生命周期内对生态环境的影响。Nassani 等(2021)分析了阿拉伯地区矿产资源生态足迹,提出采用采掘业最新技术以防止未经审批矿物损失,可减轻不利环境影响。Singh 和 Kumar(2022)通过比较煤矿弃土修复中外来物种和本地物种的生长性能、生物量和净初级生产力(net primary production,NPP),认为本地物种存活率、茎粗、生物量和 NPP 显著高于外来人工林,本地物种对矿山弃土修复更为高效。Obeng 等(2019)通过研究加纳社区居民对非法采矿的生态系统服务影响及退化土地恢复可能性,认为居民收入、生态系统服务重要性认知、参与恢复活动积极性均会影响修复融资可能性。从生态补偿角度可定量评估生产建设活动的生态环境影响,如矿山沉陷区水文分布图可用于波兰采矿活动对区域性洪水威胁评估和矿产开采对水环境损害定量评估(Ignacy,2021);通过额外生态成本、个体空间分布及环境和土地成本确定地点和补偿水平,以实现生态环境补偿的最优性,并可最大限度地减少修复总成本(Gastineau et al., 2021)。生态补偿是阻止瑞典生物多样性和自然价值损失的重要工具，应制定生态补偿的国家级标准、补偿范例并建立明确生态补偿空间边界的数据库，对生态补偿效果长期监测(Blicharska et al., 2022)。西班牙对采矿区非暴露空间的土壤样品使用莴苣进行土壤植物毒性测定，并模拟了致癌和非致癌人类健康风险评估，结果表明采矿区土壤对居民的健康构成风险，可通过用潜在有毒元素(potentially toxic element, PTE)较少的聚集体材料覆盖原位土壤减少影响(Parviainen et al., 2022)。

1.5　问题及发展趋势

1.5.1　基于知识图谱的分析

采用知识图谱法对国内外生产建设项目土壤侵蚀和水土保持研究历程和发展趋势进行可视化分析。对中国知网(China National Knowledge Infrastructure, CNKI)数据库，检索式为水土流失危害*(生产建设项目+开发建设项目)、生态补偿*(生产建设项目+开发建设项目)、生态环境损害*(生产建设项目+开发建设项目)、工程堆积体*(生产建设项目+开发建设项目)；对 Web of Science(WOS)，检索式为"soil and water conservation""soil erosion""soil erosion damage""ecological compensation""ecological environment damage""waste soil and slag""engineering accumulation"，检索时段为 1995 年 1 月 1 日至 2022 年 12 月 31 日。结果如图 1.2～图 1.4 所示。

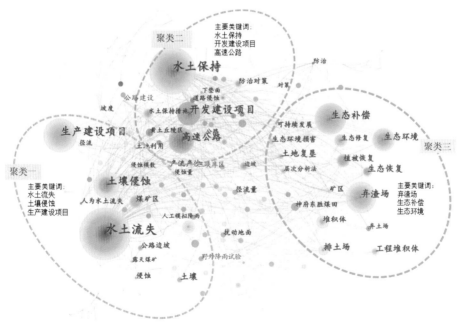

(a)国内期刊关键词

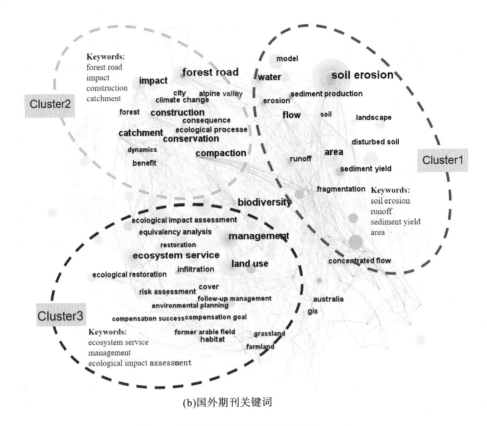

(b)国外期刊关键词

图 1.2　生产建设项目关键词共现图

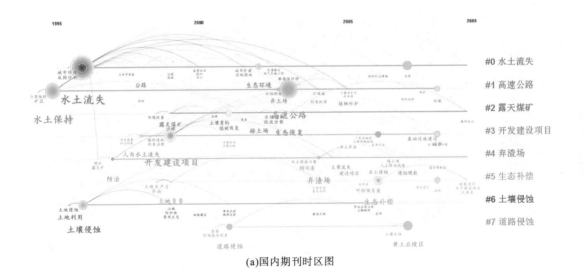

(a)国内期刊时区图

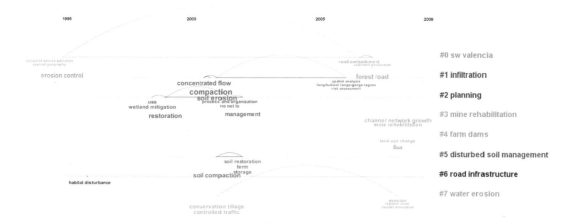

(b)国外期刊时区图

图 1.3　生产建设项目 1995～2009 年关键词时区图

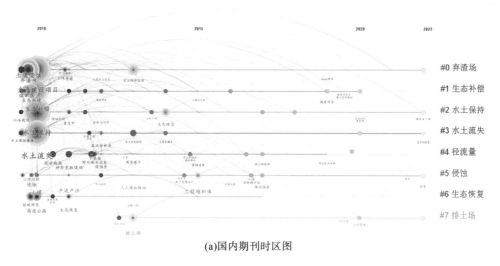

(a)国内期刊时区图

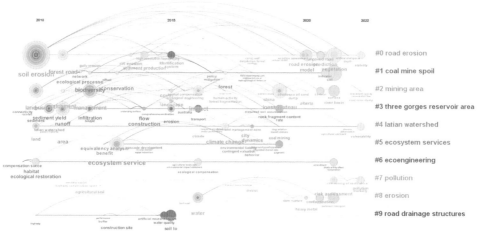

(b)国外期刊时区图

图 1.4　生产建设项目 2010～2022 年关键词时区图

国内生产建设项目可分为 3 个聚类，聚类一为与生产建设项目有紧密联系的关键词，主要关键词有水土流失、土壤侵蚀、生产建设项目；聚类二为与开发建设项目有紧密联系的关键词，主要关键词有水土保持、开发建设项目、高速公路；聚类三为与生态补偿有紧密联系的关键词，主要关键词有弃渣场、生态补偿、生态环境。国外生产建设项目可分为 3 个聚类，聚类一为与 soil erosion 有紧密联系的关键词，主要关键词有 soil erosion、runoff、sediment yield、area；聚类二为与 impact 有紧密联系的关键词，主要关键词有 forest road、impact、construction、catchment；聚类三为与 management 有紧密联系的关键词，主要关键词有 ecosystem service、management、ecological impact assessment。在 Cite Space 图谱中，中介中心性可以显示节点在图谱中的影响力，一般认为中介中心性超过 0.1 的节点为关键节点。通过分析图中高频关键词中心性发现，水土流失、水土保持、土壤侵蚀、生态补偿、开发建设项目、生产建设项目的中介中心性分别为 0.45、0.28、0.15、0.12、0.11、0.10；ecosystem service、soil erosion、ecological restoration、land use、forest load 的中介中心性分别为 0.29、0.27、0.21、0.15、0.15，这表明以上关键词是该研究领域的热点词汇；其中水土流失、水土保持、ecosystem service 中介中心性较高，表明其在众多文献中均有出现，处于多个研究方向的中心地位。

1995～2009 年，国内研究的关注点主要为水土流失方面的"城市环境成因分析"、高速公路方面的"方案编制矿区"和"弃土场"、开发建设项目方面的"露天煤矿"；生态补偿方面的"可持续发展""方案编制"在 1995 年就引起关注，"城市环境成因分析"在 1996 年前后引起关注，并且该领域研究比较热门。2000～2009 年国内研究范围逐渐变广，涉及多个聚类模块，包括"高速公路""生态补偿"等，"露天煤矿"和"弃土场"分别于 1999 年和 2003 年引起关注，其中"方案编制矿区"和"城市环境成因分析"持续性和时间跨度性都较好，"弃土场"与开发建设项目和露天煤矿、水土流失这几个聚类有较为紧密的联系。国外研究的关注点主要为 infiltration（入渗）方面的 concentrated flow（股流）、road infrastructure（道路基础设施）方面的 soil compaction（土壤压实），在 1995～2009 年国外有关生产建设项目和开发建设项目的研究规模明显小于国内的研究规模。2000 年后聚类模块 planning（规划）、infiltration、mine rehabilitation（矿山修复）、farm dams（农田水坝）、disturbed soil management（土壤扰动管理）、water erosion（水蚀）依次出现，研究成果显著增多，关键词节点数量较 2000 年以前有一定程度增加。

2010～2022 年，国内研究的关注点主要为弃渣场方面的"土壤侵蚀"和"弃渣场"、生态补偿方面的"煤矿区"和"生产建设项目"、水土保持方面的"生态补偿"、水土流失方面的"水土保持"。"水土保持""生态补偿""生产建设项目""土壤侵蚀"等持续性和时间跨度良好，与"侵蚀""生态恢复"等聚类之间的关系较为紧密，这表明这些研究方向相互渗透的程度较高。"工程堆积体"在 2015 年引起较大关注且与"水土保持""生态补偿""生产建设项目""土壤侵蚀"等持续性和时间跨度良好的研究方向都有紧密联系。"生态补偿""生产建设项目""土壤侵蚀""弃渣场"等研究领域在 2010～2015 年研究规模较大，这表明该方面研究在本时间段热度增加；2015 年后，研究规模有所缩减。同期国外的研究关注点主要为 road erosion（道路侵蚀）方面的 soil erosion（土壤侵蚀）、mining area（矿区）方面的 biodiversity（生物多样性）、Three Gorges reservoir area（三峡库区)方面的 catchment(集水)，ecological compensation(生态补偿)在 2016 年引起了较大的关注。其中，soil erosion、biodiversity、catchment 等领域作为主要研究热点和高度关注点，在文献出现频次较高并且时间跨度良好，至 2022 年仍与其他领域研究有密切联系。2015 年后，研究重心逐步从 road erosion 向 coal mine spoil(煤矿废渣)和 mining area(矿区)转移，并迅速发展起来，在 2015～2022 年累积了较多研究成果。coal mine spoil 和 mine area 等聚类中包含的关键词数量明显上升，且关键词之间的连线数量明显高于其他聚类，说明这两个聚类中的关键词与其他研究领域的联系更为密切。

1.5.2　存在问题

(1)生产建设项目工程堆积体土壤侵蚀侧重水蚀过程，对潜在重力侵蚀关注不够。工程堆积体为大量松散的、不同土石比例的土石混合物，无论堆放在平地、斜坡或沟道，都是项目区主要水土流失策源地。目前多侧重工程堆积体边坡产流、产沙及细沟发育特征研究，对极端降雨条件下工程堆积体引起的潜在斜坡稳定性、潜在人为滑坡、潜在人为泥石流缺乏系统性分析和评价。应关注在水力—重力复合侵蚀作用下，针对不同土壤及岩石类型和堆放条件，开展土石比、冲刷流量、植被盖度等多因素控制试验，确定工程堆积体土壤侵蚀发生临界条件并进行人为崩塌、滑坡和泥石流危险性评估，为工程堆积体水土保持防护措施布设、水土流失危害评价提供理论支持和技术参数。

(2)生产建设项目土壤侵蚀内涵不明确，理论问题需要深入分析。对于大多数生产建设项目，如果所有产流产沙过程都发生在项目区范围、施工期内，如何确定其水土流失危害？如果工程堆积体只堆放 3～6 个月，预测其水土流失量意义何在？生产建设项目不同扰动地貌单元土壤侵蚀过程的时间、空间范围该如何界定？项目区扰动地貌单元近自然生态修复的土体障碍因素、土壤及植被恢复标准和相似性等理论问题需要深入分析及明确。

(3)缺乏对生产建设项目水土流失危害定量评价。目前对生产建设项目区土壤、水资源、土地生产力、植被资源和周边环境影响分析尚停留在定性分析阶段，可集成已有的生产建设项目各种施工活动对土壤、水资源、土地生产力危害的研究成果，分项目区和扰动地貌单元两个尺度建立生产建设项目水土流失危害评价指标体系和分级标准，实现人为水土流失危害定量评价，为项目区扰动地貌单元水土保持措施布设和生态修复效果提供理论支持。

(4)生产建设项目水土保持措施设计缺乏对扰动地貌单元侵蚀机理及影响因素研究。目前对于生产建设项目土壤侵蚀，已陆续发布了水土流失防治标准，水土保持技术、监测与评价标准，这对人为土壤侵蚀有效防治提供了有力的技术支持。但生产建设项目类型多样，各种施工活动所引起的扰动地貌单元类型及特征差异很大，在我国不同土壤侵蚀类型区，相同生产建设项目类型的侵蚀营力与施工扰动叠加效应要进行科学评估，目前对于工程堆积体、高边坡工程绿化、矿区土壤复垦的研究较多，对于其他扰动地貌的研究有待加强。

1.5.3 发展趋势

(1)加强生产建设项目区土壤侵蚀与原地貌土壤侵蚀的对比研究。在不同土壤侵蚀类型区建立生产建设项目类比工程，对类比工程项目区及未扰动区开展对比研究，分析施工活动和生产活动与水力、风力等侵蚀营力耦合作用方式；从项目区扰动地表、工程堆积体与原地貌单元的物质组成差异性切入，分析人为扰动土体构型与原地面土壤剖面的差异性，揭示生产建设项目土壤侵蚀发生临界条件及影响因素；定量评价人为水土流失对小流域、区域土壤侵蚀的叠加效应与强度演变贡献率，分析项目区各种扰动地貌单元生态修复的可能性和优先序列。

(2)次降雨诱发性生产建设项目土壤侵蚀起动条件研究。鉴于生产建设项目区各种扰动地貌单元存在的短时性特征，暴雨尤其是极端降雨条件下斜坡失稳、工程堆积体人为崩塌、人为潜在滑坡和诱发性泥石流是项目区最严重的土壤侵蚀形式，并与原生土壤侵蚀类型形成人为水土流失侵蚀链。因此建立上述各种扰动地貌单元的实体模型，采用无人机定位监测、数字摄影法、三维激光扫描等先进手段，以及 ^{7}Be、稀土元素示踪法等现代土壤侵蚀手段，加强对扰动地貌单元大尺度、长时序的定位观测研究，科学判定工程堆积体在降雨诱发性人为崩塌、滑坡、泥石流发生的临界降雨、地形、土壤条件，为系统地认识降雨诱发性土壤侵蚀机理提供支持。

(3)加强生产建设活动对项目区原地貌水土保持生态服务功能影响的研究。与原地貌自然生态过程相比，生产建设项目施工活动和生产活动对原地貌生态破坏的主要表现在地表植被破坏、土壤—母质—基岩剖面混乱、开挖—堆垫地貌变化(坡面变陡变长)、地表产汇流条件及地下水流通道变化等方面。现有研究集中在矿区对水资源破坏、矿区土地复垦标准，道路侵蚀对小流域产流、产沙影响，各种扰动地貌单元产流、产沙及侵蚀发育过程研究，应在此基础上建立生产建设活动对项目区水土保持生态系统服务功能影响的评价指标体系，确定不同生产建设项目类型在不同土壤侵蚀类型区的评价标准，规范各评价指标测定方法，定量分析生产建设项目对原地貌水土保持生态服务功能的影响。

(4)开展生产建设项目人为水土流失生态环境损害的系统性研究。生产建设项目人为水土流失生态环境损害鉴定评估是一项涉及多学科、多技术并受法律法规、社会经济发展影响的系统工程，是水土保持学科的综合性新方向；对于各种违法违规的生产建设项目施工活动和生产活动生态破坏行为导致的生态环境损害鉴定评估，应在损害原因(源)—损害方式(路径)—损害结果的因果关系链条基础上，根据水土资源和植物资源、水土保持生态服务功能的损害可恢复性和损害空间范围，选择损害价值评估方法和标准；重点关注评估区致损体的因果关系分析、损害基线阈值、损害价值量化 3 个基本问题，为人为水土流失生态环境损害鉴定评估及损害赔偿制度建立提供理论和技术支持。

第2章　生产建设项目土壤侵蚀环境及变化特征

生产建设项目土壤侵蚀指在人类生产建设各种施工活动并叠加区域性水力、风力和冻融等外营力综合作用下，土壤、母质及浅层基岩被破坏、剥蚀、搬运和沉积的过程，属于典型现代人为加速土壤侵蚀类型。与传统不合理人类活动如陡坡种植、毁林开荒等相比，生产建设项目如城镇建设、道路建设、水利建设、采矿等人类活动对水土流失影响程度与作用方式迥然不同，其人为水土流失表现为生产建设活动过程中扰动地表和地下岩土层、堆放弃土弃渣、构筑人工边坡、排放各种有毒有害物质而造成的水土资源与土地生产力的破坏及损失。在水蚀区生产建设项目水土流失防治责任范围内，城镇建设、高速公路、水利工程和煤矿工程的侵蚀环境及其各种扰动地貌单元之间相比有差异，土壤侵蚀形式多表现为面蚀、沟蚀、人为崩塌、人为滑坡、人为泥石流和垂直侵蚀等，具有侵蚀强度大、侵蚀历时短、侵蚀形式多样等特点。工程堆积体是项目区土壤侵蚀最为严重的扰动地貌单元，系统对比不同物质来源、堆积年限、不同坡度的工程堆积体物理力学特性，可为项目区水土保持生态修复提供参数支持。

2.1　研究区概况

2.1.1　试验小区及调查对象

试验小区位于重庆北碚西南大学生产建设项目水土流失监测基地，属亚热带季风湿润性气候，多年平均降雨量为 1100mm，紫色土和黄壤是三峡库区分布最广的土壤类型，分别占三峡库区总面积的 32.5%和 21.1%。紫色土弃渣和黄壤弃渣普遍存在，试验所用紫色土弃渣取自北碚缙云文化体育中心，土壤类型为侏罗系沙溪庙组灰棕紫色沙泥页岩母质上发育的中性紫色土，项目区扰动地貌单元有 2 个月弃渣堆积体、2 年弃渣堆积体和施工便道等，原坡面有坡耕地(玉米，小麦—玉米—红薯轮作)、荒草地(自然撂荒地 2 年，狗尾草、油蒿等)、人工林地(10 年生桑树，杂草)。黄壤弃渣取自北碚缙云山国家级自然保护区的十里温泉城，土壤为酸性黄壤，植被为亚热带常绿阔叶林、针阔混交林、竹林、常绿阔叶灌丛，主要土地利用类型有林地、草地和耕地等。煤渣取自北碚天府煤矿弃土弃渣，成土母岩主要是石灰岩、泥灰岩，土壤主要为暗紫色水稻土、暗紫泥土、矿质黄泥土、冷沙黄泥土等，野外调查的工程堆积体边坡坡度多在 25.5°~38°。不同工程堆积体类型的试验小区设计如表 2.1 所示。

表 2.1   不同工程堆积体水土流失定位观测小区

小区编号	边坡条件	小区规格/(m×m)	坡度/(°)	土石比	土质质量分数/%	石质质量分数/%
1	土质紫色土弃渣	1×10	25	—	100	0
2 或 Ⅱ	偏土质黄壤弃渣	1×8	30	4:1	80	20
3 或 Ⅰ	偏土质紫色土弃渣	1×8	30	4:1	80	20
4	偏土质紫色土弃渣	1×8	35	4:1	80	20
5 或 Ⅳ	土石质黄壤弃渣	1×6	35	3:2	60	40
6 或 Ⅴ	土石质黄壤弃渣	1×4	40	3:2	60	40
7 或 Ⅲ	土石质紫色土弃渣	1×6	35	3:2	60	40
8 或 Ⅵ	土石质紫色土弃渣	1×4	40	3:2	60	40
9	土石质紫色土弃渣	1×10	25	3:2	60	40
10	土石质紫色土弃渣	1×10	30	3:2	60	40
11	土石质紫色土弃渣	1×10	35	3:2	60	40
12	土石质紫色土弃渣	1×10	40	3:2	60	40
13	土石质黄壤弃渣	1×10	25	3:2	60	40
14	土石质黄壤弃渣	1×10	30	3:2	60	40
15	土石质黄壤弃渣	1×10	35	3:2	60	40
16	土石质黄壤弃渣	1×10	40	3:2	60	40
17	土石质煤渣	1×10	25	3:2	60	40
18	土石质煤渣	1×10	30	3:2	60	40
19	土石质煤渣	1×10	35	3:2	60	40
20	土石质煤渣	1×10	40	3:2	60	40

注：土石比为质量比，粒径＞1cm 颗粒为石质，粒径＜1cm 颗粒为土质。

工程堆积体是生产建设项目土壤侵蚀最严重的扰动地貌单元，对北碚区典型生产建设项目工程堆积体的弃渣来源、坡面侵蚀特征及是否采取水土保持措施进行野外调查，结果如表 2.2 所示。1#～9#为紫色土工程堆积体，10#～11#为煤矿工程堆积体，12#～13#为黄壤工程堆积体，选择 2#紫色土工程堆积体和 11#煤矿工程堆积体作为坡面稳定性研究对象，2#紫色土工程堆积体为城镇建设过程中开挖地表的弃土弃渣，11#煤矿工程堆积体为煤矿开采过程中的弃土弃渣。

表 2.2   工程堆积体形态特征

编号	弃渣类型、来源	平均坡度/(°)	平均坡长/m	平均坡高/m	平均植被覆盖率/%	占地面积/m²	堆放时间	主要侵蚀特征	地理位置	水土保持措施
1#	城镇建设工程	28.5	16.7	7.97	裸露	10 487.80	2 个月	面蚀、沟蚀、重力侵蚀	29°47′48″N 106°23′54″E	无措施
2#	城镇建设工程	38	14.2	8.84	60	13 726.34	2 年	面蚀、沟蚀、重力侵蚀	29°47′42″N 106°23′50″E	挡墙

续表

编号	弃渣类型、来源	平均坡度/(°)	平均坡长/m	平均坡高/m	平均植被覆盖率/%	占地面积/m²	堆放时间	主要侵蚀特征	地理位置	水土保持措施
3#	线性工程	38	10.2	6.28	50	5 149.28	2 年	面蚀、沟蚀、重力侵蚀	29°47′37″N 106°23′45″E	挡墙
4#	线性工程	37.3	32.56	19.73	65	6 645.01	2 年	面蚀、沟蚀	29°47′33″N 106°23′42″E	挡墙
5#	城镇建设工程	36.5	6.9	4.10	35	903.78	2 年	面蚀、沟蚀、重力侵蚀	29°51′44″N 106°23′4″E	无措施
6#	城镇建设工程	34	20	11.18	40	9 835.21	1 年	面蚀、沟蚀	29°52′10″N 106°24′35″E	挡墙
7#	城镇建设工程	25.5	35.5	15.28	裸露	10 487.80	2 个月	面蚀、沟蚀、重力侵蚀	29°47′6″N 106°30′43″E	无措施
8#	城镇建设工程	32	15.2	8.05	40	13 726.34	2 年	面蚀、沟蚀、重力侵蚀	29°46′48″N 106°29′50″E	无措施
9#	城镇建设工程	34.8	23.1	13.18	90	12 634.57	4 年	面蚀	29°44′32″N 106°26′15″E	无措施
10#	煤矿工程	34.2	7.5	4.22	75	1 053.72	3 年	面蚀、沟蚀	29°47′48″N 106°23′50″E	无措施
11#	煤矿工程	31	12	6.18	35	1 536.25	5 年	面蚀、沟蚀	29°47′48″N 106°23′50″E	挡墙和排水沟
12#	城镇建设工程	32.4	17.6	9.68	40	5 834.67	1 年	面蚀、沟蚀	29°50′98″N 106°23′14″E	无措施
13#	城镇建设工程	29.5	20	10.24	70	6 854.37	3 年	面蚀、沟蚀	29°52′17″N 106°24′12″E	无措施

　　原坡面土壤样品采用多点采样法进行采样(图 2.1)，每个样点采集 0～20cm 层的土样。对工程堆积体，在平台及边坡上、中、下部位分别采集，在每个部位采集多个环刀样品及 1 个 1～2kg 混合样；对于其他扰动地貌单元，随机布设多个采样点，分别采集多个环刀样品及 1 个混合样，测定土壤物理力学性质。

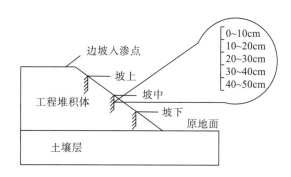

图 2.1　工程堆积体采样示意图

　　工程堆积体粒径分析采用土工仪器标准振筛机，圆孔筛径包括 60mm、40mm、20mm、10mm、5mm、2mm、1mm、0.5mm、0.25mm、0.1mm、0.075mm；这种筛析方法适宜于粒径大于 0.075mm 的土，当粒径小于 0.075mm 的土质量大于总质量的 10%时，须结合密度计法或吸管法测定小于 0.075mm 颗粒组成；土壤容重、孔隙度采用环刀法测定，含水率采用烘干法测定，黏聚力和内摩擦角采用直接剪切试验测定。

2.1.2 因子分析法

因子分析法考虑同一地貌单元扰动前后土壤类型、降雨、坡长等因素不变，从而可消除降雨、土壤、地形、植被等因素影响，基于扰动前后土壤密实度、内摩擦角、坡度、植被等各因子变化，结合原地貌土壤侵蚀模数定量分析扰动后土壤侵蚀量。在加速侵蚀倍率研究基础上，探讨生产建设项目各防治区扰动前后土壤侵蚀模数比值与地表相对裸露度、土体相对稳定性和土体相对密实度的相关关系，认为非线性关系比线性关系更符合实际（高旭彪等，2007），项目区扰动后土壤侵蚀模数计算公式如下：

$$M_s = k \left[\frac{1-C_s}{1-C_o} \right]^n \left[\frac{1+\tan(a_s-a_o)}{\tan\varphi} \right]^m \frac{\rho_o}{\rho_s} M_o \tag{2.1}$$

式中，m 为土体相对稳定性指数，n 为地表相对裸露度指数，均须由试验确定。在水力侵蚀区 n、m 值均接近于 1；对于水力、重力并存区域 $n=1$、$m=1\sim2$。由式(2.1)可知，项目扰动后的土壤侵蚀模数与扰动前后地表相对裸露度 $(1-C_s)/(1-C_o)$、土体的相对稳定性 $[1+\tan(a_s-a_o)]/\tan\varphi$、土体相对密度 ρ_o/ρ_s 的乘积存在非线性关系，对于水力侵蚀区来说，该模型可演变成如下形式：

$$M_s = k \left[\frac{1-C_s}{1-C_o} \right] \left[\frac{1+\tan(a_s-a_o)}{\tan\varphi} \right] \frac{\rho_o}{\rho_s} M_o \tag{2.2}$$

式中，M_s 为扰动后土壤侵蚀模数，t/(km²·a)；M_o 为原地貌土壤侵蚀模数，t/(km²·a)；k 为生产建设项目扰动原地貌的扰动程度，可根据人工降雨试验资料或类比工程监测资料确定，在水力侵蚀地区，$k=1.74\sim2.21$，平均值取 2；C_o、C_s 为项目区扰动前后植被覆盖率(%)，一般情况下临时堆积体 $C_s=0$。a_o、a_s 为项目扰动前后地面平均坡度(°)，在其他条件一定的情况下，当 $a_o=a_s$ 时，$1+\tan(a_s-a_o)=1$，即扰动后坡度没有变化，坡度对土壤流失量没有影响；当 $a_o<a_s$ 时，$1+\tan(a_s-a_o)>1$，说明扰动后坡度增大，土壤流失量增加；当 $a_o>a_s$ 时，$1+\tan(a_s-a_o)<1$，说明扰动后坡度变缓，则土壤侵蚀模数减少。ρ_o、ρ_s 为项目区扰动前后土体密实度，t/m³；φ 为土壤内摩擦角(°)，φ 越大，土体越稳定，土壤流失量越小。

在水力侵蚀区，城镇建设、道路建设、水利工程、煤矿工程等大面积开挖填筑、堆垫、弃土(石、渣)、排放废渣(尾矿、尾砂、矸石、灰渣等)等活动，扰动、挖损、占压原土地，导致原地貌(坡度)、植被(植被覆盖度)、土壤理化性质(紧实度)和土壤力学性质(内摩擦角)被破坏，造成严重的水土流失危害。在应用因子分析法预测土壤流失量时，要根据生产建设项目区扰动地面野外调查、室内试验及资料收集，分析建设过程中植被覆盖率前后变化 $(1-C_s)/(1-C_o)$、地面平均坡度前后变化 $[1+\tan(a_s-a_o)]/\tan\varphi$、土体密实度前后变化 ρ_o/ρ_s 及内摩擦角变化特点，明确以上各参数的变化范围及特征。表 2.3 是根据重庆典型生产建设项目工程堆积体野外调查和室内试验提出因子分析法的各参数取值,在生产实践中可根据该数值表进行工程堆积体土壤侵蚀模数预测。

表 2.3　因子分析法预测工程堆积体土壤侵蚀模数的参数取值

参数因子		变化范围	一般取值	备注
植被覆盖率 C/%	C_o	0~75	10、30、50	10%、30%、50%代表原地貌的不同植被覆盖率状况
	C_s	0~65.8	0、15、30	0%、15%、30%代表堆放初期、中期、后期堆积体植被恢复状态
地面平均坡度 a/(°)	a_o	5~65.8	5、15、35	5°、15°、35°代表弃土弃渣堆放前不同堆放位置
	a_s	18.5~60	35、45、55	35°、45°、55°代表不同物质组成的堆积体的堆放状态
土体密实度 ρ/(t/m³)	ρ_o	1.11~1.65	1.25、1.35	—
	ρ_s	1.12~2.34	1.35、1.80	1.35t/m³、1.80t/m³代表自然堆放、人工压实的堆放方式
扰动地貌 M_s /[t/(km²·a)]	M_s	6291.48~25342.76	—	—
内摩擦角 φ/(°)		18~45.4	35、40、45	35°、40°、45°表示弃土弃渣不同土石含量下的内摩擦角
系数 k		1.74~2.21	2	

注:①C_o、a_o、ρ_o 分别为各种生产建设项目的原地貌单元的植被覆盖率(%)、地面平均坡度(°)和土体密实度/容重(t/m³);②M_s、C_s、a_s、ρ_s 分别为各种生产建设项目的扰动地貌单元土壤侵蚀模数[t/(km²·a)]、植被覆盖率(%)、地面平均坡度(°)和土体密实度/容重(t/m³);φ 为临时堆积体的内摩擦角(°);③原地貌单元的土壤侵蚀模数可通过查阅文献获得,扰动前后的地面平均坡度、土体密实度、植被覆盖度通过野外实地调查获得,堆积体内摩擦角可通过室内直接剪切实验或查阅相关资料获得。

1)植被覆盖因子

生产建设项目大面积施工对原地表和植被的破坏表现在开挖破坏和施工占压破坏。施工过程破坏了原有植被的水土保持作用,形成大量裸露地表,在降雨、径流、重力等外营力作用下,将可能发生严重的水土流失和滑坡。为评价施工前后施工区的植被覆盖变化特征,因子分析法引入地表相对裸露度(C),计算公式如下:

$$C = (1-C_s)/(1-C_o) \tag{2.3}$$

式中各参数含义与式(2.2)相同。

重庆不同土地利用类型的植被覆盖度不同,林地植被覆盖度大于 62.98%,建设用地覆盖度为 33.11%~39.92%,耕地和草地植被覆盖度为 10%~40.95%。因子分析法中设计原地貌植被覆盖度为 0%~75%,且随季节、地域差异、土地利用类型变化而各不相同,生产建设项目扰动面植被覆盖度与裸地植被覆盖度相同(0%),但考虑重庆自然植被恢复速率,在没有任何扰动情况下,某些区域扰动面或堆积体在 2 年内植被覆盖度可达 60%以上。生产建设项目扰动后地表覆盖度随恢复时间在 0%~65.8%变化,其恢复程度不仅与自然条件(降雨、地形地貌、土壤等)密切相关,也与生产建设项目的施工年限、施工工艺等因素有关。在实际应用中考虑生产建设项目类型,植被覆盖率可根据植物生长状况,一般取值 10%、30%、50%;工程堆积体堆放后,植被恢复率最高可达 65.8%,考虑弃土弃渣堆放时间不同,一般取值 0%(0~0.5a)、15%(0.5~1a)、30%(1~1.5a)。

2) 地面平均坡度

生产建设项目扰动地貌单元与原地貌单元坡度差别明显，大量开挖边坡、填筑堆放形成新的边坡，其坡度相比原地貌单元发生了很大变化，为评价原地貌单元和人为扰动地貌单元之间的坡度变化特征，引入坡度前后相对变化参数 ξ，计算公式如下：

$$\xi = [1 + \tan(a_s - a_o)] / \tan\varphi \qquad (2.4)$$

式中各参数与式(2.2)相同。

重庆地貌以山地(32.8%)和丘陵(67%)为主，平原仅占 0.48%；野外调查发现，生产建设项目在建设中形成的工程堆积体坡面、开挖边坡坡面、填筑坡面的平均坡度均较大，一般为 30°～75°。在生产实践中，生产建设项目区原地貌平均坡度一般为 5°～65.8°，综合考虑各个生产建设项目地理位置，分别取 5°(平地施工)、15°(坡地施工)、35°(陡坡地施工)；生产建设项目施工后，形成的扰动地貌单元平均坡度变化在 18.5°～60°，平均坡度一般取值 35°、45°、55°。

3) 土体密实度

生产建设项目破坏了原地貌单元的土壤结构及理化性质，扰动单元的容重(密实度)变化比较明显。松散土体导致土壤颗粒间黏聚力降低，土体表现为松散多孔，在降雨和地表径流的冲刷下极易发生水土流失；机械压实破坏了土壤结构，加快了地表径流形成，对堆积体下方土壤冲刷强度增加。可通过式(2.5)计算扰动前后密实度变化。

$$\rho = \rho_o / \rho_s \qquad (2.5)$$

式中各参数与式(2.2)相同。

生产建设扰动前，紫色丘陵区自然地貌的土体密实度为 1.11～1.65t/m^3，无实测资料时一般可取 1.25t/m^3。弃土弃渣堆放后，土体密实度变化较大，为 1.12～2.34t/m^3，若弃土弃渣堆放时未进行人为压实，可取 1.35t/m^3；若堆放时已进行人工压实，则取 1.80t/m^3，野外可根据工程堆积体紧实程度判定。

4) 内摩擦角

弃土弃渣内摩擦角受土石组成变化较大，为 18°～45.4°，生产实践中弃土弃渣内摩擦角分为土质(35°、40°)、土石混合质(45°)，野外可根据弃土弃渣偏土、偏石质情况判定。

2.2　生产建设项目土壤侵蚀环境

2.2.1　城镇建设侵蚀环境

城市土壤侵蚀指在城市范围内的市区及郊区，由于人为活动影响所形成的泥土、沙粒、废渣等流失的过程，城镇建设的侵蚀环境要素可分为侵蚀营力系统、侵蚀物源系统和侵蚀界面系统(甘枝茂等，1999)。城市发展过程会造成城市区域水土资源破坏和污染，由不透水表面增加所导致的水流形成时间变化特征可引起关联的流域物理、化学和生物退化现象（Moses and Morris，1998）。城镇建设侵蚀环境包括侵蚀动力系统、侵蚀对象和侵蚀地貌单元 3 个方面，其中侵蚀动力系统包括人为开挖堆垫活动、重力、水力、风力，侵蚀对象包括原地面土壤、土壤及岩石碎屑块石组成的土石混合物质，侵蚀地貌单元包括原地貌、城镇建设过程中形成的各种边坡、工程堆积体、施工便道、硬化地面、绿地等（图 2.2）。

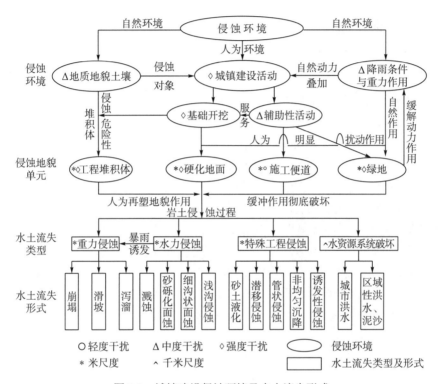

图 2.2　城镇建设侵蚀环境及水土流失形式

城镇建设项目的人为水土流失具有以下特征。

（1）水土流失形式包括水和土的损失，以地表径流明显增大为主要特征。南方降雨量大、降雨强度大，项目区地面硬化和压实造成地表径流量急剧增大，北方还存在浮尘、扬沙等侵蚀形式。城镇建设工程形成的弃土堆年水土流失量是裸露荒地的 9～11 倍，同时也增加了城市洪水灾害发生频率（赵纯勇等，2002）。

（2）城镇建设过程中原有植被、地形被严重破坏，生产建设期年侵蚀模数可达 1 万～6 万 t/km²；同时城市人口密集，城镇建设过程中产生的大量泥沙淤塞城市排水系统或河道，可能直接影响城镇居民生产、生活。采石、取土、烧砖制瓦等活动会严重破坏农村植被资源、水土资源及生态环境质量，土壤普遍存在严重的压实退化现象，这加大、加快了降雨的径流洪峰，水土流失危害十分严重（杨金玲等，2004）。

（3）紫色丘陵区城镇建设中不同扰动下垫面土壤物理、力学性质及入渗特征差异明显。土壤休止角大小为防护林（34°）＞植被过滤带（33.7°）＞植草沟（33.7°）＞公共绿地（32.5°）＞下凹式绿地（31.7°），土壤含水率大小为下凹式绿地（14.157%）＞防护林（13.095%）＞公共绿地

(11.888%)＞植被过滤带(11.590%)＞植草沟(9.694%)，土壤容重依次为公共绿地(1.596g/cm³)＞防护林(1.589g/cm³)＞下凹式绿地(1.530g/cm³)＞植草沟(1.506g/cm³)＞植被过滤带(1.481g/cm³)，而抗剪强度表现为公共绿地(10.802g/cm³)＞防护林(10.589g/cm³)＞下凹式绿地(10.462g/cm³)＞植草沟(8.872g/cm³)＞植被过滤带(8.038g/cm³)。项目区土壤入渗能力总体表现为植被过滤带＞植草沟＞防护林＞公共绿地＞下凹式绿地。

2.2.2　高速公路侵蚀环境

1)高速公路建设的侵蚀环境

高速公路水土流失属典型的人为加速侵蚀类型，水土流失类型、程度和强度与主体工程建设有直接的因果关系，侵蚀环境由侵蚀动力系统、侵蚀对象和侵蚀地貌单元3部分组成，其中侵蚀动力系统包括人为开挖堆垫活动、重力、水力，侵蚀对象指原生地表物质、弃土弃渣堆积物及由岩石、岩屑、土壤组成的岩土混合物，侵蚀地貌单元包括原生地貌、公路建设中形成的各类边坡、弃土弃渣堆积物、施工便道、采石场、生产生活区等。高速公路水土流失在空间上表现为沿高速公路呈离散型分布，在时间上与主体工程具有高度同一性。高速公路建设中侵蚀环境指在高速公路水土流失防治责任范围内，对水土流失发生发展有一定影响的环境条件。从空间范围看，其是指在高速公路建设区和直接影响区内与水土流失关系密切的自然因素和人为因素，对那些位于水土流失防治责任范围以外但对高速公路正常运行有直接影响的地质性灾害如滑坡、泥石流等也可作为高速公路建设的侵蚀环境。各种环境因素对高速公路建设中水土流失发生发展的作用方式和途径如图2.3所示。

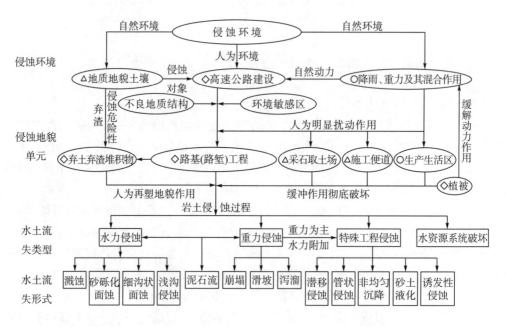

图2.3　高速公路侵蚀环境及水土流失形式

高速公路建设中侵蚀环境作用具有如下特点。

(1)在侵蚀动力系统中,以高强度的人为开挖填筑作用、地貌再塑作用和人为明显扰动作用为主,以重力作用、水力作用为附加动力条件。水土流失程度和强度取决于高速公路施工工艺和施工进度安排。同时与自然侵蚀动力相比,人为开挖堆垫作用还具有持续作用时间短、变化幅度大的特点。

(2)在侵蚀对象中,以破碎岩石和土壤组成的岩土混合物为重点侵蚀对象,其次是各种开挖填筑所形成的新的岩层、岩屑边坡。

(3)在侵蚀地貌单元中,以弃土弃渣堆积物的水土流失程度和强度最大,其次为路堑和路基边坡的水土流失。高速公路建设人为扰动原生地表所造成的水土流失强度远低于前两者。

(4)高速公路建设中各种因素的综合作用,还可能诱发水土流失防治责任范围以外但对高速公路安全运行有直接影响的特殊地质条件地段的突发性水土流失,如崩塌、滑坡、泥石流等。

(5)由于高速公路侵蚀环境综合作用,高速公路水土流失在时间上表现为与主体工程施工进度一致,在空间上表现为沿高速公路呈离散型分布。

2)高速公路建设中水土流失特征

高速公路水土流失是以高速公路的施工建设活动为主要外营力的一种特殊水土流失类型,指人为开挖坡面或堆放固体废弃物(废土、废渣及其他建筑材料)而造成的岩、土、岩土废弃物组成的混合物的搬运、迁移和沉积过程,其结果为导致水土流失防治责任范围内水土资源破坏和损失。高速公路水土流失是在高强度人为扰动作用下形成的,与原地貌条件下水土流失发生发展迥异,高速公路水土流失的侵蚀地貌单元和水土流失形式如表 2.4 所示。

表 2.4　高速公路侵蚀地貌单元及水土流失形式

主要影响因素或关键环节		侵蚀地貌单元	水土流失形式
1 人工边坡系统	1-1 开挖路堑边坡	溅蚀、砂砾化面蚀、细沟侵蚀、浅沟侵蚀、崩塌、滑坡	挖损地形中原地面坡角、边帮角和边坡角的关系；堆垫地貌中原地面坡角、边坡角和自然休止角的关系
	1-2 填筑路基边坡	溅蚀、砂砾化面蚀、细沟侵蚀	大于 30m 岩质高边坡、大于 20m 土质高边坡
	1-3 其他建筑边坡	浅沟侵蚀、崩塌、滑坡	大于 65°的岩质陡坡、大于 55°的土质陡坡
2 人工堆置体类型	2-1 弃土渣堆置体	溅蚀、砂砾化面蚀、细沟侵蚀、浅沟侵蚀、滑坡、泥石流	人工堆放坡度<弃土弃渣自然休止角,斜坡荷载平衡分析,沟道(谷)泥石流潜在危险性评价,河滩地行洪综合分析
	2-2 土石料堆置体	溅蚀、砂砾化面蚀	人工堆放坡度<土石料自然休止角
	2-3 表土临时堆置体	溅蚀、养分流失	土壤结构破坏,土壤养分流失
3 配套建筑场地	3-1 施工临时便道	溅蚀、面蚀、细沟侵蚀	临时性土质的截流、排水系统
	3-2 施工生产生活区	溅蚀、水质污染	建筑材料、生活垃圾管理,防止人为二次污染
4 工程型侵蚀		陷穴(坑)、裂缝(隙),潜移侵蚀、管状侵蚀,砂土液化及诱发性滑坡	堆积体非均匀沉降侵蚀

(1) 侵蚀地貌单元的不完整性。高速公路施工活动包括开挖填筑地基、修建隧道桥梁、堆置弃土弃渣、采石采料及修建施工便道和生产生活区等。根据高速公路施工对原地貌、地表扰动方式和施工差异性而形成人工边坡系统、人工堆置体、配套建筑场地和工程型侵蚀 4 大类侵蚀地貌单元。各种类型都是在人为高强度的再塑作用下形成的，同时由于高速公路沿线原地质地貌、植被等类型多样，即使同类侵蚀地貌单元的水土流失形式和强度也差异较大。

(2) 高速公路的路基(路堑)边坡、隧道、桥梁在施工期属极强度扰动侵蚀地貌单元，属剧烈水土流失程度(杨成永等，2001；许兆义等，2003)。但由于公路边坡防护、排水、防洪，隧道进出口边坡防护绿化及桥梁基础防护、防(行)洪在主体工程设计时均已形成较科学的防护体系，如果生产建设项目"三同时"制度能够充分体现，则该侵蚀地貌单元水土流失可控制在高速公路建设的水土流失允许范围内。有关研究表明，大于 30m 岩质高边坡和大于 20m 土质高边坡，大于 65° 的岩质陡边坡和大于 55° 的土质陡边坡是水土流失防治重点(奚成刚等，2002)。

(3) 根据来源不同，高速公路人工堆置体分为弃渣堆置体、土石料堆置体和表土临时堆置体，其中弃土渣堆置体是高速公路水土流失程度和强度最大的侵蚀地貌单元(孙虎和唐克丽，1998)，主要的水土流失有溅蚀、砂砾化面蚀、细沟侵蚀、浅沟侵蚀；由于堆放位置(沟坡、沟谷、河滩地)不同，在重力、水力作用下可发生大规模滑坡、泥石流，对高速公路安全运行及公路沿线生产生活危害极大，主要影响因素为人工堆置体坡度小于或等于弃渣场自然休止角，弃渣场坡面有无植物护坡措施和有无挡渣墙。此外，由于高速公路建设中剥离的表土主要用于中央隔离带绿化和弃渣场复垦，因溅蚀和面蚀而发生的土壤结构破坏、土壤养分流失将是植被恢复的主要限制因子。

(4) 在某些特定侵蚀地貌单元可能发生特殊的工程侵蚀，在高速公路建设中主要表现为在各种因素综合作用下，堆积体非均匀沉降引起的陷穴(坑)、裂缝(隙)，潜移侵蚀、管状侵蚀，由施工过程中砂土液化诱发的滑坡等。此外，高速公路施工对建设区和直接影响区的水文循环和水资源也造成一定程度的破坏。

从人工堆积体形成角度看，重庆高速公路沿线多为中、低山丘陵区，存在较多的局部性高挖深填地段，由于地形、运距制约，同时有相当数量的挖方填土不适合用于工程建设，所以土石方难以平衡而产生大量弃土弃渣(表 2.5)。弃土弃渣松散系数一般为 1.2～1.4，如果不及时采取有效防护措施，在水力作用下将发生严重的坡面冲刷，在水力、重力综合作用下极易形成滑坡、泥石流(张丽萍等，2000)，直接威胁高速公路沿线的生产生活安全。

表 2.5　弃渣场水土流失特征

采样地点	岩土类型	休止角/(°)	堆放位置	坡面侵蚀特征
渝长高速公路石桥沟大桥以东 300m	紫色泥岩	30	沟谷斜坡	弃渣场坡面未进行植物措施防护，处于自然生草状态，细沟侵蚀发育，挡土墙存在垮塌现象
云阳县青树村	紫色泥岩	36.9	沟道，流水经过	边坡稳定，地表种植农作物护坡

采样地点	岩土类型	休止角/(°)	堆放位置	坡面侵蚀特征
云阳县小江河	紫色砂岩	32.2	沟道，流水经过	典型滑坡体，坡面明显沟蚀出现，侵蚀沟宽6cm，深10cm，长4~15m
云万高速蒙子垭弃渣场	紫色砂岩和黄色砂岩混合物	28.9	沟道，少量流水经过	弃渣场无任何防护措施，有明显浅沟侵蚀，侵蚀沟深10cm，宽7cm，长10~30m
云万高速蒙子垭弃渣场	岩土混合物	40	沟道，少量流水经过	弃渣场无任何防护措施，有明显沟蚀
渝北双凤桥弃渣场	砂石混合物	30	河沟、涵洞过水	有明显沟蚀出现
渝北双凤桥弃渣场	砂石混合物	34.9	河沟、涵洞过水	有明显细沟侵蚀出现

根据调查，几条高速公路弃渣场多堆放或拟堆放在沟道或沟谷斜坡上，其次为平地(水田)，在河滩地也有堆放，堆放弃渣的沟道多有常年流水或季节性流水，部分沟口堆积物有明显的山洪侵蚀和泥石流发生特征，如果弃渣场未能很好安置，在三峡库区雨季集中降水作用下易发生泥石流。由现场测得弃土弃渣自然休止角多为30°~35°，有时可高达40°，在重力和降雨综合作用下，极易发生滑坡、泥石流，对高速公路沿线地区造成较大威胁；在三峡库区如果弃土弃渣未及时防护，在降雨作用下普遍发生砂砾化面蚀和细沟侵蚀，细沟宽深比多为0.6~0.8，侵蚀沟长为4~30m，会严重影响弃渣场坡面绿化工程和弃渣场复垦。

3) 高速公路沿线不良地质结构与环境敏感区

高速公路一般与主要地质构造线呈大角度相交，避开了大规模的地质病害，但在公路沿线地质构造、地形、地貌、岩性综合作用下仍会出现不良地质现象，如局部路段的顺层边坡、软硬互层边坡、高填软弱地基和隧道路段的岩溶、采空区等，在工程建设扰动下极易形成崩塌、滑坡和泥石流，对高速公路建设、运行和沿线安全形成潜在威胁。根据现场调查，重庆市高速公路沿线主要不良地质结构对高速公路水土流失影响及其稳定性特征如表2.6所示。

表2.6 高速公路沿线不良地质结构类型对水土流失影响及其稳定性特征

类型		对水土流失影响	稳定性特征
1 岩层	1-1 岩层组成	风化速度、程度及风化物抗蚀性能	
	1-2 顺向岩层	易形成天然滑动面	岩性、风化速度、程度
	1-3 软硬互层	岩石风化物、破碎物易导致崩塌、泥石流	岩层倾向、倾角与人工边坡倾向、坡角之间的关系
	1-4 破碎岩层	提供碎屑物质	岩层破碎速度、程度
2 地基	2-1 填筑地基	基础不均匀沉降、变形	地基承载力和荷载分析 自由膨胀率，高压缩性
	2-2 易滑地基	基础滑动	
	2-3 软弱地基	特殊岩性土(低液限黏土、膨胀性土)	

续表

类型	对水土流失影响	稳定性特征
3 崩塌	施工建设导致的诱发性崩塌	斜坡稳定性分析
4 滑坡	施工建设导致的诱发性滑坡	滑坡稳定系数
5 泥石流	施工建设导致的诱发性泥石流	固体碎屑物质，水力、重力条件，沟道特征

　　高速公路建设中路基深挖高填、隧道和桥梁施工不仅对地表造成彻底破坏，而且对基岩造成强烈扰动，岩层的构造包括岩层物质组成、岩性、倾向及岩层结构面组合特征（王哲等，2004），通过岩石风化速度、程度和破碎度影响崩塌的规模，通过废弃岩土碎屑物质松散系数直接影响弃渣场的面积、弃渣高度、边坡角及整体稳定性和沉降特性。对西南地区高速公路边坡岩体结构特征的研究表明（王哲等，2004），边坡因软硬岩层组合方式不同，其稳定性差异很大；反向边坡的失稳概率随岩层倾角增大而增大，顺向边坡失稳概率随坡角与岩层倾角之差的增大而增大，在岩层倾角大于 60°条件下边坡失稳概率明显下降。

　　根据现场调查，高速公路沿线环境敏感区主要有河沟（流）、工矿采空区、居民区、水库、工厂 5 类（表 2.7），河沟（流）是天然的地表径流汇集通道，据调查，80%以上弃渣堆放在沟道中，在堆放前进行的斜坡稳定性分析和沟道形成泥石流危险性评价是预防泥石流发生的主要措施。此外由于受地形、运距和经济因素限制，对于堆放在河滩地的弃渣，为保证河流行洪安全和减少河流泥沙含量，必须进行弃渣堆放位置的水文计算，确保弃渣场位置在设计洪水位之上。

表 2.7　高速公路沿线环境敏感区类型

类型	对水土流失影响	主要敏感因子
1 河沟（流）	弃渣为泥石流形成提供大量固体碎屑物质，弃渣进入河道，影响河流行洪安全	沟道形成泥石流危险性评价，边坡稳定性分析，弃渣堆放位置的水文计算
2 工矿采空区	塌陷	施工工艺对地面、岩层扰动强度，地基荷载平衡分析
3 居民区	建筑、道路等安置活动引起二次人为侵蚀	生产生活行为管理，防止二次人为侵蚀和污染
4 水库	水质污染	水源涵养、弃渣毒性物质分析
5 工厂	粉尘、噪声影响高速公路运行环境舒适度	绿色屏障的空间隔离程度

　　从经济方面考虑，高速公路某些路段通过居民区，合理规划需要移民的规模及安置方式是防止造成二次人为侵蚀和污染的关键因素，在高速公路建设中一般坚持就地分散安置的原则，不再新建居民区和道路。工矿采空区对高速公路水土流失造成的影响主要是由地基荷载不平衡而导致地面塌陷，属特殊工程侵蚀类型。对高速公路所经过的水库水源涵养区，以维护和恢复原来水土保持植物种类和结构为基本原则，对于高速公路沿线工厂区则通过建立绿色隔离带的方式消除不良作用。

2.2.3　煤矿工程侵蚀环境

1) 煤矿工程建设中的侵蚀环境

煤矿工程建设土壤侵蚀动力系统包括人为再塑作用、重力作用、水力作用，其中以高强度人为再塑作用为主，重力、水力为叠加动力条件。在矿区生产建设活动中，人为扰动、挖取、堆垫等施工活动在短期内改变了矿区中小尺度地形地貌，改变了原区域土壤侵蚀发展过程，同时破坏岩土层稳定，改变自然条件下水循环系统。煤矿区水土流失就是由人为扰动地面或堆置废弃物而造成的岩土废弃物混合搬运迁移和沉积，导致水土资源破坏和损失，从而导致土地生产力下降甚至完全丧失。煤矿新地貌按再塑作用可分为挖损地貌、堆垫地貌、塌陷地貌(李文银等，1996)，主要地貌单元为矸石山，其次是塌陷区。煤炭开采主要方式为露天开采和井工开采，露天开采剥离覆盖矿产的岩土体，其占地面积大，扰动土壤和岩层严重，不仅形成大面积采掘场，而且产生的大量弃土(石、渣)无序堆放会加剧水土流失。井工开采通过井筒和地下巷道进行地下开采，在开挖扰动原地貌的同时还会形成大面积沉陷地表，破坏土地资源，影响地表水和地下水循环系统。煤炭开采扰动地貌单元的水土流失类型及形式如图 2.4 所示。

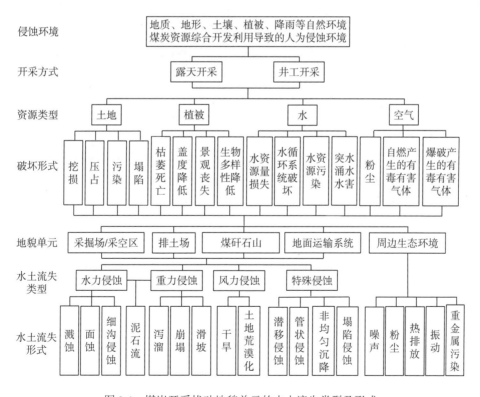

图 2.4　煤炭开采扰动地貌单元的水土流失类型及形式

煤矿工程建设的人为水土流失特征主要表现如下。①除水力、重力等自然侵蚀动力外，高强度的开挖、扰动、压占等人为侵蚀动力更加显著，爆破和机械振动等矿山人为活动所诱发的崩塌、滑坡、建筑物破坏等现象频发，煤矿区土壤侵蚀、植被损毁、水资源破坏、空气污染等均与煤炭资源开采强度、范围等关系密切。露天开采占地面积大，对水资源和周边空气质量影响范围大，煤矸石自燃产生的 SO_2、CO、NO 和矿山爆破产生的 CO、NO、NO_2、H_2S 等气体会严重影响矿区周边生态环境。②煤炭开采深度由地表、浅层岩体向深部地层发展，土壤侵蚀对象也由表层土壤转变为深层岩土，采掘场边坡、排土场平台—边坡系统、煤矸石山、地面运输系统(矿区道路)都是容易发生土壤侵蚀的扰动地貌单元，以排土场土壤侵蚀最为严重。③井工开采会引起岩土体应力变化，导致周围岩层发生复杂的移动变形，产生塌陷侵蚀。塌陷侵蚀的出现位置、程度及地裂缝数量、范围取决于采空区面积和工作面推进方向、位置，与主体工程的施工进度有关。④煤炭开采对周边生态环境影响较大，矿山爆破产生的噪声、粉尘、热排放、振动，运输过程产生的噪声、粉尘，排土场、煤矸石山和井工开采对土地资源和水资源产生重金属污染等，均会严重影响矿区周边生态环境，直接威胁作业劳动者和周边居民健康和安全。

2) 露天开采和井工开采的水土流失特征对比

露天开采工程的人为水土流失特征主要表现如下。①露天开采导致的水土流失具有面积广的特征。露天开采会破坏植被、降低植被盖度、扰动岩土体，降低土壤抗侵蚀能力，破坏生态环境。露天开采产生大量的弃土弃渣，会压占和破坏现有耕地、林地或草地等自然地貌，丧失地表全部植被，造成生态景观的损失。②露天开采所导致的水土流失具有强度大的特征。在降雨及径流作用下，排土场水力侵蚀和重力侵蚀频发，细沟、浅沟、切沟侵蚀发育严重，降雨会诱发排土场滑坡和泥石流等水土流失次生灾害(Shao et al.，2016)，不仅是露天煤矿新增水土流失的主要策源地，而且严重威胁矿区生态环境和人身安全。③露天开采导致的水土流失具有持续时间长的特征。露天开采长达数十年，在此期间煤矿区水土流失伴随出现，且水土流失强度较大，尽管采取了土地复垦与植被恢复等措施，但紧实土壤会限制植被根系穿插，影响植被生长发育，相关研究表明，原地貌土壤植物根系穿透阻力为 $2.13\sim6.21kg/cm^3$，而排土场平台植物根系穿透阻力高达 $30\sim60kg/cm^3$(白中科等，1998)。

井工开采工程的人为水土流失特征主要表现如下。①井工开采会形成大面积塌陷地，是水土流失和生态退化的主要区域。井工开采会引起周围岩体变形、移动、错位，形成大面积的塌陷地，改变下垫面土壤抗侵蚀能力，破坏地下水系，影响作物生长，进而造成区域土壤侵蚀和植被退化(李树志，2014)。②地裂缝是塌陷区最为常见的破坏形式。地裂缝不仅造成地表径流渗漏，大量土壤养分流失，还会增加水力侵蚀和重力侵蚀发生的可能性。地裂缝不仅降低土壤质量，加剧土壤沙化，还增加土壤理化性质的空间变异程度，改变区域水分再分布特征，进而影响塌陷地植被恢复与重建。③井工开采的土壤侵蚀强度极大。井工开采最高可导致 88% 土地发生不同程度的塌陷，其土壤侵蚀模数高达 $4335.64t/(km^2\cdot a)$，为中度侵蚀(白中科等，2006)，土壤侵蚀类型以水力侵蚀、重力侵蚀和风力侵蚀为主，其中风力侵蚀强度与塌陷年限关系密切。

3) 矸石山和塌陷区的土壤侵蚀特征

(1) 矸石山失稳，发生滑坡、坍塌、泥石流等地质灾害。矸石山一般采用顺沟填筑方式进行堆积，边坡角一般为自然堆积角，为 38°～40°，很容易出现滑坡。重庆矿区主要分布在紫色页岩、石灰岩发育地带，受岩溶地貌影响显著；同时煤矸石具有孔隙大、结构松散、持水性差等特性(倪含斌，2009；魏忠义等，2010)，在未采取任何植被措施或其他生物措施前，矸石山呈现不稳定性特征。在重庆强降雨条件下，随着矸石堆积对原地表径流汇流途径的改变，水土流失加剧，矸石山坡面将产生泻溜、滑塌等重力侵蚀，还极有可能发生泥石流灾害。

(2) 随着矸石山堆积年限增加，其表面风化程度逐渐增大。经搬运扰动的母岩成土速率约为 12 318.9t/(km²·a)，是未扰动母岩的 10 倍，随着土层加厚，母岩表面水热变化越弱，从而母岩风化越慢，但植物能加速成土作用，土层厚度增加可使堆积体植物覆盖度及种类随之增加，故矸石山成土速率整体呈递增趋势(刘刚才等，2008)。调查表明，2 年废弃矸石山植被覆盖度不足 2%，废弃 5 年的矸石山植被覆盖度不足 15%，且分布的均为耐贫瘠的草类，5 年以上废弃矸石山植被覆盖度逐渐增加，且开始生长一些小灌木，土壤条件得到改善，同时这些植物对侵蚀动力的缓冲作用可使矸石山土壤侵蚀程度减小(郭秀荣，2006)。

(3) 地表塌陷缓慢发展，导致坡度较原有地貌增大，从而更易引发滑坡、崩塌等地质灾害，危害矿区安全，加剧水土流失。我国采煤沉陷区总面积高达 6 万 km²，主要集中在山西省、陕西省、贵州省、内蒙古自治区、山东省等地区，预计影响 0.45 万 km² 建设用地和 2 万 km² 耕地(李佳洺等，2019)。

2.3　生产建设项目土壤侵蚀特征

2.3.1　施工活动作用

由人类活动引起的各种侵蚀过程被称为人为侵蚀，包括破坏植被引发的侵蚀、开发建设项目侵蚀、耕作侵蚀(吴发启和张洪江，2012)。人为加速侵蚀指人们不合理地利用自然资源(如滥伐森林、陡坡开垦、过度放牧、过度樵采)和不合理的生产建设活动(如开矿、采石、修路、建房及其他工程建设)等造成的人为侵蚀。根据对原地貌土壤、植被和水文循环的扰动强度，人为扰动活动可分为地基开挖、边坡开挖、弃土弃渣堆积、地面碾压、植被清除等。当项目区占地面积足够大时会对区域生态系统服务功能造成影响。生产建设项目强烈的人为扰动活动破坏了大量地表植被及土地资源，同时其大量的开挖堆垫活动形成了特殊人为地貌单元，包括工程堆积体、人工边坡、硬化地面等。各种生产建设项目对土壤、植被和微地形等的影响如表 2.8 所示。

表 2.8　施工活动对生产建设项目不同扰动地貌单元的作用特征

项目区及扰动地貌类型		工艺类型	土壤			岩石			开挖深度			植被			微地形变化/m						
			质地	结构	养分	浅层基岩	深层基岩	母质	浅	中	深	覆盖度	格局	种类	[−20,−10)	[−10,−5)	[−5,0)	0	(0,+5)	[+5,+10)	[+10,+20)
城镇建设	地基	挖掘机、推土机	○	⊕	◎	●	◎	⊕	●	⊙	⊙	◎	◎	◎	⊙	●	●	●	⊕	○	○
	硬化路面	压路机、运输车	●	●	⊕	—	—	—	—	—	—	●	●	●	—	—	●	—	●	—	—
	人工边坡	空压机、推土机	○	⊙	○	●	○	○	⊙	⊙	○	⊙	⊙	⊙	⊙	⊕	●	●	●	●	○
	工程堆积体	自卸汽车、推土机	●	●	○	—	—	○	◎	◎	◎	◎	◎	◎	⊙	—	●	●	●	●	●
	绿化带	挖填平整栽植	●	⊕	⊕	—	—	●	●	●	●	●	●	●	●	●	●	—	●	●	—
高速公路	工程堆积体	自卸汽车、推土机	○	○	●	—	—	⊙	●	⊙	⊙	●	◎	◎	⊙	⊕	◎	●	●	●	●
	人工边坡	空压机、推土机	○	⊙	●	○	—	⊙	⊙	⊙	⊙	⊙	⊙	⊙	⊙	⊕	◎	⊙	○	○	—
	硬化路面	压路机、运输车	○	⊙	◎	●	—	⊙	⊙	⊙	⊙	⊙	⊙	⊙	⊙	⊕	◎	●	◎	—	—
	采石场	钻孔机、爆破工艺	●	●	●	—	●	⊕	●	●	●	●	●	◎	●	●	●	●	●	●	—
	取土场	挖掘机、推土机	—	◎	◎	—	◎	●	●	●	●	●	●	◎	⊙	—	●	●	●	○	—
水利工程	工程堆积体	自卸汽车、铲土车	○	●	●	—	⊙	—	—	—	●	●	●	●	⊙	⊕	●	●	●	●	●
	人工边坡	推土机、挖掘机	○	●	●	○	⊙	⊙	●	●	⊙	⊙	⊙	⊙	⊙	⊕	●	◎	⊙	○	—
	硬质道路	自卸汽车、压路机	●	●	◎	●	○	⊕	●	⊙	⊙	⊕	⊕	⊕	⊕	⊕	●	●	◎	—	—
	采石场	爆破、装载机、汽车	●	●	●	—	—	●	●	●	●	●	◎	◎	●	⊕	●	●	●	●	—
	岸坡	重工泵车、压路机	●	●	●	○	—	—	●	●	●	●	⊙	⊕	⊙	●	●	●	●	○	—
煤矿工程	煤矸石山	注浆灭火、汽车	○	○	○	○	○	○	●	●	●	●	◎	◎	⊙	●	●	●	●	●	●
	排土场	自卸汽车、推土机	●	●	●	●	●	●	●	●	●	●	●	●	⊙	●	●	●	●	●	—
	露天采掘场	爆破工艺、钻孔机	●	●	●	—	—	●	●	●	●	●	◎	⊕	●	●	●	●	●	●	—
	硬质道路	自卸汽车、压路机	●	●	◎	●	○	⊕	●	●	⊙	⊕	⊕	⊕	⊕	●	●	◎	◎	●	—
	尾矿库	自卸汽车、铲运机	●	●	●	—	—	⊕	—	●	●	●	●	●	●	●	●	●	—	—	—

注：①—无影响，○轻度影响，⊙中度影响，◎极强度影响，●剧烈影响，⊕强度影响；②微地形中"+"表示高于原地形，"0"表示跟原地形高度一样，"—"表示低于原地形。

开挖和堆放扰动指生产建设过程中由于基础开挖和边坡开挖等施工活动形成裸露地表及挖方边坡，挖方边坡应采取截排水工程将坡面雨水排至安全地带，确保边坡稳定；同时坡面种植灌木和草本植物，减轻水力侵蚀发育过程。工程堆积体多为弃土弃渣堆放形成的土石混合体，多为圆台状堆放，因结构松散且与堆放原地面之间存在人工形成的软弱面，极易发生泻溜、滑坡等重力侵蚀。在天然岩层中也常常存在软弱结构面(层面、软弱夹层、断层面、节理面、劈裂面等)，软弱结构面的内摩擦角 φ 和黏聚力 C 都显著减小，因此极易形成破裂面而发生块体运动，各岩层力学性质如表 2.9 所示。

表 2.9　岩层力学性质

岩层	抗压强度/ (kg/cm²)	黏聚力 C/ (kg/cm²)	内摩擦角 /(°)	天然状态		饱和状态	
				黏聚力 C/ (kg/cm²)	内摩擦角 /(°)	黏聚力 C/ (kg/cm²)	内摩擦角 /(°)
上侏罗统砂岩	1500~1800	91~100	55~58	0.8	29	0.6	26
上三叠统砂岩	1600~1850	95~120	58~60	—	—	—	—
中侏罗统泥岩	520	25	48	0.43	20	0.3	18
中三叠统泥灰岩	500~850	40	57	0.6	27	0.5	23
下三叠统灰岩	450~1700	115~135	55~60	0.15	29	0.11	27
下三叠统页岩	垂直层理	2.2~3.1	40~42	—	—	—	—
下三叠统页岩	平行层理	1.0~1.2	23~25	—	—	—	—
灰岩间泥岩夹层	—	—	—	0.8	22	0.6	20

碾压硬化扰动指生产建设项目在建设过程中，施工车辆碾压临时道路、施工材料临时堆存占压土地，导致施工建设区的临时占地地表土壤结构破坏，施工完成后土地生产力下降。碾压扰动主要针对生产建设项目建设过程中除永久占地以外需要临时占用的土地，而对其造成的扰动，应采用临时覆盖进行防护，施工结束后进行植被恢复。

2.3.2　土壤侵蚀营力

我国土壤侵蚀分布遵循地带性规律，区域水热组合条件对各种土壤侵蚀类型空间分布的影响如图 2.5(a) 所示。在年降雨量小于 750mm 区域，土壤侵蚀量随年降雨量增加而急剧增大，降雨的径流冲刷作用大于植被的侵蚀消减作用；在年降雨量大于 750mm 区域，植被存在与否对土壤侵蚀量影响显著，自然植被一旦被清除，土壤侵蚀量近乎线性增大[图 2.5(b)]。

与自然条件下土壤侵蚀过程相比，生产建设项目土壤侵蚀过程具有人为扰动叠加自然因素的特点(图 2.6)。根据对土壤、母岩和基岩的扰动强度，生产建设项目人为水土流失的土壤侵蚀营力依次为施工活动、重力和项目所在地主导侵蚀营力；各种施工活动造成的扰动地貌单元为先导营力，项目区所在地的水力、风力作用于各种扰动地貌单元，工程堆积体侵蚀营力为重力叠加水力或风力；人为水土流失形式主要表现为对项目区的土体(土壤理化性质恶化、土壤—母质—基岩层次结构混乱)破坏、水损失(地表水、地下水、水循环系统)，暴雨诱发条件下的工程堆积体人为崩塌、人为滑坡、人为泥石流等，项目区下垫面改变可加剧区域性洪涝灾害频次和程度。

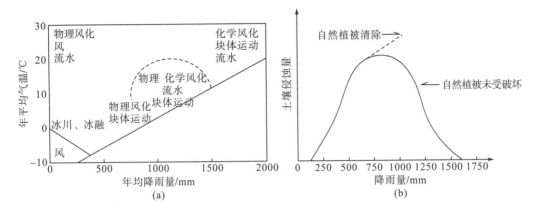

图 2.5 土壤侵蚀类型与水热条件的关系(吴发启和张洪江,2012)

图 2.6 坡面风化

生产建设项目区人为水土流失具有以下几个主要特征。

(1)项目区下垫面物质组成复杂,土壤侵蚀对象为土壤、母质及基岩块石组成的无层次混合物。与原地面相比,土石混合体特殊性主要表现在物质组成和压实程度差异性两方面。原地面土壤质地如图 2.7 所示,生产建设项目土石混合物的物质组成分类可采用"工程土"标准(表 2.10)。

生产建设项目工程堆积体作为人为水土流失最为严重的地貌单元,是一种典型的由土壤、不同粒径碎石以不同比例组成的松散土石混合物(图 2.8)。由于土石混合体各组分在外力荷载作用下有着很大差异,同时其又存在着极其复杂的相互作用,所以这种岩土材料与原地貌土壤或均质岩土体存在较大差别。

研究表明,在城镇化建设中,不同人为活动对土壤压实程度具有显著影响,压实土壤较原土壤存在明显土壤物理性退化。在城市中,建筑材料堆放、重型机械作业、交通车辆和行人践踏等行为直接导致城市土壤压实现象;不同人为活动可代表不同水平干扰强度,这些人为压实行为导致土壤自然结构变形,土粒团聚体的孔隙体积缩小、孔隙结构变化甚至坍塌,土壤紧实度增加,透水透气性能下降,从而形成较天然土壤更大的容重,土壤紧实度相应增加,植物根系穿透性阻力增大。

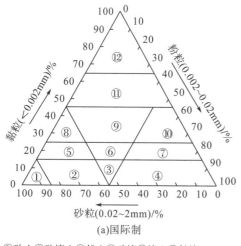

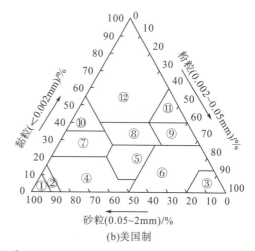

(a)国际制　　　　　　　　　　　　　　　　(b)美国制

①砂土②砂壤土③粉土④砂壤⑤壤土⑥粉壤　　①砂土及砂壤土②砂壤③壤土④粉壤⑤砂黏壤⑥黏壤
⑦砂黏壤⑧黏壤⑨粉黏壤⑩砂黏土⑪粉黏土⑫黏土　⑦粉黏壤⑧砂黏土⑨壤黏土⑩粉黏土⑪黏土⑫重黏土

图 2.7　土壤质地图

表 2.10　生产建设项目土石混合物的物质组成分析

粒径分级/mm	粒组划分		粒组统称
>200	漂石(块石)组		巨粒组
60~200	卵石(碎石)组		
20~60	粗砾		
5~20	中砾	砾粒(角砾)	
2~5	细砾		粗粒组
0.5~2	粗砂		
0.25~0.5	中砂	砂粒	
0.075~0.25	细砂		
0.005~0.075	粉粒		细粒组
≤0.005	黏粒		

注：《土工试验手册》(2003)中工程土分类。

(a)紫色土物质组成　　　　　　　　　　　(b)黄壤物质组成

图 2.8　松散堆积体物质组成

(2)生产建设项目人为水土流失不具有地带性规律，以重力侵蚀类型为主。生产建设项目土壤侵蚀类型不具有地带性规律，与扰动地貌单元关系密切，如工程堆积体因堆放在斜坡、凹地、近水边、沟道等地点，在原生水力侵蚀耦合作用下，可能发生斜坡失稳、人为滑坡、人为泥石流等土壤侵蚀形式。各种扰动地貌单元对项目区的水力、风力等侵蚀营力具有强化或削弱作用，因此生产建设项目人为水土流失表现为重力—水力复合型、重力—风力复合型。

(3)生产建设项目水土流失强度大，发生时间与自然侵蚀营力不具同步性，不同扰动地貌单元水沙汇集方向与原坡面—沟道系统不同。生产建设项目主体工程在建设运行期，都存在着开挖/堆垫边坡、压实地面、修建临时截排水系统、形成大量工程堆积体等各种扰动地貌类型，其水土流失发生时期与施工进度关系密切；人为水土流失主要分布在项目区，潜在人为滑坡、人为崩塌、人为泥石流可能发生在项目区以外或更远的周边地区，其水土流失强度与自然侵蚀营力季节分布并无直接相关性。

(4)生产建设项目水土流失危害严重，具有潜在性和激发性。各种生产建设项目在建设和运行中，都存在着大量剥离表土、破坏或清除地表植被、强烈扰动和压实地面，对地表径流及地下水循环系统改变具有潜在性，对项目区原有水土保持生态服务功能产生巨大影响，由大量松散土石混合物组成的工程堆积体，在暴雨、大风等极端气候条件激发下，存在严重的人为滑塌、人为泥石流发生危险性，也是风力侵蚀区沙尘的重要来源之一。

(5)生产建设项目水土流失强度、程度、危害与施工工艺和地质地貌密切相关。不同生产建设项目类型其施工工艺差别很大，这决定了其水土流失强度、程度及直接影响区范围；如公路、铁路等线性工程对项目区扰动强度相对较小，水土流失发生时期相对短、程度轻，植被恢复时间较短；矿山开采等工程对项目区扰动强度大，水土流失在建设期和生产期都存在，但主要侵蚀类型和形式不同，植被恢复难度大、时间长。

2.3.3　土壤侵蚀形式

1)扰动边坡面蚀

在生产建设项目区，面蚀发生在具有一定坡度的坡面上(图2.9)。如发生在生产建设项目的工程堆积体坡面上，特别是堆积体覆土后经机械碾压，密度大，表面粗糙度小，易

(a)紫色土区　　　　　　　　　　　(b)黄壤区

图2.9　扰动边坡面蚀

产生坡面薄层水流,从而引起面蚀。若覆土薄且与下伏松散岩石结合不良,则会产生砂砾化面蚀,影响其侵蚀方式。在植被恢复不良的废弃地或复垦地上也会发生鳞片面蚀。至于尾矿、煤渣、煤矸石等透水性好的堆积体,则很难产生薄层水流。此外,土质道路边坡和土质坎坡均易发生面蚀。

2) 工程堆积体边坡细沟侵蚀

生产建设区细沟侵蚀主要发生在工程堆积体、复垦坡面(未覆盖植被或植被稀少)和土质边坡(如公路、铁路边坡)上。一般与等高线方向垂直,在坡面上大致平行分布。颗粒较大的坡面细沟较难串通,黄土或其他土类覆盖的坡面,细沟经袭夺后纵横交叉呈网状。取土场、采矿矿坑壁的细沟呈管状。细沟侵蚀强度随坡长的增加而增加,在较长的坡面自上而下可形成轻微冲刷带、较强冲刷带及淤积带(图 2.10)。工程堆积体结构松散,颗粒大小组成变异大,细沟流冲刷有分选作用,上坡部位以细小颗粒搬运为主,越到下坡搬运颗粒越大,致使细沟底和细沟壁呈犬齿状。坡面分异性强,具有显著的不均匀性。细沟流也会发展为浅沟或切沟,且流路基本不变,只是向深向宽扩展,呈 U 形。在较陡工程堆积体坡面,侵蚀沟更为明显,细沟侵蚀非常强烈。

(a)紫色土区　　　　　　　　　　　(b)黄壤区

图 2.10　工程堆积体边坡细沟侵蚀

3) 崩塌与泻溜

生产建设项目人为崩塌多见于扰动岩土层(表层或深层)或弃土弃渣堆放或构筑形成的工程堆积体[图 2.11(a)]。可能失稳因素有人工挖损、固体废弃物堆置、人工边坡构筑、采空塌陷、爆破振动等,破坏了原地貌条件下土壤、岩层的平衡状态。泻溜包括裂隙产生、疏松层形成和泻溜发生 3 个阶段,泻溜形成的岩屑锥或溜砂坡坡角与泻溜物休止角一致,多为 35°~45°。工程建设取土、取石、采矿等活动形成的开挖面在“收缩—膨胀—分裂—脱落”这一循环过程中极易形成泻溜[图 2.11(b)]。

(a)边坡崩塌   (b)开挖面泻溜

图 2.11　崩塌与泻溜

4) 人为滑坡

人为滑坡广泛发生在工程堆积体和开挖面两种扰动地貌单元(图 2.12)。滑动面聚水特性是人为滑坡形成的重要条件,上部透水、下部隔水或上部渗透性大、下部渗透性小,均可为滑坡起动提供条件。松散堆积体滑坡与黏土含量有关,而基岩滑坡与千枚岩、页岩、泥岩、泥灰岩、绿泥石片岩、滑石片岩、碳质页岩、煤及石膏等遇水软化的松软地层有关。地质构造或堆积体下伏层的顺层层面、节理层面、不整合接触面、断层面(带)是否存在,岩层构造的倾向和坡向与滑动方向是否一致,均直接影响滑坡的形成。此外大气降水、地下水位变化、斜坡形态改变、爆破、振动等是人为滑坡发生的诱发因素。如山西平朔安太堡露天煤矿南排土场废弃岩土,坐落在 5°~7°的第四纪黄土和新近纪红黏土基底上,由于破坏了天然排水系统,在相对隔水层上形成饱水塑性软弱层(含水量达 22.29%±4.04%),在 1991 年 10 月 29 日发生巨型滑坡,滑体倾向覆盖最大宽度 245m,滑体垂高 35m,滑体体积 1032 万 m³。

图 2.12　人为滑坡

5) 人为泥石流

人为泥石流的物质来源为各种生产建设活动产生的松散土石物质,开挖、堆垫等活动成为间歇性泥石流复活和新生泥石流形成的直接原因。与自然条件下泥石流分布相比,人为泥石流分布与生产建设项目类型密切相关,矿山开采、机场建设等项目的人为泥石流以人类活动为中心呈放射状分布,而公路、铁路等人为泥石流则呈线状分布;在地形高差、植被盖度、降雨等条件不变的情况下，人为泥石流活动性由弃土弃渣等固体物质补给程度控制。人为泥石流具有类型复杂多样、流体密度大、暴发频率大、破坏力大的特点，在同等水源条件下比自然泥石流暴发概率大得多(图 2.13)。

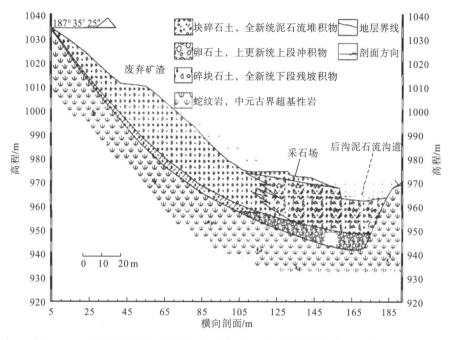

图 2.13　石棉县楠桠河右岸后沟泥石流废弃矿渣横剖面(常鸣和唐川，2014)

6) 垂直侵蚀

　　垂直侵蚀是一种特殊的水力岩土侵蚀形式，指随着土壤水分的下渗，伴随着可溶性矿物质和土壤颗粒在土壤内部垂直向下移动的流失形式(周跃，2004)。垂直侵蚀普遍存在于各种生产建设项目区，通常表现为重力水迁移引起的潜移侵蚀和地下径流引起的管状侵蚀(图 2.14)，常常成为项目区地质灾害、主体工程破坏的诱发因素，并造成复垦区土地严重的水、土、肥流失，直接影响扰动地貌单元的生态修复效果。

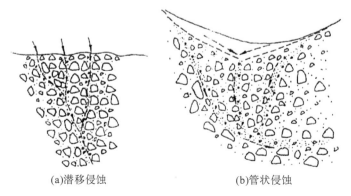

(a)潜移侵蚀　　　　　　　　　　(b)管状侵蚀

图 2.14　潜移侵蚀和管状侵蚀(李文银等，1996)

　　松散堆积体物质组成和土壤理化性质及其水动力条件对垂直侵蚀影响很大，首先工程堆积体土体松紧程度、孔隙状况和板结程度等结构特征(常以土壤密实度反映)为入渗水分提供水流通道。生产建设项目工程堆积体密实度大于原地面土壤。紫色土工程堆积体密实度为 1.38～2.34g/cm³，平均为 1.86g/cm³，而紫色土则为 1.11～1.43g/cm³，平均为 1.27g/cm³。工程堆积体的物质组成以土石混合质为主，大于 2mm 砂粒含量在 59.96% 以上，其疏松多孔的结构含有大量的细小颗粒，为垂直侵蚀的发生提供物质基础。

　　土壤渗透性与垂直侵蚀程度呈明显正相关关系。土壤渗透性越好，地表径流转化为地下径流的速度越快，为垂直侵蚀发生提供动力条件。生产建设项目工程堆积体渗透性大于原地面土壤，紫色土工程堆积体渗透性为 0.51～26.03mm/min，黄壤工程堆积体渗透性为 0.28～12.75mm/min，煤矿堆积体渗透性为 0.88～10.19mm/min，紫色土和黄壤原状土壤渗透性分别为 0.73～5.66mm/min 和 1.81～6.22mm/min。

　　工程堆积体物质结构松散、黏结力差，在自身重力和外力作用下容易在堆积体平台前沿处形成一定宽度、深度的地裂缝(图 2.15)。塑性大的黏性土，一般在地表拉伸变形值超过 6～10mm/m 时才产生裂缝；塑性小的砂质黏土、黏土质砂或岩石，当地表变形值达到 2～3mm/m 时就产生裂缝。地裂缝的出现，可加速崩塌和滑坡等重力侵蚀的发生与发展，并促使堆积体内沿裂缝形成软弱滑动面，降低工程堆积体稳定性。

图 2.15　工程堆积体的地裂缝

2.3.4　工程堆积体与原地貌单元土壤侵蚀模数对比

1. 土壤侵蚀模数对植被覆盖度的响应

1) 自然堆放条件

　　根据野外实地调查，选择自然堆放状态工程堆积体(土体密实度为 1.35g/cm³)为典型工程堆积体形态[堆放前后地面平均坡度分别为 15°、45°，工程堆积体内摩擦角为 35°、

40°(土质)，45°(土石混合质)]，分析不同植被覆盖率变化对工程堆积体土壤侵蚀模数的影响。以原地表植被覆盖率(10%、30%、50%)反映不同堆放位置的条件变化，以堆放后植被覆盖率恢复状态(0、15%、30%)反映工程堆积体在堆放初期(0~0.5a)、中期(0.5~1a)和后期(1~1.5a)的植被恢复状态，在堆放原坡面坡度和工程堆积体边坡特定条件下，分析植被覆盖率对土质和土石质工程堆积体土壤侵蚀模数的影响，基于因子分析法的自然堆放条件下工程堆积体土壤侵蚀模数在 7689.58~25 342.76t/(km²·a) (表 2.11)。

表 2.11 自然堆放条件下不同植被覆盖率的工程堆积体土壤侵蚀模数变化特征

原地貌 M_o/ [t/(km²·a)]	植被覆盖率 C/%		地面平均坡度 a/(°)		土体密实度 ρ/(t/m³)		内摩擦角 φ/(°)	扰动地貌 M_s/ [t/(km²·a)]
	C_o	C_s	a_o	a_s	ρ_o	ρ_s		
6 750	10	0	15	45	1.35	1.8	35	25 342.76
3 250	30	0	15	45	1.35	1.8	35	15 688.37
2 750	50	0	15	45	1.35	1.8	35	18 584.69
6 750	10	15	15	45	1.35	1.8	35	21 541.34
3 250	30	15	15	45	1.35	1.8	35	13 335.12
2 750	50	15	15	45	1.35	1.8	35	15 796.99
6 750	10	30	15	45	1.35	1.8	35	17 739.93
3 250	30	30	15	45	1.35	1.8	35	10 981.86
2 750	50	30	15	45	1.35	1.8	35	13 009.28
6 750	10	0	15	45	1.35	1.8	40	21 147.89
3 250	30	0	15	45	1.35	1.8	40	13 091.55
2 750	50	0	15	45	1.35	1.8	40	15 508.46
6 750	10	15	15	45	1.35	1.8	40	17 975.71
3 250	30	15	15	45	1.35	1.8	40	11 127.82
2 750	50	15	15	45	1.35	1.8	40	13 182.19
6 750	10	30	15	45	1.35	1.8	40	14 803.53
3 250	30	30	15	45	1.35	1.8	40	9 164.09
2 750	50	30	15	45	1.35	1.8	40	10 855.92
6 750	10	0	15	45	1.35	1.8	45	17 745.19
3 250	30	0	15	45	1.35	1.8	45	10 985.12
2 750	50	0	15	45	1.35	1.8	45	13 013.14
6 750	10	15	15	45	1.35	1.8	45	15 083.41
3 250	30	15	15	45	1.35	1.8	45	9 337.35
2 750	50	15	15	45	1.35	1.8	45	11 061.17
6 750	10	30	15	45	1.35	1.8	45	12 421.63
3 250	30	30	15	45	1.35	1.8	45	7 689.58
2 750	50	30	15	45	1.35	1.8	45	9 109.20

选取研究区广泛分布的内摩擦角为40°的土质工程堆积体进行分析，其扰动地貌土壤侵蚀模数在 9164.09~21 148.89t/(km²·a) 变化，工程堆积体土壤侵蚀模数随堆放后植被覆盖率增大而下降 42.86%。工程堆积体扰动前后植被覆盖率的共同作用对土壤侵蚀模数有显著影响，工程堆积体裸露堆放在植被覆盖率为10%的坡面条件下，土壤侵蚀模数达最大值[25 342.76t/(km²·a)]；堆放在植被覆盖率为30%的坡面条件下，土壤侵蚀模数达最小值

[9164.09t/(km²·a)]。对于内摩擦角为35°的土质工程堆积体及内摩擦角为45°的土石混合质工程堆积体，其土壤侵蚀模数呈现相同变化趋势。

由图 2.16 可知，对内摩擦角为 35°的土质工程堆积体进行分析，其土壤侵蚀模数在 10 981.86～25 342.76t/(km²·a)变化。土壤侵蚀模数随原坡面植被覆盖率增加呈先减小后增大趋势，原坡面植被覆盖率在 10%～50%存在一个临界值，其土壤侵蚀模数达到最小值。在内摩擦角相同的条件下，土壤侵蚀模数随工程堆积体植被覆盖率增加呈减小趋势，这表明工程堆积体植被覆盖率增大可减小土壤侵蚀量。随着工程堆积体植被覆盖率增加，表层下渗水分容易向更深层入渗，避免了不透水层表面水分汇集而产生的滑动，有效减小了土壤侵蚀的发生概率。内摩擦角为 40°、45°的土壤侵蚀模数变化与内摩擦角为 35°的有类似变化趋势。在内摩擦角为 45°的条件下，工程堆积体边坡在植被覆盖率相同条件下，不同恢复时期土壤侵蚀模数大小依次为堆放初期(0～0.5a)＞堆放中期(0.5～1a)＞堆放后期(1～1.5a)。其原因在于土石混合质工程堆积体坡面砾石的堆放时间持续，导致堆积体内部空隙逐渐被压实，土壤侵蚀物质来源减少；土石混合质工程堆积体部分裸露砾石可在堆积体表面形成保护层，使土壤侵蚀模数减少。

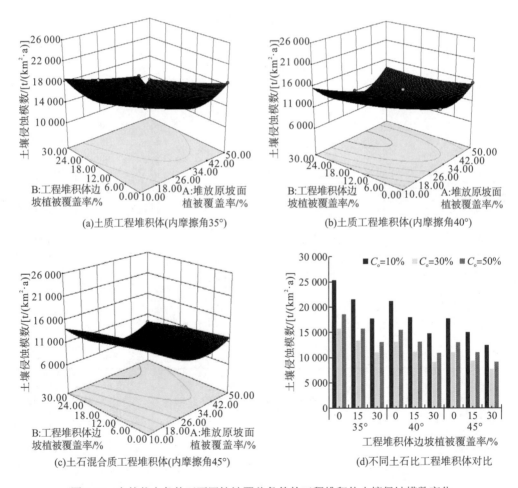

图 2.16　自然状态条件下不同植被覆盖条件的工程堆积体土壤侵蚀模数变化

2）人工压实条件

根据野外调查，人工压实堆放状态工程堆积体的土体密实度为 1.80g/cm³，相应地，基于因子分析法的人工压实条件下工程堆积体土壤侵蚀模数在 6291.48～20 734.98t/(km²·a)（表 2.12）。

表 2.12　人工压实条件下不同植被覆盖率的土壤侵蚀模数变化特征

原地貌 M_o/ [t/(km²·a)]	植被覆盖率 C/%		地面平均坡度 a/(°)		土体密实度 ρ /(t/m³)		内摩擦角 φ /(°)	扰动地貌 M_s/ [t/(km²·a)]
	C_o	C_s	a_o	a_s	ρ_o	ρ_s		
6 750	10	0	15	45	1.35	2.2	35	20 734.98
3 250	30	0	15	45	1.35	2.2	35	12 835.94
2 750	50	0	15	45	1.35	2.2	35	15 205.66
6 750	10	15	15	45	1.35	2.2	35	17 624.74
3 250	30	15	15	45	1.35	2.2	35	10 910.55
2 750	50	15	15	45	1.35	2.2	35	12 924.81
6 750	10	30	15	45	1.35	2.2	35	14 514.49
3 250	30	30	15	45	1.35	2.2	35	8 985.16
2 750	50	30	15	45	1.35	2.2	35	10 643.96
6 750	10	0	15	45	1.35	2.2	40	17 302.82
3 250	30	0	15	45	1.35	2.2	40	10 711.27
2 750	50	0	15	45	1.35	2.2	40	12 688.74
6 750	10	15	15	45	1.35	2.2	40	14 707.40
3 250	30	15	15	45	1.35	2.2	40	9 104.58
2 750	50	15	15	45	1.35	2.2	40	10 785.43
6 750	10	30	15	45	1.35	2.2	40	12 111.98
3 250	30	30	15	45	1.35	2.2	40	7 497.89
2 750	50	30	15	45	1.35	2.2	40	8 882.12
6 750	10	0	15	45	1.35	2.2	45	14 518.79
3 250	30	0	15	45	1.35	2.2	45	8 987.82
2 750	50	0	15	45	1.35	2.2	45	10 647.11
6 750	10	15	15	45	1.35	2.2	45	12 340.97
3 250	30	15	15	45	1.35	2.2	45	7 639.65
2 750	50	15	15	45	1.35	2.2	45	9 050.05
6 750	10	30	15	45	1.35	2.2	45	10 163.15
3 250	30	30	15	45	1.35	2.2	45	6 291.48
2 750	50	30	15	45	1.35	2.2	45	7 452.98

由表 2.12 和图 2.17 可知，人工压实条件下，在内摩擦角相同时，土壤侵蚀模数随着原坡面植被覆盖率增加呈先减小后增加的趋势，在原坡面植被覆盖率 10%～50%存在一个临界值，使得土壤侵蚀量最小，减少土壤侵蚀效果最显著。这主要是因为随着植被覆盖率增加，植物根系具有固持土壤的作用，减小坡面径流携带泥沙含量，从而减小了土壤侵蚀模数。在原地貌植被覆盖率相同的条件下，随着工程堆积体植被覆盖率增加，土壤侵蚀模

数呈减小的趋势，表明增加植被覆盖率可有效地减小土壤侵蚀模数。在内摩擦角为 40°的条件下，在工程堆积体后期(1~1.5a)(堆放后植被覆盖率为 30%)，土壤侵蚀模数达到最小值 7452.98t/(km²·a)；而在内摩擦角为 35°时，在工程堆积体堆放初期(0~0.5a)(堆放后植被覆盖率为 0%)，土壤侵蚀模数达到最大值 20 734.98t/(km²·a)；在内摩擦角为 35°时，土壤侵蚀模数为 8985.16~20 734.98t/(km²·a)；在内摩擦角为 40°时，土壤侵蚀模数为 7497.89~17 302.82t/(km²·a)；在内摩擦角为 45°时，土壤侵蚀为 6291.48~14 518.79t/(km²·a)。

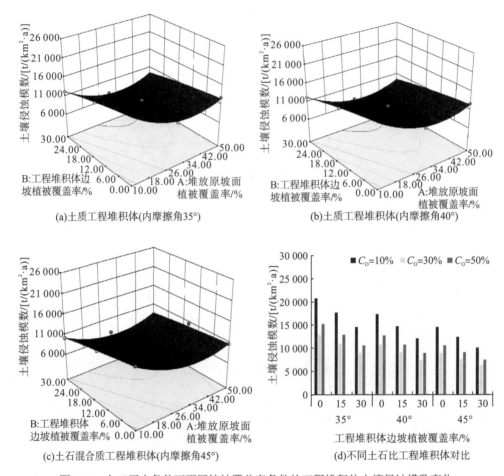

图 2.17　人工压实条件下不同植被覆盖率条件的工程堆积体土壤侵蚀模数变化

对内摩擦角为 40°的土质工程堆积体进行分析，人工压实条件下，在原地貌植被覆盖率相同时，随着工程堆积体边坡植被覆盖率增加，土壤侵蚀模数减小，工程堆积体边坡植被覆盖率与土壤侵蚀模数呈负相关关系，原地貌植被覆盖率与土壤侵蚀模数呈函数关系。

2. 土壤侵蚀模数对坡度的响应

1) 自然堆放条件

根据野外调查，以自然堆放状态工程堆积体[土体密实度为 1.35g/cm³，堆放前后植被覆盖率分别为 30%、15%，工程堆积体内摩擦角分别为 35°、40°（土质），45°（土石混合质）]为典型工程堆积体堆放形态，分析堆放地点坡度变化对工程堆积体土壤侵蚀模数的影响。以原地面平均坡度（5°、15°、35°）反映不同堆放地点，以堆放后地面平均坡度（35°、45°、55°）反映工程堆积体堆放后坡面变化特点，基于因子分析法的结果如表 2.13 所示。

表 2.13　自然状态下不同坡度条件的工程堆积体土壤侵蚀模数变化特征

原地貌 M_o/ [t/(km²·a)]	植被覆盖率 C/%		地面平均坡度 a/(°)		土体密实度 ρ /(t/m³)		内摩擦角 φ /(°)	扰动地貌 M_s/ [t/(km²·a)]
	C_o	C_s	a_o	a_s	ρ_o	ρ_s		
2 750	30	15	5	35	1.35	1.8	35	11 283.56
3 250	30	15	15	35	1.35	1.8	35	11 531.18
5 250	30	15	35	35	1.35	1.8	35	13 656.67
2 750	30	15	5	45	1.35	1.8	35	13 155.98
3 250	30	15	15	45	1.35	1.8	35	13 335.12
5 250	30	15	35	45	1.35	1.8	35	16 064.70
2 750	30	15	5	55	1.35	1.8	35	15 678.69
3 250	30	15	15	55	1.35	1.8	35	15 547.98
5 250	30	15	35	55	1.35	1.8	35	18 627.28
2 750	30	15	5	35	1.35	1.8	40	9 415.85
3 250	30	15	15	35	1.35	1.8	40	9 622.48
5 250	30	15	35	35	1.35	1.8	40	11 396.14
2 750	30	15	5	45	1.35	1.8	40	10 978.34
3 250	30	15	15	45	1.35	1.8	40	11 127.82
5 250	30	15	35	45	1.35	1.8	40	13 405.59
2 750	30	15	5	55	1.35	1.8	40	13 083.47
3 250	30	15	15	55	1.35	1.8	40	12 974.40
5 250	30	15	35	55	1.35	1.8	40	15 544.00
2 750	30	15	5	35	1.35	1.8	45	7 900.83
3 250	30	15	15	35	1.35	1.8	45	8 074.22
5 250	30	15	35	35	1.35	1.8	45	9 562.50
2 750	30	15	5	45	1.35	1.8	45	9 211.92
3 250	30	15	15	45	1.35	1.8	45	9 337.35
5 250	30	15	35	45	1.35	1.8	45	11 248.63
2 750	30	15	5	55	1.35	1.8	45	10 978.34
3 250	30	15	15	55	1.35	1.8	45	10 886.81
5 250	30	15	35	55	1.35	1.8	45	13 042.97

选取研究区广泛分布的内摩擦角为 40° 的土质工程堆积体进行分析，其扰动地貌土壤侵蚀模数在 9415.85～15 544.00t/(km²·a) 变化。在堆放坡度相同的条件下，土壤侵蚀模数随工程堆积体边坡坡度增大而上升，堆放坡度为 5° 时，土壤侵蚀模数随工程堆积体边坡坡度增加程度最大。在工程堆积体边坡坡度相同条件下，土壤侵蚀模数随堆放坡度的增大而上升，工程堆积体边坡坡度为 45° 时，土壤侵蚀模数随堆放坡度增加程度最大。工程堆

积体堆放在 35°坡面、边坡坡度为 55°时,土壤侵蚀模数达最大值[15 544t/(km²·a)];堆放在 5°坡面、边坡为 35°时,土壤侵蚀模数为最小值[9416t/(km²·a)]。内摩擦角为 35°土质及内摩擦角为 45°土石混合质工程堆积体具有相同趋势。

由图 2.18 可知,内摩擦角为 35°的土质工程堆积体土壤侵蚀模数在 11 284~18 627t/(km²·a)变化,40°土质工程堆积体土壤侵蚀模数在 9416~15 544t/(km²·a)变化。当内摩擦角为 40°时,在相同堆放坡度的条件下,堆放后工程堆积体不同边坡坡度的土壤侵蚀模数大小为 55°>45°>35°。其原因为:①由于坡度与径流、土壤侵蚀模数呈正相关关系,坡度越大,坡面径流越大,土壤侵蚀模数也越大;②坡度越大,坡面土体所受到的下滑力越大,坡面径流的流速增大,其挟带泥沙量增加,侵蚀潜力增加。当内摩擦角为 35°、40°时,在相同堆放坡度的条件下,堆放后工程堆积体不同边坡坡度的土壤侵蚀模数有相同的变化趋势。内摩擦角为 45°的土质工程堆积体土壤侵蚀模数为 7901~13 043t/(km²·a)。在内摩擦角相同、工程堆积体坡度相同的条件下,堆放坡度越小则土壤侵蚀模数越小;在内摩擦角相同、堆放坡度相同的条件下,工程堆积体堆放前的坡度越小则土壤侵蚀模数越小。综上表明,土壤侵蚀量与坡度呈正相关。

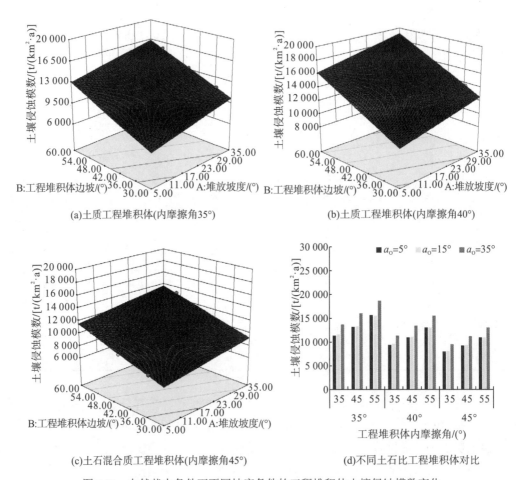

(a)土质工程堆积体(内摩擦角35°)　　　　　(b)土质工程堆积体(内摩擦角40°)

(c)土石混合质工程堆积体(内摩擦角45°)　　　　　(d)不同土石比工程堆积体对比

图 2.18　自然状态条件下不同坡度条件的工程堆积体土壤侵蚀模数变化

2) 人工压实条件

以人工压实堆放状态工程堆积体[土体密实度为 1.80g/cm³，堆放前后植被覆盖率分别为 30%、15%，工程堆积体内摩擦角分别为 35°、40°(土质)，45°(土石混合质)]为典型工程堆积体堆放形态，分析堆放地点坡度变化对工程堆积体土壤侵蚀模数的影响。以原地面平均坡度(5°、15°、35°)反映不同堆放地点，以堆放后地面平均坡度(35°、45°、55°)反映工程堆积体堆放后坡面变化特点，基于因子分析法的分析结果如表 2.14 所示。

表 2.14　人工压实条件下不同坡度条件的工程堆积体土壤侵蚀模数变化

原地貌 M_o/ [t/(km²·a)]	植被覆盖率 C/%		地面平均坡度 a/(°)		土体密实度 ρ/(t/m³)		内摩擦角 φ/(°)	扰动地貌 M_s/ [t/(km²·a)]
	C_o	C_s	a_o	a_s	ρ_o	ρ_s		
2 750	30	15	5	35	1.25	1.80	35	9 232.00
3 250	30	15	15	35	1.25	1.80	35	9 434.60
5 250	30	15	35	35	1.25	1.80	35	11 173.64
2 750	30	15	5	45	1.25	1.80	35	10 763.99
3 250	30	15	15	45	1.25	1.80	35	10 910.55
5 250	30	15	35	45	1.25	1.80	35	13 143.85
2 750	30	15	5	55	1.25	1.80	35	12 828.02
3 250	30	15	15	55	1.25	1.80	35	12 721.07
5 250	30	15	35	55	1.25	1.80	35	15 240.51
2 750	30	15	5	35	1.25	1.80	40	7 703.88
3 250	30	15	15	35	1.25	1.80	40	7 872.94
5 250	30	15	35	35	1.25	1.80	40	9 324.12
2 750	30	15	5	45	1.25	1.80	40	8 982.28
3 250	30	15	15	45	1.25	1.80	40	9 104.58
5 250	30	15	35	45	1.25	1.80	40	10 968.21
2 750	30	15	5	55	1.25	1.80	40	10 704.66
3 250	30	15	15	55	1.25	1.80	40	10 615.42
5 250	30	15	35	55	1.25	1.80	40	12 717.82
2 750	30	15	5	35	1.25	1.80	45	6 464.32
3 250	30	15	15	35	1.25	1.80	45	6 606.18
5 250	30	15	35	35	1.25	1.80	45	7 823.86
2 750	30	15	5	45	1.25	1.80	45	7 537.02
3 250	30	15	15	45	1.25	1.80	45	7 639.65
5 250	30	15	35	45	1.25	1.80	45	9 203.42
2 750	30	15	5	55	1.25	1.80	45	8 982.28
3 250	30	15	15	55	1.25	1.80	45	8 907.39
5 250	30	15	35	55	1.25	1.80	45	10 671.52

对紫色丘陵区工程堆积体进行野外调查，工程堆积体多堆放在 5°、15°、35°的自然坡面上，堆放后工程堆积体边坡以 35°、45°、55°为主，因此选择在堆放前后植被覆盖率一

定条件下，分析坡度对土质和土石质工程堆积体土壤侵蚀模数的影响。如图 2.19 所示，人工压实堆放条件下工程堆积体土壤侵蚀模数在 6464.32～15 240.51t/(km²·a) 变化。在内摩擦角和堆放边坡相同的条件下，土壤侵蚀模数随着工程堆积体堆放前原地貌坡度的增加而增大，其中工程堆积体堆放坡度在 5°与 35°的土壤侵蚀模数变化不明显，而 15°与 45°的土壤侵蚀模数变化显著。在内摩擦角和堆放坡度相同时，土壤侵蚀模数随着堆放边坡增加而增加，工程堆积体堆放的坡度与土壤侵蚀模数呈正相关关系。内摩擦角为 35°土质及内摩擦角为 45°土石混合质工程堆积体具有相同趋势。在内摩擦角为 35°时，土壤侵蚀模数为 9232.00～15 240.51t/(km²·a)，内摩擦角为 40°时土壤侵蚀模数为 7703.88～12 717.82t/(km²·a)，内摩擦角为 45°时土壤侵蚀模数为 6464.32～10 671.52t/(km²·a)。工程堆积体堆放在 35°坡面、边坡坡度为 55°时，土壤侵蚀模数达最大值 15 240.51t/(km²·a)；堆放在 5°坡面、边坡坡度为 30°时，土壤侵蚀模数达最小值 6464.32t/(km²·a)。

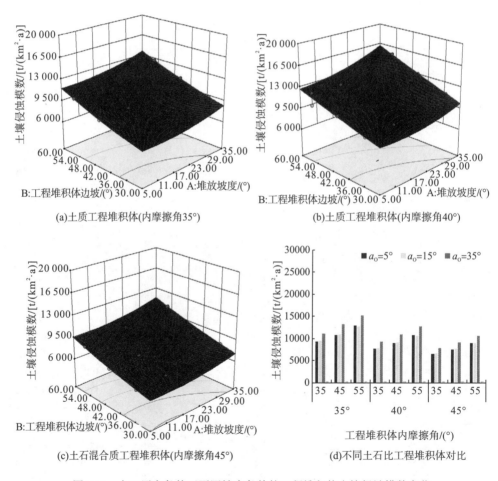

图 2.19   人工压实条件下不同坡度条件的工程堆积体土壤侵蚀模数变化

3. 土壤侵蚀模数对比

由图 2.20 可知，相同植被条件下，内摩擦角为 40°的工程堆积体在自然堆放后（工程堆积体边坡坡度为 35°）的土壤侵蚀模数较堆放前分别增加了 242%、196%、117%；人工压实堆放后工程堆积体（边坡坡度为 35°）的土壤侵蚀模数较堆放前分别增加了 180%、142%、77.6%。其他条件相同时，人工压实后土壤侵蚀模数是自然堆放的 82%，说明工程堆积体堆放前后坡度变化越大，土壤侵蚀量变化越大；人工压实较自然堆放条件下的土壤侵蚀量变化较小，因为人工压实增加了工程堆积体密实度，改变了土体结构，增强了稳定性。

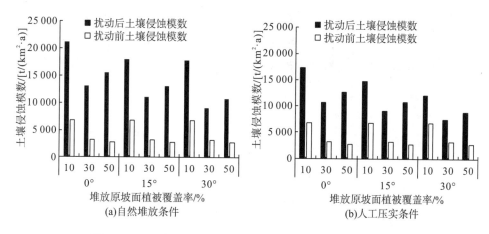

图 2.20　不同条件下 40°土质工程堆积体的土壤侵蚀模数变化

在自然堆放条件下，内摩擦角相同时，随着原地貌植被覆盖率的增加，扰动后土壤侵蚀模数呈先减小后增加的趋势，而扰动前土壤侵蚀模数随着原地貌植被覆盖率的增加而减小。在原地貌植被覆盖率相同的条件下，扰动后土壤侵蚀模数大小为：堆放初期（0~0.5a）＞堆放中期（0.5~1a）＞堆放后期（1~1.5a）。在内摩擦角为 40°土质工程堆积体的自然堆放初期，扰动后土壤侵蚀模数比扰动前土壤侵蚀模数分别增加了 313%、308%、564%；在内摩擦角为 40°的土质工程堆积体的人工压实初期，扰动后土壤侵蚀模数比扰动前土壤侵蚀模数分别增加了 256%、330%、461%。两种不同条件下的土壤侵蚀模数大小为：自然堆放条件＞人工压实条件。这是由于人工压实增加了土体的密实度，改变了土体结构，增加了土体稳定性；而自然状态下，土体密实度较小，土壤孔隙结构较大，土体稳定性较差。

如图 2.21 所示，相同坡度条件下，内摩擦角为 40°的土质工程堆积体自然堆放初期、中期和后期，土壤侵蚀模数较堆放前分别增加了 213%、303%、464%；而人工压实堆放初期、中期和后期，土壤侵蚀模数较堆放前分别增加了 156%、230%、361%。其他条件相同时，人工压实后土壤侵蚀模数是自然堆放的 82%。在自然堆放条件下，内摩擦角相同时，随着原地貌坡度增加，扰动后土壤侵蚀模数呈增加趋势，而扰动前土壤侵蚀模数随着原地貌坡度增加而增加；在原地貌坡度相同的条件下，扰动后土壤侵蚀模数大小为：堆放坡度 55°＞堆放坡度 45°＞堆放坡度 30°。在自然堆放条件下，内摩擦角相同时，相同坡度的原地貌在扰动后土壤侵蚀模数是扰动前的 3.13 倍、4.03 倍、5.63 倍。在人工压实条件下，内摩擦角相同时，扰动前后的土壤侵蚀模数均随堆放坡度增大呈增加趋势，土壤侵蚀模数大小总体表现为：自然堆放条件＜人工压实条件。人工压实与自然堆放条件下相比，增加了工程堆积体土体密实度，增加了稳定性。压实机械、压实次数及堆积体厚度对土壤侵蚀模数均有显著影响。

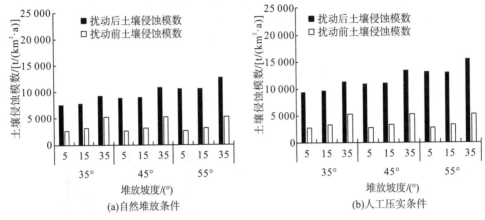

图 2.21　不同条件下 40°土质工程堆积体在扰动前后土壤侵蚀模数变化

2.4　生产建设项目下垫面变化特征

2.4.1　下垫面类型划分

各种不同生产建设活动(如扰动、开挖、占压大量土地)形成各种类型的下垫面，生产建设项目下垫面不同是造成其水土流失量差异的主要原因之一。根据项目区各下垫面物质组成与原地貌、形成过程与原地貌之间的差异，可将生产建设项目下垫面划分为工程堆积体、开挖面、人工边坡和硬化地面 4 个一级类型，并将其进一步划分为 13 个二级类型。不同下垫面的关键参数和可侵蚀面系数不同。选取下垫面密实度、渗透性、黏聚力、内摩擦角、抗压强度和径流系数等关键参数作为可侵蚀面指标，通过分析文献和野外试验监测数据指标的变化范围，确定各可侵蚀面的可侵蚀面系数(甘枝茂，1989；张丽萍和叶碎高，2011)。各下垫面可侵蚀面系数为 0～1，工程堆积体、开挖面、人工边坡和硬化地面的特征如表 2.15 所示。

表 2.15　生产建设项目下垫面类型划分

一级类型	二级类型	密实度/(g/cm³)	渗透性/(mm/min)	黏聚力/kPa	内摩擦角/(°)	可侵蚀面系数
工程堆积体[1]	土质堆积体	1.37～2.3	0.02～7.86	4～29.3	21～45.4	1.0
	石质堆积体	1.65～3.3	0.17～7.75	4.72～76.99	18.7～43	0.5
	土石混合质堆积体	1.32～2.34	0.28～26.03	1.48～46.13	2.23～68.93	0.8
开挖面[1]	土质开挖面	1.57～2.19	(7.02×10^{-5})～0.12	3.53～105.67	1.23～25.79	0.9
	石质开挖面	1.96～2.85	(1.67×10^{-4})～1.99	15～740.73	18.2～53.5	0
	土石混合质开挖面	1.01～1.80	—	—	—	0～0.5

续表

一级类型	二级类型	密实度 /(g/cm³)	渗透性 /(mm/min)	黏聚力 /kPa	内摩擦角 /(°)	可侵蚀面系数
人工边坡[2]	堆垫边坡	1.32～3.3	0.02～26.03	1.48～76.99	2.23～68.93	0.9
	挖损边坡	1.01～2.85	(7.02×10⁻⁵)～1.99	3.53～740.73	1.23～53.5	0～0.5
	构筑边坡	1.14～2.54	0.006～0.3	6.1～69.64	7.1～39	0.8

一级类型	二级类型	密实度 /(g/cm³)	渗透性 /(mm/min)	抗压强度 /MPa	径流系数	可侵蚀面系数
硬化地面[1]	不透水建筑物屋顶	—	0		0.85～0.95	0
	硬化路面	—	0	16.4～76.2	0.8～0.95	0
	透水型地面	1.6～2.3	0.036～128.4	13.3～80	0～0.65	0.05～0.15
	城市绿地	0.68～2.63	0～10.09	—	0.1～0.3	0～0.8

注：[1]按照物质组成与原地貌之间的差异性划分；[2]按照形成过程与原地貌之间的差异性划分。表中数据根据相关文献资料整理。

1）工程堆积体

根据工程堆积体物质组成特征，可将工程堆积体分为土质堆积体、石质堆积体和土石混合质堆积体 3 类，土质堆积体为纯土质或含石量小于 20%的堆积体，石质堆积体为纯岩石或含石量大于 80%的堆积体，土石混合质堆积体为含石量在 20%～80%的堆积体，3 类堆积体可侵蚀面系数分别为 1.0、0.5 和 0.8。土质堆积体、石质堆积体、土石混合质堆积体密实度分别为 1.37～2.3g/cm³、1.65～3.3g/cm³、1.32～2.34g/cm³，表现为石质＞土石混合质＞土质；土质堆积体、石质堆积体、土石混合质堆积体渗透性分别为 0.02～7.86mm/min、0.17～7.75mm/min、0.28～26.03mm/min，表现为土石混合质＞石质＞土质；土质堆积体、石质堆积体、土石混合质堆积体黏聚力分别为 4～29.3kPa、4.72～76.99kPa、1.48～46.13kPa，表现为石质＞土石混合质＞土质；土质堆积体、石质堆积体、土石混合质堆积体内摩擦角分别为 21°～45.4°、18.7°～43°、2.23°～68.93°，表现为土石混合质＞土质＞石质。

受挖填方的施工时段、材料质量、标段划分、运距等诸多因素的影响，各种生产建设项目(如公路、铁路、电站建设等)在施工过程中很难做到土石方挖填平衡，容易形成大量工程堆积体，为人为水土流失提供了充足的物质来源。各种工程堆积体失去了原生土壤的结构且一般具有较陡松散堆积面，是人为水土流失的主要地貌单元(郭宏忠等，2014)。工程建设产生的工程堆积体一般来源于隧洞开挖、表土剥离、边坡开挖、尾矿堆筑、城镇基础开挖等过程，不同的项目类型由于施工工艺存在差别，其来源可能存在差异。

不同的生产建设项目对地表的扰动情况及弃土弃渣的堆置形式存在较大差异，如公路铁路和输油输气管道等线性工程建设项目多沿施工作业面堆积形成线状堆积体，而水利水电、城镇建设等工程建设项目较多形成点状或面状的堆积体。不同的工程堆积体由于其来源、堆积方式、汇水面积、土壤类型、坡度、坡长等条件不同，其水土流失类型和形式差异较大。为了能更好地对不同种类的工程堆积体进行水土流失特征的分析和研究，及对水土保持措施进行合理布置，基于重庆市各种生产建设项目产生的工程堆积体的物质组成、外形特征、结构特征、占地类型、堆积体分布的野外实地调查资料，重庆生产建设项目产生的工程堆积体可依据其生产建设项目类型、堆积体物质组成、土壤及母质类型、占地类型等进行分类。

(1) 依据生产建设项目类型，可分为公路铁路工程堆积体、矿产资源开发工程堆积体、水利工程堆积体、电力工程堆积体、城镇建设工程堆积体等。

(2) 依据工程堆积体含石量的多少，可分为土质堆积体、偏土质堆积体、土石混合质堆积体和石质堆积体。土质堆积体含石量较少，其主要来自工程建成开挖的表土，一般以分层碾压堆积为主，边坡坡度和休止角相近，边坡比小于 1：1.5，松散易失稳；而土石混合质堆积体主要是表土和母岩开挖的混合体，其以依坡倾倒为主，边坡坡度为 30°～65°，边坡比为 (1：1.5)～(1：2.5)；石质堆积体则主要来自母岩开挖，其以散乱堆放为主，堆高为 7～16m，岩质边坡大于 30°，边坡比大于 1：2.5 (郭宏忠等，2014)。

(3) 依据土壤及母质类型，可分为紫色土堆积体、黄壤堆积体、红壤堆积体、黄棕壤堆积体、棕壤堆积体等。重庆市紫色土分布面积最广，其面积为 27 373.461km^2，占全市土地面积的 33.22%，是紫色砂、页岩、泥岩的风化物；黄壤分布面积为 23 717.50km^2，占全市土地面积的 28.78%。

(4) 依据所占地貌类型，可分为锁口型、敞口型和坡面型 (刘志勇等，2012)。锁口型一般是"肚大口小"的地方，弃土场被周围山体紧紧包裹，渣体不易滑动，稳定性高；敞口型表现为堆积体一部分在斜坡，另一部分在平地上，其稳定性较差；坡面型则是堆积体全部被倾倒在斜坡上，稳定性最差。

(5) 依据弃土堆置方法和堆置形态，可分为散乱锥状堆置、依坡倾倒堆置、分层碾压坡顶散乱堆置、线性垅岗式堆置、坡顶平台有车辆碾压的倾倒堆置 5 类人为堆置的堆积体 (赵暄等，2013)。散乱锥状堆置常见于城市和郊区的中小型房地产或企业工房等建设工程，其一般在无规划固定的场地，表现为随意堆置；依坡倾倒堆置常见于山区施工或隧道开挖；分层碾压坡顶散乱堆置一般多用于中小型弃土弃渣场，其基底常为平坦自然地面；线性垅岗式堆置常见于公路、铁路、地下管线和渠道等开挖工程；坡顶平台有车辆碾压的倾倒堆置则常见于水利水电、矿产资源开发工程。

生产建设项目工程堆积体的水土流失特征、主要侵蚀动力、生态修复关键环节不同。工程堆积体堆放方式以依坡倾倒、分层碾压坡顶散乱堆放和散乱堆放为主，其边坡角与休止角直接关系着堆积体坡面稳定性因素，调查表明，岩质边坡大于 30° 和土质边坡大于 55° 的边坡不稳定，易发生泻溜、诱发性滑坡等工程侵蚀，堆积体岩质边坡比大于 1：1.5 和土质边坡比大于 1：2.5 时，堆积体坡面侵蚀沟发育明显。堆积体土壤侵蚀与坡面径流冲刷、降雨冲击和堆积体自重关系密切，水土流失形式以诱发性工程侵蚀为主；堆积体土石级配关系、保水保肥能力、陡坡失稳、养分流失等是水土保持生态修复的主要障碍因子，因此工程堆积体坡顶、边坡和坡脚应分区域采取不同水土保持措施 (陈剑桥，2013)。

2) 开挖面

根据开挖面的物质组成特征，可将开挖面分为土质开挖面、石质开挖面和土石混合质开挖面 3 类。土质开挖面为纯土质坡面，石质开挖面为纯岩石坡面，土石混合质开挖面为土石混合坡面，3 类开挖面可侵蚀面系数分别为 0.9、0、0~0.5。土质开挖面、石质开挖面、土石混合质开挖面密实度分别为 1.57~2.19g/cm^3、1.96~2.85g/cm^3、1.01~1.80g/cm^3，表现为石质＞土质＞土石混合质；土质开挖面、石质开挖面渗透性分别为 (7.02×10^{-5})~0.12mm/min、(1.67×10^{-4})~1.99mm/min，表现为石质＞土质；土质开挖面、石质开挖面黏聚力分别为 3.53~105.67kPa、15~740.73kPa，表现为石质＞土质；土质开挖面、石质开挖面内摩擦角分别为 1.23°~25.79°、18.2°~53.5°，表现为石质＞土质。

3）人工边坡

根据人工边坡形成的过程特征，可将人工边坡分为堆垫边坡、挖损边坡和构筑边坡 3 类，3 类人工边坡可侵蚀面系数分别为 0.9、0~0.5 和 0.8。堆垫边坡、挖损边坡、构筑边坡密实度分别为 1.32~3.3g/cm^3、1.01~2.85g/cm^3、1.14~2.54g/cm^3，表现为堆垫＞挖损＞构筑；堆垫边坡、挖损边坡、构筑边坡渗透性分别为 0.02~26.03mm/min、(7.02×10^{-5})~1.99mm/min、0.006~0.3mm/min，表现为堆垫＞挖损＞构筑；堆垫边坡、挖损边坡、构筑边坡黏聚力分别为 1.48~76.99kPa、3.53~740.73kPa、6.1~69.64kPa，表现为挖损＞堆垫＞构筑；堆垫边坡、挖损边坡、构筑边坡内摩擦角分别为 2.23°~68.93°、1.23°~53.5°、7.1°~39°，表现为堆垫＞挖损＞构筑。

4）硬化地面

根据硬化地面物质组成特征，可将硬化地面分为不透水建筑物屋顶、硬化路面、透水型地面和城市绿地 4 类。不透水建筑物屋顶的面积相当于建筑物的占地面积；硬化路面主要包括硬化不透水的沥青、混凝土路面和广场等；透水型地面主要包括以透水砖、碎石等铺装的停车场和人行步道等；城市绿地是指公共绿地、居住区绿地、单位附属绿地、防护绿地、生产绿地、风景林地等城市各类绿地。4 类可侵蚀面系数分别为 0、0、0.05~0.15 和 0~0.8。透水型地面、城市绿地密实度分别为 1.6~2.3g/cm^3、0.68~2.63g/cm^3，表现为透水型地面＞城市绿地；透水型地面、城市绿地渗透性分别为 0.036~128.4mm/min、0~10.09mm/min，表现为透水型地面＞城市绿地；硬化路面、透水型地面抗压强度分别为 16.4~76.2MPa、13.3~80MPa，表现为硬化路面＞透水型地面；不透水建筑物屋顶、硬化路面、透水型地面和城市绿地径流系数分别为 0.85~0.95、0.8~0.95、0~0.65、0.1~0.3，表现为不透水建筑物屋顶＞硬化路面＞透水型地面＞城市绿地。

2.4.2 工程堆积体下垫面岩土物质组成特征

1. 工程堆积体不同粒径级岩土颗粒分布特征

弃土弃渣的堆积方式和弃渣来源的不同，使得工程堆积体坡面物质组成复杂且差异明显，坡面状况明显不同于传统农耕地和林地。工程堆积体是土壤及其母质的混合物，由不同粒径级的土壤颗粒、砾石和块石以不同比例组成，其颗粒组成特征直接影响着工程堆积体的结构、容重和孔隙特征，而且影响其入渗特征、持水能力和抗剪强度等物理力学性质，导致其土壤侵蚀过程具有特殊性和复杂性。经过现场调查和室内试验，对工程堆积体的颗粒组成进行筛分(表 2.16)，其物质组成具有以下特征。

表 2.16 工程堆积体不同粒径级岩土颗粒分布

编号	\>20mm	20～10mm	10～5mm	5～2mm	2～1mm	1～0.5mm	0.5～0.25mm	0.25～0.1mm	0.1～0.075mm	<0.075mm
1#	1.81	9.86	21.27	31.39	8.24	10.80	3.84	5.90	1.92	4.97
2#	1.07	5.12	13.17	31.01	7.23	11.55	5.14	15.73	4.11	5.87
3#	17.28	14.86	18.64	21.50	5.17	7.18	3.93	6.70	2.17	2.57
4#	13.81	11.86	13.81	21.02	6.07	10.20	5.30	9.52	3.09	5.32
5#	9.57	20.72	27.42	21.69	5.34	7.96	2.65	2.36	0.65	1.64
6#	13.18	15.49	19.09	21.37	5.36	8.72	4.36	6.68	2.28	3.47
7#	9.13	18.14	13.84	15.83	16.01	8.62	4.21	6.48	2.22	5.52
8#	10.28	16.28	13.39	16.36	16.57	8.07	5.20	6.25	1.96	5.64
9#	4.3	9.5	7.84	11.34	16.13	11.06	10.43	11.70	8.81	8.89
10#	4.7	8.27	15.31	26.61	8.73	16.53	6.85	9.67	1.73	1.60
11#	1.23	7.33	13.60	29.51	10.48	17.19	6.36	10.31	2.12	1.87
12#	17.26	26.76	27.3	11.14	7.89	6.84	1.43	1.06	0.14	0.18
13#	22.51	26.67	12.62	15.1	5.59	7.88	2.58	6.53	0.13	0.39
1	10.82	2.71	28.73	11.29	3.49	6.82	5.39	18.65	5.64	6.46
2	18.50	4.62	29.52	27.13	5.48	6.17	1.53	3.01	2.34	1.70
3	16.96	4.24	20.11	22.69	7.41	14.55	5.63	3.45	2.36	2.60
4	16.34	4.08	25.03	31.83	6.38	7.48	2.15	2.46	2.64	1.61
5	35.50	8.87	23.82	20.28	3.06	3.74	0.94	1.31	1.22	1.26
6	33.05	8.26	22	18.5	4.53	1.62	5.50	3.01	2.13	1.40
7	33.75	8.44	17.17	15.96	4.01	6.62	2.89	5.84	2.39	2.93
8	33.46	8.37	15.86	17.56	3.97	7.44	4.15	6.51	1.71	0.97
9	30.73	7.68	15.07	19.04	3.33	5.99	8.87	7.13	1.26	0.90
10	32.03	8.00	14.99	19.93	4.01	6.23	5.21	6.01	2.71	0.88
11	28.22	7.06	17.96	14.16	4.96	8.10	3.72	8.00	2.64	5.18
12	30.50	7.63	18.64	14.86	6.27	7.18	3.93	6.70	2.17	2.12

(1)由表 2.16 可知，1#～13#工程堆积体粒径分布主要集中在 20～2mm，其含量为 28.68%～69.83%，平均为 52.46%，其中以 5～2mm 粒径组为主；小于 2mm 含量最大为 67.02%，最小仅为 17.54%，表明小于 2mm(初步形成了供给生物生长的水、热、气、肥需求的基本条件)含量的细颗粒更容易被侵蚀而流失，这与朱波等(2005)对紫色土区工程建设的松散堆积物中小于 2mm 的颗粒最易被侵蚀掉的结论相一致。通过现场的实际调查和测量，仅有 7#工程堆积体坡脚处有较大粒径的块石，而堆积年限较长的紫色土弃渣并没有出现明显的块石，这主要是由于紫色岩具有岩体松软、风化速度快、易侵蚀等特点，工程堆积体在降雨和重力等作用下加快了紫色土的风化速度，所以块石崩解成更为细小的颗粒。相关研究表明，紫色母岩的风化能力极强，其风化成土速率为 15 800～25 500t·km^{-2}，且母岩形成的土壤 90%以上被侵蚀(朱波等，2011)。

(2)不同土石比工程堆积体坡面的土体颗粒组成特征差异明显。对于 1#～12#工程堆积体的石质含量(粒径大于 10mm),不同下垫面条件的大小依次为土石混合质>偏土质>土质,其中土质紫色土堆积体的石质含量为 13.53%,偏土质紫色土和黄壤堆积体分别为 20.81%和 23.12%,土石混合质紫色土和黄壤堆积体分别为 42.84%和 39.31%;石质较土壤密度大,在相同径流条件下石质不容易发生位移而侵蚀,因此石质含量较多的堆积体发生侵蚀的可能性小。对于土质含量(粒径小于 10mm),不同下垫面条件的大小依次为土质>偏土质>土石混合质,其中土质紫色土堆积体土质含量最大,而土石混合质较小;土质在相同条件下较石质更易发生位移而被侵蚀,且不同土质含量的堆积体径流侵蚀的程度不同。因此,不同土石比的工程堆积体坡面土壤侵蚀发生过程及程度可能不同。

(3)随着土壤颗粒粒径的减小,其土壤侵蚀的可能性及强度会增大。从 1#～12#工程堆积体不同颗粒粒径的占比可知,土质紫色土堆积体细颗粒含量最多而较粗颗粒含量较少,其 0.25～0.1mm、0.1～0.075mm 和小于 0.075mm 的颗粒含量均为最高,数值分别为 18.65%、5.64%和 6.46%,而 5～2mm 和 2～1mm 的颗粒含量均为最低,这说明土质工程堆积体在相同条件下更易发生侵蚀。一般情况下,适合植被生长的土壤粒径以小于 4mm 为主,土壤粒径越大,越有利于植被的根系固着。分析堆积体边坡小于 2mm 颗粒含量可知,不同下垫面条件的大小依次为土质紫色土(46.45%)>偏土质紫色土(29.36%)>土石混合质紫色土(27.16%)>偏土质黄壤(20.23%)>土石混合质黄壤(14.86%),这表明土石比越大则堆积体植物恢复的可能性也越大,但由于其土质含量的增大会加重土壤侵蚀,因此研究不同土石比工程堆积体边坡水土流失过程对合理调控边坡土壤侵蚀及恢复植被具有重要意义。

2. 工程堆积体坡面土壤颗粒分布特征

根据土工试验规程,将坡面土壤颗粒粒径分为粗砾(>20mm)、中砾(20～5mm)、细砾(5～2mm)、砂粒(2～0.075mm)和细粒(<0.075mm),绘制颗粒分布曲线确定有效粒径(d_{10})、等效粒径(d_{30})、中值粒径(d_{50})和界限粒径(d_{60}),并计算不均匀系数 C_u 和曲率系数 C_c(表 2.17)。不均匀系数 C_u 反映土中颗粒级配的均匀程度,曲率系数 C_c 反映颗粒级配优劣程度。

表 2.17　工程堆积体坡面土壤颗粒粒径分布特征及级配指标

编号	粗砾含量/%	中砾含量/%	细砾含量/%	砂粒含量/%	细粒含量/%	有效粒径/mm	等效粒径/mm	中值粒径/mm	界限粒径/mm	不均匀系数 C_u	曲率系数 C_c	级配是否良好
1#	1.81	31.13	31.39	30.7	4.97	0.18	1.5	3.2	4.2	23.33	2.98	是
2#	1.07	18.29	31.01	43.76	5.87	0.1	0.5	2	2.8	28.00	0.89	否
3#	17.28	33.5	21.5	25.15	2.57	0.2	2.3	5.2	7.5	37.50	3.53	否
4#	13.81	25.67	21.02	34.18	5.32	0.12	0.8	3.2	5	41.67	1.07	是
5#	9.57	48.14	21.69	18.96	1.64	0.65	3.2	6.4	8	12.31	1.97	是
6#	13.18	34.58	21.37	27.4	3.47	0.18	2	4.5	6.8	37.78	3.27	否
7#	9.13	31.98	15.83	37.54	5.52	0.15	1.2	3	5	33.33	1.92	是
8#	10.28	29.67	16.36	38.05	5.64	0.15	1.2	3	5	33.33	1.92	是
9#	4.3	17.34	11.34	58.13	8.89	0.08	0.26	1	1.5	18.75	0.56	否

续表

编号	粗砾含量/%	中砾含量/%	细砾含量/%	砂粒含量/%	细粒含量/%	有效粒径/mm	等效粒径/mm	中值粒径/mm	界限粒径/mm	不均匀系数 C_u	曲率系数 C_c	级配是否良好
10#	4.7	23.58	26.61	43.51	1.6	1.8	0.78	2.5	3.5	1.94	0.10	否
11#	1.23	20.93	29.51	46.46	1.87	0.17	0.75	2.2	2.8	16.47	1.18	是
12#	17.26	54.06	11.14	17.36	0.18	1	5.5	8.5	12	12	2.52	是
13#	22.51	39.29	15.1	22.71	0.39	0.5	3	10	15	30	1.2	是
1	10.82	31.44	11.29	39.99	6.46	0.09	0.25	3	5.5	61.11	0.13	否
2	18.5	34.14	27.13	18.53	1.7	0.6	3	5.5	6.5	10.83	2.31	是
3	16.96	24.35	22.69	33.4	2.6	0.3	1	3.7	5.5	18.33	0.61	否
4	16.34	29.11	31.83	21.11	1.61	0.6	2.5	4.5	5.8	9.67	1.80	是
5	35.5	32.69	20.28	10.27	1.26	1.8	4.7	8.2	16	8.89	0.77	否
6	33.05	30.26	18.5	16.79	1.4	0.4	3.8	7.5	11	27.50	3.28	否
7	33.75	25.61	15.96	21.75	2.93	0.25	2.8	7	12	48.00	2.61	是
8	33.46	24.23	17.56	23.78	0.97	0.25	2.8	7	12	48.00	2.61	是
9	30.73	22.75	19.04	26.58	0.9	0.25	2.4	6	9	36.00	2.56	是
10	32.03	22.99	19.93	24.17	0.88	0.25	2.7	6.5	10	40.00	2.92	是
11	28.22	25.02	14.16	27.42	5.18	0.13	1.5	5.8	8	61.54	2.16	是
12	30.5	26.27	14.86	26.25	2.12	0.25	2.3	6.2	9	36.00	2.35	是

由表 2.17 可知，工程堆积体各个粒径组分具有以下特征。

(1) 工程堆积体土壤颗粒粒径以中砾(20～5mm)为主，其含量为 17.34%～54.06%，平均为 29.48%，其中 7#工程堆积体最大，11#工程堆积体最小。这与工程堆积体的堆积年限和植被恢复等有关，7#工程堆积体的堆积年限仅为 2 个月，是新形成的堆积体，其结构松散且风化时间较短，大颗粒岩土碎屑较多且植被覆盖度仅为 5%，同时细小的土壤颗粒被地表径流冲走或以垂直侵蚀的方式向堆积体深层运动；11#工程堆积体的堆积年限为 4 年，植被覆盖度达到 80%～90%，经过 4 年的水力侵蚀和风化作用导致其大颗粒岩土碎屑崩解、风化成细小颗粒。相关研究表明(何毓蓉，2003)，紫色母岩成土过程需经历岩层—崩解—碎屑化—成壤(土)—化泥几个物理风化特征阶段，其成土时间一般为 1～10 年；在自然风状态下，各类紫色母岩经过 1 年的风化作用大于 2mm 的碎屑达 79%～88.1%，有 15.8%～24.6%成壤(小于 2mm)。

(2) 工程堆积体的有效粒径 d_{10}、等效粒径 d_{30}、中值粒径 d_{50} 和界限粒径 d_{60} 差异明显。各个工程堆积体的有效粒径为 0.08～1.8mm，平均为 0.42mm，界限粒径在 1.5～16mm，平均为 7.58mm；随着堆积年限的增加，有效粒径 d_{10}、等效粒径 d_{30}、中值粒径 d_{50} 和界限粒径 d_{60} 也显著增加，其中 7#和 8#工程堆积体的界限粒径均为 5mm，而 11#和 13#工程堆积体则分别为 2.8mm 和 15mm，说明堆积年限的增加可以减小弃渣粒径，土壤物理性质得到较好改善，为植物提供较好的生长条件。

(3) 工程堆积体不均匀系数 C_u 和曲率系数 C_c 分别在 1.94～61.54 和 0.1～3.53 变化，大部分工程堆积体的不均匀系数 C_u 大于 5、曲率系数 C_c 为 1～3，表明以上堆积体的颗粒级配均匀且连续，级配良好。

3. 不同堆积年限工程堆积体不同坡位的粒度分布规律及其分形特征

工程堆积体不同坡位的土壤颗粒组成特征有所不同，这与堆积过程中重力分选作用、堆积方式和堆积年限等有关。随着堆积年限的增加，工程堆积体坡面植被得到较好的恢复，植被覆盖度的增加降低溅蚀程度并分散地表径流，植物根系的延伸与穿插使原有大粒径的岩石被破碎，同时根系的分泌物促使岩石碎屑向土壤发展。因此，研究不同年限工程堆积体、不同坡位土壤颗粒组成特征十分必要。本节选择水土公租房试验点堆积年限分别为 2 个月、2 年和 4 年 3 个工程堆积体为研究对象，分析堆积年限和坡位对坡面土壤颗粒组成的影响(表 2.18)。

表 2.18　不同堆积年限的工程堆积体坡面土壤颗粒组成特征/%

编号	坡位	粒组/mm									
		>20	20~10	10~5	5~2	2~1	1~0.5	0.5~0.25	0.25~0.1	0.1~0.075	<0.075
2m#	2m-U 上	18.47	8.13	14.34	20.85	6.05	10.82	9.20	8.95	1.49	1.70
	2m-M 中	27.82	15.13	16.57	14.75	3.60	6.08	4.12	8.53	1.66	1.74
	2m-D 下	12.58	13.61	18.54	20.02	5.08	8.26	5.55	11.25	2.54	2.56
2a#	2a-U 上	5.77	32.41	22.85	20.70	5.67	7.85	1.84	1.38	1.01	0.52
	2a-M 中	4.76	27.52	26.24	21.61	5.26	8.20	2.22	1.82	1.11	1.27
	2a-D 下	17.66	26.66	25.43	17.95	4.21	4.97	1.18	0.97	0.50	0.47
4a#	4a-U 上	14.62	13.49	14.41	17.95	4.84	10.29	12.69	9.71	1.33	0.67
	4a-M 中	11.94	17.45	16.83	8.39	7.59	35.68	0.94	0.55	0.24	0.38
	4a-D 下	18.17	18.59	19.82	9.89	0.95	25.36	5.63	1.07	0.18	0.34

工程堆积体不同部位颗粒组成的分布情况反映了不同年限植被恢复的效果及边坡的稳定性情况。由表 2.18 可知，不同恢复年限工程堆积体土壤颗粒的粒径分布存在差异，且同一工程堆积体不同坡位的颗粒分布差异显著。其中 2m#工程堆积体上、中、下 3 个坡位>20mm 粒径含量分别为 18.47%、27.82%和 12.58%，坡中含量明显高于其他部位；2~20mm 粒径含量随着堆积高度的下降而依次增加，其中坡上为 43.32%，坡下为 52.17%。由于工程堆积体是由扰动土壤重新堆积而成，原有的土壤结构被破坏，土壤颗粒极其松散，细小颗粒(小于 0.25mm)在水流冲刷和重力作用下极易发生侵蚀；不同工程堆积体小于 0.25mm 颗粒含量差异明显，植被恢复年限为 2 个月、2 年和 4 年工程堆积体小于 0.25mm 颗粒含量分别为 11.93%~16.35%、1.94%~4.20%和 1.17%~11.71%，这说明建设项目扰动后的一段时间内，细颗粒含量会明显减少，其后随着年限增加细颗粒含量有增加趋势。

研究工程堆积体粒度分布规律不仅可以分析堆积体不同坡位物理力学性质分异特征，也可以为进一步确定堆积体边坡失稳及其破坏方式提供依据。由图 2.22 可知，同一堆积体不同坡位粒度分布规律存在差异性，粒组频率分布具有多峰性。堆积体各坡位粒度分布不均匀且粗颗粒含量粒径较大，其中在统计范围内粒径大于 2mm 的粗颗粒含量在 62.20%以上，大于 10mm 的粗颗粒含量在 26.19%以上。2a 堆积体大于 10mm 颗粒含量随着距坡顶距离的增加而增加，而小于 2mm 颗粒含量则相反。

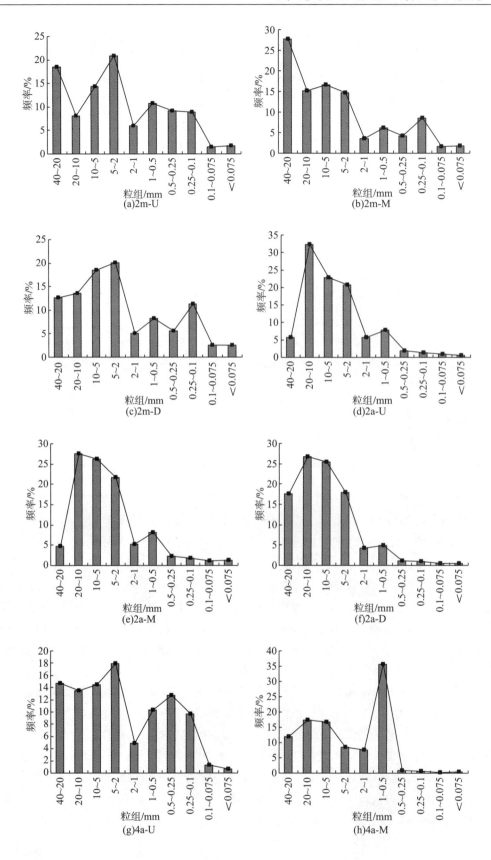

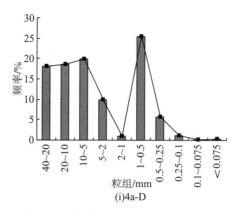

图 2.22　堆积体不同坡位粒组频率分布

由表 2.19 可知，各堆积体的平均粒径在 8.09～12.51mm 变化，离散系数为 0.81～1.24，表明堆积体粒度分布极不均匀，粒径大小不一。尽管各堆积体粒度尺度范围达 40mm（0～40mm），但各样点的 $\lg[M(r<R)/M]$ 与 $\lg r$ 之间存在很好的线性相关性，回归决定系数 R^2 均在 0.8 以上，说明堆积体弃渣粒度分布具有良好的分形结构，在统计意义上满足自相似规律。分维数的大小反映了堆积体的粒度组成，是描述堆积体中不同粗细颗粒含量的定量指标。其分形规律是分维数越小，散体中粗颗粒成分越多；分维数越大，细颗粒成分越多。所测 9 个样本基本上反映了这个规律，其分维数在 2.04～2.47 变化。各堆积体上坡位的分维数在 2.18～2.47，平均值为 2.32，中坡位和下坡位分维数的平均值分别为 2.25 和 2.21。

表 2.19　工程堆积体不同坡位粒度分布特征及分形结果

编号	有效粒径 d_{10}/mm	等效粒径 d_{30}/mm	界限粒径 d_{60}/mm	平均粒径 d/mm	离散系数	分维数 D	决定系数 R^2
2m-U	0.2	1.0	6.0	8.09	1.18	2.47	0.90
2m-M	0.2	2.8	12.1	12.51	0.94	2.43	0.92
2m-D	0.2	0.9	5.2	8.79	1.24	2.40	0.88
2a-U	0.8	3.5	9.5	9.19	0.82	2.18	0.97
2a-M	0.7	3.2	8.1	8.43	0.85	2.29	0.98
2a-D	1.8	4.0	12.1	11.94	0.81	2.14	0.99
4a-U	0.2	0.7	5.5	8.33	1.22	2.31	0.80
4a-M	0.6	0.9	7.0	8.14	1.17	2.04	0.87
4a-D	0.6	0.9	9.1	10.30	1.03	2.08	0.88

人为扰动下垫面物质来源于表土剥离、边坡开挖、基础开挖等过程中产生的由土壤、母质、块石等物质随机组成的土石混合物。土壤物质组成是构成土体结构和功能的主要组分，其与土壤持水、保水和渗水能力直接相关，对减少地表径流、涵养水源具有重要作用。土壤物理性质的好坏直接或间接地影响着土壤持水性、渗透性等，而且反映了土壤抗侵蚀强弱。土壤是项目区各种地貌单元水源涵养功能的主要场所，其蓄水能力大小依赖于土壤质地、土壤容重、土壤孔隙等。由于城镇化建设工程施工工艺的特点，城镇化人为扰动下垫面与原地面相比，物质组成和土壤物理性质特征差异明显（表 2.20）。

表 2.20　项目区不同下垫面类型的物质组成特征

| | | 下垫面类型 | | | | | | | |
		DSA₁	DSA₂	DSA₃	SG	CR	SL	WG	NF
颗粒组成分布	粗砾(>20mm)/%	11.58	13.83	2.12	8.37	11.42	0	0	0
	中砾(20~5mm)/%	46.61	33.36	23.30	45.11	62.57	2.34	3.45	5.25
	细砾(5~2mm)/%	21.26	20.52	19.99	12.72	9.56	5.32	4.23	2.57
	砂粒(2~0.075mm)/%	18.86	28.35	46.63	30.58	16.26	32.19	29.46	24.63
	细粒(<0.075mm)/%	1.69	3.94	7.97	3.21	0.20	60.15	62.86	67.55
	不均匀系数/%	11.05	34.97	30.00	41.30	20.31	43.25	52.01	56.00
	曲率系数	1.39	1.84	0.32	0.37	3.15	1.31	2.50	2.17
土壤容重/(g/cm³)		1.48±0.05	1.34±0.04	1.31±0.04	1.54±0.05	1.74±0.03	1.30±0.05	1.31±0.06	1.12±0.10
总孔隙度/%		45.11±1.69	49.73±1.45	52.37±1.46	43.13±1.51	36.54±1.61	51.05±1.64	48.08±1.88	57.10±3.42
毛管孔隙度/%		21.40±0.94	27.83±1.79	21.55±0.57	21.99±1.03	14.99±0.65	27.55±0.57	29.38±0.49	35.73±2.52
休止角/(°)		38	37	35	34	36	33	34	33

(1)土壤颗粒组成决定了土壤内部孔隙大小和分布情况,其中土壤黏粒和土壤毛管孔隙是土壤蓄水能力大小的关键,而土壤容重、休止角及颗粒级配等是反映土壤颗粒组成的重要指标。各种人为地貌单元土体颗粒集中分布在大于 2mm 范围,其质量分数在 45%以上,而原地貌土壤颗粒主要分布在小于 2mm 范围,其质量分数在 92%以上。各种人为地貌单元粗砾(>20mm)、中砾(20~5mm)及细砾(5~2mm)质量分数均高于原地貌单元,其中粗砾以 2a 弃渣堆积体(DSA₂)最大(13.83%),中砾以施工便道(CR)最大(62.57%),坡耕地(SL)最小(2.34%),而细砾则以 1a 弃渣堆积体(DSA₁)最高(21.26%),天然林地(NF)最低(2.57%);各种人为地貌单元细粒(<0.075mm)质量分数均低于原地貌单元,细粒以 NF 最高(67.55%),而 CR 最低(0.20%),表明 CR 持水保水能力最弱。各种人为地貌单元土壤休止角大于原地貌,其数值为 34°~38°。各种扰动地貌单元土壤颗粒不均匀系数和曲率系数分别在 11.05~56.00 和 0.32~3.15 变化,其中不均匀系数较原地貌减小了 4.51%~80.27%。各原地貌土壤颗粒不均匀系数大于 5%且曲率系数为 1~3,说明土壤颗粒分布均匀且级配良好。

(2)土壤容重表明土壤的松紧程度及孔隙状况,可反映土壤的透水性、通气性和根系生长的阻力状况。各种人为地貌单元土壤容重总体上高于原地貌,其大小依次为 CR(1.74g/cm³)>SG(1.54g/cm³)>DSA₁(1.48g/cm³)>DSA₂(1.34g/cm³)>3a DSA₃(1.31g/cm³),比 SL 依次增加了 33.85%、18.46%、13.85%、3.08%和 0.77%,说明工程扰动时间越长则土壤容重越小。这表明城镇建设工程对原地貌的扰动、侵占和破坏活动使得大面积原生土壤透水性和通气性降低,未来植物根系生长将受到阻碍。

（3）土壤孔隙直接决定土壤通气性和透水性，其中毛管孔隙直接影响着土壤蓄水能力，而非毛管孔隙主要影响土壤渗透能力及调节水分功能。若各种地貌单元面积相等，则扰动地貌单元平均总孔隙度（45.38%）小于原地貌单元平均值（52.15%），平均下降约 12.98%。对于人为地貌单元而言，其总孔隙度表现为 $DSA_3 > DSA_2 > DSA_1 > SG > CR$，其大小比 NF 依次减小 8.28%、12.91%、21.00%、24.47%、36.01%；人为地貌单元土壤毛管孔隙度变化趋势与总孔隙度一致，其中以 CR 最小（14.99%）；对于不同年限弃渣堆积体而言，堆积年限越短则其孔隙度（总孔隙度、毛管孔隙度和非毛管孔隙度）越小。这种变化说明城镇建设工程造成的各种人为地貌单元降低了原地貌土壤蓄水能力及渗透能力，其中 CR 和 DSA_1 对原地貌土壤调节水分能力的影响程度最大。

2.4.3　工程堆积体下垫面容重与孔隙特征

1. 工程堆积体不同坡位土壤物理性质

土壤容重和孔隙度直接影响土体的通气性和透水性，是决定土体水分变化的重要因素，非毛管孔隙可反映土体蓄水能力，是土体的蓄水空间，而植物吸收利用和地表蒸发的水分运动通过毛管孔隙来实现。表 2.21 为工程堆积体坡面土壤容重、天然含水率和孔隙特征等基本物理性质，具有以下特征。

表 2.21　工程堆积体坡面基本物理性质

编号	土壤容重/(g/cm³)		天然含水率/%		总孔隙度/%		毛管孔隙度/%	
	mean±SD	C_v/%	mean±SD	C_v/%	mean±SD	C_v/%	mean±SD	C_v/%
1#	1.49±0.07	4.84	4.31±1.88	43.68	44.78±2.38	5.31	24.66±6.08	24.64
2#	1.56±0.02	1.11	5.73±1.79	31.24	42.47±0.57	1.35	20.16±7.24	35.92
3#	1.64±0.05	3.05	4.94±1.32	26.72	39.84±1.35	3.39	17.09±1.11	6.47
4#	1.64±0.03	1.83	5.72±1.05	18.36	39.84±1.87	4.69	30.93±5.69	18.39
5#	1.45±0.14	9.39	4.12±1.31	31.72	44.99±4.12	9.16	24.65±8.76	35.53
6#	1.32±0.10	7.69	8.09±3.91	48.32	50.39±3.35	6.65	29.79±5.52	18.53
7#	1.49±0.04	2.35	8.39±1.06	12.67	44.67±1.16	2.59	19.01±0.25	1.30
8#	1.58±0.09	5.39	16.23±2.45	15.09	41.93±2.80	6.68	20.35±3.63	17.85
9#	1.32±0.16	12.21	10.90±1.33	12.25	50.50±5.30	10.50	22.78±2.43	10.68
10#	1.19±0.08	6.72	19.01±1.54	8.10	54.83±2.54	4.63	37.28±3.34	8.97
11#	1.15±0.07	6.27	20.09±1.45	7.20	55.97±2.35	4.21	35.36±3.75	10.60
12#	1.35±0.21	15.56	6.65±1.11	16.69	49.52±1.95	3.94	37.23±5.00	13.42
13#	1.27±0.18	14.17	5.67±1.52	26.81	52.31±2.04	3.90	38.97±5.69	14.60
1	1.32±0.04	3.04	13.01±2.31	17.76	49.50±3.21	6.48	35.62±3.61	10.14
2	1.43±0.14	9.80	15.24±3.14	20.60	46.80±4.21	8.99	30.13±2.64	8.76
3	1.46±0.11	7.53	11.84±3.02	25.51	45.79±2.34	5.11	32.03±3.84	11.99

编号	土壤容重/(g/cm³)		天然含水率/%		总孔隙度/%		毛管孔隙度/%	
	mean±SD	C_v/%	mean±SD	C_v/%	mean±SD	C_v/%	mean±SD	C_v/%
4	1.49±0.07	4.69	12.43±2.35	18.91	44.73±1.34	3.00	30.27±4.25	14.04
5	1.42±0.06	4.23	12.21±2.67	21.87	47.09±3.51	7.45	28.15±4.31	15.31
6	1.34±0.06	4.47	7.84±2.11	26.91	49.67±2.61	5.25	29.48±5.31	18.01
7	1.30±0.08	6.14	7.31±2.34	32.01	50.98±3.12	6.12	30.59±4.04	13.21
8	1.58±0.07	4.44	11.75±2.17	18.47	41.88±2.67	6.38	30.34±3.61	11.90
9	1.63±0.09	5.51	9.52±2.33	24.47	40.03±1.97	4.92	24.13±2.61	10.82
10	1.56±0.13	8.34	10.67±2.14	20.06	42.49±4.03	9.48	29.91±2.37	7.93
11	1.62±0.15	9.24	9.86±2.34	23.73	40.40±3.97	9.83	25.33±1.98	7.82
12	1.68±0.09	5.35	10.34±1.64	15.86	38.47±3.24	8.42	19.18±2.34	12.20

注：mean±SD 表示平均值±标准差，C_v 为变异系数。

(1)容重是土体物理性质的一项重要指标，其大小取决于机械组成、结构性、松紧度及有机质含量等因素，可反映土壤的透水性和通气性。土壤越疏松，容重越小，反之越大。从表 2.21 可知，不同土石比工程堆积体土壤容重差异较大，其总体上随土石比减小而增大。就 1～12 中紫色土堆积体而言，其土壤容重大小依次为土质紫色土(1.32g/cm³) ＜偏土质紫色土(1.48g/cm³) ＜土石混合质紫色土(1.56g/cm³)，这表明含石量的增加会导致土壤容重增大，同时会减小土体孔隙。这主要是因为土体中存在块石，一方面其密度要大于土壤，另一方面其本身也较为密实。对于 1～12 中黄壤堆积体而言，其偏土质黄壤堆积体容重高于土石混合质，这可能是由于偏土质黄壤堆积体颗粒中砂粒及细粒的含量高于土石混合质，其内部大孔隙的充填程度高于土石混合质。

(2)土体水分不仅是工程堆积体植被恢复的重要条件，而且直接影响着坡面降雨入渗及产流过程。随着初始含水量增大，工程堆积体表面水分条件趋于饱和的程度越小，在相同条件下形成径流的时间越短；初始含水量对径流的影响主要是湿度的增加减少土体吸水量，土体在较长时间的湿润条件下会吸水膨胀，导致孔隙缩减，减小了土体蓄水空间及渗透能力；此外湿度的增加会使土体发生崩解，且会减小土体抗剪强度，进而导致土体更易侵蚀且面蚀发展为沟蚀的时间变早。由表 2.21 可知，不同土石比工程堆积体初始含水量变化差异较大。土体含水量总体上随土石比增大而增大。就 1～12 中紫色土堆积体而言，土体含水量大小依次为土质(13.01%) ＞偏土质(12.14%) ＞土石混合质(9.91%)，这说明土质堆积体较土石混合质堆积体产流时间短且形成的径流量较大；对于 1～12 中黄壤堆积体而言，土体含水量也表现为土石比较小的偏土质堆积体(15.24%)高于土石比大的土石混合质堆积体(10.03%)，因此偏土质黄壤堆积体较土石混合质黄壤堆积体更易侵蚀。含石量越少，工程堆积体内细颗粒含量多而粗粒含量少，其形成较多毛管孔隙，其蓄存的水分较多，其含水量较大；反之，当含石量较多时其蓄存水分少，其含水量较小。

(3)土体孔隙大小直接反映了土体渗透及蓄存水分能力的大小。非毛管孔隙作为水分进入和排出土体的主要通道，其直接影响着地表径流及土壤侵蚀。由表 2.21 可知，非毛管孔隙度总体上随土石比减小而增大。就 1～12 中紫色土堆积体而言，其非毛管孔隙度表现为土质紫色土(13.88%)＜偏土质紫色土(14.11%)＜土石混合质紫色土(15.80%)，这表明含石量较大的堆积体易于水分下渗，因而其边坡产生的径流较少。对 1～12 中黄壤堆积体而言，其非毛管孔隙度亦表现为偏土质黄壤(16.67%)＜土石混合质黄壤(19.57%)。毛管孔隙作为土体主要蓄水空间，直接决定着植物可吸收利用的水分存储空间。不同土石比堆积体毛管孔隙度变化与非毛管孔隙度相反，其随土石比增加而增大，即土质紫色土堆积体最大(35.62%)，而土石混合质紫色土堆积体最小(26.58%)，这表明含石量较大的堆积体不利于植被恢复。

2. 不同堆积年限工程堆积体坡位土壤物理性质

由于工程堆积体不同坡位的物质组成不同，其土壤容重、水分和孔隙度也有所不同，所以，本节选择水土公租房试验点堆积年限分别为 2 个月、2 年和 4 年的 3 个工程堆积体为研究对象，分析堆积年限和坡位对坡面土壤物理性质的影响(表 2.22)。

表 2.22　不同堆积年限的工程堆积体坡面土壤容重及孔隙特征

编号	坡位	土壤容重/(g/cm³)	天然含水量/%	总孔隙度/%	毛管孔隙度/%	非毛管孔隙度/%
2m#	2m-U 上	1.48	3.57	43.46	12.46	31.00
	2m-M 中	1.61	6.45	44.78	12.94	31.84
	2m-D 下	1.64	2.91	42.14	10.28	31.86
2a#	2a-U 上	1.49	6.91	45.11	7.42	37.69
	2a-M 中	1.46	6.61	40.83	3.49	37.34
	2a-D 下	1.53	3.67	39.84	5.45	34.39
4a#	4a-U 上	1.20	11.22	52.70	16.94	35.76
	4a-M 中	1.25	9.43	44.45	12.02	32.43
	4a-M 下	1.40	12.04	37.86	7.00	30.86

由表 2.22 可知，随着年限增加，工程堆积体土壤容重呈减小的趋势，2m#工程堆积体容重为 1.48～1.64g/cm³，而 4a#工程堆积体容重为 1.20～1.40g/cm³，表明自然修复年限越长的工程堆积体透水性、通气性及松紧度越好；不同植被恢复年限工程堆积体土壤容重基本表现为上坡＜中坡＜下坡；下坡的土壤容重明显大于上坡，这可能是由于工程堆积体在堆积过程中大颗粒在重力分选作用下向下运动，而上坡存在较小的土壤颗粒，有利于植物生长，在根系穿插和固结作用下工程堆积体土壤结构得到更好的改善。各工程堆积体不同坡位的总孔隙度均与土壤容重成反比，即土壤容重越大，总孔隙度越小，2a#工程堆积体总孔隙度为 39.84%～45.11%，而 4a#工程堆积体总孔隙度为 37.86%～52.70%。2a#工程堆积体毛管孔隙度最小，说明该工程堆积体蓄水保水能力较差，而非毛管孔隙度最大，说明该工程堆积体通气性和透水性能力较强；4a#工程堆积体毛管孔隙度和非毛管孔隙度所占比例较为合理，说明该工程堆积体在植被恢复过程中植物起到极其重要的作用，可以较好地改良工程堆积体土壤结构。

2.4.4　工程堆积体下垫面抗剪强度特征

1. 工程堆积体物理力学性质

工程堆积体作为一种物质组成极不均匀、离散程度很大的土石混合物(李俊业，2011)，其物理力学性质与原生土壤及其母岩差异显著。重庆市土壤类型主要有紫色土、黄壤、黄棕壤、红壤等，其分布面积分别为 273.73 万 hm^2、237.18 万 hm^2、65.11 万 hm^2、2.02 万 hm^2。因此，紫色土弃渣和黄壤弃渣普遍存在。通过文献分析和野外试验监测数据，比较分析几种典型弃土弃渣、土壤及其母岩物理力学变化特征(表 2.23)。土壤密实度表现为工程堆积体大于原状土壤，其中紫色土、煤渣和黄壤工程堆积体密实度分别为 1.38～2.34g/cm^3、1.71～2.04g/cm^3 和 1.32～1.86g/cm^3。这是由于工程堆积体为土石混合质，其疏松多孔的结构不断被细小颗粒填充，同时堆积时受人为机械的压实作用增加其紧实程度(卓慕宁等，2008)。与原状土壤相比，工程堆积体由于无土壤团聚体结构而易受降雨消散作用的影响使其颗粒间容易发生崩解和分散，从而发生严重的水土流失。

表 2.23　生产建设项目工程堆积体物理力学特性比较

项目	指标	工程堆积体			土壤		母质
		紫色土	煤渣	黄壤	紫色土	黄壤	紫色泥岩/砾石砂岩
物理力学指标	密实度/(g/cm³)	1.38～2.34	1.71～2.04	1.32～1.86	1.11～1.43	1.24～1.65	—
	渗透性/(mm/min)	0.51～26.03	0.88～10.19	0.28～12.75	0.73～5.66	1.81～6.22	—
	黏聚力/(kPa)	10.45～38.14	9.31～17.85	7.80～45.51	9.85～56.25	8.29～49.90	23.40/7.80
	内摩擦角/(°)	2.30～41.69	24.92～30.46	23.16～40.51	8.03～25.36	7.02～29.65	12.50～18.20
	液限指数/%	2.60～14.80	—	3.30～17.90	7.60～21.50	13.50～21.60	
	塑限指数/%	21.20～32.80	—	17.80～31.30	22.30～38.40	26.70～38.80	
发生机制	物质来源	土壤及其母质			母质成土及生物分解		矿物集合体
	发生层次	无明显土壤层次			A 层、B 层、C 层		
	形成作用力	人为机械扰动作用			自然成土因素		地质作用

土壤黏聚力和内摩擦角是评价其抗剪强度的重要指标。由表 2.23 可知，3 种工程堆积体黏聚力为 7.80～45.51kPa，内摩擦角为 2.30°～41.69°(臧亚君，2008；李俊业，2011；蒋平等，2013)，而各种工程堆积体之间变化无明显特征，这是因为工程堆积体属于典型的土石混合质，其碎石含量对抗剪强度影响很大；与原生土壤及其成土母质相比，其抗剪强度特征有变小的趋势。土壤液塑限指数与土壤中黏粒含量呈正相关关系(Gilley et al.，1977)。由于工程堆积体以土石混合质为主，黏粒含量较少，所以其液塑限指数低于原状土壤(花可可等，2011)。紫色土弃渣液限指数(2.60%～14.80%)较黄壤弃渣(3.30%～17.90%)低，这表明紫色土工程堆积体在相同降水条件下更易发生严重水土流失。

　　根据以上分析可知，工程堆积体属于典型的人为塑造地貌单元，其物质来源为土壤及其母质，土壤与母质经过"开挖—运输—倾倒—压实"等机械扰动形成工程堆积体，其没有明显土壤层次结构但边坡存在明显的颗粒分选现象。生产建设项目造成的主要生态环境扰动是破坏原地面土壤特性、土壤有机质和养分流失及影响区域内农作物(孙飞云等，2005)。工程堆积体物理力学性质受人为机械扰动变化较大，抗剪强度作为土壤抵抗径流和重力的剪切力指标，在维持工程堆积体稳定过程中具有重要作用，不同类型工程堆积体由于物质组成、堆积方式等不同，其力学性质差异较大，所以对工程堆积体边坡稳定性评价和生态修复小生境立地条件辨识需要根据生产建设项目类型和特点开展定位监测。

2. 工程堆积体抗剪强度特征

　　土壤抗剪强度是指土壤受到剪应力作用时，土体抵抗土粒或土团因持续剪切而引起的剪切变形破坏的阻力(查小春和贺秀斌，1999)，其大小直接反映了土体在外力作用下发生剪切变形破坏的难易程度(王云琦等，2006)，是评价区域水土流失土壤力学特性的重要指标之一(张晓明等，2006)。土壤黏聚力和内摩擦角是衡量土壤抗剪强度的两个主要参数，其数值的变化特征不仅可以反映土壤抗剪强度的大小，还可为计算边坡稳定性提供基础数据。

　　由图 2.23 可知，1#～13#工程堆积体黏聚力在 5.40～36.51kPa，表现为黄壤堆积体(33.46kPa)＞紫色土堆积体(27.7kPa)＞煤渣堆积体(6.61kPa)，其中煤渣堆积体黏聚力明显小于紫色土堆积体和黄壤堆积体，这主要是由于煤渣堆积体的天然含水率达到20%，明显大于紫色土堆积体和黄壤堆积体，很大程度上降低了煤渣堆积体的黏聚力。随着堆积年限的延长，黏聚力呈增加的变化趋势，且以黄壤堆积体最为明显。对于5#、8#、12#工程堆积体而言，其黏聚力大小依次为 5#(32.89kPa)＞8#(17.76kPa)＞12#(5.4kPa)，尽管这 3个工程堆积体的堆积年限均为 2 年，植被覆盖度在 40%左右，但仍然差异显著，这与工程堆积体自身物质组成和弃渣特性相关。

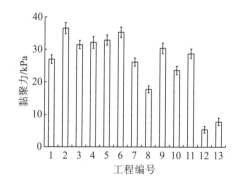 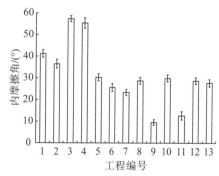

图 2.23　1#～13#工程堆积体坡面黏聚力和内摩擦角

　　1#～13#工程堆积体内摩擦角为 9.58°～57.32°，表现为黄壤堆积体(37.11°)＞紫色土堆积体(29.93°)＞煤渣堆积体(28.23°)。紫色土堆积体的内摩擦角最大为 57.32°，最小为 9.58°，其数值变化幅度大。造成内摩擦角大幅度变化的原因是紫色土堆积体的颗粒组成分布不均匀，变化范围大，土壤颗粒的不规则程度明显，使得弃渣内摩擦角增大。黄壤堆积体内摩擦角分别为 55.36°、30.33°、25.64°，其数值随着堆积年限的延长而减小；煤渣堆积体内摩擦角分别为 28.76°和 27.71°，两者之间无明显差异。

3. 不同堆积年限的工程堆积体坡面抗剪强度特征

工程堆积体具有非均匀、非连续的特殊结构特征，其抗剪强度可反映土体在外力作用下发生剪切变形破坏的难易程度，数值大小可直接反映工程堆积体边坡的稳定性，而黏聚力和内摩擦角是衡量土体抗剪强度的 2 个重要指标，植被恢复对工程堆积体的物理力学性质影响显著。因此，分析不同植被恢复年限的工程堆积体黏聚力和内摩擦角的变化规律可为研究工程堆积体边坡稳定性提供科学依据。本节选择水土公租房试验点堆积年限分别为2 个月、2 年和 4 年的 3 个工程堆积体为研究对象，分析堆积年限和坡位对坡面抗剪强度的影响(表 2.24)。

表 2.24　不同堆积年限工程堆积体坡面土体黏聚力和内摩擦角

编号	坡位	黏聚力/kPa	内摩擦角/(°)
2m#	2m-U 上	28.78	22.86
	2m-M 中	31.70	2.30
	2m-D 下	30.08	5.07
2a#	2a-U 上	30.23	6.15
	2a-M 中	16.43	41.69
	2a-D 下	28.14	2.91
4a#	4a-U 上	31.88	9.47
	4a-M 中	25.97	17.34
	4a-D 下	31.28	2.23

由表 2.24 可知，工程堆积体不同坡位的黏聚力为 16.43~31.88kPa，内摩擦角为 2.23~41.69°。2m#工程堆积体各坡位黏聚力差异较小，其数值分别为 28.78kPa、31.70kPa 和30.08kPa，这主要是由于该工程堆积体是刚刚形成的，植物根系生长较差，同时土壤颗粒较少，很难形成根土复合体，所以黏聚力没有明显的差异；而 2a#和 4a#工程堆积体不同坡位的黏聚力呈现明显的差异性，依次为坡上>坡下>坡中，且与工程堆积体恢复年限一致，说明随着恢复年限的增加，工程堆积体大颗粒岩土风化为细小颗粒，植物根系可以更好地穿插和固结土壤颗粒，形成更加稳定的根土复合体。同时 2a#和 4a#工程堆积体内摩擦角表现为坡中>坡上>坡下，说明工程堆积体下坡位的稳定性较上坡位和中坡位差。

4. 土壤含水率对工程堆积体抗剪强度的影响

由表 2.25 可知，弃土弃渣土体抗剪强度与含水率关系密切，不同含水率、不同垂直压力条件下的抗剪强度差异显著。不同垂直压力下两种弃土弃渣抗剪强度均随含水率增大呈先增加后减小的趋势。就紫色土弃渣而言，在垂直压力为 100kPa 下，含水率为 15.2%时其抗剪强度达到最大(78.0kPa)；而垂直压力为 200kPa、300kPa、400kPa 时紫色土弃渣均在含水率为 12.8%时抗剪强度最大；而对黄壤弃渣来说，在不同垂直压力下，含水率在 2.7%~6.2%区段时抗剪强度达最大值，这说明含有大量亲水性黏土矿物成分的紫色土弃渣抗剪强度对含水率变化响应更为显著。抗剪强度大则表明弃土弃渣堆积体抵抗径流剪切破坏力大，从而可减缓坡面土壤侵蚀或土体滑坡的发生。而弃土弃渣抗剪强度受含水率影响显著，在降雨条件下其抗剪强度会明显降低，增大坡面土壤侵蚀或滑坡发生的危险性。

表 2.25　不同含水率条件下两种弃土弃渣抗剪程度

紫色土弃渣					黄壤弃渣				
实际含水率/%	垂直压力/kPa	剪应力/kPa	黏聚力/kPa	内摩擦角/(°)	实际含水率/%	垂直压力/kPa	剪应力/kPa	黏聚力/kPa	内摩擦角/(°)
11.7	100	73.0	18.9	26.9	2.7	100	67.6	2.1	32.9
	200	116.1				200	129.0		
	300	170.4				300	197.4		
	400	224.3				400	260.0		
12.8	100	72.4	29.2	26.3	4.1	100	77.0	8.4	32.3
	200	138.7				200	125.8		
	300	174.3				300	199.5		
	400	225.1				400	263.0		
13.9	100	72.5	25.8	26.2	6.2	100	66.1	2.8	31.9
	200	127.7				200	120.1		
	300	174.2				300	206.7		
	400	221.1				400	246.7		
15.2	100	78.0	25.3	25.9	8.8	100	67.3	1.9	31.0
	200	117.3				200	117.3		
	300	168.3				300	175.8		
	400	222.6				400	248.1		
16.9	100	59.0	14.7	25.7	11.2	100	56.8	1.6	30.9
	200	117.9				200	126.7		
	300	157.3				300	185.0		
	400	206.2				400	237.1		

　　土体黏聚力除与库仑力、范德瓦耳斯力、胶结作用力及渗透压力等有关外，还受水膜黏结力影响，因此土体水分条件对其黏聚力大小有重要影响(倪九派等，2009)。两种弃土弃渣黏聚力与含水率的变化关系如图 2.24 所示。

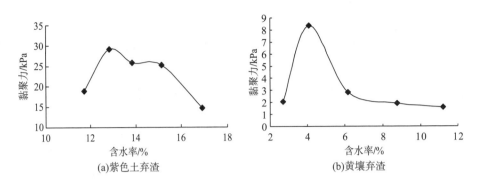

图 2.24　紫色土弃渣和黄壤弃渣黏聚力与含水率的关系曲线

　　由图 2.24 可知，随着弃土弃渣含水率的增大，两种弃渣黏聚力均呈先增加后减小的趋势且变化趋势具有显著的阶段性和差异性。对紫色土弃渣而言，当含水率由 11.7%增至 12.8%，其黏聚力由 18.9kPa 增至 29.2kPa 且达到最大值；当含水率在 12.8%～15.2%，紫色土弃渣黏聚力减小缓慢，曲线梯度较小；当含水率由 15.2%增至 16.9%（大于塑限16.6%）后其黏聚力急剧下降，且下降过程具有明显阶段性特征。而对黄壤弃渣而言，其黏聚力随含水率增加呈单波峰形曲线变化，其波峰出现在塑限值之后，即当含水率从2.7%增加至 4.1%，其黏聚力增加达到最大值（8.4kPa），随后黏聚力随含水率增加而降低。两种弃土弃渣黏聚力发生该变化的原因在于当含水率较低时，土体黏聚力主要受水膜黏结力大小影响，水分子对土粒牵引作用弱。而含水率增大时，其颗粒间的胶结物将开始被溶蚀导致胶结作用逐渐丧失，使水分子牵引作用增大。结果表明，含水率对黄壤弃渣黏聚力影响作用较紫色土弃渣大，当紫色土弃渣黏聚力在含水率为 12.8%～15.2%时，仍能维持较大值，而黄壤弃渣在含水率为 4.1%左右变化时其黏聚力均急剧下降。因此在实践中生产建设项目应重点加强对黄壤工程堆积体边坡的防护与治理，以防发生坍陷、滑坡、泥石流等灾害。

　　内摩擦角作为边坡稳定性评价的重要参数，其大小与土体颗粒结构、大小及密实度密切相关，同时还受其水分条件影响（胡昕等，2009）。两种弃土弃渣内摩擦角与含水率的变化关系见图 2.25。

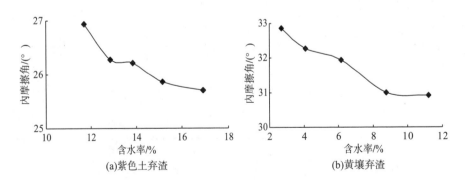

图 2.25　紫色土弃渣和黄壤弃渣内摩擦角与含水率的关系曲线

由图 2.25 可知，两种弃土弃渣内摩擦角均随含水率增加而降低，但相对于黏聚力而言含水率变化对内摩擦角的影响较小。紫色土弃渣含水率从 11.7%增加到 16.9%，其内摩擦角由 26.9°减至 25.7°，内摩擦角随水率变化趋势可用关系式 $\varphi=36.139w-0.122$ $(R^2=0.911)$ 表达。而黄壤弃渣在低含水率 2.7%时，内摩擦角最大，为 32.9°；在高含水率 11.2%时，其内摩擦角最小，为 30.9°，内摩擦角与含水率关系亦可用幂函数关系式表达，即 $\varphi=34.391w^{-0.0447}(R^2=0.962)$。由于试验中两种弃土弃渣粗粒含量均较高，相对于细粒含量多的土壤，含水率变化不会引起其颗粒结构、大小及密实度的显著变化，所以含水率变化对两种弃渣内摩擦角的影响都较小。

2.5　小结与工程建议

2.5.1　小结

(1) 各种生产建设项目所造成的扰动地貌单元不同，其土壤侵蚀环境和侵蚀影响因素作用特点差异性较大。高速公路侵蚀环境由侵蚀动力系统、侵蚀对象和侵蚀地貌单元 3 部分组成，侵蚀动力以人为高强度的开挖填筑、地貌再塑及强烈扰动地面为主，侵蚀对象以岩土混合的工程堆积体为重点，空间上呈现沿高速公路路域的离散型点、线状分布，时间上与主体工程进度具有高度同一性，高速公路沿线的河流(沟)和工矿采空区为最敏感地区，水文计算、沟道形成泥石流危险性评价和地面荷载平衡分析是水土流失预防的主要环节。生产建设项目土壤侵蚀形式以扰动边坡面蚀、工程堆积体细沟侵蚀、泻溜、人为滑坡、人为泥石流、垂直侵蚀等为主，扰动前后土体密实度、内摩擦角、坡度及植被覆盖度变化是影响项目区土壤侵蚀模数变化的重要因素。

(2) 生产建设项目下垫面可分为工程堆积体、开挖面、人工边坡和硬化地面 4 个一级类型，其物质组成特征与原地貌差异明显。岩土混合物休止角(34°～38°)均高于原地貌(33°～34°)，各种扰动地貌单元粗砾(>20mm)、中砾(20～5mm)及细砾(5～2mm)含量高于原地貌，细粒(<0.075mm)含量低于原地貌，各扰动地貌不均匀系数在 11.05～41.30 变化；1#～13#工程堆积体粒径集中在 20～2mm，平均含量为 52.46%，以 5～2mm 粒径组为主；不同土石比工程堆积体石质含量(>10mm)为土石混合质>偏土质>土质。

(3) 工程堆积体一般来源于隧洞开挖、表土剥离、边坡开挖、尾矿堆筑、城镇基础开挖等过程，不同项目施工工艺可能存在差异，并与原地貌单元有较大差异性。就 1～12 中紫色土工程堆积体而言，其土壤容重大小依次为土质紫色土(1.32g/cm³)＜偏土质紫色土(1.48g/cm³)＜土石混合质紫色土(1.56g/cm³)，各种扰动地貌单元依次为施工便道 CR(1.74g/cm³)＞边坡绿化带 SG(1.54g/cm³)＞1a 弃渣堆积体 DSA₁(1.48g/cm³)＞2a 弃渣堆积体(1.34g/cm³)＞3a 弃渣堆积体 DSA₃(1.31g/cm³)，扰动地貌土壤总孔隙度、土壤田间持水量和饱和含水量均表现为 DSA₃>DSA₂>DSA₁>SG>CR，紫色土、黄壤和煤渣堆积体入渗特征值大小依次为煤渣堆积体>紫色土堆积体>黄壤堆积体。

(4) 工程堆积体坡面土壤饱和含水量在 24.91%～38.63%、16.35%～29.58%和 1.09%～

4.85%变化，平均为 30.54%、21.72%和 2.68%；1#～13#工程堆积体黏聚力在 5.40～36.51kPa，表现为黄壤堆积体 (33.46kPa) ＞紫色土堆积体 (27.7kPa) ＞煤渣堆积体 (6.61kPa)，其内摩擦角在 9.58°～57.32°变化，表现为黄壤堆积体 (37.11°) ＞紫色土堆积体 (29.93°) ＞煤渣堆积体 (28.23°)。土体含水率对黄壤弃渣黏聚力影响较紫色土弃渣大，在含水率 12.8%～15.2%范围内紫色土弃渣的黏聚力仍能维持较大值，而黄壤弃渣在含水率为 4.1%左右其黏聚力均急剧下降。

(5) 在紫色丘陵区采用因子分析法预测土壤流失量时，可选定植被覆盖度 0、15%、30%代表堆放初期 (0～0.5a)、中期 (0.5～1a)、后期 (1～1.5a) 的植被恢复状态，扰动面平均坡度为 35°、45°、55°，密实度为 $1.35t/m^3$（自然堆放）和 $1.80t/m^3$（人工压实堆放），分土质 (25°、30°)、土石混合质 (40°) 两种类型。自然堆放条件下工程堆积体土壤侵蚀模数为 7689.58～25 342.76t/ $(km^2 \cdot a)$，人工压实条件下为 6291.48～20 734.98t/ $(km^2 \cdot a)$。

2.5.2　工程建议

(1) 煤矿开采所形成的矸石山植被恢复可通过封山（先覆表土和撒草籽后再封山）治理、先锋草本植物种植和灌草混交进行水土保持生态修复，同时兼顾重金属对土壤和水资源的污染。采空塌陷区的充填复垦型水土保持模式可分为农业复垦区、林业复垦区、建设复垦区分别恢复，塌陷区底部 10～20cm 黏土层可减少地表水渗漏及地下水污染问题。

(2) 项目区扰动地貌单元土壤侵蚀类型和形式多样，因子分析法基于对工程堆积体堆放前后的地表扰动程度和弃土弃渣土力学性质进行土壤流失量预测，具有较强适用性。扰动前后植被覆盖度、地面平均坡度、土体密实度及扰动地貌土体内摩擦角 4 种参数，均可使用便携式仪器在野外直接测定，但预测结果精度应与野外定位监测、侵蚀示踪法互相印证。

(3) 加强生产建设项目扰动地貌单元长期定位试验及与原地貌单元的对比监测。加大生产建设项目事中监管力度，强化水土监测工作，系统融合遥感卫星、无人机、智能终端、GIS、GNSS 等现代空间技术和信息化技术，通过多时空对比分析，实现对生产建设活动的扰动状况和水土流失的动态监管，为扰动地貌单元土壤、植被生态修复提供数据支持。

(4) 生产建设项目的各种施工活动引起下垫面条件改变，形成了人为水土流失独特的侵蚀对象和侵蚀环境。生产建设项目人为水土流失的生态环境效应主要表现为项目区水土资源、植被资源及水土保持生态服务功能降低及周边生态环境风险提高。因此，可根据生产建设项目施工活动所形成的各种扰动地貌单元变化特征，建立人为水土流失生态环境损害的"生态破坏行为—生态环境损害"因果链条关系。

第3章 生产建设项目水土流失危害影响分析

生产建设项目水土流失对项目区及周边生态环境的影响较大,主要表现为损坏水土和植被资源、降低水源涵养功能、破坏水土保持设施等方面。各种工程建设对原地貌土体、植被扰动和破坏严重,降低或丧失原有的水土保持生态服务功能。城镇化引起的各种人为扰动地貌单元的水源涵养功能较原地貌明显降低是造成城市水土流失的主要原因。本章分析城镇建设和煤矿开采对水资源系统的破坏,以紫色丘陵区生产建设项目各扰动地貌单元及原地貌单元为研究对象,采用野外调查和室内理化分析,系统地分析各种人为扰动地貌单元的土壤孔隙、渗透性和持水性能变化,研究扰动地貌单元对水源涵养功能的影响;基于层次分析法构建紫色丘陵区和喀斯特区生产建设项目水土流失影响评价指标体系,划分水土流失影响等级并对其进行综合评价,以期为生产建设项目水土保持监测、土壤流失量预测及水土保持措施布局与设计提供科学依据。

3.1 研究区概况及研究方法

3.1.1 研究区概况

研究区位于重庆市北碚区,属于亚热带季风湿润性气候,其年均降水量为 1133.5mm,主要集中在 4~10 月,其中 7 月最多(16.77%),而 1 月最少(1.76%);该区日降雨量≥50mm 的暴雨每年出现数次,而 60%的年份出现日降雨量≥100mm 的大暴雨。该区年均气温13.6℃,年均蒸发量为 1181.1mm,年均相对湿度 87%以上。在研究区内分别选取一个紫色土项目区和一个黄壤项目区(图 3.1)。紫色土项目区位于重庆市北碚区蔡家岗(29°43′36″N,106°28′49″E),面积约 45.75km²,海拔为 400m。该区土壤类型包括水稻土、紫色土、潮土、石灰土,其中水稻土和紫色土占全区土壤面积的 81.7%。地带性植被类型

(a)紫色土项目区扰动地貌单元特征

(b)黄壤项目区扰动地貌单元特征

图 3.1　研究区位置示意

为亚热带常绿阔叶林、针阔混交林、竹林、常绿阔叶灌丛，主要的土地利用类型有林地、草地、耕地、水田等。该区典型城镇建设项目造成的各种人为地貌单元包括不同堆积年限工程堆积体(工程堆积体为物质组成极不均匀、离散程度很大的土石混合物)、施工便道(为施工提供便利、便捷之道，属临时工程)、边坡绿化带及不透水地面等；原地貌单元包括坡耕地、林地、草地及水田等。

　　黄壤项目区位于重庆市北碚区十里温泉城(29°47′42″N，106°23′50″E)，为重庆缙云山国家级自然保护区，海拔 456m。缙云山地带性土壤为酸性黄壤(pH 值为 4.0～4.5)，分布面积 1382.2hm^2，地带性植被类型为亚热带常绿阔叶林、针阔混交林、竹林、常绿阔叶灌丛，主要的土地利用类型有林地、草地和耕地等。该区典型城镇建设项目造成的各种人为地貌单元包括不同堆积年限工程堆积体、施工便道、边坡绿化带及不透水地面等；原地貌单元包括坡耕地、荒草地、天然林地和经果林地等。生产建设项目区不同地貌单元特征见表 3.1。

表 3.1　生产建设项目区不同地貌单元特征

项目区	地貌类型	地貌单元	编号	植被覆盖度/%	土层深度/m	土壤类型	坡度/(°)	地表植被状况
紫色土项目区	扰动地貌	2m 工程堆积体	DSA$_{2m}$	5	3.5	紫色土及其母岩	38	油蒿等
		2a 工程堆积体	DSA$_{2a}$	50	3.0	紫色土及其母岩	36	油蒿等
		4a 工程堆积体	DSA$_{4a}$	80	2.8	紫色土及其母岩	35	油蒿、狗尾草等
		边坡绿化带	SG	90	1.3	紫色土及其母岩	30	狗牙根
		施工便道	CR	0	1.1	紫色土及其母岩	5	—
	原地貌	坡耕地	SL	40	0.4	紫色土	5	玉米
		荒草地(1a)	WG	80	0.3	紫色土	5	油蒿、狗尾草等
		林地	ML	85	0.4	紫色土	5	桑树及草本等
		水田	PL	20	0.6	紫色土	0	草
黄壤项目区	扰动地貌	1a 工程堆积体	DSA$_1$	25	—	黄壤及其母岩	40	油蒿等
		2a 工程堆积体	DSA$_2$	40	—	黄壤及其母岩	35	油蒿等

项目区	地貌类型	地貌单元	编号	植被覆盖度/%	土层深度/m	土壤类型	坡度/(°)	地表植被状况
黄壤项目区	扰动地貌	3a 工程堆积体	DSA₃	60	—	黄壤及其母岩	35	油蒿、狗尾草等
		边坡绿化带	SG	90	—	黄壤及其母岩	30	草
		施工便道	CR	0	—	黄壤及其母岩	5	—
	原地貌	坡耕地	SL	50	—	黄壤	5	玉米
		荒草地(1a)	WG	90	—	黄壤	5	油蒿、狗尾草等
		天然林地	NF	95	—	黄壤	5	柏树、藤本及草本
		经果林地	EFF	50	—	黄壤	5	柑橘

注："—"表示未对其进行野外调查。

在各种地貌单元均采用多点(5 点)采样法进行采样(图 3.2)。边坡绿化带和施工便道直接布设 5 个代表性点进行采样，每个样点采集 5 个环刀试样及 1 个混合样(1～2kg)；工程堆积体则在其平台及边坡上、中、下部位采集，每个部位也采集 5 个环刀试样及 1 个混合样。各种原地貌先在各样地内布设多个代表性点，每个样点以 10cm 为一个土层分 3 层采集土壤样品(包括环刀试样及混合样)，以测定土壤物理性质和持水性能。

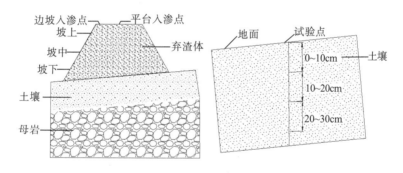

图 3.2　生产建设项目扰动地貌及原地貌采样示意

3.1.2　土壤入渗性能测定

土壤入渗过程采用双环入渗法测定，其双环规格为外环 30cm，内环 15cm，高度 20cm(图 3.3)。入渗过程测定时须将双环打入土层 10～15cm，然后同时向内外环加水，外环保持 5cm 水位高度，内环每隔一定时间加水并记录加水量，试验时间 90min。土壤入渗速率计算公式如下：

$$V = 10Q_n / (S \cdot T_n) \tag{3.1}$$

式中，V 为土壤入渗速率，mm/min；Q_n 为某间隔时间内土壤入渗量，mL；S 为内环横断面积，cm²；T_n 为相应的间隔时间，min。其中，初始入渗率为最初 2min 入渗量与入渗时间的比值(mm/min)；稳定入渗率为特定时间间隔趋于稳定的入渗量/特定时间间隔

(mm/min)；30min 入渗率为第 30min 时刻入渗速率(mm/min)；平均入渗率为达稳渗时的渗透总量/达稳渗时的时间(mm/min)。

图 3.3　扰动地貌单元入渗试验点加水前后

本章采用 Kostiakov 模型、通用经验模型、Horton 模型和 Philip 模型来拟合工程堆积体下垫面入渗过程。各入渗模型如下：①Kostiakov 模型 $f(t)=at^{-b}$，$f(t)$ 为入渗速率，t 为入渗时间，a、b 为拟合参数；②通用经验模型 $f(t)=a+bt^{-c}$，$f(t)$ 为入渗速率，t 为入渗时间，a、b、c 为拟合参数；③Horton 模型 $f(t)=a+be^{-ct}$，$f(t)$ 为入渗速率，t 为入渗时间，a、b、c 为拟合参数；④Philip 模型 $f(t)=0.5at^{-0.5}+b$，$f(t)$ 为入渗速率，t 为入渗时间，a、b 为拟合参数。

3.1.3　土壤蓄水性能测定

土壤水库指土壤作为一个充满大小孔隙的疏松多孔体，明显具有存储水分的功能，可用来分析土壤容纳、转移水分的能力和评价土壤持水特性(Peng et al., 2015)；土壤水库具有容纳和调节水分的功能，不仅能供给植物生长所需的水分，而且会造成降雨—入渗—径流数量分配差异性，这种特性综合表现为防洪减灾的作用(杨金玲等，2008)。土壤水库在调蓄径流、削减洪峰、补充枯水径流等方面具有重要作用，土壤蓄水性能采用各种土壤水库库容指标来反映，其计算公式及工程价值见表 3.2。

表 3.2　土壤水库库容计算公式及工程价值

指标	计算公式	应用价值
总库容	$TS=0.1\sum_{i=1}^{n}(S_i\times r_i\times H_i)$	土壤涵蓄潜力最大值，反映了土壤涵养水源、调节水分循环和水土保持功能
死库容	$DS=0.1\sum_{i=1}^{n}(W_i\times r_i\times H_i)$	不能被作物生长所利用，是作物生长的最低水量需求
兴利库容	$US=0.1\sum_{i=1}^{n}[(C_i-W_i)\times r_i\times H_i]$	作物生长所需水分的重要来源，可通过实际含水量确定最佳补给量
滞洪库容	$FS=0.1\sum_{i=1}^{n}[(S_i-C_i)\times r_i\times H_i]$	可缓解强降雨或过量灌溉后土壤水库容量，也可能在一定程度上引发人为滑坡

续表

指标	计算公式	应用价值
最大有效库容	$MS = 0.1\sum_{i=1}^{n}[(S_i - W_i) \times r_i \times H_i]$	最大限度地减少水的损失，尽可能地减少地表径流冲刷
实际库容	$NS = 0.1\sum_{i=1}^{n}(N_i \times r_i \times H_i)$	实际条件下土壤的储水量，反映了土壤水库的利用效率
水库储水效率	$RE = \dfrac{NS}{TS} \times 100\%$	反映土壤水库利用效率及土壤水库功能优劣，以实现土壤水最大利用率

注：W_i 为凋萎持水量(%)；r_i 为土壤容重(g/cm³)；H_i 为土层厚度(cm)；n 为土壤层次；C_i 为毛管持水量(%)；S_i 为饱和持水量(%)；N_i 为自然持水量(%)。

3.1.4　水源涵养功能综合评价

生产建设项目区的水源涵养功能主要是通过土壤对水分静态涵养能力(蓄水能力)和动态调节能力(渗透性能)来实现，这种涵养调节功能主要受土壤物理性质影响，可采用层次分析法对项目区各种扰动地貌单元和原地貌单元水源涵养功能进行综合评价。选取与不同土地利用类型水源涵养功能关系最为密切的土壤孔隙结构类(B_1，0.3684)、土壤持水性能类(B_2，0.3684)和土壤渗透性能类(B_3，0.2633)指标，依据多指标层次分析法原理，构造两两判断矩阵并通过一致性检验，最终确定各项指标权重系数进行综合评价，其中 B_1 包括土壤容重 C_1(0.1745)、小于 0.075mm 细粒含量 C_2(0.0582)和总孔隙度 C_3(0.1357)，B_2 包括饱和持水量 C_4(0.1357)、田间持水量 C_5(0.1357)和凋萎含水量 C_6(0.0970)，B_3 包括稳定入渗率 C_7(0.0970)、饱和导水率 C_8(0.1247)和初始入渗率 C_9(0.0416)。基本步骤是先对综合评价指标进行无量纲化，正指标和负指标分别采用式(3.2)和式(3.3)计算，再采用层次分析法计算水源涵养功能综合指数，其计算模型如式(3.4)所示。

$$X_d = X / (X_{min} + X_{max}) \tag{3.2}$$

$$X_d = 1 - X / (X_{min} + X_{max}) \tag{3.3}$$

$$WCI = \sum_{i=1}^{m} W_i R_i \tag{3.4}$$

式中，WCI(water conservation index)为水源涵养能力综合指数；X 为不同地貌单元某一指标的实际观测值；X_{max} 和 X_{min} 分别为不同地貌单元某一评价指标的最大值和最小值；W_i 为第 i 项指标权重；R_i 为各种地貌单元类型第 i 项指标的无量纲化数据矩阵；m 为评价指标数。

3.2　水循环系统破坏

生产建设项目在建设和运行生产过程中开挖、扰动、压占大量土地资源，直接或间接地扰动原地貌，降低土地生产力，破坏植被和水土资源，对水资源造成较大的改变或严重破坏，影响水资源的分配和利用。建设项目地下挖掘、地下水疏干等活动不仅间接地使地表河流干枯、地下水位下降、地面植被退化、地面塌陷，改变和破坏水资源，而且会破坏工程建设区的水文平衡及周围区域的水文循环，造成区域局地水循环系统破坏、水质恶化。

3.2.1　城镇建设对水循环系统的影响

城镇建设过程中，大量地表土壤及深层基岩被扰动开挖，造成严重的水土流失，其项目区以扰动地面、工程堆积体、开挖面、硬化地面和人工边坡为主，各个地貌单元在其形成过程、对原地貌水循环的破坏程度及其水循环特征方面均有一定的差异性，具体的水循环过程见图3.4。

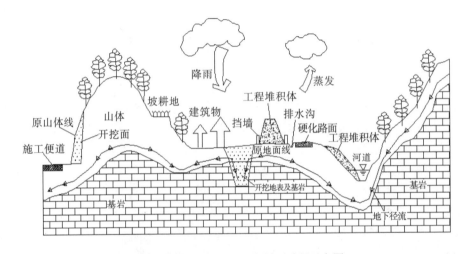

图3.4　城镇建设项目区水循环过程示意图

扰动地面在项目区广泛存在，不同建设项目对原地貌的扰动面积和扰动程度也不同，其深度一般多为几十米，有的甚至可达百米。与原地貌相比，扰动地面在开挖地表及基岩时不仅破坏土壤结构、扰动基岩，而且会影响地表径流和地下水循环系统，造成大量地下水资源未能合理利用。

工程堆积体是生产建设项目最为典型的人为地貌单元，是人为水土流失的主要策源地之一。工程堆积体结构松散，物质组成大小不一，内部存在大孔隙和缝隙，其入渗速率大于坡耕地等原地貌。水分沿大孔隙路径向下运动，细小颗粒随水流共同运移形成潜移侵蚀，造成细小颗粒的流失。部分工程堆积体堆放在河道两旁，压占河道，被河流冲刷侵蚀。

开挖面对原地貌的扰动程度较为剧烈，主要发生在主体工程区和取土石场等。开挖面坡度大、物质组成复杂，使深层土壤裸露在外，加大了水力侵蚀的可能性；同时在开挖过程中改变了开挖面上方的汇水情况，从而加剧了开挖面的水土流失。

硬化地面加大了地表径流和城市洪峰流量，从而改变了水循环过程。不透水建筑物和硬化路面的出现，改变了下垫面的入渗能力和粗糙程度，使雨水迅速汇集而形成地表径流，加大了城市排水系统的压力。

人工边坡是在挖损、堆垫和填筑等作用下形成的高陡边坡，其边坡高、坡度大，多为不稳定边坡。在重力作用下易发生泻溜、崩塌、滑坡等水土流失形式，水土流失极为严重，严重威胁项目区居民的生命财产安全。

3.2.2　城镇建设对水循环过程的破坏

生产建设项目导致植被破坏、土地利用类型发生改变，进而影响地表径流和洪水过程，使城镇的水循环状况发生变化(图 3.5)。相关资料表明，城镇化前天然流域的蒸发量占降水量的 40%，入渗地下水量占 50%，地表径流部分占 10%。城镇化后，由于自然景观强度的改造作用，不透水地面大量增加，蒸发量由 40%降低至 25%，入渗地下水量由 50%降低至 32%，地面径流增加到 43%，是城镇化前的 4.3 倍。这种变化随着城镇化的发展、不透水面积的增大而增大，下垫面不透水面积的百分比越大，其储存水量越小，地面径流越大。

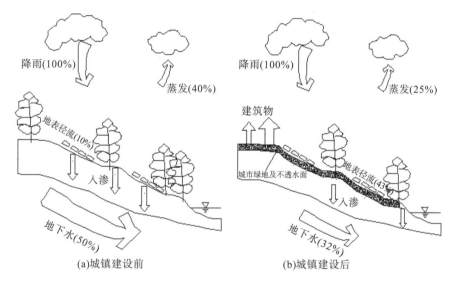

图 3.5　城镇建设前与建设后的水循环示意图

不同地面类型的径流系数见表 3.3。城镇化对原地貌最大的影响是形成大量的硬化地面，导致径流系数增大，如混凝土和沥青路面的径流系数高达 0.95(薛丽芳和谭海樵，2009)。同时，地面渗透能力的降低会加快地表径流的汇流时间，而城市雨水管道网的扩张，能够促进地面高峰流量形成，对低洼地产生更大压力。

表 3.3　不同地面类型的径流系数

地面类型	各种屋面、混凝土和沥青路面	大块石铺砌的碎石路面	级配碎石路面	干砌砖石或碎石路面	非铺砌土路面	公园或绿地
径流系数	0.85~0.95	0.55~0.65	0.40~0.50	0.35~0.40	0.25~0.35	0.10~0.20

在相同降雨条件下扰动地貌单元径流调蓄能力较原地貌弱，项目区洪水形成过程缩短且洪峰增强，从而增大了城市内涝的危险性。相关研究也表明，当绿地土壤转化为完全封闭的地表，土壤的滞洪库容将会损失 7.20 万 m^3/km^2（图 3.6），而城镇化每占用 $1km^2$ 水稻田就会多损失 15 万 m^3 土壤水库的库容（杨金玲等，2008）。

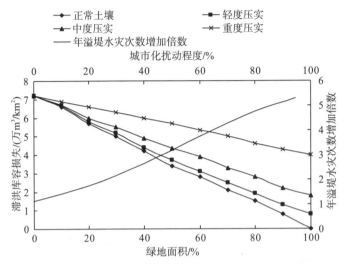

图 3.6　绿地面积—滞洪库容—城市洪水灾害次数关系

我国城镇化率在 2014 年已达到 54.77%，处于城市加速发展时期（城镇化率为 30%～70%），然而大规模的城镇建设不仅占压、扰动和毁坏原地貌，还会产生大量的弃土弃渣。弃渣堆积体坡面侵蚀特征及土壤侵蚀量由下垫面状况和降雨条件共同决定。影响下垫面状况因素主要有工程堆积体堆积形态、坡形因子（坡度、坡长）坡面物质组成、坡面植被状况等，降雨条件主要指降雨量、降雨历时、降雨强度等。生产建设活动造成的各种人为扰动地貌单元的物质组成特征、渗透性能、持水性能等特征与原地貌均差异明显，使得其水文过程与原地貌单元不同，在降雨或暴雨条件下其强烈的水土流失破坏了土地资源；同时，城镇化阶段形成的大面积不透水地面具有降雨汇流时间短、排水问题复杂、产汇排相互影响等特征，增加了城市雨水管网的负担，降低了行洪安全，进而影响了城市的御灾能力。相关研究表明，城镇化发展会导致暴雨在城区形成的水文过程线出现峰高的现象（Mills et al.，2009），当城镇化由 12.6% 增大到 100% 时，P=5% 的洪峰流量增大为原来的 1.39 倍，涨峰历时由 382min 缩短到 89min（赵纯勇等，2002）。因此，下垫面条件的改变是造成人为水土流失严重、城市内涝灾害频发的重要原因。

我国城镇建设中形成的下垫面包括具有不同渗透能力的草地、土地面、红砖、混凝土方砖、旧沥青路面、新沥青路面等（王紫雯和程伟平，2002），北京市房地产建设主要形成不透水建筑物屋顶、硬化地面、透水型地面和绿地 4 种下垫面，分别占项目区面积的 24%、22.8%、28.2% 和 25%，径流系数分别为 0.95、0.90、0.45、0.15（王国等，2013）。不同城镇建设项目绿地率存在一定差异性（表 3.4），旧城改造、改/扩建城镇主次干道及新建城镇的次干道绿地率相对较低，而房地产建设项目绿地率高达 35%，因此要充分控制和优化项目区绿化用地比例。

表 3.4　不同城镇建设项目绿地率

项目类型	绿地率/%	硬化率/%	洪涝灾害次数	SCS 模型 CN 值
旧城改造	20	80	1～5	90～95
房地产建设	30～35	65～70	1～2	60～87
新城镇道路建设	20～30	70～80	1～3	92～94
老城镇道路建设	15～20	80～85	1～5	93～95

注：降雨—径流 SCS 模拟模型：$Q = \dfrac{(P-0.2S)^2}{P-0.8S}$，$P \geqslant 0.2S$；$Q=0, P \leqslant 0.2S$。

式中，Q 为降雨产生的径流量(mm)；P 为一次降雨的降雨总量(mm)；S 为流域当时的最大滞留量(mm)。其中，$S = \dfrac{25400}{CN} - 254$，CN 是用来反映下垫面条件对产汇流过程影响的无量纲参数。

3.2.3　矿区开采对水资源系统的破坏

煤矿开采可分为露天开采和地下开采(井工开采)，露天开采占地面积大且对地表及其基岩扰动强度大，破坏植被造成地表裸露；地下开采虽然对表层土壤扰动较小，但对地质结构及地下储水结构破坏较大，开采过程中会有大量的地下水涌入矿坑，致使地下水位下降，形成地表水和地下水不断损失的恶性循环。为了有效控制采矿区的水土流失，提高水资源利用效率，以地下开采为例，提出扰动地貌单元对地表径流、地下径流的形成转化作用(图 3.7)。

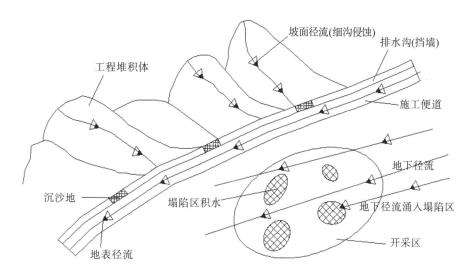

图 3.7　煤矿工程项目区地表径流、地下径流转化示意图

地下开采会破坏水循环过程，大量地下水涌入矿坑，在塌陷区汇集形成积水区，因此对塌陷区地下水抽干外排是一种有效的措施。在工程堆积体坡脚处布设挡墙和排水沟，增强堆积体边坡稳定性，促进其内部水分的疏导，并布设沉沙池收集泥沙。选择耐瘠薄、适应能力强的乡土树种作为工程堆积体土地复垦的先锋树种，通过工程措施和植物措施改善

工程堆积体土壤理化性质。相关数据表明（郭秀荣，2006），重庆废弃 2 年的矸石山植被覆盖度不足 2%，废弃 5 年的矸石山植被覆盖度不足 15%，废弃 5 年以上的矸石山植被覆盖度和土壤条件得以改善，水土流失程度逐渐减小，因此，煤矿工程区工程堆积体的水土流失问题需要多年的恢复和治理才能达到有效控制。

3.3　对原地貌水源涵养功能的影响

3.3.1　对原地貌土壤孔隙特征和水分的影响

土壤物理性质的好坏直接或间接地影响着土壤持水性、渗透性等，而且反映土壤抗蚀能力强弱。土壤是项目区各种地貌单元水源涵养功能的主要场所，其蓄水能力大小依赖于土壤质地、土壤密度、土壤孔隙等（莫菲等，2011；娄义宝等，2018）。项目区不同地貌单元土壤物理性质特征差异明显（表 3.5），紫色土项目区土壤孔隙特征如下。

表 3.5　项目区不同地貌单元土壤物理性质变化特征

项目区	地貌单元	土壤容重/(g/cm³)	总孔隙度/%	毛管孔隙度/%	非毛管孔隙度/%	天然含水量/%	饱和含水量/%	田间持水量/%	萎蔫系数/%
紫色土项目区	DSA$_{2m}$	1.60±0.20	41.24±6.70	4.27±3.91	36.97±3.80	8.26±1.17	24.67±1.34	17.02±1.56	1.74±0.36
	DSA$_{2a}$	1.55±0.21	42.80±0.46	7.69±3.88	35.12±1.86	11.00±0.73	24.52±0.55	16.35±2.15	1.76±0.31
	DSA$_{4a}$	1.41±0.23	47.34±7.66	13.44±3.23	33.90±2.46	11.42±2.17	31.30±3.26	21.00±2.20	1.13±0.13
	SG	1.54±0.25	43.13±4.58	5.14±0.91	37.99±3.13	17.90±1.53	27.68±2.93	18.11±1.02	1.29±0.09
	CR	1.74±0.19	36.54±5.72	5.09±1.34	31.45±4.08	8.60±2.23	18.86±1.02	16.07±1.45	1.80±0.14
	SL	1.18±0.09	55.12±2.99	22.26±4.09	32.86±1.24	26.11±2.41	39.86±3.71	34.29±0.25	2.66±0.23
	WG	1.39±0.07	47.97±2.39	17.69±2.62	30.28±1.33	21.23±2.42	39.59±4.58	24.85±3.01	2.52±0.46
	ML	1.40±0.07	47.64±2.48	18.06±1.66	29.58±0.93	21.64±3.01	36.29±6.70	24.65±067	2.02±0.40
	PL	1.45±0.06	45.99±2.12	13.59±0.12	32.40±2.21	26.69±2.43	32.54±4.98	26.82±2.23	2.74±0.34
黄壤项目区	DSA$_1$	1.48±0.05	45.11±1.69	21.40±0.49	23.71±1.68	5.12±1.13	28.93±1.18	24.00±2.84	6.90±0.63
	DSA$_2$	1.34±0.04	49.73±1.45	21.83±1.79	27.90±2.89	7.12±1.86	33.09±0.91	25.42±0.49	5.10±0.19
	DSA$_3$	1.31±0.04	52.37±1.46	22.55±0.57	30.82±1.23	4.84±1.45	35.62±2.66	27.25±0.43	4.48±0.32
	SG	1.54±0.05	43.13±1.51	21.99±1.03	21.14±1.43	13.58±1.32	24.92±1.74	19.57±1.07	4.31±0.19
	CR	1.74±0.03	36.54±1.61	14.99±0.65	21.55±1.39	8.20±1.82	20.35±1.93	17.85±1.05	5.31±0.08
	SL	1.30±0.05	51.05±1.64	27.55±0.57	23.50±1.10	20.75±0.41	34.90±1.44	28.08±0.75	2.91±0.21
	WG	1.31±0.06	48.08±1.88	29.38±0.49	18.70±1.49	25.49±0.75	38.13±2.71	29.43±1.97	2.04±0.15
	NF	1.12±0.10	57.10±3.42	35.73±2.52	21.26±0.95	14.00±0.80	43.00±3.92	36.64±1.45	1.31±0.23
	EFF	1.26±0.01	52.37±029	27.77±0.20	24.60±0.50	23.24±0.09	35.40±0.23	29.14±0.87	2.38±0.36

(1)土壤容重体现土壤的松紧程度及孔隙状况，反映土壤的透水性、通气性和根系生长的阻力状况。由表 3.5 可知，各种人为地貌单元土壤容重总体上高于原地貌，其大小依次为施工便道(1.74g/cm³)＞2 月工程堆积体(1.60g/cm³)＞2 年工程堆积体(1.55g/cm³)＞边坡绿化带(1.54g/cm³)＞4 年工程堆积体(1.41g/cm³)，比坡耕地依次增加 47.46%、35.59%、31.36%、30.51%、19.49%，说明工程扰动时间越短则土壤容重越大。

(2)土壤孔隙直接决定土壤通气性和透水性，其中毛管孔隙直接影响着土壤蓄水能力，而非毛管孔隙主要影响土壤渗透能力及调节水分功能。人为地貌单元土体总孔隙度总体上低于原地貌单元，其中人为地貌单元总孔隙度表现为 DSA_{4a}＞SG＞DSA_{2a}＞DSA_{2m}＞CR，其比坡耕地依次减少了 14.11%、21.75%、22.35%、23.37%、33.71%；毛管孔隙度也表现为人为地貌单元低于原地貌单元，其中以 2 月弃渣堆积最小(4.27%)；对于工程堆积体而言，堆积年限越短则其总孔隙度、毛管孔隙度越小而非毛管孔隙度越大。这种变化说明城镇建设工程造成的各种人为地貌单元降低了原地貌土壤蓄水能力及渗透能力，其中施工便道和 2 月工程堆积体对原地貌土壤调节水分能力的影响程度最大。

黄壤项目区土壤孔隙具有以下特征。

(1)黄壤项目区不同地貌单元土壤容重变化特征存在差异，各种扰动地貌单元土壤容重较原地貌单元呈现出增加的趋势。各种扰动地貌单元土壤容重大小依次为施工便道(1.74g/cm³)＞边坡绿化带(1.54g/cm³)＞1 年工程堆积体(1.48g/cm³)＞2 年工程堆积体(1.34g/cm³)＞3 年工程堆积体(1.31g/cm³)，其比天然林地(1.12g/cm³)依次增加了 55.36%、37.50%、32.14%、19.64%、16.96%。对扰动地貌单元而言，工程堆积体堆积年限越短，土壤容重越大。这意味着房地产建设工程对原地貌的扰动、侵占和破坏活动使得大面积原生土壤透水性和通气性降低，未来植物根系生长将受到阻碍。

(2)不同地貌单元土壤孔隙特征差异明显。若各种地貌单元面积相等，则扰动地貌单元平均总孔隙度(45.38%)小于原地貌单元(52.15%)，平均下降约 12.98%。对于扰动地貌单元而言，其总孔隙度表现为 3 年工程堆积体＞2 年工程堆积体＞1 年工程堆积体＞边坡绿化带＞施工便道，其大小比天然林地依次减小 8.28%、12.91%、21.00%、24.47%、36.01%；扰动地貌单元土壤毛管孔隙度变化趋势与总孔隙度一致，其中以施工便道最小(14.99%)。对于不同年限工程堆积体而言，堆积年限越短则其孔隙度(总孔隙度、毛管孔隙度和非毛管孔隙度)越小。这种现象说明城镇建设工程造成的施工便道大大降低了项目区原地貌土壤孔隙性能；新堆积工程堆积体(1 年)对项目区原地貌土壤孔隙性能影响程度最大。

此外，由紫色土与黄壤项目区各地貌单元孔隙特征和土壤水分对比分析可得出以下几点结论。

(1)从各扰动地貌单元的土壤容重来看，2 年紫色土工程堆积体(1.55g/cm³)大于 2 年黄壤工程堆积体(1.34g/cm³)，且随着堆积年限增加，两种工程堆积体土壤容重分别减少9.03%和 2.24%；紫色土和黄壤边坡绿化带土壤容重均为 1.54g/cm³，施工便道为 1.74g/cm³。与坡耕地相比，紫色土和黄壤的 2 年堆积体、边坡绿化带、施工便道分别增加了 31.36%和 3.08%、30.51%和 18.46%、47.46%和 33.85%；与荒草地相比，紫色土和黄壤的 2 年堆积体、边坡绿化带、施工便道分别增大了 11.51%和 2.29%、10.79%和 17.56%、25.18%和32.82%。

(2)从各扰动地貌单元的土壤毛管孔隙度来看，2年紫色土工程堆积体(7.69%)小于2年黄壤工程堆积体(21.83%)，且随着堆积年限增加，两种工程堆积体毛管孔隙度分别增加74.77%和3.30%；紫色土边坡绿化带毛管孔隙度(5.14%)较黄壤减小76.63%，施工便道毛管孔隙度(5.09%)较黄壤减小66.04%。与坡耕地相比，紫色土和黄壤的2年堆积体、边坡绿化带、施工便道分别减小了65.45%和20.76%、76.91%和20.18%、77.13%和45.59%；与荒草地相比，紫色土和黄壤的2年堆积体、边坡绿化带、施工便道分别减小了56.53%和25.70%、70.94%和25.15%、71.23%和48.98%。

(3)土壤水分状况是反映其水源涵养能力大小的关键，人为地貌单元土体饱和含水量、田间持水量和萎蔫系数均低于原地貌单元。从各扰动地貌单元的土壤田间持水量来看，2年紫色土工程堆积体(16.35%)小于2年黄壤工程堆积体(25.42%)，且随着堆积年限增加，两种工程堆积体土壤田间持水量分别增加28.44%和7.20%；紫色土边坡绿化带田间持水量(18.11%)较黄壤减小7.46%，施工便道田间持水量(16.07%)较黄壤减小9.97%。与坡耕地相比，紫色土和黄壤的2年堆积体、边坡绿化带、施工便道分别减小了52.32%和9.47%、47.19%和30.31%、53.14%和36.43%；与荒草地相比，紫色土和黄壤的2年堆积体、边坡绿化带、施工便道分别减小了34.21%和13.63%、27.12%和33.5%、35.33%和39.35%。

3.3.2　对原地貌土壤渗透性能的影响

土壤渗透性是评价项目区各种地貌单元土壤水源涵养动态调节功能极为重要的特征参数。土壤渗透性反映土壤将地表径流转化为壤中流、地下径流的能力，对水土保持及水源涵养功能影响极大(Shi et al.，2016；孙立博等，2019)。渗透性能良好的土壤，在一定降雨强度条件下，水分可充分进入土壤储存起来或变成地下径流，这对削减洪峰、拦截洪水具有重要作用(王承书等，2020)。研究区各种地貌单元土壤渗透特征差异明显(图3.8)，紫色土项目区土壤渗透特征如下。

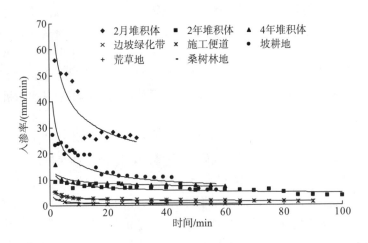

图3.8　紫色土项目区不同地貌单元土壤入渗过程

(1) 各种地貌单元土壤入渗过程分为 3 个阶段,即迅速降低 (0~6min)、缓慢降低 (6~20min) 和稳定变化 (20min 后)。对人为地貌单元而言,其稳定入渗率数值变化为 0.51~15.00mm/min,大小依次为 DSA_{2m}(15.00mm/min) > DSA_{2a}(5.63mm/min) > DSA_{4a}(3.82mm/min) > SG(1.24mm/min) > CR(0.51mm/min),表明 2 月弃渣堆积体径流调控能力最大,而施工便道最小;对原地貌单元而言,土壤稳定入渗率在 0.73~5.66mm/min 变化,其中以坡耕地最大 (5.66mm/min);这表明较大入渗率的新工程堆积体会造成水分入渗损失,而较小入渗率的施工便道会形成径流而损失,这两种情况都促进城市内涝的发生。

(2) 以坡耕地、草地和林地为比较对象,选择与研究区降雨历时接近的 30min 入渗率及稳定性入渗率 (持续 90min) 进行不同地貌单元土壤水源涵养动态调节功能差异性分析,结果见表 3.6。由表 3.6 可知,与原地貌坡耕地相比,除 2 月工程堆积体外,各种人为地貌单元 30min 入渗率及稳定入渗率均较低。各种人为地貌单元 30min 入渗率与坡耕地的差距大小依次为 CR(10.11mm/min) > SG(8.83mm/min) > DSA_{4a}(5.69mm/min) > DSA_{2a}(4.86mm/min) > DSA_{2m}(4.05mm/min),这说明施工便道对项目区坡耕地入渗性能降低程度最大,不利于水分的保持;各种人为地貌单元稳定入渗率与坡耕地差距则以 2 月工程堆积体最大 (9.34mm/min),而 2 年工程堆积体最小 (0.03mm/min),这表明城镇建设过程中新堆积的工程堆积体将造成大量雨水入渗损失。与原地貌草地相比,除施工便道和边坡绿化带外,各种人为地貌单元 30min 入渗率及稳定入渗率均较高。各种人为地貌单元 30min 入渗率与草地的差距依次为 DSA_{2m} > DSA_{2a} > DSA_{4a} > CR > SG,其中 2 月工程堆积体可为草地的 13 倍左右;各种人为地貌单元稳定入渗率与草地差距同样以 2 月工程堆积体最大 (13.31mm/min),而边坡绿化带最小 (0.45mm/min),说明当草地转化为工程堆积体时其大量的降水会通过入渗流失。

表 3.6　紫色土项目区不同地貌单元土壤入渗特征对比

地貌单元	初始入渗率 /(mm/min)	30min 入渗率 /(mm/min)	稳定入渗率 /(mm/min)	平均入渗率 /(mm/min)	30min 入渗率与原地貌差距			稳定入渗率与原地貌差距		
					坡耕地	草地	林地	坡耕地	草地	林地
DSA_{2m}	31.83	15.18	15.00	17.87	4.05	13.37	14.33	9.34	13.31	14.27
DSA_{2a}	13.30	6.28	5.63	5.09	-4.86	4.47	5.43	-0.03	3.94	4.90
DSA_{4a}	10.04	5.45	3.82	5.16	-5.69	3.64	4.60	-1.85	2.13	3.09
SG	5.09	2.30	1.24	2.06	-8.83	0.49	1.45	-4.42	-0.45	0.51
CR	1.41	1.02	0.51	0.74	-10.11	-0.79	0.17	-5.15	-1.18	-0.22

注:-表示入渗率低于其原地貌单元。

(3) 与原地貌林地相比,除施工便道外,各种人为地貌单元 30min 入渗率及稳定入渗率均较高。各种人为地貌单元 30min 入渗率与林地差距大小依次为 DSA_{2m}(14.33mm/min) > DSA_{2a}(5.43mm/min) > DSA_{4a}(4.60mm/min) > SG(1.45mm/min) > CR(0.17mm/min),而稳定入渗率与林地差距变化与 30min 入渗变化相同,这表明城镇建设工程在很大程度上提高了项目区原地貌土壤入渗性能,其中以新堆积的工程堆积体提高作用最大,而施工便道最小。对于不同的人为地貌单元而言,30min 入渗率及稳定入渗率均表现为 DSA_{2m} > DSA_{2a}

＞DSA_{4a}＞SG＞CR。不同人为地貌单元 30min 入渗率与原地貌差距最大出现在 2 月工程堆积体与林地之间(14.33mm/min)，最小值出现在施工便道与林地之间(0.17mm/min)；不同人为地貌单元稳定入渗与原地貌差距最大值也出现在 2 月工程堆积体与林地之间(14.27mm/min)，而最小值也出现在施工便道与林地之间(0.22mm/min)，这表明当林地转化为新堆积的工程堆积体时其对项目区水源涵养动态调节功能影响最大，而当其转为施工便道时影响最小。

黄壤项目区土壤渗透具有以下几个特征。

(1)黄壤各种扰动地貌单元土壤初始入渗率均小于各种原地貌单元。由图 3.9 可见，土壤初始入渗率大小依次为 1 年工程堆积体＞3 年工程堆积体＞边坡绿化带＞2 年工程堆积体＞施工便道，其大小比原地貌单元中初始入渗率最小的荒草地依次减少了 10.0%、30.0%、51.0%、60.05%、90.0%。这表明与原地貌单元相比，各种扰动地貌单元在降雨初期降水及地表径流渗入土壤中储存的能力弱，这样的变化将导致大量地表径流及泥沙流失，其中以施工便道最大，新堆积工程堆积体(1 年)最小。

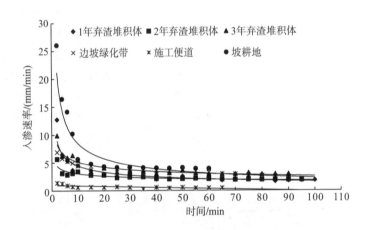

图 3.9 黄壤项目区不同地貌单元土壤入渗过程

(2)由表 3.7 可知，土壤稳定入渗率也表现为各种扰动地貌单元小于原地貌单元，土壤稳定入渗率在 0.45～2.89mm/min 变化；稳定入渗率大小依次为 3 年工程堆积体(2.89mm/min)＞边坡绿化带(2.65mm/min)＞2 年工程堆积体(1.89mm/min)＞1 年工程堆积体(1.64mm/min)＞施工便道(0.45mm/min)，这表明 3 年工程堆积体地表径流调控能力最大，而施工便道最小。对各种原地貌单元而言，土壤稳定入渗率变化范围为 2.83～6.22mm/min，其中以天然林地最大(6.22mm/min)。这种现象说明天然林地对项目区原地貌水源涵养功能作用最大，因此房地产建设工程在施工过程中应尽量避免大面积破坏林地生态系统。

表 3.7 黄壤项目区不同地貌单元土壤入渗特征   (单位：mm/min)

编号	初始入渗率	30min 入渗率	稳定入渗率	平均入渗率
DSA_1	12.73	2.94	1.64	2.69
DSA_2	5.66	2.38	1.89	2.30

编号	初始入渗率	30min 入渗率	稳定入渗率	平均入渗率
DSA$_3$	9.90	3.51	2.89	3.61
SG	6.93	3.79	2.65	3.56
CR	1.41	0.57	0.45	0.58
SL	56.02	4.19	3.90	6.00
WG	14.15	4.41	2.83	4.21
NF	22.07	9.90	6.22	9.74
EFF	32.26	7.83	3.58	9.10

(3) 各种扰动地貌单元平均入渗率均小于原地貌单元,其中扰动地貌单元平均入渗率在 0.58~3.61mm/min 变化,原地貌单元变化为 4.21~9.74mm/min。对各种扰动地貌单元而言,土壤平均入渗率大小依次为 3 年工程堆积体＞边坡绿化带＞1 年工程堆积体＞2 年工程堆积体＞施工便道,其大小比原地貌单元中平均入渗率最小的荒草地(4.21mm/min)依次降低了 14.3%、15.4%、36.1%、45.4%、86.2%。这种现象说明房地产建设工程在很大程度上降低了项目区原地貌单元土壤入渗性能,其中以施工便道降低作用最大,堆积年限较大的工程堆积体降低作用最小。

此外,由紫色土与黄壤项目区各地貌单元渗透性能对比分析可得出以下几点结论。

(1) 从各扰动地貌单元的土壤初始入渗率来看,2 年紫色土工程堆积体(13.3mm/min)大于 2 年黄壤工程堆积体(5.66mm/min),且与新堆积的工程堆积体相比,两种工程堆积体初始入渗率减小 58.22%和 55.54%;紫色土边坡绿化带初始入渗率(5.09mm/min)较黄壤减小 26.55%,紫色土和黄壤施工便道的初始入渗率相同。与坡耕地相比,紫色土和黄壤的 2 年堆积体、边坡绿化带、施工便道分别减小了 51.03%和 89.90%、81.26%和 87.63%、94.81%和 97.48%;与荒草地相比,紫色土和黄壤的 2 年堆积体、边坡绿化带、施工便道分别减小了-161.30%和 60%、0 和 51.02%、72.30%和 90.04%。

(2) 从各扰动地貌单元的土壤平均入渗率来看,2 年紫色土工程堆积体(5.09mm/min)大于 2 年黄壤工程堆积体(2.3mm/min),且随着堆积年限增加,两种工程堆积体平均入渗率分别增加 1.38%和 56.96%;紫色土边坡绿化带平均入渗率(2.06mm/min)较黄壤减少 42.13%,紫色土施工便道平均入渗率(0.74mm/min)较黄壤增加 27.59%。与坡耕地相比,紫色土和黄壤的 2 年堆积体、边坡绿化带、施工便道分别减少了 59.73%和 61.67%、83.70%和 40.67%、94.15%和 90.33%;与荒草地相比,紫色土和黄壤的 2 年堆积体、边坡绿化带、施工便道分别减少了-134.56%和 45.37%、5.07%和 15.44%、65.90%和 86.22%。

(3) 在城镇建设过程中,当坡耕地转化为各种扰动地貌单元时,项目区土壤稳定入渗率将发生显著变化。无论在紫色土项目区还是黄壤项目区,坡耕地转化为 2 月工程堆积体时对土壤渗透性能影响最大,转化为 2 年工程堆积体时影响最小。产生这种现象的原因主要是 2 月工程堆积体结构松散,渗透性能强,而 2 年工程堆积体结构相对紧实,渗透性能有所降低,更接近坡耕地渗透能力。在城镇建设过程中,当荒草地转化为各种扰动地貌单元时,项目区土壤稳定入渗率将发生显著变化。在紫色土项目区,荒草地转化为 2 月工程堆积体时对土壤入渗性能影响最大，转化为边坡绿化带时影响最小；在黄壤项目区荒草地转化为 2 月工程堆积体时对土壤渗透性能影响最大，转化为施工便道时影响最小。产生这种现象的原因主要是 2 月工程堆积体物质组成、下垫面状况等影响渗透性能关键因素与荒草地的差异最大，而边坡绿化带的下垫面影响因素与荒草地较为接近，对渗透性能影响最小。

3.3.3 对原地貌土壤持水性能的影响

土壤持水性能表征项目区各种地貌单元涵养水源和调节水循环的能力，常用土壤持水量和土壤水库库容指标来表示(表 3.8)。土壤水库总库容由死库容、兴利库容和滞洪库容 3 部分组成，其反映了土壤水分储蓄和水土保持功能的潜在能力，可用来分析土壤涵养水源的能力(史东梅等，2017)。紫色土项目区各地貌单元土壤持水特征如下。

表 3.8　项目区不同地貌单元土壤持水特征

项目区	编号	总库容 /(t/hm²)	死库容 /(t/hm²)	兴利库容 /(t/hm²)	滞洪库容 /(t/hm²)	最大有效库容 /(t/hm²)	实际库容 /(t/hm²)	水库储水效率/%
紫色土项目区	DSA$_{2m}$	380.10±10.52	27.24±4.74	226.34±20.10	126.52±23.53	352.86±3.36	170.50±8.07	44.88±2.11
	DSA$_{2a}$	394.69±6.70	27.70±6.32	243.31±36.56	123.68±24.62	366.99±15.53	131.32±8.74	33.79±1.94
	DSA$_{4a}$	429.94±12.74	16.04±2.39	279.58±23.24	134.32±10.35	413.90±30.19	162.87±10.03	38.74±1.04
	SG	426.27±19.32	19.87±4.93	259.03±43.04	147.38±14.53	406.41±35.69	275.66±14.03	64.67±3.29
	CR	319.46±14.86	31.32±3.49	257.00±34.18	31.15±2.47	288.14±20.81	149.64±10.94	46.84±2.04
	SL	466.89±21.34	19.38±2.65	384.18±29.01	63.33±5.32	447.51±38.29	306.01±21.43	65.59±4.83
	WG	550.70±38.47	21.38±1.98	321.45±32.75	207.87±21.34	529.32±45.05	295.78±25.39	54.93±3.05
	ML	505.92±54.02	28.54±3.94	317.14±37.94	160.24±12.31	477.39±40.25	303.42±29.98	60.97±1.02
	PL	470.74±42.62	25.02±4.20	365.19±29.99	80.53±10.01	445.72±24.56	387.73±32.82	83.17±2.33
黄壤项目区	DSA$_1$	428.16±9.11	102.12±5.25	253.08±30.54	72.96±36.95	326.04±8.57	75.78±13.05	17.70±3.52
	DSA$_2$	443.41±24.15	68.34±2.12	272.29±31.04	102.78±30.86	375.07±49.42	95.41±22.37	21.52±5.96
	DSA$_3$	448.81±50.45	56.45±1.84	286.90±12.68	105.46±9.57	392.36±36.75	60.98±10.23	13.59±2.68
	SG	383.77±15.64	66.37±2.53	235.90±24.64	82.39±10.46	317.39±36.95	209.13±28.59	54.49±2.05
	CR	354.09±13.63	92.39±1.67	218.20±19.68	43.50±1.35	261.70±27.42	142.68±12.39	40.29±1.38
	SL	453.70±5.91	37.83±11.35	327.21±8.97	88.66±13.68	415.87±5.47	269.75±5.24	59.46±0.90
	WG	530.01±33.24	28.36±5.24	380.72±12.60	120.93±24.73	501.65±34.31	354.31±8.22	66.85±6.39
	NF	481.60±9.05	14.67±2.64	395.70±50.57	71.23±45.84	466.93±10.04	156.80±8.37	32561±1.86
	EFF	446.04±23.97	29.99±1.37	337.18±6.89	78.88±17.70	416.05±22.90	292.82±1.42	65.65±2.91

(1)各种人为地貌单元土壤总库容均低于原地貌单元，其中各种人为地貌单元土壤总库容大小依次为 4 年工程堆积体＞边坡绿化带＞2 年工程堆积体＞2 月工程堆积体＞施工便道，其比坡耕地依次减小了 7.91%、8.70%、15.46%、18.59%、31.58%。这种变化表明城镇建设工程产生的各种人为地貌单元均对原地貌土壤持水性能造成影响，这既降低了项

目区原地貌土壤涵养水源和水土保持功能，也降低了其调节水分循环的能力。各种人为地貌单元土壤兴利库容均低于原地貌坡耕地，而滞洪库容除施工便道外均高于坡耕地。各种人为地貌单元土壤兴利库容大小依次为 $DSA_{4a}>SG>CR>DSA_{2a}>DSA_{2m}$，其比坡耕地依次降低了 27.23%、32.58%、33.10%、36.67%、41.08%，这意味着各种人为地貌单元提供植被生长所需水分的能力较坡耕地弱；各种人为地貌单元滞洪库容大小依次为 $SG>DSA_{4a}>DSA_{2m}>DSA_{2a}>CR$，其比坡耕地依次增加了 132.72%、112.10%、99.78%、95.29%、−50.81%，这表明当坡耕地被塑造为施工便道时其蓄水能力会降低，这将导致大量地表径流的产生。

(2) 各种人为地貌单元土壤兴利库容和滞洪库容均低于原地貌草地。各种人为地貌单元土壤兴利库容比草地低 13.03%~29.59%，其中以 2 月工程堆积体最低；各种人为地貌单元滞洪库容比草地低 29.10%~85.01%，其中以施工便道最低，这种变化表明城镇建设工程形成的各种人为地貌单元大大降低了原地貌土壤蓄水能力及地表径流调蓄能力，且施工便道的降低作用最大。各种人为地貌单元土壤兴利库容和滞洪库容均低于原地貌林地。各种人为地貌单元土壤兴利库容比林地低 11.84%~28.63%，而滞洪库容比林地低 8.03%~80.56%，其中以施工便道最低，这说明当林地转化为施工便道时其对原地貌土壤蓄水和地表径流调蓄能力降低程度最大。与水田相比，各扰动地貌单元滞洪库容分别增大 57.11%、53.58%、66.79%、83.01%、−61.32%，当项目区水田转化为边坡绿化带时对洪水动态调节功能影响最大，转化为施工便道时影响最小。

(3) 对于不同的人为地貌单元而言，土壤总库容、兴利库容和滞洪库容的最小值分别出现在施工便道(319.46t/hm²)、2 月工程堆积体(226.34t/hm²)和施工便道(31.15t/hm²)。不同人为地貌单元土壤总库容与原地貌差距最大出现在施工便道与草地之间，二者相差 0.72 倍；兴利库容最大差距出现在 2 年工程堆积体与坡耕地之间，二者相差 0.70 倍；而滞洪库容最大差距出现在施工便道与草地之间，二者相差 5.67 倍，这表明当草地被转化为施工便道时其对原地貌土壤蓄水能力及调蓄地表径流能力影响最大。综合分析表明，城镇建设工程造成的各种人为地貌单元降低了项目区原地貌土壤涵养水源和调节水循环能力。因此，城镇建设过程中应尽量避免将草地作为施工便道用途。

黄壤项目区各地貌单元土壤持水特征如下。

(1) 不同地貌单元的土壤蓄水性能差异明显。各种扰动地貌单元土壤总库容均小于天然林地(481.60t/hm²)和荒草地(530.01t/hm²)。对各种扰动地貌单元而言，土壤总库容大小依次为 3 年工程堆积体(448.81t/hm²)>2 年工程堆积体(443.41t/hm²)>1 年工程堆积体(428.16t/hm²)>边坡绿化带(383.77t/hm²)>施工便道(354.09t/hm²)，其大小比天然林地依次减小了 6.81%、7.95%、11.10%、20.31%、26.48%。这种现象说明施工便道对原地貌土壤蓄水性能造成的影响最大，这既降低了项目区原地貌土壤涵养水源和水土保持功能，也降低了其调节水分循环的能力。土壤死库容不能为植物利用，也不能从土壤中释放出来并参与土壤水分循环，即不能发挥径流调蓄作用。若各种地貌单元面积相等，则各种扰动地貌单元平均土壤死库容(77.13t/hm²)较原地貌单元(27.71t/hm²)增加了 178.35%。这表明各种扰动地貌单元减少了可供未来植物生长利用的水分，也降低了项目区土壤水分循环利用效率。

(2) 兴利库容(有效库容)表现为扰动地貌单元小于原地貌单元,这意味着各种扰动地貌单元蓄水能力和调蓄地表径流能力较弱。各种扰动地貌单元土壤兴利库容大小依次为3年工程堆积体($286.90t/hm^2$) $>$ 2年工程堆积体($272.29t/hm^2$) $>$ 1年工程堆积体($253.08t/hm^2$) $>$ 边坡绿化带($235.90t/hm^2$) $>$ 施工便道($218.20t/hm^2$),其大小比原地貌中兴利库容最小的坡耕地依次减小了 12.32%、16.78%、22.66%、27.91%、33.31%。这种现象说明房地产建设工程大大降低了项目区原地貌土壤蓄水能力和调蓄地表径流能力;对于不同年限工程堆积体,堆积年限越长则土壤兴利库容越大,一次降雨过程拦蓄降雨潜力越大。黄壤项目区各扰动地貌单元滞洪库容大小依次为3年工程堆积体($105.46t/hm^2$) $>$ 2年工程堆积体($102.78t/hm^2$) $>$ 边坡绿化带($82.39t/hm^2$) $>$ 1年工程堆积体($72.96t/hm^2$) $>$ 施工便道($43.5t/hm^2$),与天然林地相比,分别增加 48.06%、44.29%、15.67%、2.43%、-38.93%;当项目区林地转化为3年工程堆积体时对洪水动态调节功能影响最大,转化为施工便道时影响最小。

此外,由紫色土与黄壤项目区各地貌单元持水性能对比分析可得出以下结论。

(1) 从各扰动地貌单元的土壤兴利库容来看,2年紫色土工程堆积体($243.31t/hm^2$) 小于2年黄壤工程堆积体($272.29t/hm^2$),且随着堆积年限增加,两种工程堆积体土壤兴利库容分别增加14.91%和5.37%;紫色土边坡绿化带兴利库容($259.03t/hm^2$)较黄壤增加9.81%,施工便道兴利库容($257.00t/hm^2$)较黄壤增大 17.78%。与坡耕地相比,紫色土和黄壤的 2年堆积体、边坡绿化带、施工便道分别减少了 36.67%和16.78%、32.58%和27.91%、33.10%和33.31%;与荒草地相比,紫色土和黄壤的 2年堆积体、边坡绿化带、施工便道分别减少了 24.31%和28.48%、19.42%和38.04%、20.05%和42.69%。

(2) 从各扰动地貌单元的土壤滞洪库容来看,2年紫色土工程堆积体($123.68t/hm^2$) 大于2年黄壤工程堆积体($102.78t/hm^2$),且随着堆积年限增加,两种工程堆积体土壤滞洪库容分别增加8.60%和2.61%;紫色土边坡绿化带滞洪库容($147.38t/hm^2$)较黄壤增加78.88%,施工便道滞洪库容($31.15t/hm^2$)较黄壤减少 28.39%。与坡耕地相比,紫色土和黄壤的 2年堆积体、边坡绿化带、施工便道分别减少了-95.29%和-15.93%、-132.72%和7.07%、50.81%和50.94%;与荒草地相比,紫色土和黄壤的 2年堆积体、边坡绿化带、施工便道分别减少了40.50%和15.01%、29.10%和31.87%、85.01%和64.03%。

(3) 在城镇建设过程中,当坡耕地转化为各种扰动地貌单元时,项目区土壤总库容将发生显著变化。在紫色土项目区,坡耕地转化为施工便道时对土壤持水性能影响最大,转化为3年工程堆积体时影响最小。在黄壤项目区,坡耕地转化为施工便道时对土壤持水性能影响最大,转化为3年工程堆积体时影响最小。产生这种现象的原因主要在于随着堆积年限增加,工程堆积体物理性质得到了较好的改良而接近坡耕地或荒草地,而施工便道经过不断的压实作用大大降低其持水性能。当荒草地转化为各种扰动地貌单元时,项目区土壤总库容将发生显著变化。在紫色土项目区,荒草地转化为施工便道时对土壤持水性能影响最大,转化为4年工程堆积体时影响最小。在黄壤项目区,荒草地转化为施工便道时对土壤持水性能影响最大,转化为3年工程堆积体时影响最小。

3.3.4　扰动地貌单元水源涵养功能评价

根据上述分析结果,选择与不同地貌单元水源涵养功能关系最为密切的土壤孔隙结构类(B_1,0.3684)、土壤持水性能类(B_2,0.3684)和土壤渗透性能类(B_3,0.2633)指标;依据多指标层次分析法原理,构造两两判断矩阵并通过一致性检验,最终确定各项指标权重系数进行综合评价,其中 B_1 包括土壤容重 C_1(0.1745)、小于 0.075mm 细粒含量 C_2(0.0582)、总孔隙度 C_3(0.1357),B_2 包括饱和持水量 C_4(0.1357)、田间持水量 C_5(0.1357)、凋萎含水量 C_6(0.0970),B_3 包括稳定入渗率 C_7(0.0970)、饱和导水率 C_8(0.1247)、初始入渗率 C_9(0.0416)。利用水源涵养能力综合评价指数计算模型得到紫色土项目区和黄壤项目区不同地貌单元水源涵养能力综合指数(表 3.9)。扰动地貌单元水源涵养功能具有如下特征。

表 3.9　扰动地貌单元水源涵养功能综合评价

项目区	地貌单元	C_1	C_2	C_3	C_4	C_5	C_6	C_7	C_8	C_9	综合指数	综合排序
紫色土项目区	DSA$_{2m}$	0.079	0.000	0.061	0.057	0.046	0.043	0.000	0.000	0.000	0.287	9
	DSA$_{2a}$	0.082	0.002	0.063	0.057	0.044	0.043	0.061	0.054	0.024	0.429	8
	DSA$_{4a}$	0.090	0.000	0.070	0.073	0.056	0.062	0.072	0.081	0.028	0.534	6
	SG	0.082	0.003	0.064	0.065	0.049	0.057	0.089	0.099	0.035	0.543	5
	CR	0.071	0.000	0.054	0.043	0.044	0.042	0.094	0.115	0.040	0.502	7
	SL	0.104	0.031	0.082	0.093	0.092	0.046	0.060	0.063	0.006	0.577	4
	WG	0.091	0.042	0.071	0.092	0.067	0.050	0.086	0.095	0.035	0.629	2
	ML	0.091	0.024	0.071	0.085	0.066	0.035	0.092	0.104	0.035	0.602	3
	PL	0.088	0.058	0.068	0.076	0.072	0.043	0.097	0.124	0.042	0.668	1
黄壤项目区	DSA$_1$	0.089	0.001	0.065	0.062	0.060	0.015	0.073	0.058	0.032	0.456	7
	DSA$_2$	0.093	0.003	0.072	0.071	0.063	0.037	0.070	0.064	0.038	0.510	5
	DSA$_3$	0.095	0.007	0.076	0.076	0.068	0.044	0.055	0.087	0.034	0.542	3
	SG	0.081	0.003	0.063	0.053	0.049	0.046	0.058	0.103	0.037	0.492	6
	CR	0.068	0.000	0.053	0.044	0.044	0.034	0.050	0.086	0.041	0.421	8
	SL	0.095	0.052	0.074	0.075	0.070	0.063	0.040	0.072	0.001	0.541	4
	WG	0.095	0.054	0.070	0.082	0.073	0.073	0.056	0.099	0.031	0.632	2
	NF	0.106	0.058	0.083	0.092	0.091	0.082	0.007	0.107	0.026	0.651	1

(1)各种扰动地貌单元水源涵养功能均低于坡耕地。紫色土项目区各种扰动地貌单元水源涵养综合指数大小依次为 SG>DSA$_{4a}$>CR>DSA$_{2a}$>DSA$_{2m}$,其比坡耕地依次降低了5.89%、7.45%、13.00%、25.65%、50.26%,这意味着城镇建设过程中当坡耕地被转化为任何一种扰动地貌时都会降低项目区原地貌的水源涵养功能。就坡耕地而言,土壤容重、小于 0.075mm 细粒含量、总孔隙度、饱和含水量和田间持水量对其水源涵养功能综合指数的贡献均高于各种扰动地貌单元,其数值为 5.41%~18.02%;当坡耕地转化为施工便道时其土壤容重增加 47.88%,而小于 0.075mm 细粒含量、总孔隙度、饱和含水量和田间持

水量分别降低 99.30%、33.71%、53.94%、51.68%。

(2) 各种扰动地貌单元水源涵养功能均低于草地。紫色土项目区各种扰动地貌单元水源涵养综合指数为 0.287~0.543，其中最大为 SG，最小为 DSA_{2m}，其比草地分别降低了 13.67% 和 54.37%，这表明当草地转化为 SG 时其对水源涵养功能影响最小，而转化为 2 月工程堆积体时影响最大。就草地而言，小于 0.075mm 细粒含量、总孔隙度、饱和含水量和田间持水量对其水源涵养功能综合指数的贡献均高于各种扰动地貌单元，其数值为 6.68%~14.63%；当草地转化为施工便道时其土壤容重增加 24.88%，而小于 0.075mm 细粒含量、总孔隙度、饱和含水量和田间持水量分别降低 99.49%、23.83%、53.62%、33.31%。

(3) 各种扰动地貌单元水源涵养功能均低于林地。紫色土项目区各种扰动地貌单元水源涵养综合指数比林地降低 9.81%~52.33%，这表明当林地转化为各种扰动地貌单元时都会对原地貌水源涵养功能造成较大影响。就林地而言，土壤容重、小于 0.075mm 细粒含量、总孔隙度、饱和含水量和田间持水量对其水源涵养功能综合指数的贡献也高于各种扰动地貌单元，其数值在 3.99%~15.12%；当林地转化为施工便道时其土壤容重增加 23.99%，而小于 0.075mm 细粒含量、总孔隙度、饱和含水量和田间持水量分别降低 99.10%、23.30%、49.40%、32.77%。

(4) 对紫色土项目区不同人为地貌单元而言，其水源涵养功能均小于原地貌，其中水源涵养功能最好的是边坡绿化带 (0.543)，最差的是 2 月工程堆积体 (0.287)，前者为后者的 2 倍左右。不同年限弃土工程堆积体水源涵养功能差异较大，工程堆积体堆积年限越短则水源涵养功能越差，其综合评价指数在 0.287~0.534 变化；工程堆积体作为城镇化过程中园林绿化常采用的土壤类型，不仅具有较弱的水源涵养功能，而且在堆积过程中还会侵占、破坏项目区原有的水文循环系统，这在一定程度上会导致径流系数增大和城市洪峰增强。对原地貌单元而言，其水源涵养能力大小依次为水田 (0.668) ＞草地 (0.629) ＞林地 (0.602) ＞坡耕地 (0.577)；水田是项目区水源涵养功能最好的地貌单元，水田田坎存在可将大量的降水储存于田面，而水田土壤较强的黏性可将水分大量储存在土壤中。但是城镇建设后，水田等原地貌土壤被不透水面替代，这将大大降低项目区雨水调蓄能力，增加城市内涝灾害的危险性。

(5) 对黄壤项目区不同人为地貌单元而言 (除 3 年工程堆积体外)，其水源涵养功能均小于原地貌，其中水源涵养功能最好的是 3 年工程堆积体 (0.542)，最差为施工便道 (0.421)，前者为后者的 1.29 倍左右。不同年限工程堆积体水源涵养功能差异较大，工程堆积体堆积年限越长则水源涵养功能越好，其综合评价指数在 0.456~0.542 变化；工程堆积体作为城镇化过程中园林绿化常采用的土壤类型，不仅具有较弱的水源涵养功能，而且在堆积过程中会侵占、破坏项目区原有的水文循环系统，这在一定程度上会导致径流系数增大和城市洪峰增强。对原地貌单元而言，其水源涵养能力大小依次为天然林地 (0.651) ＞草地 (0.632) ＞坡耕地 (0.541)，天然林地对项目区原地貌水源涵养功能作用最大，因此房地产建设工程在施工过程中应尽量避免大面积破坏林地生态系统。但是城镇建设后，林地等原地貌土壤被不透水面替代，这将大大降低项目区的雨水调蓄能力，增加城市内涝灾害的危险性。若地面有 50% 的比例具有排水管渠，不透水地面所占比例也为 50%，则该流域河流的流量等于或超过其输送能力，即发生溢岸水流形成洪灾的次数就会相应为原来的 4 倍。

3.4 生产建设项目水土流失危害影响评价

3.4.1 水土流失危害评价指标体系建立

1. 建立原则

生产建设项目类型、水土流失特点及水土流失危害的表现形式差异很大,各种生产建设项目建设期、运行期时间尺度差异较大,因此生产建设项目水土流失影响评价指标的选取主要侧重生产建设项目水土流失危害中主要和共性的因素。生产建设项目水土流失影响评价指标选取遵循以下原则。

(1)科学性。生产建设项目水土流失影响评价指标体系应客观地反映生产建设项目水土流失危害类型、表现形式、危害程度,指标体系要分层次、分类,体系结构要体现科学性,设立指标要具有合理性。

(2)全面性。由于各类生产建设项目水土流失危害不尽相同,构建生产建设项目水土流失影响评价时要充分考虑生产建设项目特点、建设类项目和生产类项目的差异,所以所选指标要具有代表性,并尽可能全面地反映各种危害特征。

(3)相对独立性。生产建设项目水土流失影响评价指标之间保持独立性,一类数据、一组数据、一个数据代表一个实质性内容,减少数据间的相互联系对水土流失影响评价成果的影响。

(4)生产实践性。生产建设项目水土流失影响评价最终目的是为生产建设项目方案编制、监测、监理等各项监管服务,因此,生产建设项目水土流失影响评价体系应具有较强的可操作性,以实现对各种类型生产建设项目水土流失影响的客观评价。

2. 评价指标体系

紫色丘陵区生产建设项目水土流失危害评价指标体系(表 3.10)包括 1 个目标层、5 个评价准则层、20 个指标层,所有指标均针对生产建设项目在建设期扰动后的情况进行评价。基于这一指标体系,可对紫色丘陵区各种生产建设项目类型、每个生产建设项目所造成的水土流失危害进行客观评价,为生产建设项目监管及人为水土流失监测提供科学依据和技术支持。

表 3.10 紫色丘陵区生产建设项目水土流失危害评价指标体系

目标层 A	准则层 B	指标层 C	单位
生产建设项目水土流失危害	B_1 对地表植被及土地资源危害	C_1 植被覆盖度变化程度($C_{植被}$)	%
		C_2 有效土层减薄变化程度($T_{土层}$)	%
		C_3 土壤密实度变化程度($\rho_{土壤}$)	%
		C_4 土地退化程度($D_{土地}$)	%
		C_5 占用耕地程度($D_{耕地}$)	%

续表

目标层 A	准则层 B	指标层 C	单位
生产建设项目水土流失危害	B₁ 对地表植被及土地资源危害	C₆ 工程占地面积（$S_{工程}$）	hm²
		C₇ 土石方量（$V_{土石}$）	万 m³
		C₈ 扰动土地整治率（$P_{整治}$）	%
	B₂ 对水资源危害	C₉ 土壤渗透速率（$K_{土壤}$）	mm/min
		C₁₀ 对原水系破坏程度（$D_{原水系}$）	%
		C₁₁ 对小型蓄排水工程破坏程度（$D_{蓄排水}$）	km
		C₁₂ 对河流行洪、防洪的影响程度（$I_{河流}$）	%
		C₁₃ 对地下水资源影响程度（$I_{水资源}$）	km
	B₃ 对周边环境可能造成的影响	C₁₄ 对重要环境敏感区影响程度（$I_{敏感区}$）	km
		C₁₅ 对水土流失重点防治区影响程度（$I_{防治区}$）	km
	B₄ 人为滑坡、泥石流危险性评价	C₁₆ 弃土弃渣量（$V_{弃渣}$）	万 m³
		C₁₇ 弃土弃渣诱发泥石流可能性（$P_{泥石流}$）	‰
		C₁₈ 弃土弃渣诱发崩塌、滑坡可能性（$P_{崩滑}$）	(°)
		C₁₉ 最大 12h 暴雨量（$P_{暴雨}$）	mm
	B₅ 对原水土保持设施破坏	C₂₀ 水土保持设施破坏程度（$D_{设施}$）	%

注：化工园区、煤矿开采区、电力工程等项目生产过程中若有重度污染物（镉、铅等重金属、氮化物、燃油尘、硫酸盐、建筑水泥尘、煤烟尘和硝酸盐等）产生，则其危害程度增加一级。

根据紫色丘陵区生产建设项目水土流失危害评价指标体系，其层次分析模型如图 3.10 所示。

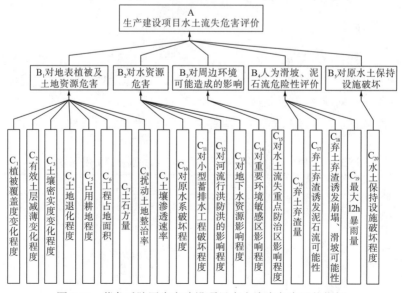

图 3.10　紫色丘陵区生产建设项目水土流失危害评价指标

(1)C_1植被覆盖度变化程度。指项目区水土流失危害防治责任范围内的植被(林、灌、草)冠层的枝叶覆盖地面面积与原地表植被覆盖率变化的百分率,反映项目区绿化和生态恢复程度,用%表示。灌木覆盖度可采用样线法,草本覆盖度采用样线法、测针法(低矮草本)测定。

$$C_{植被} = \frac{C_{扰动} - C_{原地貌}}{C_{原地貌}} \times 100\% \tag{3.5}$$

式中,$C_{植被}$为植被覆盖度变化程度,%;$C_{扰动}$为扰动后地表植被覆盖度,%;$C_{原地貌}$为原地貌地表植被覆盖度,%。

(2)C_2有效土层减薄变化程度。指生产建设项目水土流失危害防治责任范围内,土层浅薄的山丘区由于侵蚀作用导致有效土层减少,生产力急剧下降的变化程度。有效土层是指一般作物生长发育所必需的土层厚度,多在 50~70cm,又称界限土层。

$$T_{土层} = \frac{T_{扰动} - T_{原地貌}}{T_{原地貌}} \times 100\% \tag{3.6}$$

式中,$T_{土层}$为有效土层减薄变化程度,%;$T_{扰动}$为扰动后有效土层厚度,cm;$T_{原地貌}$为原地貌有效土层厚度,cm。有效土层厚度可通过野外直接测量或资料分析获得。

(3)C_3土壤密实度变化程度。由于受施工压实等活动影响,土壤原有结构被破坏、土体变得紧实、土壤容重增加、土壤孔隙度降低。土壤密实度变化程度指在项目区水土流失危害防治责任范围内由于施工活动等因素所导致的土壤密实度相对于原地貌的变化程度。土壤密实度可通过环刀法测定。

$$\rho_{土壤} = \frac{\rho_{扰动} - \rho_{原地貌}}{\rho_{原地貌}} \tag{3.7}$$

式中,$\rho_{土壤}$为土壤密实度变化程度,%;$\rho_{扰动}$为项目建设活动下的土壤密实度,g/cm³;$\rho_{原地貌}$为原地貌土壤密实度,g/cm³。

(4)C_4土地退化程度。指项目区水土流失危害防治责任范围内由于各种侵蚀导致原土地生产的粮、经、果、草等产量和质量的下降程度,土地退化主要表现在土壤侵蚀、土壤物理性质劣化和土壤肥力下降,用大于 10mm 砾石含量来表示。砾石含量可通过采样筛分称重法测定。

(5)C_5占用耕地程度。指包括生产建设项目取土场区、弃渣场区、施工生产生活区、施工便道区、拆迁安置及专项设施改建区等占用耕地资源的面积与工程占地面积的比率,占地面积可通过野外调查和资料查阅确定。

$$D_{耕地} = \frac{S_{耕地}}{S_{工程}} \times 100\% \tag{3.8}$$

式中,$D_{耕地}$为占用耕地程度,%;$S_{耕地}$为占用耕地面积,hm²;$S_{工程}$为工程占地面积,hm²。

(6)C_6工程占地面积。工程占地面积即项目占地总面积,是生产建设项目水土流失危害防治责任范围内的工程占用土地类型、面积,包括永久占地面积和临时占地面积,单位为hm²。工程占地面积($S_{工程}$)在项目中可直接获取。

(7)C_7土石方量。指工程建设需要挖土、填土的总土石方量,单位为万 m³。土石方量

$(V_{土石})$在项目中可直接获取。

(8) C_8 扰动土地整治率。指项目区内扰动土地的整治面积占扰动土地总面积的百分比，其反映了生产建设项目对扰动破坏土地的整治程度，其计算式如下：

$$P_{整治} = \frac{S_{整治}}{S_{扰动}} \times 100\% \tag{3.9}$$

式中，$P_{整治}$ 为扰动土地整治率，%；$S_{整治}$ 为土地整治面积，hm^2；$S_{扰动}$ 为项目区的扰动土地面积，hm^2。扰动土地整治率在项目中可直接获取。

(9) C_9 土壤渗透速率。土壤渗透速率（$K_{土壤}$）是生产建设项目水土流失危害防治责任范围内扰动地表渗透速率，单位为 mm/min。土壤渗透速率可通过双环入渗法或资料分析获得。

(10) C_{10} 对原水系破坏程度。对原水系破坏程度是生产建设项目水土流失危害防治责任范围内项目建设破坏原水系面积占工程占地面积的百分比，计算式如下：

$$D_{原水系} = \frac{S_{硬化} + S_{堆放} + S_{挖空}}{S_{工程}} \times 100\% \tag{3.10}$$

式中，$D_{原水系}$ 为对原水系破坏程度，%；$S_{硬化}$ 为地面硬化面积，hm^2；$S_{堆放}$ 为弃土弃渣堆放面积，hm^2；$S_{挖空}$ 为挖空面积，hm^2；$S_{工程}$ 为工程占地面积，hm^2。硬化面积、弃土弃渣堆放面积和挖空面积可通过野外实测或资料分析获得。

(11) C_{11} 对小型蓄排水工程破坏程度。指生产建设项目水土流失危害防治责任范围内生产建设活动对塘坝及排水引水工程的破坏程度。对塘坝破坏程度用塘坝库容表示，单位 m^3，可通过野外实测或资料分析获得；对排水引水工程破坏程度用排水引水工程长度表示，单位 km，可通过野外实测或资料分析获得。

(12) C_{12} 对河流行洪防洪的影响程度。生产建设项目在建设和投入生产运行后，一部分土地将被建筑物压埋、硬化，使土地原有的涵养水源功能下降甚至丧失，增加了降雨径流量，增大洪水流量，使当地的水资源损失，增大下游河道、管道的泄洪压力，对河流行洪、防洪产生巨大影响。

$$I_{河流} = \frac{S_{硬化}}{S_{工程}} \times 100\% \tag{3.11}$$

式中，$I_{河流}$ 为对河流行洪、防洪的影响程度，%；$S_{硬化}$ 为地面硬化面积，hm^2；$S_{工程}$ 为工程占地面积，hm^2。

(13) C_{13} 对地下水资源影响程度。一些生产建设项目如井采矿、露天采矿、穿山凿洞等，在生产中会超采大量地下水资源，同时会破坏地下水循环的地质条件、储存空间，影响工农业用水。对地下水资源的影响程度（$I_{水资源}$）用开采深度（点面状工程）或凿洞长度（线状工程）表示，开采深度及凿洞长度可野外实测获得。

(14) C_{14} 对重要环境敏感区影响程度。对重要环境敏感区影响程度指生产建设项目对水土流失有直接关系区域的影响程度，用生产建设项目距工矿采空区、居民区、水库和工厂等环境敏感区的距离表示其影响程度。可通过野外实测或资料分析获得。

(15) C_{15} 对水土流失重点防治区影响程度。国家及地方水土保持"三区"的状况对国家、地方的水土保持具有重要影响，是水土保持的敏感区，因此是评价生产建设项目对水土保持"三区"有无影响、影响程度的重要内容，用生产建设项目区距"三区"的距离表示。水土流失重点防治区包括国家级重点防治区、省级重点防治区、生态与景观保护区等。若建设项目在水土流失重点防治区（点面状工程）内或项目穿过重点防治区（线状工程），则水土流失危害严重；若建设项目距水土流失重点防治区较远，则危害弱。

（16）C_{16} 弃土弃渣量。指工程建设由于挖、填不平衡产生不能满足建设要求的永久性废弃的土石方总量，单位为万 m^3。弃土弃渣量可通过野外实测或资料分析获得。

（17）C_{17} 弃土弃渣诱发泥石流可能性。指弃土弃渣堆放地距离附近河道较近，同时弃土弃渣堆放处上方有一定汇水面积，弃渣在上方水流作用下形成人为泥石流灾害的可能性；可用弃渣堆放位置距河道距离及河道纵比降表示弃土弃渣诱发人为泥石流灾害的可能性，可通过无人机或地形图获得。

（18）C_{18} 弃土弃渣诱发崩塌、滑坡可能性。指弃土弃渣堆放地离附近河道较远，弃土弃渣在自身重力及其他外营力作用下诱发崩塌、滑坡等重力侵蚀的可能性，用弃土弃渣堆放原始斜坡的坡度表示。堆放地斜坡坡度可由坡度仪直接测得。

（19）C_{19} 最大 12h 暴雨量。根据项目规模用 10 年、20 年、30 年一遇最大 12h 暴雨量表示滑坡、泥石流危险程度。最大 12h 暴雨量通过项目区多年降雨资料分析计算获得。

（20）C_{20} 水土保持设施破坏程度。指项目区水土流失危害防治责任范围内需要进行补偿的损坏和占用的水土保持设施面积与工程占地面积的百分比。水土保持设施损坏面积及工程占地面积在项目中均可直接获取。

$$D_{设施} = \frac{S_{设施}}{S_{工程}} \times 100\% \tag{3.12}$$

式中，$D_{设施}$ 为水土保持设施破坏程度，%；$S_{设施}$ 为损坏水保设施面积，hm^2；$S_{工程}$ 为工程占地面积，hm^2。

喀斯特区生产建设项目水土流失危害评价指标体系（表 3.11）包括 1 个目标层、4 个评价准则层、20 个指标层，所有指标均针对生产建设项目在建设扰动后的情况进行评价。基于此指标体系，可对喀斯特区不同生产建设项目造成的水土流失危害进行客观评价，为生产建设项目分类管理及人为水土流失监测提供科学依据和技术支持。

表 3.11　喀斯特区生产建设项目水土流失危害评价指标体系

目标层 A	准则层 B	指标层 C	单位
生产建设项目水土流失危害	B_1 对土地资源危害	C_1 表土保护率	%
		C_2 占用耕地面积	hm^2
		C_3 临时占地面积	hm^2
		C_4 土石方挖填量	万 m^3
		C_5 新增土壤流失量	t 或 m^3
	B_2 对水资源危害	C_6 土壤紧实度	g/cm^3
		C_7 对原水系破坏程度	%
		C_8 对引排水工程破坏程度	km

续表

目标层 A	准则层 B	指标层 C	单位
生产建设项目水土流失危害	B_2 对水资源危害	C_9 对河流行洪防洪影响程度	—
		C_{10} 对地下水资源影响程度	km
	B_3 对水土保持功能危害	C_{11} 破坏林草植被面积	hm^2
		C_{12} 扰动地表面积	hm^2
		C_{13} 植物措施完成率	—
		C_{14} 工程措施完成率	—
		C_{15} 临时措施完成率	—
	B_4 对生态环境危害	C_{16} 最大 12h 暴雨量	mm
		C_{17} 工程堆积体体积	万 m^3
		C_{18} 工程堆积体原地面坡度	(°)
		C_{19} 项目区地质地貌	—
		C_{20} 对水土流失重点防治区影响程度	km

注：化工园区、煤矿开采区、电力工程等项目生产过程中若有重度污染物（镉或铅等重金属、氮化物、燃油尘、硫酸盐、建筑水泥尘、煤烟尘、硝酸盐等）产生，则其危害程度增加一级。

根据喀斯特区生产建设项目水土流失危害评价指标体系，其层次分析模型如图 3.11 所示。

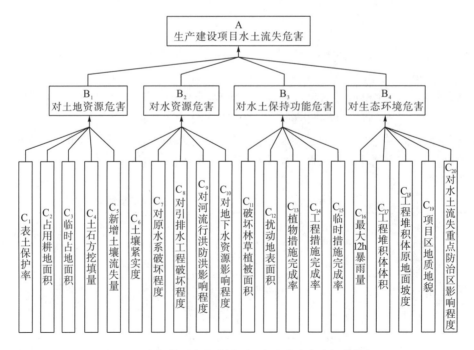

图 3.11　喀斯特区生产建设项目水土流失危害评价指标

(1) C_1 表土保护率。指项目水土流失防治责任范围内保护的表土数量占可剥离表土总量的百分比。一般情况下，表土保护率越大则产生水土流失危害的可能性越小。表土保护率可在项目中直接获取或通过野外调查确定。

(2) C_2 占用耕地面积。指生产建设项目取土场区、弃渣场区、施工生产生活区、施工便道区、拆迁安置及专项设施改建区等占用耕地资源面积(耕地包括水田、水浇地、旱地)，单位为 hm^2。占用耕地面积在项目中可直接获取或通过野外调查确定。

(3) C_3 临时占地面积。临时占地面积多为施工场地临时用地、取土场、取料场、弃渣场、施工临时道路等占地面积，单位 hm^2。主要是施工期占用、施工结束后恢复原貌返还当地，临时占地中取土场、弃土场的土石方挖填量最大，多为机械化大开挖，施工强度极大，是产生水土流失的主要扰动地貌单元。临时占地面积在项目中可直接获取或通过野外调查确定。

(4) C_4 土石方挖填量。指工程建设需要挖土、填土的总土石方量，单位为万 m^3。土石方挖填量在项目中可直接获取或通过野外调查确定。

(5) C_5 新增土壤流失量。指生产建设项目扰动原地表，在降雨条件下土壤及其他地面物质被径流携带造成的土壤流失量，单位为 t 或 m^3。新增土壤流失量在项目中可直接获取或通过动态监测获取。

(6) C_6 土壤紧实度。土壤紧实度表示土壤紧实或疏松的程度，单位为 g/cm^3。生产建设项目水土流失危害防治责任范围内非硬化区由于受压实等施工活动影响，土壤原有结构破坏，土体变得紧实。土壤紧实度变化反映了生产建设项目对地表渗透性改变及地表径流量增加的危险性。土壤紧实度可通过紧实度仪(如 TJSD-750-IV 型土壤紧实度仪)实测或资料分析获得。在缺乏野外测试条件时，在 $1.0\sim2.0g/cm^3$ 根据经验赋值。也可通过小刀试法确定：极坚实，用较大力也不能把刀插入土壤中，在 $1.8\sim2.0g/cm^3$ 取值；坚实，用较大力可以把刀插入土壤中 $1\sim3cm$，在 $1.6\sim1.80g/cm^3$ 取值；紧实，用较大力可以把刀插入土壤中 $4\sim5cm$，在 $1.4\sim1.6g/cm^3$ 取值；较紧实，用较小的力就能把刀插入土壤中，土体易脱落，在 $1.2\sim1.4g/cm^3$ 取值；疏松，用很小的力就可以把刀插入土壤中，刀经过之处，土壤很易脱落，在 $1.0\sim1.2g/cm^3$ 取值。

(7) C_7 对原水系破坏程度。指项目区水土流失危害防治责任范围内项目建设破坏原水系面积占工程占地面积的百分比。对原水系破坏程度测度如下：

$$C_7 = \frac{S_{硬化} + S_{堆放} + S_{挖空}}{S_{工程}} \times 100\% \tag{3.13}$$

式中，C_7 为对原水系破坏程度，%；$S_{硬化}$ 为地面硬化面积，hm^2；$S_{堆放}$ 为弃土弃渣堆放面积，hm^2；$S_{挖空}$ 为挖空面积，hm^2；$S_{工程}$ 为工程占地面积，hm^2。硬化面积、弃土弃渣堆放面积和挖空面积可通过野外实测或在项目中直接获得。

(8) C_8 对引排水工程破坏程度。指生产建设项目水土流失危害防治责任范围内生产建设活动对排水引水工程的破坏情况，采用破坏引排水工程长度表示，单位为 km。破坏引排水工程长度在项目中可直接获取或通过野外调查确定。

(9) C_9 对河流行洪防洪影响程度。生产建设项目在建设中和投入生产运行后，一部分土地会被建筑物压埋、被硬化，使土地原有的涵养水源功能下降甚至丧失，增加降雨径流量，增大洪水流量，使当地的水资源损失，下游河道、管道的泄洪压力增大，对河流行洪、防洪产生巨大影响。对河流行洪防洪影响程度采用项目扰动后水土流失流量与原地貌水土流失量的比值表示，其测度如下：

$$C_9 = \frac{E_{扰动}}{E_{原地貌}} \tag{3.14}$$

式中，C_9 为对河流行洪防洪影响程度；$E_{扰动}$ 为扰动后水土流失流量或土壤侵蚀模数，t 或 $t/(km^2 \cdot a)$；$E_{原地貌}$ 为原地貌水土流失流量或土壤侵蚀模数，t 或 $t/(km^2 \cdot a)$。二者均可在项目中直接获取或通过水土保持监测确定。

(10) C_{10} 对地下水资源影响程度。一些生产建设项目如井采矿、露天采矿、穿山凿洞等，在生产中将会超采大量地下水资源，同时会破坏地下水的地质条件、储存空间，影响工农业用水。对地下水资源影响程度用开采深度(点面状工程)或凿洞长度(线状工程)表示，其测度为：点面状工程，C_{10}=地表开采深度，单位为 km，在项目中可直接获取或通过野外调查确定；线性工程，C_{10}=凿洞长度，单位为 km，在项目中可直接获取或通过野外调查确定。

(11) C_{11} 破坏林草植被面积。生产建设项目破坏原地表林草植被面积。水土保持功能的发挥主要在于原地貌、原土地的作用，特别是林草地(包括人工林地)，林草地破坏后项目区水土保持功能大大降低，破坏面积越大表示产生的水土流失危害可能越大。破坏林草植被面积(单位为 hm^2)在项目中可直接获取或通过野外调查确定。

(12) C_{12} 扰动地表面积。扰动地表面积指在水土流失防治责任范围内，施工开挖、填筑及临时占用土地面积的总和，单位为 hm^2。水土保持功能发挥主要是原地表、土地和植被的作用，扰动地表面积越大，生产建设项目产生的水土流失危害越大。扰动地表面积在项目中可直接获取或通过野外调查确定。

(13) C_{13} 植物措施完成率。指生产建设项目实际采取的水土保持植物措施位置、数量及防治效果等。植物措施实施情况采用赋分法表征，即植物措施未落实或者已落实的成活率、覆盖率不达标面积达到 $1000m^2$，存在一处扣 1 分，超过 $1000m^2$ 的按照其倍数扣分(不足 $1000m^2$ 的不扣分)，扣完为止，植物措施总分 15 分。未被扣分则表示植物措施实施到位，生产建设项目产生的水土流失危害可能性小；若该项 0 分则表示植物措施未落实，生产建设项目产生的水土流失危害可能性大。植物措施未落实或者已落实的成活率、覆盖度不达标情况可通过野外调查或遥感影像数据资料确定。

(14) C_{14} 工程措施完成率。指生产建设项目实际采取的水土保持工程措施位置、数量及防治效果等。工程措施实施情况采用赋分法表征，即水土保持工程措施(拦挡、截排水、工程护坡、土地整治等)落实不及时、不到位，存在一处扣 1 分；其中弃渣场"未拦先弃"的，存在 1 处 3 级以上弃渣场的扣 3 分，存在 1 处 3 级以下弃渣场的扣 2 分，扣完为止，工程措施总分 20 分。未被扣分则表示工程措施实施到位，生产建设项目产生的水土流失危害可能性小；若该项 0 分则表示工程措施未落实，生产建设项目产生的水土流失危害可能性大。水土保持工程措施落实不及时、不到位等情况可通过野外调查或遥感影像数据资料确定。

(15) C_{15} 临时措施完成率。指生产建设项目实际采取的水土保持临时措施位置、数量及防治效果等。临时措施实施情况采用赋分法表征，即水土保持临时防护措施(拦挡、排水、苫盖、植草、限定扰动范围)落实不及时、不到位,存在一处扣 1 分,扣完为止,临时措施总分 10 分。未被扣分则表示临时措施实施到位,生产建设项目产生的水土流失危害可能性小;若该项 0 分则表示临时措施未落实,生产建设项目产生的水土流失危害可能性大。水土保持临时措施落实不及时、不到位等情况可通过野外调查或遥感影像数据资料确定。

(16) C_{16} 最大 12h 暴雨量。根据项目规模用 10 年、20 年、30 年一遇最大 12h 暴雨量表示其水土流失潜在危害程度,单位为 mm。最大 12h 暴雨量可通过项目区多年降雨资料分析计算获得,据此评价潜在人为崩塌、人为滑坡和人为泥石流危险性,并进行水土流失危害预警。

(17) C_{17} 工程堆积体体积。指工程建设由于挖、填不平衡产生的或不能满足建设要求的永久性废弃的土石方总量,单位为万 m^3。工程堆积体体积在项目中可直接获取或通过野外调查确定。

(18) C_{18} 工程堆积体原地面坡度。表征工程堆积体在自身重力及其他外营力作用下诱发崩塌、滑坡等重力侵蚀的可能性。工程堆积体原地面坡度在项目中可直接获取或通过坡度仪直接测得。

(19) C_{19} 项目区地质地貌。地质构造在宏观尺度上控制了大地貌类型和特征,影响岩石成土性能及地表物质和地表径流的分配,进而影响项目区水土流失。贵州喀斯特区地貌形态复杂,总体呈现西高东低的地形特征,地貌类型主要有高原、山地、丘陵、台地、盆地、河流阶地等。项目区地质地貌可从项目中直接获取或通过 GPS 定位系统结合喀斯特区地质地貌分布图确定。

(20) C_{20} 对水土流失重点防治区影响程度。水土流失重点防治区包括国家级和省级水土流失重点防治区和重点治理区,"二区"状况是水土保持的敏感区,因此评价生产建设项目对水土保持"二区"有无影响及影响程度是水土流失危害评价的重要内容,可用生产建设项目区距"二区"空间距离表示,单位为 km。若项目区在水土流失重点防治区(点面状工程)内或项目穿过重点防治区(线状工程),则水土流失危害严重;若项目区距离水土流失重点防治区较远,则危害弱。对水土流失重点防治区影响程度在项目中可直接获取或通过遥感影像资料或野外调查确定。

3. 评价单元划分

评价单元确定应按地形地貌、扰动方式、扰动后地表的物质组成、气象特征和建构筑物布局等划分。根据生产建设项目类型、水土流失特点及水土流失危害的表现形式,结合各种生产建设项目施工活动,划分不同生产建设项目水土流失危害评价单元如表 3.12 所示。

表 3.12　不同生产建设项目水土流失危害评价单元

生产建设项目类型	评价单元	指标	备注
城镇建设工程	C_1、C_5、C_6、C_7、C_8、C_{10}、C_{11}、C_{12}、C_{14}、C_{15}、C_{17}、C_{18}、C_{19}、C_{20}		利用主体工程总量数据
	场地硬化	C_2	均为野外实测指标
	人工边坡	C_2、C_3、C_4、C_9	均为野外实测指标

生产建设项目类型	评价单元	指标	备注
城镇建设工程	弃土弃渣场	C_2、C_3、C_4、C_9、C_{16}	均为野外实测指标
	施工便道	C_2、C_3、C_4、C_9	均为野外实测指标
	绿化带	C_2、C_3、C_4、C_9	均为野外实测指标
线性工程		C_1、C_5、C_6、C_7、C_8、C_{10}、C_{11}、C_{12}、C_{13}、C_{14}、C_{15}、C_{19}、C_{20}	利用主体工程总量数据
	弃土弃渣场	C_2、C_3、C_4、C_9、C_{16}、C_{17}、C_{18}	C_2、C_3、C_4、C_9野外实测
	采石取土场	C_2、C_3、C_4、C_9	均为野外实测指标
	路基工程	C_2、C_3、C_4、C_9	均为野外实测指标
	施工便道	C_2、C_3、C_4、C_9	均为野外实测指标
	生产生活区	C_2	均为野外实测指标
水利工程		C_1、C_5、C_6、C_7、C_8、C_{10}、C_{11}、C_{12}、C_{14}、C_{15}、C_{19}、C_{20}	利用主体工程总量数据
	主坝工程区	C_2	均为野外实测指标
	建筑物工程区	C_2	均为野外实测指标
	引河工程建设区	C_2	均为野外实测指标
	土料场区	C_2、C_3、C_4、C_9	均为野外实测指标
	排泥场区	C_2、C_3、C_4、C_9、C_{16}、C_{17}、C_{18}	C_2、C_3、C_4、C_9野外实测
煤矿工程		C_1、C_5、C_6、C_7、C_8、C_{10}、C_{11}、C_{12}、C_{14}、C_{15}、C_{19}、C_{20}	利用主体工程总量数据
	煤炭转运场	C_2、C_3、C_4、C_9、C_{16}、C_{17}、C_{18}	C_2、C_3、C_4、C_9野外实测
	弃土弃渣场	C_2、C_3、C_4、C_9、C_{16}、C_{17}、C_{18}	C_2、C_3、C_4、C_9野外实测
	煤矸石堆砌场	C_2、C_3、C_4、C_9、C_{16}、C_{17}、C_{18}	C_2、C_3、C_4、C_9野外实测
	塌陷区	C_2、C_3、C_4、C_9、C_{13}	C_2、C_3、C_4、C_9野外实测
	土地复垦区	C_2、C_3、C_4、C_9	均为野外实测指标

注：对生产建设项目进行水土流失危害分析时需调查地貌单元面积，然后加权平均。

3.4.2　水土流失危害综合评价模型与权重

1. 综合评价模型

采用多指标综合评价法对紫色丘陵区和喀斯特区生产建设项目水土流失危害进行评价，评价基本步骤如下：①根据选取的生产建设项目水土流失危害评价指标，选用无量纲化和合成公式(线性加权法和乘法合成法)；②确定生产建设项目水土流失危害评价指标的有关阈值和参数(适度值、不允许值、满意值)；③确定每个指标在评价指标体系中的权重；④确定各指标的评价值(加权平均合成)，获得生产建设项目水土流失危害综合评价值。

在采用多指标综合评价方法时，由于各指标的性质、度量单位、经济意义等不同，首先必须对指标进行无量纲化处理。无量纲化又称数据标准化、规格化，通过数学变换以消除原始指标量纲的影响。可根据实际情况选择直线型、折线型和曲线型三种无量纲化方法。

根据生产建设项目水土流失危害综合评价值变化范围，可采用以下标准化方法进行无量纲化处理。

对于水土流失危害正指标无量纲化如下：

$$X_i = 1 + \frac{99 \times (x_i - \min x)}{\max x - \min x} \tag{3.15}$$

式中，X_i 为第 i 个生产建设项目水土流失危害评价指标数据标准化后的值；x_i 为第 i 个指标处理前的数值（实际值）；$\max x$ 为该指标的最大值；$\min x$ 为该指标的最小值。

对水土流失危害逆指标无量纲化如下：

$$X_i = 1 + \frac{99 \times (\max x - x_i)}{\max x - \min x} \tag{3.16}$$

式中，X_i 为第 i 个生产建设项目水土流失危害评价指标数据标准化后的值；x_i 为第 i 个指标处理前的数值（实际值）；$\max x$ 为该指标的最大值；$\min x$ 为该指标的最小值。

采用德尔菲法和层次分析法确定各个生产建设项目水土流失危害评价指标权重，分析指标体系中各基本要素之间的关系，建立系统的递阶层次结构。对同一层各元素对于上一层某一准则的重要性进行两两比较，构造两两比较判断矩阵，并进行一致性检验。判断矩阵以 1～9 级建立判断尺度，其定义见表 3.13。

表 3.13　判断矩阵标度定义

标度	含义
1	两个要素相比，具有同样重要性
3	两个要素相比，前者比后者稍重要
5	两个要素相比，前者比后者明显重要
7	两个要素相比，前者比后者强烈重要
9	两个要素相比，前者比后者极端重要
2，4，6，8	上述相邻判断的中间值
倒数	两个相邻要素相比，后者比前者的重要性标度

以紫色丘陵区生产建设项目水土流失危害评价为例，根据层次分析法准则，首先确定准则层的权重因子，准则层包括 5 项指标：对地表植被及土地资源危害（B_1）、对水资源危害（B_2）、对周边环境可能造成的影响（B_3）、人为滑坡泥石流危险性评价（B_4）和对原水土保持设施破坏（B_5），然后确定各准则层下各生产建设项目水土流失影响评价指标的权重，一致性检验步骤如下。①计算一致性指标 C.I.：$\text{C.I.} = \frac{\lambda_{\max} - n}{n - 1}$，式中 n 为判断矩阵阶数。②计算平均随机一致性指标 R.I.。R.I.是多次重复进行随机判断矩阵特征值的算术平均数。③计算一致性比例 C.R.。C.R.＝C.I./R.I.，当 C.R.小于 0.1 时，认为判断矩阵的一致性是可以接受的。

生产建设项目水土流失危害采用线性加权法进行综合评价，其模型如下：

$$H_{\text{SE}} = \sum_{i=1}^{n} W_i X_i \tag{3.17}$$

式中，H_{SE} 为生产建设项目水土流失危害综合评价值；W_i 为各评价指标的权数；X_i 为第 i 项指标的评价值；n 为指标的个数。

　　根据水土流失危害综合评价值，采用相对标准法对生产建设项目水土流失危害进行评价，数值越大，其水土流失危害越严重。生产建设项目水土流失危害可分为微度危害、轻度危害、中度危害、重度危害、极重度危害 5 个等级（表 3.14）。对生产建设项目典型工程（类比工程）水土流失危害采取野外调查、室内测定、文献查询法等获得生产建设项目扰动后的水土流失危害情况，以原地貌水土流失危害作为基准，以建设扰动后的水土流失危害极大值作为上限，对生产建设项目扰动后水土流失危害（以各水土流失危害评价指标的数值大小反映）进行分级，作为评价生产建设项目水土流失危害标准。各危害等级特征如下。

表 3.14　生产建设项目水土流失危害评级标准及表现

危害分级	影响指数	表现
微度危害	0～20	项目区水土流失量轻微加重、基本没改变或水土流失在一定程度上得到有效治理，对土地资源造成少量破坏或使其减少，对项目区及周边水资源造成的改变、破坏或危害小，对生态环境危害小
轻度危害	20～40	水土流失量轻微加重或水土流失得到一定程度治理，对土地资源有一定破坏或使其减少，对项目区及周边水资源造成的改变、破坏或危害较小，对生态环境危害较小
中度危害	40～60	水土流失加剧或水土流失没有得到有效治理，对土地资源有较大的破坏或使其减少，对项目区及周边水资源造成的改变、破坏或危害较大，对生态环境危害较大
重度危害	60～80	当遇高强度、短历时暴雨时，大量泥沙被洪水冲入河道，在一定地段堵塞河道，改变水流方向，对下游构成危险；在丘陵沟壑区，坡面径流会冲毁具有水土保持功能的地埂、田坎，增加单位面积细沟和切沟数量，有进一步发育为冲沟的可能
极重度危害	80～100	项目工程建设过程中，伴随有开挖坡面、地下采空，破坏原来稳定的地质环境，引发地面裂隙、塌陷、崩塌、滑坡及泥石流，地下水位降低。如开挖坡面和地下采空形成新的临空面，使原来稳定的地质条件发生变化，岩土体失稳易引发地质灾害

　　(1) 微度危害。项目生产与建设过程中对土地资源危害小，表土保护率高，占用耕地面积、临时占地面积、土石方挖填量均小；对水资源危害小，非硬化区土壤紧实度小，对原水系破坏程度轻，对引排水工程破坏轻，对河流行洪防洪影响程度轻，对地下水资源影响轻；对水土保持功能危害小或水土保持功能恢复好，林草植被破坏面积、扰动地表面积小，植物、工程和临时措施及时、到位、运行效果好；对生态环境危害小，工程堆积体体积小，堆积体原地面坡度小，对重要环境敏感区影响程度和对水土流失重点防治区影响程度轻，水土流失危害程度为微度危害。总体上，生产建设项目水土流失危害可能表现为水土流失量轻微加重、基本没改变或水土流失得到有效治理，对土地资源少量破坏或使其减少，对项目区及周边水资源造成的改变、破坏或危害小，对生态环境危害小。

　　(2) 轻度危害。项目生产与建设过程中对土地资源危害较小，表土保护率较高，占用耕地面积较小，临时占地面积较小，土石方挖填量较小；对水资源危害较小，非硬化区土壤紧实度较小，对原水系破坏程度较轻，对引排水工程破坏较轻，对河流行洪防洪影响程度较轻，对地下水资源影响程度较轻；对水土保持功能危害较小或水土保持功能恢复较好，林草植被破坏面积、扰动地表面积较小，植物、工程和临时措施比较及时、到位，运行效果较好；对生态环境危害较小，工程堆积体体积、堆积体原地面坡度较小，对重要环境敏感区影响程度和对水土流失重点防治区影响程度较轻，水土流失危害程度为轻度危害。总体上，生产建设项目水土流失危害可能表现为水土流失量轻微加重、加重或水土流失得到一定程度治理，对土地资源有一定破坏或使其减少，对项目区及周边水资源造成的改变、破坏或危害较小，对生态环境危害较小。

(3) 中度危害。项目生产与建设过程中对土地资源危害较大，表土保护率中等，占用耕地面积、临时占地面积、土石方挖填量较大；对水资源危害较大，非硬化区土壤紧实度较大，对原水系破坏程度、对引排水工程破坏程度、对河流行洪防洪影响程度、对地下水资源影响程度均较重；对水土保持功能危害较大或水土保持功能恢复较差，林草植被破坏面积、扰动地表面积较大，植物、工程和临时措施不及时、不到位，运行效果较差；对生态环境危害较大，工程堆积体体积、堆积体原地面坡度较大，对重要环境敏感区影响程度和对水土流失重点防治区影响程度较重，水土流失危害程度为中度危害。总体上，生产建设中水土流失危害可能表现为水土流失加剧或水土流失没有得到有效治理，对土地资源有较大的破坏或使其减少，对项目区及周边水资源造成的改变、破坏或危害较大，对生态环境危害较大。

(4) 重度危害。项目生产与建设过程中对土地资源危害大，表土保护率较小，占用耕地面积、临时占地面积、土石方挖填量大；对水资源危害大，非硬化区土壤紧实度大，对原水系破坏程度、对引排水工程破坏程度、对河流行洪防洪影响程度、对地下水资源影响程度均重；对水土保持功能危害大，林草植被破坏面积、扰动地表面积大，植物、工程和临时措施不及时、不到位，没有发挥效果；对生态环境危害大，工程堆积体体积、堆积体原地面坡度大，对重要环境敏感区影响程度和对水土流失重点防治区影响程度重，水土流失危害程度为重度危害。总体上，生产建设中水土流失危害可能表现为水土流失加剧，河流河道有一定程度淤积，道路、桥梁及公共设施有一定程度破坏，对土地资源有大的破坏或使其减少，对项目区及周边水资源造成大的改变、破坏或危害，对生态环境危害大。

(5) 极重度危害。项目生产与建设过程中对土地资源危害严重，表土保护率小，占用耕地面积、临时占地面积、土石方挖填量很大；对水资源危害严重，非硬化区土壤紧实度很大，对原水系破坏程度、对引排水工程破坏程度、对河流行洪防洪影响程度、对地下水资源影响程度均很严重；对水土保持功能危害很大，林草植被破坏面积、扰动地表面积很大，完全没有实施植物、工程和临时措施；对生态环境危害严重，工程堆积体体积、堆积体原地面坡度很大，对重要环境敏感区影响程度和对水土流失重点防治区影响程度很严重，水土流失危害程度为极重度危害。总体上，生产建设中水土流失危害可能表现为伴随有开挖坡面，地下采空，破坏原来稳定的地质环境，引发地面裂隙、塌陷、崩塌、滑坡及泥石流，地下水位降低。如开挖坡面和地下采空形成新的临空面，使原来稳定的地质条件发生变化，岩土体失稳易引发地质灾害。

2. 评价体系权重确定

紫色丘陵区生产建设项目水土流失危害评价的指标体系如表 3.15 所示。

表 3.15　紫色丘陵区生产建设项目水土流失危害评价的指标体系

目标层 A	准则层 B	权重	指标层 C	权重	综合权重
生产建设项目水土流失危害	B₁ 对地表植被及土地资源危害	0.2667	C₁ 植被覆盖度变化程度（$C_{植被}$）	0.1395	0.0372
			C₂ 有效土层减薄变化程度（$T_{土层}$）	0.1395	0.0372
			C₃ 土壤密实度变化程度（$\rho_{土壤}$）	0.0931	0.0249
			C₄ 土地退化程度（$D_{土地}$）	0.1628	0.0434
			C₅ 占用耕地程度（$D_{耕地}$）	0.1395	0.0372
			C₆ 工程占地面积（$S_{工程}$）	0.1163	0.0310
			C₇ 土石方量（$V_{土石}$）	0.1163	0.0310
			C₈ 扰动土地整治率（$P_{整治}$）	0.0930	0.0248
	B₂ 对水资源危害	0.2667	C₉ 土壤渗透速率（$K_{土壤}$）	0.2308	0.0615
			C₁₀ 对原水系破坏程度（$D_{原水系}$）	0.2692	0.0718
			C₁₁ 对小型蓄排水工程破坏程度（$D_{蓄排水}$）	0.1538	0.0411
			C₁₂ 对河流行洪防洪的影响程度（$I_{河流}$）	0.1923	0.0513
			C₁₃ 对地下水资源影响程度（$I_{水资源}$）	0.1538	0.0410
	B₃ 对周边环境可能造成的影响	0.2000	C₁₄ 对重要环境敏感区影响程度（$I_{敏感区}$）	0.5556	0.1111
			C₁₅ 对水土流失重点防治区影响程度（$I_{防治区}$）	0.4444	0.0889
	B₄ 人为滑坡、泥石流危险性评价	0.1666	C₁₆ 弃土弃渣量（$V_{弃渣}$）	0.3000	0.0500
			C₁₇ 弃土弃渣诱发泥石流可能性（$P_{泥石流}$）	0.2500	0.0417
			C₁₈ 弃土弃渣诱发崩塌、滑坡可能性（$P_{崩滑}$）	0.2500	0.0417
			C₁₉ 最大 12h 暴雨量（$P_{暴雨}$）	0.2000	0.0332
	B₅ 对原水土保持设施破坏	0.1000	C₂₀ 水土保持设施破坏程度（$D_{设施}$）	1.0000	0.1000

喀斯特区城镇建设项目水土流失危害评价指标权重详见表 3.16。

表 3.16　喀斯特区城镇建设项目水土流失危害评价指标权重

目标层 A	准则层 B	指标层 C	权重	综合权重
生产建设项目水土流失危害	B₁ 对土地资源危害（0.3211）	C₁ 表土保护率	0.2388	0.0816
		C₂ 占用耕地面积	0.2130	0.0659
		C₃ 临时占地面积	0.0992	0.0351
		C₄ 土石方挖填量	0.1689	0.0517
		C₅ 新增土壤流失量	0.2802	0.0867

续表

目标层 A	准则层 B	指标层 C	权重	综合权重
生产建设项目水土流失危害	B₂ 对水资源危害 (0.2386)	C₆ 土壤紧实度	0.1403	0.0420
		C₇ 对原水系破坏程度	0.2246	0.0472
		C₈ 对引排水工程破坏程度	0.2134	0.0489
		C₉ 对河流行洪防洪影响程度	0.2506	0.0580
		C₁₀ 对地下水资源影响程度	0.1712	0.0425
	B₃ 对水土保持功能危害 (0.2406)	C₁₁ 破坏林草植被面积	0.3130	0.0819
		C₁₂ 扰动地表面积	0.2127	0.0574
		C₁₃ 植物措施完成率	0.1287	0.0256
		C₁₄ 工程措施完成率	0.2617	0.0550
		C₁₅ 临时措施完成率	0.0929	0.0206
	B₄ 对生态环境危害 (0.1997)	C₁₆ 最大 12h 暴雨量	0.2338	0.0368
		C₁₇ 工程堆积体体积	0.2433	0.0483
		C₁₈ 工程堆积体原地面坡度	0.1696	0.0450
		C₁₉ 项目区地质地貌	0.1843	0.0346
		C₂₀ 对水土流失重点防治区影响程度	0.1690	0.0350

喀斯特区道路建设项目水土流失危害评价指标权重详见表 3.17。

表 3.17　喀斯特区道路建设项目水土流失危害评价指标权重

目标层 A	准则层 B	指标层 C	权重	综合权重
生产建设项目水土流失危害	B₁ 对土地资源危害 (0.3465)	C₁ 表土保护率	0.1832	0.0623
		C₂ 占用耕地面积	0.2624	0.0856
		C₃ 临时占地面积	0.0970	0.0384
		C₄ 土石方挖填量	0.1768	0.0692
		C₅ 新增土壤流失量	0.2806	0.0911
	B₂ 对水资源危害 (0.1736)	C₆ 土壤紧实度	0.1992	0.0394
		C₇ 对原水系破坏程度	0.2903	0.0536
		C₈ 对引排水工程破坏程度	0.1837	0.0285
		C₉ 对河流行洪防洪影响程度	0.1904	0.0288
		C₁₀ 对地下水资源影响程度	0.1363	0.0234
	B₃ 对水土保持功能危害 (0.2467)	C₁₁ 破坏林草植被面积	0.3404	0.0844
		C₁₂ 扰动地表面积	0.2774	0.0658
		C₁₃ 植物措施完成率	0.1607	0.0385
		C₁₄ 工程措施完成率	0.1467	0.0390
		C₁₅ 临时措施完成率	0.0793	0.0190

目标层 A	准则层 B	指标层 C	权重	综合权重
生产建设项目水土流失危害	B₄ 对生态环境危害 (0.2332)	C₁₆ 最大 12h 暴雨量	0.3053	0.0592
		C₁₇ 工程堆积体体积	0.2158	0.0548
		C₁₈ 工程堆积体原地面坡度	0.2124	0.0512
		C₁₉ 项目区地质地貌	0.1490	0.0390
		C₂₀ 对水土流失重点防治区影响程度	0.1176	0.0290

喀斯特区矿山开采项目水土流失危害评价指标权重详见表 3.18。

表 3.18　喀斯特区矿山开采项目水土流失危害评价指标权重

目标层 A	准则层 B	指标层 C	权重	综合权重
生产建设项目水土流失危害	B₁ 对土地资源危害 (0.2558)	C₁ 表土保护率	0.2173	0.0602
		C₂ 占用耕地面积	0.1583	0.0386
		C₃ 临时占地面积	0.0799	0.0180
		C₄ 土石方挖填量	0.2137	0.0585
		C₅ 新增土壤流失量	0.3307	0.0804
	B₂ 对水资源危害 (0.1885)	C₆ 土壤紧实度	0.1890	0.0448
		C₇ 对原水系破坏程度	0.1820	0.0336
		C₈ 对引排水工程破坏程度	0.1746	0.0314
		C₉ 对河流行洪防洪影响程度	0.1910	0.0364
		C₁₀ 对地下水资源影响程度	0.2635	0.0424
	B₃ 对水土保持功能危害 (0.2904)	C₁₁ 破坏林草植被面积	0.2701	0.0950
		C₁₂ 扰动地表面积	0.2145	0.0626
		C₁₃ 植物措施完成率	0.1944	0.0573
		C₁₄ 工程措施完成率	0.1640	0.0473
		C₁₅ 临时措施完成率	0.1189	0.0282
	B₄ 对生态环境危害 (0.2653)	C₁₆ 最大 12h 暴雨量	0.2444	0.0537
		C₁₇ 工程堆积体体积	0.1951	0.0435
		C₁₈ 工程堆积体原地面坡度	0.2303	0.0606
		C₁₉ 项目区地质地貌	0.1497	0.0418
		C₂₀ 对水土流失重点防治区影响程度	0.1805	0.0658

喀斯特区水利工程项目水土流失危害评价指标权重详见表 3.19。

表 3.19　喀斯特区水利工程项目水土流失危害评价指标权重

目标层 A	准则层 B	指标层 C	权重	综合权重
生产建设项目水土流失危害	B_1 对土地资源危害 (0.2200)	C_1 表土保护率	0.2564	0.0698
		C_2 占用耕地面积	0.1929	0.0482
		C_3 临时占地面积	0.0610	0.0155
		C_4 土石方挖填量	0.1627	0.0329
		C_5 新增土壤流失量	0.3262	0.0714
	B_2 对水资源危害 (0.3303)	C_6 土壤紧实度	0.1187	0.0429
		C_7 对原水系破坏程度	0.2795	0.0817
		C_8 对引排水工程破坏程度	0.1704	0.0466
		C_9 对河流行洪防洪影响程度	0.2693	0.0872
		C_{10} 对地下水资源影响程度	0.1620	0.0426
	B_3 对水土保持功能危害 (0.2001)	C_{11} 破坏林草植被面积	0.3469	0.0749
		C_{12} 扰动地表面积	0.2170	0.0397
		C_{13} 植物措施完成率	0.1347	0.0326
		C_{14} 工程措施完成率	0.2089	0.0489
		C_{15} 临时措施完成率	0.1100	0.0175
	B_4 对生态环境危害 (0.2496)	C_{16} 最大 12h 暴雨量	0.2721	0.0370
		C_{17} 工程堆积体体积	0.2006	0.0444
		C_{18} 工程堆积体原地面坡度	0.1581	0.0430
		C_{19} 项目区地质地貌	0.2171	0.0614
		C_{20} 对水土流失重点防治区影响程度	0.1800	0.0461

喀斯特区风电工程项目水土流失危害评价指标权重详见表 3.20。

表 3.20　喀斯特区风电工程项目水土流失危害评价指标权重

目标层 A	准则层 B	指标层 C	权重	综合权重
生产建设项目水土流失危害	B_1 对土地资源危害 (0.3113)	C_1 表土保护率	0.2337	0.0725
		C_2 占用耕地面积	0.1602	0.0451
		C_3 临时占地面积	0.0476	0.0148
		C_4 土石方挖填量	0.2337	0.0725
		C_5 新增土壤流失量	0.3249	0.1065
	B_2 对水资源危害 (0.1644)	C_6 土壤紧实度	0.0959	0.0107
		C_7 对原水系破坏程度	0.1572	0.0318
		C_8 对引排水工程破坏程度	0.2730	0.0409
		C_9 对河流行洪防洪影响程度	0.2747	0.0435
		C_{10} 对地下水资源影响程度	0.1995	0.0376

续表

目标层 A	准则层 B	指标层 C	权重	综合权重
生产建设项目水土流失危害	B₃ 对水土保持功能危害 (0.2131)	C₁₁ 破坏林草植被面积	0.1844	0.0595
		C₁₂ 扰动地表面积	0.2381	0.0462
		C₁₃ 植物措施完成率	0.3144	0.0642
		C₁₄ 工程措施完成率	0.2287	0.0491
		C₁₅ 临时措施完成率	0.0727	0.0124
	B₄ 对生态环境危害 (0.3113)	C₁₆ 最大 12h 暴雨量	0.1590	0.0395
		C₁₇ 工程堆积体体积	0.2466	0.0764
		C₁₈ 工程堆积体原地面坡度	0.1981	0.0349
		C₁₉ 项目区地质地貌	0.1981	0.0495
		C₂₀ 对水土流失重点防治区影响程度	0.1981	0.0938

3.4.3　线性工程水土流失危害影响对比分析

1. 紫色丘陵区水土流失危害影响分析

1) 水土流失危害评价指标变化特征

通过对紫色丘陵区线性工程项目(公路铁路)进行野外调查、定点试验、室内分析及水土保持方案查询等获得线性工程项目水土流失危害评价指标统计特征(表 3.21)。由表 3.21 可见,线性工程项目的植被覆盖度变化程度 C_1、土石方量 C_7 和对重要环境敏感区影响程度 C_{14} 变化特征明显;项目在建设过程中会产生大量弃土弃渣,土石方量 C_7 离散程度最大(标准差为 536.23),指标最大值为 2060.46 万 m^3,最小值为 1.57 万 m^3,平均为 1038.45 万 m^3。如果这些土石方量处理不当,会产生严重的水土流失,对周边生态环境造成极大影响,甚至会诱发人为崩塌、人为滑坡和人为泥石流。因此在工程建设过程中,生产单位应严格按照水土保持方案的工程要求将弃渣堆放在指定场地,并对弃渣采取相应的防护措施。

表 3.21　线性工程项目水土流失危害评价指标统计特征

指标	最大值	最小值	平均值	中值	标准差	变异系数	偏度	峰值	样本数
C_1 植被覆盖度变化程度/%	64.65	-42.64	4.15	2.33	32.84	790.88	0.34	-0.97	17
C_2 有效土层减薄变化程度/%	31.43	-33.33	-18.38	-25.00	16.96	-92.25	2.16	4.54	17
C_3 土壤密实度变化程度/%	55.05	3.45	26.80	26.62	12.47	46.54	0.42	0.65	17
C_4 土地退化程度%	66.02	0	34.95	29.35	22.60	64.65	0.20	-1.01	12
C_5 占用耕地程度%	91.12	14.55	54.69	57.66	17.56	32.11	-0.27	1.10	17
C_6 工程占地面积/hm²	633.42	9.90	353.59	324.95	179.80	50.85	0.14	-0.62	17
C_7 土石方量/万 m³	2060.46	1.57	1038.45	1122.5	536.23	51.64	-0.01	-0.21	17

续表

指标	最大值	最小值	平均值	中值	标准差	变异系数	偏度	峰值	样本数
C_8 扰动土地整治率/%	100.00	95.00	98.61	98.76	1.25	1.27	-1.48	3.43	17
C_9 土壤渗透速率/(mm·min)	557.90	0	45.19	0.23	139.80	309.36	3.26	10.22	21
C_{10} 对原水系破坏程度/%	85.95	26.57	47.71	43.54	17.20	36.05	0.87	-0.04	17
C_{11} 对小型蓄排水工程破坏程度/km	12.18	0.00	1.50	0.50	3.09	205.88	3.35	11.90	15
C_{12} 对河流行洪防洪的影响程度/%	65.47	12.63	35.58	36.14	16.69	46.90	0.39	-0.93	17
C_{13} 对地下水资源影响程度/km	28.61	0.00	12.70	8.70	10.81	85.06	0.42	-1.62	17
C_{14} 对重要环境敏感区影响程度/km	0.00	0.00	0.00	0.00	0.00	—	—	—	17
C_{15} 对水土流失重点防治区影响程度/km	75.00	0.00	4.41	0.00	18.19	412.31	4.12	17.00	17
C_{16} 弃土弃渣量/万 m³	892.20	0.00	367.43	361.20	303.21	82.52	0.47	-1.08	17
C_{17} 弃土弃渣诱发泥石流可能性/‰	16.30	0.89	7.19	7.33	4.33	60.25	0.33	-0.49	20
C_{18} 弃土弃渣诱发崩塌、滑坡可能性/(°)	10.00	5.00	6.18	5.00	1.78	28.77	1.23	0.39	11
C_{19} 最大 12h 暴雨量/mm	306.90	96.00	197.04	201.75	68.36	34.69	0.25	-1.00	14
C_{20} 水土保持设施破坏程度/%	95.12	6.87	49.17	44.87	22.21	45.18	0.45	0.41	17

注：表中负值表示生产建设项目扰动后其水土流失危害指标值小于扰动前水土流失危害指标值。

线性工程项目对地表植被覆盖度的影响也很大。植被覆盖度变化程度 C_1 变异系数最大(790.88)，指标最大值为 64.65%，最小值为-42.64%(负值表示施工后地表植被覆盖度小于施工前地表植被覆盖度)，平均值为 4.15%。线性工程对地表和植被的破坏主要体现在公路建设前期的清理表土、土石方开挖、开采料场等活动对地表土层和植被的直接毁坏，建设过程中的废弃物(弃土、弃渣、弃石等)对堆放地原有植被的埋压及对公路沿线植被的机械碾压、人员踩踏等。线性工程项目对工矿采空区、居民区、水库和工厂等环境敏感区影响程度很大，工矿采空区对线性工程水土流失的危害主要是地基荷载不平衡而导致地面塌陷，属特殊工程侵蚀类型；对居民区影响则通过移民规模及安置方式，一般坚持就地分散安置原则，不再新建居民区和道路；线性工程所经过的水库水源涵养区则以维护和恢复原来水土保持植物种类和群落结构为基本原则；工厂区则通过建立绿色隔离带的方式消除不良影响。

2)水土流失危害评价指标分级标准

根据评价指标的最大值和最小值的差值等分原则，确定各指标的水土流失危害等级，可将评价标准分为微度危害、轻度危害、中度危害、重度危害和极重度危害，具体见表 3.22。在实践中，可根据以上水土流失危害评价指标分级标准，评价线性工程项目对地表植被及土地资源危害程度、对水资源危害程度、对周边生态环境的影响程度、人为滑坡及泥石流危险性评价和对原水土保持设施破坏的危害程度，为线性工程项目水土流失危害定量评价、水土保持方案编制和生产建设项目监管提供技术支持。

表 3.22　线性工程项目水土流失危害评价指标分级标准

指标	微度危害	轻度危害	中度危害	重度危害	极重度危害	权重
C_1 植被覆盖度变化程度/%	43～65	22～43	0～22	-21～0	-43～-21	0.0372
C_2 有效土层减薄变化程度/%	18～31	6～18	-7～6	-20～-7	-33～-20	0.0372
C_3 土壤密实度变化程度/%	3～14	14～24	24～34	34～45	45～55	0.0249
C_4 土地退化程度%	0～13	13～26	26～40	40～53	53～66	0.0434
C_5 占用耕地程度%	15～30	30～45	45～60	60～76	76～91	0.0372
C_6 工程占地面积/hm^2	10～135	135～259	259～384	384～509	509～633	0.0310
C_7 土石方量/万 m^3	2～413	413～825	825～1237	1237～1649	1649～2060	0.0310
C_8 扰动土地整治率/%	99～100	98～99	97～98	96～97	95～96	0.0248
C_9 土壤渗透速率/(mm·min)	446～558	335～446	223～335	112～223	0～112	0.0615
C_{10} 对原水系破坏程度/%	27～38	38～50	50～62	62～74	74～86	0.0718
C_{11} 对小型蓄排水工程破坏程度/km	0～2	2～5	5～7	7～10	10～12	0.0411
C_{12} 对河流行洪防洪的影响程度/%	13～23	23～34	34～44	44～55	55～65	0.0513
C_{13} 对地下水资源影响程度/km	0～6	6～11	11～17	17～23	23～29	0.0410
C_{14} 对重要环境敏感区影响程度/km	0	0	0	0	0	0.1111
C_{15} 对水土流失重点防治区影响程度/km	60～75	45～60	30～45	15～30	0～15	0.0889
C_{16} 弃土弃渣量/万 m^3	0～178	178～357	357～535	535～714	714～892	0.0500
C_{17} 弃土弃渣诱发泥石流可能性/‰	1～4	4～7	7～10	10～13	13～16	0.0417
C_{18} 弃土弃渣诱发崩塌、滑坡可能性/(°)	5～6	6～7	7～8	8～9	9～10	0.0417
C_{19} 最大 12h 暴雨量/mm	96～138	138～180	180～223	223～265	265～307	0.0332
C_{20} 水土保持设施破坏程度/%	7～25	25～42	42～60	60～77	77～95	0.1000

3)水土流失危害评价案例分析

重庆巫溪至奉节高速公路推荐方案路线全长 47.846km,双向四车道高速公路,路基宽 24.5m。项目计划 2007 年初开工,2009 年底通车,建设工期 3 年。项目地处中低山区,属亚热带湿润季风气候区,多年平均降水量在 1000～1370mm;植被类型为亚热带常绿阔叶林,主要有马尾松、桦木、华山松、青冈、杉木等,工程区林草植被覆盖度约为 31.96%,水土流失以中度水力侵蚀为主。根据线性工程项目水土流失危害评价指标分级标准(表 3.22),对重庆巫溪至奉节高速公路水土流失危害评价指标值的分析见表 3.23。该项目造成的极重度水土流失危害主要表现在有效土层减薄变化程度、土壤渗透速率、对重要环境敏感区影响程度和对水土流失重点防治区影响程度;重度水土流失危害主要表现在对地下水资源影响程度和弃土弃渣量;中度危害表现在土地退化程度、占用耕地程度、工程占地面积、土石方量、对原水系破坏程度和水土保持设施破坏程度。该项目工程剥离大量表土,对有效土层薄化影响程度大,对地下水资源影响也较大;项目产生的弃渣占用和挖填土石方量大,土地退化较为严重,同时在建设过程中损坏了大量水土保持设施,造成较为严重的水土流失。

表 3.23　重庆巫溪至奉节高速公路水土流失危害评价指标值

指标	指标值	无量纲化值	权重	评分	危害等级
C_1 植被覆盖度变化程度/%	26.16	36.52	0.04	1.36	轻度危害
C_2 有效土层减薄变化程度/%	−25	87.27	0.04	3.25	极重度危害
C_3 土壤密实度变化程度/%	3.45	1.00	0.02	0.02	微度危害
C_4 土地退化程度/%	34.95	53.41	0.04	2.32	中度危害
C_5 占用耕地程度/%	54.07	52.10	0.04	1.94	中度危害
C_6 工程占地面积/hm^2	268.97	42.13	0.03	1.31	中度危害
C_7 土石方量/万 m^3	1005.57	49.28	0.03	1.53	中度危害
C_8 扰动土地整治率/%	98.35	33.67	0.02	0.84	轻度危害
C_9 土壤渗透速率/(mm·min)	45.19	91.98	0.06	5.66	极重度危害
C_{10} 对原水系破坏程度/%	50.13	40.28	0.07	2.89	中度危害
C_{11} 对小型蓄排水工程破坏程度/km	0	1.00	0.04	0.04	微度危害
C_{12} 对河流行洪防洪的影响程度/%	28.87	31.43	0.05	1.61	轻度危害
C_{13} 对地下水资源影响程度/km	22.936	80.37	0.04	3.30	重度危害
C_{14} 对重要环境敏感区影响程度/km	0	100.00	0.11	11.11	极重度危害
C_{15} 对水土流失重点防治区影响程度/km	0	100.00	0.09	8.89	极重度危害
C_{16} 弃土弃渣量/万 m^3	638.23	71.82	0.05	3.59	重度危害
C_{17} 弃土弃渣诱发泥石流可能性/‰	4.8	26.12	0.04	1.09	轻度危害
C_{18} 弃土弃渣诱发崩塌、滑坡可能性/(°)	5	1.00	0.04	0.04	微度危害
C_{19} 最大 12h 暴雨量/mm	130	16.96	0.03	0.56	微度危害
C_{20} 水土保持设施破坏程度/%	47.1	46.13	0.10	4.61	中度危害

通过对项目水土流失危害综合评价分析，本工程的水土流失危害综合评价值为55.96，造成的水土流失危害等级为中度危害，其综合评价模型与水土保持方案中水土流失危害对比分析见表 3.24。

表 3.24　综合评价模型与水土保持方案中水土流失危害对比分析

目标层	准则层	水土流失危害综合评价分析	水土保持方案中水土流失危害分析
生产建设项目水土流失危害（56.0）	对地表植被及土地资源危害（12.6）	该项目工程对有效土层减薄变化程度的危害表现为极重度危害，土地退化程度、占用耕地程度、工程占地面积和土石方量表现为中度危害，植被覆盖度变化程度和扰动土地整治率为轻度危害，土壤密实度变化程度为微度危害	导致项目区土层变薄，土地肥力降低，土壤贫瘠，植被恢复困难；降雨时表土随径流流入附近耕地，淤积压占作物，造成农作物减产；弃渣随径流进入林地或农田，造成其下游农田淤积，堵塞灌溉渠道和河道，减少作物产量，对农田水利设施及河道航运等造成严重危害
	对水资源危害（13.5）	项目实施过程中，项目区土壤渗透速率增大，其危害程度为极重度危害，对地下水资源危害程度为重度危害，对原水系破坏程度为中度危害，对河流行洪防洪的危害程度为轻度危害，对小型蓄排水工程的危害程度为微度危害	增加沿线河流的输沙率，导致下游河道、水利工程淤塞，降低河道防洪标准和水利工程的使用年限及效益，导致汛期不能滞留雨水，缩短河道汇流时间，加大径流速度，增高洪峰水位，输沙率增加，使河流下游洪灾风险增大

目标层	准则层	水土流失危害综合评价分析	水土保持方案中水土流失危害分析
生产建设项目水土流失危害 (56.0)	对周边环境可能造成的影响 (20.0)	对重要环境敏感区和对水土流失重点防治区影响程度均为极重度影响	
	人为滑坡、泥石流危险性评价 (5.3)	项目产生的弃土弃渣量表现为重度危害，弃土弃渣诱发泥石流可能性为轻度影响，最大 12h 暴雨量、弃土弃渣诱发崩塌和滑坡可能性为微度危害	铁路沿线有多处高陡土质边坡，如不进行有效防护，暴雨季节将会发生滑坡、坍塌，既妨碍铁路交通安全，又导致大量的水土流失
	对原水土保持设施破坏 (4.6)	对水土保持设施破坏程度为中度影响	淹没或淤毁铁路附近的良田和其他设施

2. 喀斯特区水土流失危害影响分析

1) 水土流失危害评价指标变化特征

据调查统计，道路建设项目表土剥离量最大为 156.9 万 m^3，平均为 9.4 万 m^3，变异系数为 315.2%，说明不同道路建设项目表土剥离量差异较大，如不及时对表土剥离堆放区采取临时或永久拦挡措施，将产生严重水土流失。如表 3.25 所示，占用耕地面积为 0～149.2hm²，变异系数为 156.5%；临时占地面积为 0.2～336.4hm²，变异系数为 285.1%，可见公路建设原土地大部分被永久占压，主要是路基、路堑、站场、立交、桥梁等占压；原地表水土保持功能尤其是水源涵养功能下降较大，天然降雨大部分不能就地入渗而直接汇流到排水设施，进入下游河道。公路建设项目主要工程量是土石方工程，因此土石方的开挖、填筑数量较大，据统计，单个项目土石方挖填量为 1.0 万～2183.1 万 m^3，这是引发、加剧水土流失，造成水土流失危害的主要原因。

表 3.25　道路建设项目水土流失危害指标变化范围及特征

指标	最大值	最小值	平均值	变异系数	样本数
C_1 表土保护率/%	—	—	—	—	—
C_2 占用耕地面积/hm²	149.2	0.0	35.8	156.5%	6
C_3 临时占地面积/hm²	336.4	0.2	21.0	285.1%	44
C_4 土石方挖填量/万 m^3	2 183.1	1.0	271.8	192.7%	43
C_5 新增土壤流失量/t	91 600.0	7.0	6 951.2	264.6%	41
C_6 土壤紧实度/(g/cm³)	1.9	1.2	1.6	97.1%	24
C_7 对原水系破坏程度/%	86.0	26.6	47.7	36.1%	41
C_8 对引排水工程破坏程度/km	12.2	0.0	1.5	205.8%	17
C_9 对河流行洪防洪影响程度	15.8	1.4	6.2	49.0%	41
C_{10} 对地下水资源影响程度/km	18.6	0.0	12.7	85.1%	41
C_{11} 破坏林草植被面积/hm²	25.5	21.4	23.5	59.4%	21
C_{12} 扰动地表面积/hm²	694.5	3.0	54.7	240.8%	39
C_{13} 植物措施完成率	—	—	—	—	—
C_{14} 工程措施完成率	—	—	—	—	—

续表

指标	最大值	最小值	平均值	变异系数	样本数
C_{15} 临时措施完成率	—	—	—	—	—
C_{16} 最大 12h 暴雨量/mm	—	—	—	—	—
C_{17} 工程堆积体体积/万 m³	1 301.4	0.1	130.2	246.4%	30
C_{18} 工程堆积体原地面坡度/(°)	25.0	0.0	17.5	101.1%	28
C_{19} 项目区地质地貌	—	—	—	—	—
C_{20} 对水土流失重点防治区影响程度/km	5.0	0.0	2.4	412.3%	18

通过典型项目不同扰动地貌单元野外试验，道路建设项目的非硬化区土壤紧实度为 1.2～1.9g/cm³，高于原地表土壤紧实度，这主要是由于填土区、边坡区土壤被压实，同时还有较多碎石；公路建设项目扰动地表后，对原水系破坏程度为 26.6%～86.0%，对引排水工程破坏程度为 0～12.2km；项目实施后，水土流失量为原地貌水土流失量的 15.8 倍，对项目区原河流河道的行洪、防洪能力造成巨大威胁。道路建设项目的扰动地表面积为 3.0～694.5hm²，破坏林草植被面积为 21.4～25.5hm²，严重降低了项目区原地表水土保持功能。大量弃土弃渣堆积形成的工程堆积体是造成人为水土流失的主要施工环节，调查统计发现，道路建设项目工程堆积体在 0.1 万～1301.4 万 m³，道路建设项目的特点是取土取料量大、弃渣量大、取弃土场多而分散，这些都是水土流失危害易发生的主要地貌单元。

2) 水土流失危害评价指标分级标准

通过对贵州生产建设项目水土流失程度最严重的公路、铁路道路建设项目(极严重程度类)，水利枢纽工程、水电站工程建设项目(严重程度类)，风电工程(一般程度类)共 141 个生产建设项目进行水土流失危害评价指标变化范围与特征分析，分别对喀斯特区(96 个生产建设项目)和非喀斯特区(45 个生产建设项目)的生产建设项目水土流失危害评价指标进行频率统计分析，根据正态分布指标四分位理论图(图 3.12)的异常值检测方法，以位于内限和外限之间的数据为中度异常值(mid outlier)，位于外限以外的数据为极端异常值

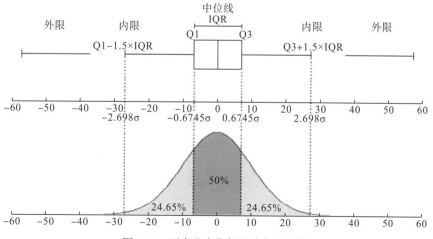

图 3.12　正态分布指标四分位理论图

(extreme outlier)，同时考虑到前期通过数据系列的最大值(maximum，最大值已大于内限值)反映指标数据范围导致分级下限较大，本章采用位于 90%分位数(表示样本中有 90%的数据小于此数值，10%大于此数据的个案项目)对水土流失危害指标进行分级。

据此，根据其各项指标的 90%分位数和最小值的差值等分确定每项指标的水土流失危害等级，将评价标准分为微度危害、轻度危害、中度危害、重度危害和极重度危害。喀斯特区和非喀斯特区生产建设项目水土流失危害评价指标的分级标准分别说明如下(表 3.26和表 3.27)。

表 3.26　喀斯特区生产建设项目水土流失危害评价指标分级标准

指标	微度危害	轻度危害	中度危害	重度危害	极重度危害
C_1 表土保护率/%	>85	65～85	45～65	25～45	<25
C_2 占用耕地面积/hm^2	<6	6～12	12～19	19～26	>26
C_3 临时占地面积/hm^2	<11	11～22	22～33	33～45	>45
C_4 土石方挖填量/万 m^3	<60	60～120	120～180	180～240	>240
C_5 新增土壤流失量/t	<540	540～1080	1080～1620	1620～2160	>2160
C_6 土壤紧实度/(g/cm^3)	1～1.2	1.2～1.4	1.4～1.6	1.6～1.8	>1.8
C_7 对原水系破坏程度/%	<20	20～40	40～60	60～80	>80
C_8 对引排水工程破坏程度/km	<2	2～4	4～6	6～8	>8
C_9 对河流行洪防洪影响程度	<2	2～4	4～6	6～8	>8
C_{10} 对地下水资源影响程度/km	<2	2～4	4～7	7～10	>10
C_{11} 破坏林草植被面积/hm^2	<18	18～36	36～54	54～72	>72
C_{12} 扰动地表面积/hm^2	<23	23～46	46～69	69～93	>93
C_{13} 植物措施完成率	12～15	9～12	6～9	3～6	0～3
C_{14} 工程措施完成率	16～20	12～16	8～12	4～8	0～4
C_{15} 临时措施完成率	8～10	6～8	4～6	2～4	0～2
C_{16} 最大 12h 暴雨量/mm	15～30	30～50	50～70	70～140	>140
C_{17} 工程堆积体体积/万 m^3	<50	50～100	100～500	500～1000	>1000
C_{18} 工程堆积体原地面坡度/(°)	<8	8～15	15～25	25～35	>35
C_{19} 项目区地质地貌	1	2	3	4	5
C_{20} 对水土流失重点防治区影响程度/km	5～10	2～5	1～2	0～1	<0

注：C_{20} 对水土流失重点防治区危害为0，表示生产建设项目涉及国家级水土流失重点防治区，若涉及国家级水土流失重点防治区，危害程度为极重度危害；若涉及省级水土流失重点防治区，危害程度为重度危害。

表 3.27　非喀斯特区生产建设项目水土流失危害评价指标分级标准

指标	微度危害	轻度危害	中度危害	重度危害	极重度危害
C_1 表土保护率/%	>85	65～85	45～65	25～45	<25

续表

指标	微度危害	轻度危害	中度危害	重度危害	极重度危害
C_2 占用耕地面积/hm^2	<3	3~6	6~10	10~14	>14
C_3 临时占地面积/hm^2	<10	10~20	20~31	31~42	>42
C_4 土石方挖填量/万 m^3	<95	95~190	190~285	285~380	>380
C_5 新增土壤流失量/t	<540	540~1080	1080~1620	1620~2160	>2160
C_6 土壤紧实度/(g/cm^3)	1~1.2	1.2~1.4	1.4~1.6	1.6~1.8	>1.8
C_7 对原水系破坏程度/%	<20	20~40	40~60	60~80	>80
C_8 对引排水工程破坏程度/km	<3	3~6	6~9	9~12	>12
C_9 对河流行洪防洪影响程度	<2	2~4	4~6	6~9	>9
C_{10} 对地下水资源影响程度/km	<2	2~4	4~7	7~10	>10
C_{11} 破坏林草植被面积/hm^2	<15	15~30	30~46	46~62	>62
C_{12} 扰动地表面积/hm^2	<17	17~34	34~51	51~69	>69
C_{13} 植物措施完成率	12~15	9~12	6~9	3~6	0~3
C_{14} 工程措施完成率	16~20	12~16	8~12	4~8	0~4
C_{15} 临时措施完成率	8~10	6~8	4~6	2~4	0~2
C_{16} 最大 12h 暴雨量/mm	15~30	30~50	50~70	70~140	>140
C_{17} 工程堆积体体积/万 m^3	<50	50~100	100~500	500~1000	>1000
C_{18} 工程堆积体原地面坡度/(°)	<8	8~15	15~25	25~35	>35
C_{19} 项目区地质地貌	1	2	3	4	5
C_{20} 对水土流失重点防治区影响程度/km	5~10	2~5	1~2	0~1	<0

注: C_{20} 对水土流失重点防治区危害为 0,表示生产建设项目涉及国家级水土流失重点防治区,若涉及国家级水土流失重点防治区,危害程度为极重度危害;若涉及省级水土流失重点防治区,危害程度为重度危害。

(1)C_1 表土保护率。在喀斯特区,基于西南岩溶区生产建设项目水土流失防治中表土保护率规定,危害分级可划分为微度危害 85%~100%,轻度危害 65%~85%,中度危害 45%~65%,重度危害 25%~45%,极重度危害<25%。在非喀斯特区,由于该指标为相对值,并考虑到上述标准对西南紫色土区和南方红壤区水土流失防治中表土保护率规定与西南岩溶区相近,所以其划分标准同上。

(2)C_2 占用耕地面积。在喀斯特区,根据 96 个生产建设项目占用耕地面积的统计分析及其 90%分位数值(26hm^2),危害分级可划分为微度危害<6hm^2,轻度危害 6~12hm^2,中度危害 12~19hm^2,重度危害 19~26hm^2,极重度危害>26hm^2。在非喀斯特区,根据 45 个生产建设项目占用耕地面积的统计分析及其 90%分位数值(14hm^2),危害分级可划分为微度危害<3hm^2,轻度危害 3~6hm^2,中度危害 6~10hm^2,重度危害 10~14hm^2,极重度危害>14hm^2。

(3)C_3 临时占地面积。在喀斯特区,根据临时占地面积的统计分析及其 90%分位数值(45hm^2),危害分级可划分为微度危害<11hm^2,轻度危害 11~22hm^2,中度危害 22~

$33hm^2$，重度危害 $33\sim45hm^2$，极重度危害$>45hm^2$。在非喀斯特区，根据临时占地面积统计分析及其 90%分位数值($42hm^2$)，危害分级可划分为微度危害$<10hm^2$，轻度危害 $10\sim20hm^2$，中度危害 $20\sim31hm^2$，重度危害 $31\sim42hm^2$，极重度危害$>42hm^2$。

(4)C_4 土石方挖填量。在喀斯特区，根据土石方挖填量统计分析及其 90%分位数值($240hm^2$)，危害分级可划分为微度危害<60 万 m^3，轻度危害 60 万~120 万 m^3，中度危害 120 万~180 万 m^3，重度危害 180 万~240 万 m^3，极重度危害>240 万 m^3。在非喀斯特区，根据土石方挖填量统计分析及其 90%分位数值($380hm^2$)，危害分级可划分为微度危害<95 万 m^3，轻度危害 95 万~190 万 m^3，中度危害 190 万~285 万 m^3，重度危害 285 万~380 万 m^3，极重度危害>380 万 m^3。

(5)C_5 新增土壤流失量。在喀斯特区，样本最大值 $91\,600.0t$，其 90%分位数为 $9552t$。考虑此值较大且为特殊个案，若按此标准划分则多数项目水土流失危害程度为轻度危害；根据生产建设项目水土保持监测三色评价赋分方法，最严重土壤流失总量为 $1500m^3$(流失土壤泥沙密度在 $1.6\sim2.0t/m^3$)，基于此，新增土壤流失量划分为微度危害$<540t$，轻度危害 $540\sim1080t$，中度危害 $1080\sim1620t$，重度危害 $1620\sim2160t$，极重度危害$>2160t$。在非喀斯特区，样本最大值为 $35059t$，其 90%分位数为 $7749t$，划分方法同上。

(6)C_6 土壤紧实度。在喀斯特区，根据其样本最大值($1.9g/cm^3$)与最小值($1.2g/cm^3$)，结合原地貌土壤容重多数在 $1.2g/cm^3$ 以下，危害分级划分为微度危害 $1\sim1.2g/cm^3$，轻度危害 $1.2\sim1.4g/cm^3$，中度危害 $1.4\sim1.6g/cm^3$，重度危害 $1.6\sim1.8g/cm^3$，极重度危害$>1.8g/cm^3$。在非喀斯特区，划分方法同上。

(7)C_7 对原水系破坏程度。在喀斯特区，根据对原水系破坏程度的统计分析及其 90%分位数值(100%)，危害分级划分为微度危害$<20%$，轻度危害 $20%\sim40%$，中度危害 $40%\sim60%$，重度危害 $60%\sim80%$，极重度危害$>80%$。在非喀斯特区，划分方法同上。

(8)C_8 对引排水工程破坏程度。在喀斯特区，根据对引排水工程破坏的统计分析及其 90%分位数值($8km$)，危害分级划分为微度危害$<2km$，轻度危害 $2\sim4km$，中度危害 $4\sim6km$，重度危害 $6\sim8km$，极重度危害$>8km$。在非喀斯特区，根据对引排水工程破坏的统计分析及其 90%分位数值($12km$)，危害分级划分为微度危害$<3km$，轻度危害 $3\sim6km$，中度危害 $6\sim9km$，重度危害 $9\sim12km$，极重度危害$>12km$。

(9)C_9 对河流行洪防洪影响程度。在喀斯特区，根据对河流行洪防洪影响程度的统计分析及其 90%分位数值(8)，危害分级划分为微度危害<2，轻度危害 $2\sim4$，中度危害 $4\sim6$，重度危害 $6\sim8$，极重度危害>8；在非喀斯特区，根据对河流行洪防洪危害程度的统计分析及其 90%分位数值(9)，危害分级划分为微度危害<2，轻度危害 $2\sim4$，中度危害 $4\sim6$，重度危害 $6\sim9$，极重度危害>9。

(10)C_{10} 对地下水资源影响程度。在喀斯特区，根据对地下水资源影响的统计分析及其 90%分位数值($10km$)，危害分级划分为微度危害$<2km$，轻度危害 $2\sim4km$，中度危害 $4\sim7km$，重度危害 $7\sim10km$，极重度危害$>10km$。在非喀斯特区，根据对地下水资源危害的统计分析及其 90%分位数值($10km$)，危害分级划分为微度危害$<2km$，轻度危害 $2\sim4km$，中度危害 $4\sim7km$，重度危害 $7\sim10km$，极重度危害$>10km$。

(11)C_{11} 破坏林草植被面积。在喀斯特区，根据破坏林草植被面积统计分析及其 90%

分位数值(72km)，危害分级划为微度危害<18hm^2，轻度危害 18~36hm^2，中度危害 36~54hm^2，重度危害 54~72hm^2，极重度危害>72hm^2。在非喀斯特区，根据破坏林草植被面积统计分析及其 90%分位数值(62km)，危害分级划分为微度危害<15hm^2，轻度危害 15~30hm^2，中度危害 30~46hm^2，重度危害 46~62hm^2，极重度危害>62hm^2。

(12)C_{12} 扰动地表面积。在喀斯特区，根据扰动地表面积的统计分析及其 90%分位数值(93km)，危害分级划分为微度危害<23hm^2，轻度危害 23~46hm^2，中度危害 46~69hm^2，重度危害 69~93hm^2，极重度危害>93hm^2。在非喀斯特区，根据扰动地表面积统计分析及其 90%分位数值(69km)，危害分级划分为微度危害<17hm^2，轻度危害 17~34hm^2，中度危害 34~51hm^2，重度危害 51~69hm^2，极重度危害>69hm^2。

(13)C_{13} 植物措施完成率。在喀斯特区，根据生产建设项目水土保持监测三色评价赋分方法，植物措施情况分值为 15，考虑到与生产建设项目水土保持监测工作实用性和相互适用原则，本指标最高为 15，最低为 0，植物措施实施情况可划分为微度危害 12~15，轻度危害 9~12，中度危害 6~9，重度危害 3~6，极重度危害 0~3。在非喀斯特区，划分方法同上。

(14)C_{14} 工程措施完成率。在喀斯特区，根据生产建设项目水土保持监测三色评价赋分方法，其工程措施情况分值为 20，考虑到与生产建设项目水土保持监测工作实用性和相互适用原则，本指标最高为 20，最低为 0，工程措施实施情况可划分为微度危害 16~20，轻度危害 12~16，中度危害 8~12，重度危害 4~8，极重度危害 0~4。在非喀斯特区，划分方法同上。

(15)C_{15} 临时措施完成率。在喀斯特区，根据生产建设项目水土保持监测三色评价赋分方法，其临时措施情况分值为 10，考虑到与生产建设项目水土保持监测工作实用性和相互适用原则，本指标最高为 10，最低为 0，临时措施实施情况可划分为微度危害 8~10，轻度危害 6~8，中度危害 4~6，重度危害 2~4，极重度危害 0~2。在非喀斯特区，划分方法同上。

(16)C_{16} 最大 12h 暴雨量。在喀斯特区，根据中国气象局降水强度等级划分标准，小雨、阵雨≤4.9mm，小雨—中雨 3.0~9.9mm，中雨 5.0~14.9mm，中雨—大雨 10.0~22.9mm，大雨 15.0~29.9mm，大雨—暴雨 23.0~49.9mm，暴雨 30.0~69.9mm，暴雨—大暴雨 50.0~104.9mm，大暴雨 70.0~139.9mm，大暴雨—特大暴雨 105.0~169.9mm，特大暴雨≥140.0mm。结合贵州喀斯特坡地相关研究结果，贵州喀斯特坡地侵蚀性降雨在 15mm 左右，具二元结构的坡地侵蚀性降雨 30~50mm，结合最大 12h 暴雨量频率分析，可确定贵州生产建设项目水土流失危害的最大 12h 暴雨量起点为 15mm，其危害等级依次为微度危害 15~30mm，轻度危害 30~50mm，中度危害 50~70mm，重度危害 70~140mm，极重度危害>140mm。在非喀斯特区，划分方法同上(表 3.27)。

(17)C_{17} 工程堆积体体积。在喀斯特区，根据水土保持工程设计规范中对弃渣场级别标准，危害分级划分为微度危害<50 万 m^3，轻度危害 50 万~100 万 m^3，中度危害 100 万~500 万 m^3，重度危害 500 万~1000 万 m^3，极重度危害>1000 万 m^3。在非喀斯特区，划分方法同上。

(18)C_{18} 工程堆积体原地面坡度。在喀斯特区，根据其样本最大值(25°)与最小值(0)，并结合地面坡度水力侵蚀危害程度等级划分标准，将工程堆积体原地面坡度划分为微度危害<8°，轻度危害 8°～15°，中度危害 15°～25°，重度危害 25°～35°，极重度危害>35°。在非喀斯特区，划分方法同上。

(19) C_{19} 项目区地质地貌。根据水土流失潜在影响与地质岩性关系，将第四纪红黏划分为微度危害，石英砂页组为轻度危害，变质岩组、煤系地层为中度危害，紫色砂页岩组、玄武岩组、砂页岩组为重度危害，碳酸盐组为极重度危害。由于该指标为定性指标，在综合评价时对以上分级分别赋值为微度危害 1，第四纪红黏；轻度危害 2，石英砂页组；中度危害 3，变质岩组、煤系地层；重度危害 4，紫色砂页岩组、玄武岩组、砂页岩组；极重度危害 5，碳酸盐组。

(20) C_{20} 对水土流失重点防治区影响程度。在喀斯特区，根据对水土流失重点防治区影响统计分析及其 90%分位数值(5km)，危害分级划分为微度危害 5～10km，轻度危害 2～5km，中度危害 1～2km，重度危害 0～1km，极重度危害<0km(生产建设项目涉及水土流失重点防治区)。在非喀斯特区，根据对水土流失重点防治区危害的统计分析及其 90%分位数值(5km)，危害分级划分为微度危害 5～10km，轻度危害 2～5km，中度危害 1～2km，重度危害 0～1km，极重度危害<0km(涉及水土流失重点防治区)。

通过贵州水土保持大数据平台指标数据提取、水土保持方案、监测、监理与验收报告等指标数据查询，及野外调查试验与文献分析等方法，获得生产建设项目水土流失危害评价指标值，并根据水土流失危害评价指标分级标准判定该项目分别对土地资源危害、对水资源危害、对水土保持功能和对生态环境危害程度，可为生产建设项目水土流失危害定量评价提供技术支持，支持项目用户向公众发布水土流失危害等级信息，提高政府部门对生产建设项目水土保持监管的有效性。

3) 水土流失危害评价案例分析

以新建铁路贵阳枢纽白云至龙里北联络线为例，项目建设由主体工程(路基、站场、桥涵、隧道)、施工便道、施工生产生活区、取土场、弃渣场 5 部分组成，占地面积 281.3hm²，白云至龙里北正线全长 53.5km，路基长度 14.66km。项目区属亚热带湿润季风气候，贵阳土壤类型以黄壤为主，黔南州地带性土壤与非地带性土壤相互交错分布，地带性土壤以黄壤分布面积最大且连片集中；植被类型为亚热带常绿阔叶林带，沿线林草覆盖率达 53.3%；项目区位于西南土石山区，水土流失类型以水力侵蚀为主，侵蚀强度主要为轻度，线路穿越了多个生态敏感区。基于新建铁路贵阳枢纽白云至龙里北联络线水土保持监测、监理及现场调查结果，根据无量纲化公式[式(3.15)和式(3.16)]、喀斯特区生产建设项目水土流失危害指标分级标准(表 3.26)、指标权重(表 3.17)及评价模型，可确定白云至龙里北联络线水土流失危害等级(表 3.28)。分析表明，此项目可能造成的极重度水土流失危害主要表现在占用耕地面积、临时占地面积、土石方挖填量、新增土壤流失量、对水土流失重点防治区影响程度、扰动地表面积、工程堆积体体积、项目区地质地貌、对河流行洪防洪影响程度，重度水土流失危害主要表现在破坏林草植被面积，中度水土流失危害主要表现在土壤紧实度、对原水系破坏程度、工程堆积体原地面坡度。

表 3.28　新建铁路贵阳枢纽白云至龙里北联络线水土流失危害等级

指标	指标值	无量纲化值	权重	评分	危害等级
C_1 表土保护率/%	92	8.9	0.0623	0.6	微度危害
C_2 占用耕地面积/hm²	69.6	100.0	0.0856	8.6	极重度危害
C_3 临时占地面积/hm²	124.1	100.0	0.0384	3.8	极重度危害
C_4 土石方挖填量/万 m³	1516.0	100.0	0.0692	6.9	极重度危害
C_5 新增土壤流失量/t	2700.0	100.0	0.0911	9.1	极重度危害
C_6 土壤紧实度/(g/cm³)	1.5	50.5	0.0394	2.0	中度危害
C_7 对原水系破坏程度/%	56.5	56.9	0.0536	3.1	中度危害
C_8 对引排水工程破坏程度/km	0	1.0	0.0285	0.0	微度危害
C_9 对河流行洪防洪影响程度	18.1	100.0	0.0288	2.9	极重度危害
C_{10} 对地下水资源影响程度/km	0	1.0	0.0234	0.0	微度危害
C_{11} 破坏林草植被面积/hm²	54.5	61.0	0.0844	5.1	重度危害
C_{12} 扰动地表面积/hm²	281.3	100.0	0.0658	6.6	极重度危害
C_{13} 植物措施完成率	15	1.0	0.0385	0.0	微度危害
C_{14} 工程措施完成率	20	1.0	0.0390	0.0	微度危害
C_{15} 临时措施完成率	10	1.0	0.0190	0.0	微度危害
C_{16} 最大 12h 暴雨量/mm	90	32.8	0.0592	1.9	重度危害
C_{17} 工程堆积体体积/万 m³	1301.5	65.4	0.0548	3.6	极重度危害
C_{18} 工程堆积体原地面坡度/(°)	15	34.0	0.0512	1.7	中度危害
C_{19} 项目区地质地貌	0	100.0	0.0390	3.9	极重度危害
C_{20} 对水土流失重点防治区影响程度/km	0	100.0	0.0290	2.9	极重度危害

新建白云至龙里北联络线的综合评价模型与水土保持方案中水土流失危害对比分析见表 3.29。该项目涉及国家级水土流失重点防治区，建设项目扰动地表后，土壤流失量大，可能会进一步淤积河流河道、破坏下游土地资源及周边生态环境，甚至可能威胁下游道路、村庄、桥梁等设施；项目工程堆积体若防护不到位，极可能造成极重度水土流失危害，是水土流失监测的重点地貌单元。通过对该项目各水土流失危害指标综合评价分析，白云至龙里北联络线的水土流失危害综合评价值为 62.9，属重度水土流失危害等级。

表 3.29　综合评价模型与水土保持方案中水土流失危害对比分析

目标层	准则层	水土流失危害综合评价分析	水土保持方案中水土流失危害分析
生产建设项目水土流失危害(62.9)	对土地资源危害(29.0)	该项目扰动地表后占用耕地面积、临时占地面积、土石方挖填量及新增土壤流失量大，是极重度危害	该项目主要是工程堆积体体积大，但工程堆积体实际分为 26 个弃渣场进行管理，方案报告中分析存在 3 个弃渣场经搬迁后，下方房屋后基本无危害、10 个弃渣场对主体工程或环境造成的危害程度较轻、13 个弃渣场对主体工程或环境无危害
	对水资源危害(8.0)	建设项目扰动后土壤紧实度、对原水系破坏程度为中度危害；对河流行洪防洪危害程度为极重度危害；对引排水工程破坏、对地下水资源危害为微度危害	

续表

目标层	准则层	水土流失危害综合评价分析	水土保持方案中水土流失危害分析
生产建设项目水土流失危害(62.9)	对水土保持功能危害(11.8)	扰动地表面积为极重度危害;破坏林草植被面积为重度危害;植物措施、工程措施、临时措施三大措施实施及时到位,运行良好,为微度危害	该项目主要是工程堆积体体积大,但工程堆积体实际分为 26 个弃渣场进行管理,方案报告中分析存在 3 个弃渣场经搬迁后,下方房屋后基本无危害、10 个弃渣场对主体工程或环境造成的危害程度较轻,13 个弃渣场对主体工程或环境无危害
	对生态环境危害(14.1)	工程堆积体体积、项目区地质地貌、对水土流失重点防治区危害均为极重度危害;工程堆积体原地面坡度为中度危害	

3.4.4　水利工程水土流失危害影响对比分析

1. 紫色丘陵区水土流失危害影响分析

1)水土流失危害评价指标变化特征

通过对紫色丘陵区水利工程项目的野外调查、定点试验、室内分析及水土保持方案查询等获得水利工程项目水土流失危害评价指标统计特征(表 3.30)。由表 3.30 可见,水利工程项目的土石方量 C_7 和对重要环境敏感区危害程度 C_{14} 变化特征明显。水利工程项目是土石方量非常大的生产建设项目类型,根据调查统计,土石方量 C_7 最大为 217.75 万 m^3,最小为 16.11 万 m^3,平均为 80.97 万 m^3。因此在施工时应合理安排施工时序,尽量提高开挖土石方量的利用率,以防发生严重水土流失,导致大量弃土弃渣直接进入河道,造成河床淤积、抬高,甚至阻塞河道,影响防洪安全。

表 3.30　水利工程项目水土流失危害评价指标统计特征

指标	最大值	最小值	平均值	中值	标准差	变异系数	偏度	峰值	样本数
C_1 植被覆盖度变化程度/%	170.00	−55.30	41.52	35.00	66.09	159.18	0.56	−0.25	17
C_2 有效土层减薄变化程度/%	53.33	−80.00	−15.50	−20.00	40.66	−262.24	0.31	0.04	9
C_3 土壤密实度变化程度/%	44.00	−9.10	20.73	25.95	20.49	98.81	−0.31	−1.35	7
C_4 土地退化程度%	50.34	10.92	27.71	26.88	12.85	46.37	0.21	−1.14	15
C_5 占用耕地程度%	87.91	8.61	46.33	45.91	25.07	54.11	0.05	−1.23	17
C_6 工程占地面积/hm^2	186.40	5.18	65.50	53.78	48.91	74.68	1.04	0.89	17
C_7 土石方量/万 m^3	217.75	16.11	80.97	35.61	75.39	93.11	0.98	−0.63	17
C_8 扰动土地整治率/%	99.96	90.00	96.41	96.00	2.42	2.51	−0.91	1.63	17
C_9 土壤渗透速率/(mm/min)	2.31	0.12	1.15	1.30	0.61	53.09	0.12	−0.33	15
C_{10} 对原水系破坏程度/%	74.32	3.10	35.30	35.60	18.07	51.21	0.22	0.10	17
C_{11} 对小型蓄排水工程破坏程度/km	0.35	0	0.02	0	0.09	400.00	4.00	16.00	16
C_{12} 对河流行洪防洪的影响程度/%	55.47	0.40	24.15	25.88	14.93	61.82	0.67	0.96	17
C_{13} 对地下水资源影响程度/km	7.50	0	0.83	0	2.01	242.04	2.79	7.93	17
C_{14} 对重要环境敏感区影响程度/km	100.00	0	5.96	0	24.24	406.92	4.12	17.00	17

续表

指标	最大值	最小值	平均值	中值	标准差	变异系数	偏度	峰值	样本数
C_{15} 对水土流失重点防治区影响程度/km	80.00	0	5.15	0	19.33	376	4.09	16.8	17
C_{16} 弃土弃渣量/万 m^3	79.82	0.00	20.44	13.00	21.69	106.13	1.67	2.54	17
C_{17} 弃土弃渣诱发泥石流可能性/‰	93.67	0.88	19.28	10.26	23.21	120.37	1.78	2.91	27
C_{18} 弃土弃渣诱发崩塌、滑坡可能性/(°)	40.00	0.00	14.97	15.00	9.18	61.33	0.89	2.53	17
C_{19} 最大 12h 暴雨量/mm	325.40	108.00	214.34	203.95	47.64	36.22	0.13	-1.52	14
C_{20} 水土保持设施破坏程度/%	84.86	11.83	45.20	45.59	24.01	53.12	0.24	-1.26	17

　　水利工程项目对重要环境敏感区的危害很大。对重要环境敏感区影响程度 C_{14} 的变异系数最大(406.92),最大值为 100.00km,最小值为 0(0 表示水利工程建设项目直接影响工矿采空区、居民区、水库和工厂等重要环境敏感区),平均值为 5.96km。由此可见,水利工程项目对重要环境敏感区影响较大。兴建水利工程会改变自然环境,对生态环境造成一定的有利影响和不利影响。因此,在水利工程的规划设计施工阶段,必须全面分析其对各种生态环境的影响程度,以便比选方案和提出防治措施。

　　2)水土流失危害评价指标分级标准

　　根据评价指标的最大值和最小值的差值等分原则,确定各指标的水土流失危害等级,可将评价标准分为微度危害、轻度危害、中度危害、重度危害和极重度危害,具体见表 3.31。对于紫色丘陵区水利工程项目(水库、河道、河堤),可根据水利工程项目水土流失危害评价指标分级标准,判定该项目对地表植被及土地资源危害程度、对水资源危害程度、对周边生态环境造成的影响以及人为滑坡、泥石流危险性和对原水土保持设施破坏的危害程度,为水利工程项目水土流失危害定量评价、水土保持方案编制和生产建设项目监管提供技术支持。

表 3.31　水利工程项目水土流失危害评价指标分级标准

指标	微度危害	轻度危害	中度危害	重度危害	极重度危害	权重
C_1 植被覆盖度变化程度/%	125～170	80～125	35～80	-10～35	-55～-10	0.0372
C_2 有效土层减薄变化程度/%	27～53	0～27	-27～0	-53～-27	-80～-53	0.0372
C_3 土壤密实度变化程度/%	-9～2	2～12	12～23	23～33	33～44	0.0249
C_4 土地退化程度%	11～19	19～27	27～35	35～42	42～50	0.0434
C_5 占用耕地程度%	9～24	24～40	40～56	56～72	72～88	0.0372
C_6 工程占地面积/hm^2	5～41	41～78	78～114	114～150	150～186	0.0310
C_7 土石方量/万 m^3	16～56	56～97	97～137	137～177	177～218	0.0310
C_8 扰动土地整治率/%	98～100	96～98	94～96	92～94	90～92	0.0248
C_9 土壤渗透速率/(mm/min)	1.87～2.31	1.43～1.87	1.00～1.43	0.56～1.00	0.12～0.56	0.0615
C_{10} 对原水系破坏程度/%	3～17	17～32	32～46	46～60	60～74	0.0718
C_{11} 对小型蓄排水工程破坏程度/km	0～0.07	0.07～0.14	0.14～0.21	0.21～0.28	0.28～0.35	0.0411

续表

指标	微度危害	轻度危害	中度危害	重度危害	极重度危害	权重
C_{12} 对河流行洪防洪的影响程度/%	0～11	11～22	22～33	33～44	44～55	0.0513
C_{13} 对地下水资源影响程度/km	0～1.5	1.5～3	3～4.5	4.5～6	6～7.5	0.0410
C_{14} 对重要环境敏感区影响程度/km	80～100	60～80	40～60	20～40	0～20	0.1111
C_{15} 对水土流失重点防治区影响程度/km	400～500	300～400	200～300	100～200	0～100	0.0889
C_{16} 弃土弃渣量/万 m^3	0～16	16～32	32～48	48～64	64～80	0.0500
C_{17} 弃土弃渣诱发泥石流可能性/‰	1～20	20～38	38～57	57～75	75～94	0.0417
C_{18} 弃土弃渣诱发崩塌、滑坡可能性/(°)	0～8	8～16	16～24	24～32	32～40	0.0417
C_{19} 最大 12h 暴雨量/mm	108～151	151～195	195～238	238～282	282～325	0.0332
C_{20} 水土保持设施破坏程度/%	12～26	26～41	41～56	56～70	70～85	0.1000

3) 水土流失危害评价案例分析

红星水利工程是以城市供水和农业灌溉为主,兼农村饮水综合利用的III等中型水利工程,工程占地面积为 142.98hm²,水库总库容为 1074 万 m^3,每年可提供灌区内农村饮水128.00 万 m^3。项目由坝枢工程、渠系工程、料场、渣场、道路工程、施工生产生活区及库区 7 部分组成,项目区属中亚热带湿润季风气候,多年平均年降水量为 1116.9mm,占地类型以耕地、林草地为主,土壤以水稻土、紫色土为主,植被类型以次生灌木和农作物为主。项目区属西南土石山区,土壤容许流失量为 500t/(km²·a),本工程建设区原地貌土壤侵蚀模数为 3122t/(km²·a),项目所在地涪陵区属国家级水土流失重点监督区(三峡库区监督区)和重点治理区(三峡库区治理区),也是重庆市水土流失重点治理区和重点监督区。根据水利工程项目水土流失危害评价指标分级标准(表 3.31)和红星水利工程水土流失危害评价指标值(表 3.32)分析可知,项目造成的极重度水土流失危害主要表现在植被覆盖度变化程度、土石方量、对小型蓄排水工程破坏程度、对重要环境敏感区影响程度、对水土流失重点防治区影响程度、弃土弃渣量、弃土弃渣诱发泥石流可能性;重度危害主要表现在对原水系破坏程度、对河流行洪防洪的影响程度、弃土弃渣诱发崩塌、滑坡可能性;中度危害主要表现在有效土层减薄变化程度、土地退化程度、占用耕地程度、土壤渗透速率、对地下水资源影响程度、最大 12h 暴雨量。

表 3.32 红星水利工程水土流失危害评价指标值

指标	指标值	无量纲化值	权重	评分	危害等级
C_1 植被覆盖度变化程度/%	-17.07	83.20	0.0372	3.10	极重度危害
C_2 有效土层减薄变化程度/%	-14.29	51.21	0.0372	1.90	中度危害
C_3 土壤密实度变化程度/%	43.2	98.51	0.0249	2.45	微度危害
C_4 土地退化程度/%	30.51	43.17	0.0434	1.87	中度危害
C_5 占用耕地程度/%	53.13	56.58	0.0372	2.10	中度危害
C_6 工程占地面积/hm²	142.98	76.28	0.0310	2.36	轻度危害
C_7 土石方量/万 m^3	35.61	10.57	0.0310	0.33	极重度危害

续表

指标	指标值	无量纲化值	权重	评分	危害等级
C_8 扰动土地整治率/%	98	20.48	0.0248	0.51	微度危害
C_9 土壤渗透速率/(mm/min)	1.22	53.44	0.0615	3.29	中度危害
C_{10} 对原水系破坏程度/%	18.03	21.75	0.0718	1.56	重度危害
C_{11} 对小型蓄排水工程破坏程度/km	0	1.00	0.0411	0.04	极重度危害
C_{12} 对河流行洪防洪的影响程度/%	13.26	24.12	0.0513	1.24	重度危害
C_{13} 对地下水资源影响程度/km	3.77	50.76	0.0410	2.08	中度危害
C_{14} 对重要环境敏感区影响程度/km	0	100.00	0.1111	11.11	极重度危害
C_{15} 对水土流失重点防治区影响程度/km	0	100.00	0.0889	8.89	极重度危害
C_{16} 弃土弃渣量/万 m^3	12.33	16.29	0.0500	0.81	极重度危害
C_{17} 弃土弃渣诱发泥石流可能性/‰	10.26	11.01	0.0417	0.46	极重度危害
C_{18} 弃土弃渣诱发崩塌、滑坡可能性/(°)	10	25.75	0.0417	1.07	重度危害
C_{19} 最大 12h 暴雨量/mm	223.9	53.78	0.0332	1.79	中度危害
C_{20} 水土保持设施破坏程度/%	68.61	77.97	0.1000	7.80	轻度危害

　　此项目对地表扰动和破坏程度大，使地表植被覆盖度降低且极难恢复，对周边生态环境造成的危害也大。项目土石方量大和弃土弃渣量大，若没有妥善处理将发生严重水土流失，还可诱发泥石流。通过对项目水土流失危害综合评价分析，此生产建设项目的水土流失危害综合评价值为 54.7，造成的水土流失危害等级为中度危害，其综合评价模型与水土保持方案中水土流失危害对比分析见表 3.33。

表 3.33　综合评价模型与水土保持方案中水土流失危害对比分析

目标层	准则层	水土保持方案中水土流失危害分析	水土流失危害综合评价分析
生产建设项目水土流失危害（54.7）	对地表植被及土地资源危害(14.6)	损坏原地表植被，工程施工造成耕地被占用，导致原有耕地的表层耕作土大量流失或被完全覆盖，致使其难以复耕	工程植被覆盖度变化程度、土石方量表现为极重度危害，有效土层减薄变化程度、土地退化程度和占用耕地程度表现为中度危害，工程占用地面积危害程度为轻度危害，土壤密实度变化程度为微度危害
	对水资源危害(8.2)	临坡堆放及沿河岸堆放的渣料，遇暴雨产生径流，松散渣料将直接流入溪河，从而增加河道输沙量，影响河道水质	项目工程实施对小型蓄排水工程危害为极重度危害，对原水系破坏程度、对河流行洪防洪的危害程度为重度危害，对地下水资源危害程度、土壤渗透速率的危害程度为中度危害
	对周边环境可能造成的影响(20.0)		项目对重要环境敏感区和对水土流失重点防治区危害程度均为极重度危害
	人为滑坡、泥石流危险性评价(4.1)		项目产生的弃土弃渣量、弃土弃渣诱发泥石流可能性表现为极重度危害，弃土弃渣诱发崩塌、滑坡可能性为重度危害，最大 12h 暴雨量为中度危害
	对原水土保持设施破坏(7.8)	在工程施工期间，损坏原地表植被，毁坏梯田梯土等水土保持设施，同时改变原有坡面水系，降低原地貌水土保持功能	对水土保持设施破坏程度为轻度危害

2. 喀斯特区水土流失危害影响分析

1) 水土流失危害评价指标变化特征

水利工程中包括江河水利枢纽工程、灌溉工程、堤防工程、供水工程、配套及加固工程等，有点状工程，也有线性工程，工程建设规模不同，其水土流失危害也不相同。从调查结果来看(表 3.34)，喀斯特区水利工程项目表土剥离面积较小，为 0.3 万～9.3 万 m^3，占用耕地面积为 0～40.0hm²，临时占地面积为 0～28.6hm²；水利工程的拦河筑坝等施工活动造成土石方工程量较大，调查表明土石方挖填量在 19 594.0 万 m^3 以下，土石方回填量少，一般为自采土石料，设有固定土料场、石料场、砂砾料场。

表 3.34　水利工程项目水土流失危害指标变化范围及特征

指标	最大值	最小值	平均值	变异系数	样本数
C_1 表土保护率/%	—	—	—	—	—
C_2 占用耕地面积/hm²	40.0	0	11.0	94.6	24
C_3 临时占地面积/hm²	28.6	0	6.5	98.5	33
C_4 土石方挖填量/万 m^3	1 9594.0	0	461.9	638.9	44
C_5 新增土壤流失量/t	3 050.1	18.4	769.8	91.3	34
C_6 土壤紧实度/(g/cm³)	1.7	1.1	1.4	78.5	12
C_7 对原水系破坏程度/%	100.0	0	61.5	57.1	43
C_8 对引排水工程破坏程度/km	1.4	0	0.8	400.0	17
C_9 对河流行洪防洪影响程度	81.2	1.5	8.6	336.6	30
C_{10} 对地下水资源影响程度/km	7.50	0	0.83	242.1	17
C_{11} 破坏林草植被面积/hm²	22.0	0.9	16.4	147.2	25
C_{12} 扰动地表面积/hm²	72.4	0.3	15.3	111.3	34
C_{13} 植物措施完成率	—	—	—	—	—
C_{14} 工程措施完成率	—	—	—	—	—
C_{15} 临时措施完成率	—	—	—	—	—
C_{16} 最大 12h 暴雨量/mm	—	—	—	—	—
C_{17} 工程堆积体体积/万 m^3	23.1	0	6.5	97.3	39
C_{18} 工程堆积体原地面坡度/(°)	25.0	0	12.3	102.5	21
C_{19} 项目区地质地貌	—	—	—	—	—
C_{20} 对水土流失重点防治区影响程度/km	5.0	0.0	2.2	79.5	12

通过典型项目不同扰动地貌单元野外试验，水利工程项目的非硬化区土壤紧实度为 1.1～1.7g/cm³，高于原地表土壤紧实度；水利工程项目扰动地表后，对原水系破坏程度可达到 100%，对引排水工程破坏程度在 1.4km 以下；项目实施后，水土流失量为原地貌水土流失量的 161.2 倍，对项目区河道的行洪、防洪能力造成巨大威胁。水利工程项目扰动地表面积为 0.3～72.4hm²，破坏林草植被面积 0.9～22.0hm²，工程堆积体体积一般在 23.1

万 m³ 以下，严重降低了项目区原地表水土保持功能。

2) 水土流失危害评价指标分级标准

参照喀斯特区水利工程分级标准。

3) 水土流失危害评价案例分析

以安龙县者山河水库工程为例，者山河水库工程由枢纽工程区、输水工程区、施工生产生活区、道路区、渣场区、专项设施复建区组成，占地总面积为 30.29hm²，其中工程永久占地面积为 24.88hm²，施工临时占地面积为 5.41hm²。工程所在流域属亚热带季风湿润区，年平均气温为 15.1℃，多年的平均降雨量为 1202mm，年均降雨日数 171 天，年均暴雨日数 3.2 天，实测最大一日降雨量为 155.7mm，10 年一遇和 20 年一遇一小时暴雨量分别为 72.4mm 和 83.2mm。根据现场踏勘情况及相关资料，项目区黄壤是分布最广的地带性土壤，林草覆盖率约为 45.6%，属省级水土流失重点治理区。基于者山河水库工程水土保持监测、监理及现场调查结果，根据无量纲化公式 [式(3.15) 和式(3.16)]、生产建设项目水土流失危害指标分级标准(表 3.26)、指标权重(表 3.19)及评价模型，确定工程项目的水土流失危害等级(表 3.35)。

表 3.35　安龙县者山河水库工程项目的水土流失危害等级

指标	指标值	无量纲化值	权重	评分	危害等级
C_1 表土保护率/%	85	15.9	0.0698	1.1	微度危害
C_2 占用耕地面积/hm²	7.5	23.5	0.0482	1.1	轻度危害
C_3 临时占地面积/hm²	5.4	10.4	0.0155	0.2	微度危害
C_4 土石方挖填量/万 m³	6.7	3.2	0.0329	0.1	微度危害
C_5 新增土壤流失量/t	472.5	18.3	0.0714	1.3	微度危害
C_6 土壤紧实度/(g/cm³)	1.5	50.5	0.0429	2.2	中度危害
C_7 对原水系破坏程度/%	46.9	47.4	0.0817	3.9	中度危害
C_8 对引排水工程破坏程度/km	0	1.0	0.0466	0.0	微度危害
C_9 对河流行洪防洪影响程度	7.6	76.2	0.0872	6.6	重度危害
C_{10} 对地下水资源影响程度/km	0	1.0	0.0426	0.0	微度危害
C_{11} 破坏林草植被面积/hm²	8.5	10.4	0.0749	0.8	微度危害
C_{12} 扰动地表面积/hm²	7.7	7.5	0.0397	0.3	微度危害
C_{13} 植物措施完成率	15	1.0	0.0326	0.0	微度危害
C_{14} 工程措施完成率	20	1.0	0.0489	0.0	微度危害
C_{15} 临时措施完成率	10	1.0	0.0175	0.0	微度危害
C_{16} 最大 12h 暴雨量/mm	90	32.8	0.0370	1.2	重度危害
C_{17} 工程堆积体体积/万 m³	2.9	1.1	0.0444	0.1	微度危害
C_{18} 工程堆积体原地面坡度/(°)	7.5	17.5	0.0430	0.8	微度危害
C_{19} 项目区地质地貌	5	100.0	0.0614	6.1	极重度危害
C_{20} 对水土流失重点防治区影响程度/km	0	100.0	0.0461	4.6	极重度危害

者山河水库工程对土地资源危害、水资源危害、水土保持功能危害、生态环境危害的具体情况见表 3.36。该项目涉及省级水土流失重点治理区，可能造成的极重度水土流失危害主要表现在项目区地质地貌、对水土流失重点防治区影响程度，重度水土流失危害主要表现在对河流行洪防洪影响程度，中度水土流失危害主要表现在土壤紧实度、对原水系破坏程度。建设项目扰动地表后，土壤流失量虽小，但可能会进一步淤积河流河道、破坏下游土地资源及周边生态环境。通过对该项目各水土流失危害指标综合评价分析，者山河水库工程项目水土流失危害综合评价值为 30.6，属轻度水土流失危害。

表 3.36 综合评价模型与水土保持方案中水土流失危害对比分析

目标层	准则层	水土流失危害综合评价分析	水土保持方案中水土流失危害分析
生产建设项目水土流失危害（30.6）	对土地资源危害（3.8）	建设项目扰动后占用耕地面积为轻度危害，临时占地面积、土石方挖填量、新增土壤流失量均为微度危害	项目建设过程中，对地表的扰动较大，给当地生态环境带来不利危害。施工过程中，若不及时对开挖的土石方进行处置，进入三峡库区可能堵塞后期放空底孔，降低水库使用年限；临时堆存的土石方，在外营力作用下发生加速侵蚀，产生的水土流失会淤积河道，危害下游耕地质量。输水系统沿线开挖的土石方如不采取拦挡等防护措施，在遇大暴雨的情况下易引发水土流失，可能毁坏工程区附近的基础设施和农田，危害当地农户生产生活
	对水资源危害（12.8）	土壤紧实度、对原水系破坏程度为中度危害；对河流行洪防护危害程度为重度危害；对引排水工程破坏、对地下水资源危害均为微度危害	
	对水土保持功能危害（1.2）	扰动地表面积、破坏林草植被面积为微度危害；植物措施、工程措施、临时措施三大措施实施及时到位，运行良好，为微度危害	
	对生态环境危害（12.8）	工程堆积体体积、工程堆积体原地面坡度为微度危害；项目区地质地貌、对水土流失重点防治区危害均为极重度危害	

3.4.5 城镇建设工程水土流失危害影响分析

1. 水土流失危害评价指标变化特征

通过对紫色丘陵区城镇建设工程进行野外调查、定点试验、室内分析及水土保持方案查询等获得城镇建设项目水土流失危害评价指标统计特征（表 3.37）。由表 3.37 可见，城镇建设项目的土石方量 C_7、对地下水资源影响程度 C_{13}、对水土流失重点防治区影响程度 C_{15}、弃土弃渣量 C_{16} 变化特征明显；城镇建设项目开挖土石方量也较大，在建设过程中会形成高陡开挖边坡和疏松的填方边坡；土石方量 C_7 离散程度最大（标准差 1293.56），最大值 5243.30 万 m^3，最小值 1.53 万 m^3，平均值为 479.55 万 m^3。因此针对此类项目，生产单位应在施工期间加强裸露边坡水土保持措施的布置，以免发生严重水土流失。

表 3.37 城镇建设项目水土流失危害评价指标统计特征

指标	最大值	最小值	平均值	中值	标准差	变异系数	偏度	峰值	样本数
C_1 植被覆盖度变化程度/%	34.03	-51.81	-12.77	-22.97	31.98	-250.45	0.29	-1.68	16
C_2 有效土层减薄变化程度/%	38.33	-100.00	-43.34	-33.01	47.36	-109.26	0.18	-0.87	16

指标	最大值	最小值	平均值	中值	标准差	变异系数	偏度	峰值	样本数
C_3 土壤密实度变化程度/%	59.63	-41.01	11.16	11.99	30.90	276.76	-0.14	-1.01	14
C_4 土地退化程度%	51.58	4.43	28.21	28.82	12.49	44.28	-0.28	-0.84	38
C_5 占用耕地程度%	100.00	6.56	52.93	56.77	28.12	53.12	-0.29	-0.70	16
C_6 工程占地面积/hm^2	171.11	1.29	41.96	12.51	58.28	138.92	1.46	0.62	16
C_7 土石方量/万 m^3	5243.30	1.53	479.55	35.67	1293.56	269.75	3.77	14.63	16
C_8 扰动土地整治率/%	100.00	95.00	98.16	98.50	1.93	1.97	-0.34	-1.74	16
C_9 土壤渗透速率/(mm/min)	26.03	0.28	4.46	3.57	5.21	116.95	3.44	14.17	23
C_{10} 对原水系破坏程度/%	100.00	0.63	62.01	64.18	27.94	45.06	-0.53	0.04	16
C_{11} 对小型蓄排水工程破坏程度/km	0	0	0	0	0	—	—	—	14
C_{12} 对河流行洪防洪的影响程度/%	100.00	0.63	62.07	64.18	28.02	45.14	-0.53	0.03	16
C_{13} 对地下水资源影响程度/km	0	0	0	0	0				16
C_{14} 对重要环境敏感区影响程度/km	38.00	0	3.39	0	10.05	296.82	3.22	10.55	16
C_{15} 对水土流失重点防治区影响程度/km	0	0	0	0	0	—			16
C_{16} 弃土弃渣量/万 m^3	0.52	0	0.03	0	0.13	385.44	3.99	15.95	16
C_{17} 弃土弃渣诱发泥石流可能性/‰	19.10	0	7.17	3.80	7.46	104.07	0.59	-1.51	9
C_{18} 弃土弃渣诱发崩塌、滑坡可能性/(°)	20.00	4.00	9.25	7.75	4.95	53.49	0.94	0.40	12
C_{19} 最大 12h 暴雨量/mm	426.00	96.00	208.96	212.85	80.46	38.50	1.15	2.50	16
C_{20} 水土保持设施破坏程度/%	100.00	10.19	52.32	49.07	28.88	55.20	0.28	-1.01	16

城镇建设项目造成的弃土弃渣量大,在雨季会产生严重水土流失。弃土弃渣量 C_{16} 变异系数最大(385.44),其指标最大值 0.52 万 m^3,最小值 0(0 表示城镇建设工程施工后的弃土弃渣较少或弃土弃渣已被工程充分利用),平均值为 0.03 万 m^3。城镇建设项目在项目完工后道路、排水系统及植被绿化等水土保持设施布设完善,无明显水土流失现象,水土流失主要发生在建设过程中。

2. 水土流失危害评价指标分级标准

根据评价指标的最大值和最小值的差值等分原则,确定各指标的水土流失危害等级,可将评价标准分为微度危害、轻度危害、中度危害、重度危害和极重度危害,具体见表 3.38。对于紫色丘陵区城镇建设项目(化工园区、房地产),可根据城镇建设项目水土流失危害评价指标分级标准,评价城镇建设项目对地表植被及土地资源危害程度、对水资源危害程度、对周边生态环境的影响以及人为滑坡、泥石流危险性评价和对原水土保持设施破坏的危害程度,为城镇建设项目水土流失危害定量评价、水土保持方案编制和生产建设项目监管提供理论和技术支持。

表 3.38　城镇建设项目水土流失危害评价指标分级标准

指标	微度危害	轻度危害	中度危害	重度危害	极重度危害	权重
C_1 植被覆盖度变化程度/%	17～34	0～17	-17～0	-35～-17	-52～-35	0.0372
C_2 有效土层减薄变化程度/%	11～38	-17～11	-45～-17	-72～-45	-100～-72	0.0372
C_3 土壤密实度变化程度/%	-41～-21	-21～-1	-1～19	19～40	40～60	0.0249
C_4 土地退化程度%	4～14	14～23	23～33	33～42	42～52	0.0434
C_5 占用耕地程度%	7～25	25～44	44～63	63～81	81～100	0.0372
C_6 工程占地面积/hm^2	1～35	35～69	69～103	103～137	137～171	0.0310
C_7 土石方量/万 m^3	2～1050	1050～2098	2098～3147	3147～4195	4195～5243	0.0310
C_8 扰动土地整治率/%	99～100	98～99	97～98	96～97	95～96	0.0248
C_9 土壤渗透速率/(mm/min)	21～26	16～21	11～16	5～11	0～5	0.0615
C_{10} 对原水系破坏程度/%	1～21	21～40	40～60	60～80	80～100	0.0718
C_{11} 对小型蓄排水工程破坏程度/km	0	0	0	0	0	0.0411
C_{12} 对河流行洪防洪的影响程度/%	1～21	21～40	40～60	60～80	80～100	0.0513
C_{13} 对地下水资源影响程度/km	0	0	0	0	0	0.0410
C_{14} 对重要环境敏感区影响程度/km	30～38	23～30	15～23	8～15	0～8	0.1111
C_{15} 对水土流失重点防治区影响程度/km	0	0	0	0	0	0.0889
C_{16} 弃土弃渣量/万 m^3	0～0.10	0.10～0.21	0.21～0.31	0.31～0.42	0.42～0.52	0.0500
C_{17} 弃土弃渣诱发泥石流可能性/‰	0～4	4～8	8～11	11～15	15～19	0.0417
C_{18} 弃土弃渣诱发崩塌、滑坡可能性/(°)	4～7	7～10	10～14	14～17	17～20	0.0417
C_{19} 最大 12h 暴雨量/mm	96～162	162～228	228～294	294～360	360～426	0.0332
C_{20} 水土保持设施破坏程度/%	10～28	28～46	46～64	64～82	82～100	0.1000

3. 水土流失危害评价案例分析

重庆云阳工业园 C 区规划面积 142.9hm^2，主要占地类型为林地、坡耕地、工业及居民地、土坎梯田、交通用地、水域、草地，土石方开挖量为 348.30 万 m^3（自然方），回填利用为 348.30 万 m^3（自然方），项目临时堆土主要来自剥离表土，共计 5.5 万 m^3。项目区为中低山沟谷地貌，地面相对高差 160m，坡度为 15%～25%，土壤类型主要有水稻土、紫色土、黄壤土、冲积土等，国家级水土流失重点治理区和重庆市水土流失重点治理区。根据水土流失危害评价指标分级标准表（表 3.38）和工业园 C 区水土流失危害评价指标值（表 3.39）分析可见，项目造成的极重度水土流失危害主要表现在植被覆盖度变化程度、工程占地面积、土壤渗透速率、对重要环境敏感区影响程度、对水土流失重点防治区影响程度和弃土弃渣诱发崩塌、滑坡可能性；重度水土流失危害主要表现在扰动土地整治率、对原水系破坏程度、对河流行洪和防洪的影响程度；中度危害表现在土壤密实度变化程度和土地退化程度。该项目工程剥离大量表土和破坏大量植被，工程占地面积大，同时对土壤渗透速率影响很大，对周边生态环境造成的影响也大；项目对扰动土地整治率的影响很大，大量耕地、林地、草地等被剥离、占压且硬化面积很大，不利于河流行洪和防洪，在一定暴雨条件下极易发生洪涝灾害。

表 3.39 工业园 C 区水土流失危害评价指标值

指标	指标值	无量纲化值	权重	评分	危害等级
C_1 植被覆盖度变化程度/%	-43.12	89.98	0.04	3.35	极重度危害
C_2 有效土层减薄变化程度/%	38.33	1.00	0.04	0.04	微度危害
C_3 土壤密实度变化程度/%	1.44	42.76	0.02	1.06	中度危害
C_4 土地退化程度/%	28.21	50.93	0.04	2.21	中度危害
C_5 占用耕地程度/%	10.07	4.72	0.04	0.18	微度危害
C_6 工程占地面积/hm²	142.49	83.32	0.03	2.58	极重度危害
C_7 土石方量/万 m³	696.60	14.13	0.03	0.44	微度危害
C_8 扰动土地整治率/%	96.00	80.20	0.02	1.99	重度危害
C_9 土壤渗透速率/(mm/min)	4.46	83.93	0.06	5.16	极重度危害
C_{10} 对原水系破坏程度/%	71.66	71.77	0.07	5.15	重度危害
C_{11} 对小型蓄排水工程破坏程度/km	0.00	100.00	0.04	4.11	微度危害
C_{12} 对河流行洪防洪的影响程度/%	71.66	71.77	0.05	3.68	重度危害
C_{13} 对地下水资源影响程度/km	0	1.00	0.04	0.04	微度危害
C_{14} 对重要环境敏感区影响程度/km	0	100.00	0.11	11.11	极重度危害
C_{15} 对水土流失重点防治区影响程度/km	0	100.00	0.09	8.89	极重度危害
C_{16} 弃土弃渣量/万 m³	0	1.00	0.05	0.05	微度危害
C_{17} 弃土弃渣诱发泥石流可能性/‰	0.85	5.41	0.04	0.23	微度危害
C_{18} 弃土弃渣诱发崩塌、滑坡可能性/(°)	20.00	100.00	0.04	4.17	极重度危害
C_{19} 最大 12h 暴雨量/mm	226.00	40.00	0.03	1.33	轻度危害
C_{20} 水土保持设施破坏程度/%	17.91	9.51	0.10	0.95	微度危害

通过项目水土流失危害综合评价分析，此项目的水土流失危害综合评价值为 54.7，造成的水土流失危害等级为中度危害，其综合评价模型与水土保持方案中水土流失危害对比分析见表 3.40。

表 3.40 综合评价模型与水土保持方案中水土流失危害对比分析

目标层	准则层	水土流失危害综合评价分析	水土保持方案中水土流失危害分析
生产建设项目水土流失危害(54.7)	对地表植被及土地资源危害(9.8)	该项目对植被覆盖度变化程度和工程占地面积为极重度危害；扰动土地整治率为重度危害；土壤密实度变化程度和土地退化程度为中度危害；有效土层减薄变化程度、占用耕地程度和土石方量表现为微度危害	导致项目区土层变薄，土地肥力降低，土壤贫瘠，植被恢复困难；表土随径流流入附近耕地，淤积压占作物，造成农作物减产；弃渣随径流进入林地或农田，造成其下游农田淤积，堵塞灌溉渠道和河道，减少作物产量，对农田水利设施及河道航运等造成严重危害
	对水资源危害(18.1)	项目实施后，项目区土壤渗透速率增大，其危害程度为极重度危害；对原水系破坏程度和对河流行洪、防洪的危害程度为重度危害；对地下水资源危害程度和对小型蓄排水工程危害程度为微度危害	增加沿线河流的输沙率，导致下游河道、水利工程淤塞，降低河道防洪标准和水利工程的使用年限及效益，导致汛期不能滞留雨水，缩短河道汇流时间，加大径流速度，增高洪峰水位，输沙率增加，使河流下游洪灾风险增大

目标层	准则层	水土流失危害综合评价分析	水土保持方案中水土流失危害分析
生产建设项目水土流失危害(54.7)	对周边环境可能造成的影响(20.0)	对重要环境敏感区和对水土流失重点防治区危害程度均为极重度危害	
	人为滑坡、泥石流危险性评价(5.8)	项目产生弃土弃渣诱发泥石流可能性、弃土弃渣量为微度危害,最大12h暴雨量表现为轻度危害,弃土弃渣诱发崩塌和滑坡可能性为极重度危害	铁路沿线有多处高陡土质边坡,如不进行有效防护,暴雨季节将会发生滑坡、坍塌,既妨碍铁路交通安全,又产生大量水土流失
	对原水土保持设施破坏(1.0)	对水土保持设施破坏程度为微度危害	淹没或淤毁铁路附近的良田和其他设施

3.4.6 煤矿工程水土流失危害影响分析

1. 水土流失危害评价指标变化特征

通过对紫色丘陵区煤矿工程进行野外调查、定点试验、室内分析及水土保持方案查询等获得煤矿工程项目水土流失危害评价指标统计特征(表 3.41)。由表 3.41 可见,煤矿工程项目的有效土层减薄变化程度 C_2、土石方量 C_7 和对小型蓄排水工程破坏程度 C_{11} 变化特征明显;煤矿工程对有效土层影响极大,有效土层减薄变化程度最大可达 56.67%,最小为-80.00%(负值表示煤矿工程施工后有效土层厚度小于施工前有效土层厚度),平均值为-4.76%,其对有效土层的破坏主要体现在开采前期的剥离表土、土石方开挖等施工活动对土地资源的直接毁坏。据调查统计,煤矿工程的土石方量 C_7 最大值可达 940.00 万 m^3,平均值为 100.00 万 m^3。此外,在生产中将产生大量煤矸石,煤矸石除少部分用于塌陷坑填埋和其他填料,其余均堆放于弃渣场,这不仅占用大量土地,还存在较大的人为滑坡、人为泥石流等生态环境安全问题和污染问题。

表 3.41　煤矿工程项目水土流失危害评价指标统计特征

指标	最大值	最小值	平均值	中值	标准差	变异系数	偏度	峰值	样本数
C_1 植被覆盖度变化程度/%	217.87	-37.21	23.13	1.00	72.57	313.80	2.53	7.17	10
C_2 有效土层减薄变化程度/%	56.67	-80.00	-4.76	0.00	46.16	-969.01	-0.49	-0.80	10
C_3 土壤密实度变化程度/%	74.76	1.14	35.54	32.78	22.43	63.11	0.17	-0.30	10
C_4 土地退化程度%	18.07	5.79	10.52	9.97	4.55	43.29	0.85	0.43	6
C_5 占用耕地程度%	89.58	0	23.64	15.16	27.03	114.32	1.78	3.75	10
C_6 工程占地面积/hm^2	164.20	0.63	25.37	5.52	50.44	198.82	2.83	8.24	10
C_7 土石方量/万 m^3	940.00	1.00	100.00	3.62	295.30	295.30	3.16	9.97	10
C_8 扰动土地整治率/%	100	92.30	97.19	97.50	2.24	2.30	-1.16	1.57	10
C_9 土壤渗透速率/(mm/min)	10.19	0.88	5.12	4.70	3.88	75.82	0.61	1.04	4
C_{10} 对原水系破坏程度/%	95.92	14.00	61.35	59.82	27.01	44.03	-0.27	-0.83	10

续表

指标	最大值	最小值	平均值	中值	标准差	变异系数	偏度	峰值	样本数
C_{11} 对小型蓄排水工程破坏程度/km	0	0	0	0	0				9
C_{12} 对河流行洪防洪的影响程度/%	89.80	14.00	42.81	38.06	20.95	48.94	1.19	2.14	10
C_{13} 对地下水资源影响程度/km	0.61	0.09	0.33	0.32	0.20	59.83	0.23	-1.49	10
C_{14} 对重要环境敏感区影响程度/km	200.00	0	43.85	0.25	72.83	166.09	1.47	0.96	10
C_{15} 对水土流失重点防治区影响程度/km	250.00	0	26.00	0	78.77	302.95	3.15	9.96	10
C_{16} 弃土弃渣量/万 m³	29.90	0.22	6.95	1.22	11.21	161.30	1.71	1.40	10
C_{17} 弃土弃渣诱发泥石流可能性/‰	17.90	0.51	3.79	2.37	5.13	135.45	2.79	8.27	10
C_{18} 弃土弃渣诱发崩塌、滑坡可能性/(°)	25.00	4.00	11.85	9.00	7.11	60.04	0.74	-0.69	10
C_{19} 最大 12h 暴雨量/mm	266.60	101.20	186.12	207.00	54.36	29.21	-0.29	-0.87	9
C_{20} 水土保持设施破坏程度/%	100	2.30	54.76	55.53	42.41	77.44	-0.06	-2.17	10

2. 水土流失危害评价指标分级标准

根据评价指标的最大值和最小值的差值等分原则，确定各指标的水土流失危害等级，可将评价标准分为微度危害、轻度危害、中度危害、重度危害和极重度危害，具体见表 3.42。对于紫色丘陵区煤矿工程项目，可根据煤矿工程项目水土流失危害评价指标分级标准，评价煤矿工程项目对地表植被及土地资源危害程度、对水资源危害程度、对周边生态环境造成的影响及人为滑坡、泥石流危险性评价和对原水土保持设施破坏的危害程度，为煤矿工程项目水土流失危害定量评价、水保方案比选提供技术依据，也为后期煤矿工程区生态环境恢复提供技术支持。

表 3.42　煤矿项目水土流失危害评价指标分级标准

指标	微度危害	轻度危害	中度危害	重度危害	极重度危害	权重
C_1 植被覆盖度变化程度/%	167～218	116～167	65～116	14～65	-37～14	0.0372
C_2 有效土层减薄变化程度/%	29～57	2～29	-25～2	-53～-25	-80～-53	0.0372
C_3 土壤密实度变化程度/%	1～16	16～31	31～45	45～60	60～75	0.0249
C_4 土地退化程度%	6～8	8～11	11～13	13～16	16～18	0.0434
C_5 占用耕地程度%	0～18	18～36	36～54	54～72	72～90	0.0372
C_6 工程占地面积/hm²	1～33	33～66	66～99	99～131	131～164	0.0310
C_7 土石方量/万 m³	1～189	189～377	377～564	564～752	752～940	0.0310
C_8 扰动土地整治率/%	98～100	97～98	95～97	94～95	92～94	0.0248
C_9 土壤渗透速率/(mm/min)	8～10	6～8	5～6	3～5	1～3	0.0615
C_{10} 对原水系破坏程度/%	14～30	30～47	47～63	63～80	80～96	0.0718
C_{11} 对小型蓄排水工程破坏程度/km	0	0	0	0	0	0.0411
C_{12} 对河流行洪防洪的影响程度/%	14～29	29～44	44～59	59～75	75～90	0.0513
C_{13} 对地下水资源影响程度/km	0.1～0.2	0.2～0.3	0.3～0.4	0.4～0.5	0.5～0.6	0.0410

指标	微度危害	轻度危害	中度危害	重度危害	极重度危害	权重
C_{14} 对重要环境敏感区影响程度/km	160～200	120～1160	80～120	40～80	0～40	0.1111
C_{15} 对水土流失重点防治区影响程度/km	200～250	150～200	100～150	50～100	0～50	0.0889
C_{16} 弃土弃渣量/万 m³	0～6	6～12	12～18	18～24	24～30	0.0500
C_{17} 弃土弃渣诱发泥石流可能性/‰	1～4	4～7	7～11	11～14	14～18	0.0417
C_{18} 弃土弃渣诱发崩塌、滑坡可能性/(°)	4～8	8～12	12～17	17～21	21～25	0.0417
C_{19} 最大 12h 暴雨量/mm	101～134	134～167	167～200	200～234	234～267	0.0332
C_{20} 水土保持设施破坏程度/%	2～22	22～41	41～61	61～80	80～100	0.1000

3. 水土流失危害评价案例分析

重庆南川大隆煤矿工程占地 7.82hm²，土石方开挖量共计 4.31 万 m³，井田地形属构造剥溶蚀形成的中低山斜坡地貌，西部水江平坝标高为+550m，井田中部标高为+1493m，相对高差为943m。沟河纵坡度平均为 7‰；矿区占地类型主要为林地、农田地和荒坡地，土壤多为山地黄土壤，经济作物主要为油菜、黄烟等，项目区无国家名贵树种、珍稀树种。根据煤矿工程项目水土流失危害评价指标分级标准(表 3.42)和大隆煤矿工程水土流失危害评价指标值(表 3.43)分析可见，该项目造成的极重度水土流失危害主要表现在植被覆盖度变化程度、对重要环境敏感区影响程度、对水土流失重点防治区影响程度，重度水土流失危害主要表现在土壤密实度变化程度、扰动土地整治率、对地下水资源影响程度，中度危害主要表现为土壤渗透速率，总体上水土流失危害影响较轻。该工程对项目区植被覆盖度影响极大，主要体现在煤矿的采、运、堆及施工废弃物的运输和堆放使植被遭到严重破坏，施工活动、施工机械的碾压和人员往来等破坏临时施工场地植被；项目也会直接造成较大采空区，其对水土流失危害主要是由地基荷载不平衡而导致地面塌陷，属特殊工程侵蚀类型。

表 3.43 大隆煤矿工程水土流失危害评价指标值

指标	指标值	无量纲化值	权重	评分	危害等级
C_1 植被覆盖度变化程度/%	-37.21	100.00	0.0372	3.72	极重度危害
C_2 有效土层减薄变化程度/%	20.00	27.56	0.0372	1.03	轻度危害
C_3 土壤密实度变化程度/%	58.62	78.30	0.0249	1.95	重度危害
C_4 土地退化程度/%	10.52	39.13	0.0434	1.70	轻度危害
C_5 占用耕地程度/%	0	1.00	0.0372	0.04	微度危害
C_6 工程占地面积/hm²	7.82	5.35	0.0310	0.17	微度危害
C_7 土石方量/万 m³	4.31	1.35	0.0310	0.04	微度危害
C_8 扰动土地整治率/%	95.00	65.29	0.0248	1.62	重度危害
C_9 土壤渗透速率/(mm/min)	5.12	54.91	0.0615	3.38	中度危害
C_{10} 对原水系破坏程度/%	35.17	26.58	0.0718	1.91	轻度危害
C_{11} 对小型蓄排水工程破坏程度/km	0	100.00	0.0411	4.11	微度危害

续表

指标	指标值	无量纲化值	权重	评分	危害等级
C_{12} 对河流行洪防洪的影响程度/%	29.41	21.13	0.0513	1.08	轻度危害
C_{13} 对地下水资源影响程度/km	0.45	69.54	0.0410	2.85	重度危害
C_{14} 对重要环境敏感区影响程度/km	0	100.00	0.1111	11.11	极重度危害
C_{15} 对水土流失重点防治区影响程度/km	0	100.00	0.0889	8.89	极重度危害
C_{16} 弃土弃渣量/万 m^3	4.26	14.48	0.0500	0.72	微度危害
C_{17} 弃土弃渣诱发泥石流可能性/‰	1.36	5.84	0.0417	0.24	微度危害
C_{18} 弃土弃渣诱发崩塌、滑坡可能性/(°)	4.00	1.00	0.0417	0.04	微度危害
C_{19} 最大 12h 暴雨量/mm	266.60	100.00	0.0332	3.32	极重度危害
C_{20} 水土保持设施破坏程度/%	2.30	1.00	0.1000	0.10	微度危害

通过项目水土流失危害综合评价分析，此项目的水土流失危害综合评价值为48.0，造成的水土流失危害等级为中度危害，其综合评价模型与水土保持方案中水土流失危害对比分析见表3.44。

表 3.44　综合评价模型与水土保持方案中水土流失危害对比分析

目标层	准则层	水土流失危害综合评价分析	水土保持方案中水土流失危害分析
生产建设项目水土流失危害(48.0)	对地表植被及土地资源危害(10.3)	该项目工程对植被覆盖度变化的危害程度为极重度危害，土壤密实度变化程度、扰动土地整治率危害程度为重度危害，有效土层减薄变化程度、土地退化程度为轻度危害，占用耕地程度、工程占地面积、土石方量造成的危害程度为微度危害	煤矿建设扰动地表，破坏植被，由此诱发的水土流失，尤其是滑坡、泥石流，对煤矿运营安全会造成很大危害
	对水资源危害(13.3)	该项目对地下水资源危害程度为重度危害，对土壤渗透速率为中度危害，对原水系破坏程度和对河流行洪、防洪的危害程度为轻度危害，对小型蓄排水工程破坏程度为微度危害	
	对周边环境可能造成的影响(20.0)	项目对重要环境敏感区和对水土流失重点防治区危害程度均为极重度危害	煤矿建设可能产生的新增水土流失得不到有效防治，必将使建设区现有水土流失加剧，危及周边农田和下游河流，不仅给建设区居民生产生活带来危害，也会直接危害整个地区的开发与发展
	人为滑坡、泥石流危险性评价(4.3)	项目区暴雨是诱发人为滑坡、泥石流的外力因素，项目造成的弃土弃渣量少，其水土流失危害弱，表现为微度危害	项目工程经过的部分地段有滑坡，潜在水土流失较为严重
	对原水土保持设施破坏(0.1)	对水土保持设施破坏属于微度危害	

3.4.7　风电工程水土流失危害影响分析

1. 水土流失危害评价指标变化特征

风电工程的水土流失主要发生在施工期，主要在风电发电机周边和道路及其边坡扰动地貌单元。在工程建设中，对道路工程和风电机组区场地进行平整、开挖、填筑等施工活动，造成项目区表土剥离量较大，最高可达 48.0 万 m³，占用耕地面积、临时占地面积最大值分别达 19.5hm²、155.5hm²，土石方挖填量可达 722.8 万 m³（表 3.45）；降低原土壤抗侵蚀能力，在不利气候条件（如降雨、大风等）下，将造成严重水土流失。由于风电机组布设区一般在山高坡陡且海拔相对较高位置，场内道路修建、吊装平台平整等施工环节如果防护不到位，在重力作用下土石物质极易沿山坡滚落下滑，对工程建设区以外的植被造成破坏，且松散工程堆积体坡面容易产生人为滑坡等重力侵蚀。

表 3.45   风电工程项目水土流失危害指标变化范围及特征

指标	最大值	最小值	平均值	变异系数	样本数
C_1 表土保护率/%	—	—	—	—	—
C_2 占用耕地面积/hm²	19.5	0.1	6.0	104.9	22
C_3 临时占地面积/hm²	155.5	0.1	29.1	102.5	41
C_4 土石方挖填量/万 m³	722.8	0.0	110.7	126.7	44
C_5 新增土壤流失量/t	35 058.5	5.5	4 390.2	155.1	32
C_6 土壤紧实度/(g/cm³)	1.6	1.2	1.4	68.5	18
C_7 对原水系破坏程度/%	99.0	6.94	43.14	52.2	15
C_8 对引排水工程破坏程度/km	5.6	0	3.4	86.2	13
C_9 对河流行洪防洪影响程度	13.7	1.0	3.6	69.3	29
C_{10} 对地下水资源影响程度/km	7.28	0	0.82	264.3	14
C_{11} 破坏林草植被面积/hm²	234.3	0.1	50.8	100.1	27
C_{12} 扰动地表面积/hm²	243.9	0.2	51.3	99.9	29
C_{13} 植物措施完成率	—	—	—	—	—
C_{14} 工程措施完成率	—	—	—	—	—
C_{15} 临时措施完成率	—	—	—	—	—
C_{16} 最大 12h 暴雨量/mm	—	—	—	—	—
C_{17} 工程堆积体体积/万 m³	83.4	0	11.5	145.6	38
C_{18} 工程堆积体原地面坡度/(°)	25.0	0	15.0	85.6	16
C_{19} 项目区地质地貌	—	—	—	—	—
C_{20} 对水土流失重点防治区影响程度/km	10.0	0	0.7	387.3	15

通过典型项目不同地貌单元野外试验，风电工程的施工生产区由于机械碾压，非硬化区土壤紧实度为 1.2～1.6g/cm³，高于原地表土壤紧实度。风电工程项目对原水系破坏程度可达到 99.0%，对引排水工程破坏程度在 5.6km 以下；项目实施后，水土流失量为原地貌水土流失量的 13.7 倍，对项目区原河流河道的行洪、防洪能力造成较大威胁。风电工程项目为典型点线结合的生产建设项目类型，对地表扰动面积在 0.2～243.9hm²，破坏林草植被面积 0.1～234.3hm²，主要由于风电机组和箱式变电站等点状工程基本沿山脊或山顶布置，对林草植被破坏面积较大，严重降低了项目区原地表水土保持功能。

2. 水土流失危害评价指标分级标准

参照喀斯特区风电工程危害分级标准。

3. 水土流失危害评价案例分析

以桐梓县花坝风电场项目为例，此风电场安装 20 台单机容量为 2300kW 的风电发电机组和 1 台单机容量为 2000kW 的风电发电机组，装机容量为 48MW。项目区属亚热带湿润季风气候，多年平均年降水量 1038.8mm，土壤类型为黄壤，植被为亚热带常绿阔叶林，林草覆盖率约为 54.95%(桐梓县)。项目区水土流失类型主要是水力侵蚀，土壤侵蚀模数背景值为 1384.51t/(km²·a)，属轻度流失区。项目所在地属乌江赤水河上中游国家级水土流失重点治理区，也是贵州省人民政府公告的水土流失重点治理区。基于桐梓县花坝风电场项目水土保持监测、监理及现场调查结果，根据无量纲化公式[式(3.15)和式(3.16)]、喀斯特区生产建设项目水土流失危害指标分级标准(表 3.26)、指标权重(表 3.20)及评价模型，确定工程项目的水土流失危害等级(表 3.46)。由表 3.46 可知，该项目可能造成的极重度水土流失危害主要表现在项目区地质地貌、对水土流失重点防治区影响程度；中度水土流失危害主要表现在土壤紧实度变化、破坏林草植被面积、扰动地表面积。

表 3.46　桐梓县花坝风电场项目的水土流失危害等级

指标	指标值	无量纲化值	权重	评分	危害等级
C_1 表土保护率/%	80	20.8	0.0725	1.5	轻度危害
C_2 占用耕地面积/hm²	0	1.0	0.0451	0.0	微度危害
C_3 临时占地面积/hm²	20.2	36.1	0.0148	0.6	轻度危害
C_4 土石方挖填量/万 m³	73.2	25.2	0.0725	0.8	轻度危害
C_5 新增土壤流失量/t	0.2	1.0	0.1065	0.1	微度危害
C_6 土壤紧实度/(g/cm³)	1.5	50.5	0.0107	2.2	中度危害
C_7 对原水系破坏程度/%	39.2	39.8	0.0318	3.3	轻度危害
C_8 对引排水工程破坏程度/km	0	1.0	0.0409	0.0	微度危害
C_9 对河流行洪防洪影响程度	1.5	15.9	0.0435	1.4	微度危害
C_{10} 对地下水资源影响程度/km	0	1.0	0.0376	0.0	微度危害
C_{11} 破坏林草植被面积/hm²	36.2	40.8	0.0595	3.1	中度危害
C_{12} 扰动地表面积/hm²	46.4	40.3	0.0462	1.6	中度危害
C_{13} 植物措施完成率	15	1.0	0.0642	0.0	微度危害
C_{14} 工程措施完成率	20	1.0	0.0491	0.0	微度危害
C_{15} 临时措施完成率	10	1.0	0.0124	0.0	微度危害
C_{16} 最大 12h 暴雨量/mm	90	32.8	0.0395	1.2	重度危害
C_{17} 工程堆积体体积/万 m³	0	1.0	0.0764	0.0	微度危害
C_{18} 工程堆积体原地面坡度/(°)	0	1.0	0.0349	0.0	微度危害
C_{19} 项目区地质地貌	5	100.0	0.0495	6.1	极重度危害
C_{20} 对水土流失重点防治区影响程度/km	0	100.0	0.0938	4.6	极重度危害

　　花坝风电场工程的综合评价模型与水土保持方案中水土流失危害对比分析见表 3.47。该项目主要涉及国家级水土流失重点防治区，项目扰动地表后，土壤流失量虽小，但可能会淤积河流河道、破坏下游土地资源及周边生态环境。通过对该项目各水土流失危害指标综合评价可知，风电场项目水土流失危害综合评价值为 26.8，属轻度水土流失危害。

表 3.47　综合评价模型与水土保持方案中水土流失危害对比分析

目标层	准则层	水土流失危害综合评价分析	水土保持方案中水土流失危害分析
生产建设项目水土流失危害（26.8）	对土地资源危害（3.0）	建设项目扰动后占用耕地面积、新增土壤流失量为微度危害；临时占地面积、土石方挖填量为轻度危害	此项目的建设将不可避免地对原有植被进行破坏，若前期施工未对表土及上覆植被进行剥离留存及养护，后期迹地植被将难以恢复。若后期不对建设区空闲区域进行植被恢复，会形成大面积的裸露地表，降雨冲刷会造成大量水土流失，不利于项目的安全运行，且危害项目区的生态环境 项目将对地表进行开挖、填筑等活动，若不对开挖、填筑料等其他物料进行防护并集中堆放，任由渣料压埋植被、地表裸露，将产生严重土壤侵蚀，不利于风机和道路基础的稳定，并破坏项目区景观的协调 对项目形成的开挖回填边坡若不布置完善的拦挡护坡工程，降雨冲刷坡面容易造成水土流失，危害项目的运行安全并危害周边环境
	对水资源危害（6.9）	土壤紧实度为中度危害；对原水系破坏程度为轻度危害；对河流行洪防护危害程度、对引排水工程破坏程度、对地下水资源危害程度均为微度危害	
	对水土保持功能危害（4.8）	扰动地表面积、破坏林草植被面积为中度危害；植物措施、工程措施、临时措施三大措施实施及时到位，运行良好，为微度危害	
	对生态环境危害（12.1）	工程堆积体体积、工程堆积体原地面坡度为微度危害；项目区地质地貌、对水土流失重点防治区危害均为极重度危害	

3.5　小结与工程建议

3.5.1　小结

　　(1) 紫色土和黄壤项目区的各种人为扰动地貌土壤容重、孔隙度等均与原地貌差异明显。对黄壤项目区而言，各种扰动地貌单元土壤容重为施工便道＞边坡绿化带＞1 年工程堆积体＞2 年工程堆积体＞3 年工程堆积体，扰动地貌的土壤总孔隙度、土壤田间持水量和饱和含水量均表现为 3 年工程堆积体＞2 年工程堆积体＞1 年工程堆积体＞边坡绿化带＞施工便道，工程堆积体物理性质随堆积年限增加可得到有效改良，接近于坡耕地或荒草地。

　　(2) 紫色土和黄壤项目区的各种人为扰动地貌土壤渗透能力差异明显且影响因素复杂。两种项目区的各种人为扰动地貌单元土壤稳定入渗率分别为 0.51～15.00mm/min 和 0.45～2.89mm/min；工程堆积体初始入渗率、稳定入渗率、平均入渗率和渗透总量与容重和含水率均呈负相关关系，与孔隙度呈正相关关系；工程堆积体稳定入渗率与 60～40mm 碎石含量呈负相关关系，与 40～20mm、20～10mm、10～5mm 碎石含量呈极显著负相关关系。

　　(3) 项目区人为扰动地貌单元的持水性能与原地貌差异明显。对黄壤项目区而言，各扰动地貌单元土壤总库容依次为 3 年工程堆积体＞2 年工程堆积体＞1 年工程堆积体＞边坡绿化带＞施工便道，兴利库容也表现出相同趋势。当项目区天然林地转化为施工便道时对降雨和城市洪水动态调节功能影响最大，而荒草地转化为施工便道时对土壤持水能力及调蓄地表径流能力危害最大。当项目区荒草地转化为施工便道时对土壤持水性能影响最大，这主要由于施工便道的不断压实作用，转化为 4 年工程堆积体时影响最小。

（4）项目区扰动地貌单元水源涵养功能与原地貌差异明显。紫色土项目区扰动地貌单元的水源涵养功能依次为水田＞荒草地＞林地＞坡耕地＞边坡绿化带＞4 年工程堆积体＞施工便道＞2 年工程堆积体＞2 月工程堆积体，黄壤项目区扰动地貌单元水源涵养功能依次为天然林地＞荒草地＞3 年工程堆积体＞坡耕地＞2 年工程堆积体＞边坡绿化带＞1 年工程堆积体＞施工便道，水源涵养功能主要受土壤层厚度、土壤粒径组成、土壤孔隙、有机质含量、土壤容重及土壤渗透性能等因素影响。

3.5.2　工程建议

（1）生产建设和生产活动中应注意原地貌单元类型与人为扰动地貌单元类型之间的转化。当原地貌坡耕地、荒草地和天然林地转化为各种扰动地貌单元时，都会对原地貌水源涵养功能造成较大危害，其危害程度由坡耕地、荒草地到天然林地依次增大；当转化为恢复多年的工程堆积体时危害最小，而转化为施工便道时危害最大，因此应注意工程堆积体的有效防护和植被恢复。

（2）城镇化过程中应重点关注各扰动地貌在不同压实条件下，土壤水库蓄水性能对项目区雨洪过程线和排水系统的影响，注意合理布设临时措施。各种扰动地貌单元不仅侵占、破坏项目区原有水文循环系统，而且其水源涵养功能较原地貌减弱，这在一定程度上会导致径流系数增大和城区产汇流过程增强。城镇化建设工程造成的各种扰动地貌单元物质组成和下垫面条件与原地貌存在明显差异，应加强扰动地貌物质组成、大孔隙结构和降雨—径流—入渗连续性定位研究。

（3）生产建设项目的各种施工活动不可避免地对原地貌单元进行占压、扰动和损毁，对项目区水土资源、地表植被、水土保持生态服务功能具有重要影响，与原地貌单元水循环系统破坏有直接联系，工程堆积体对周边生态环境存在较大的潜在影响和破坏。未来可根据生产建设项目类型及水土保持区划，分类建立不同的水土流失危害评价指标及危害分级标准，项目区不同扰动地貌单元与原地貌单元的对比分析和统计学差异是确定人为水土流失生态环境损害事实和损害类型的基础和判定标准。

第4章 生产建设项目工程堆积体边坡径流侵蚀过程

工程堆积体作为工程建设产生的一种由土壤、不同粒径碎石以不同比例组成的松散土石混合物,其结构松散、植物根系与有机质缺乏、抗侵蚀性差,在短时期内极大程度地改变了原地貌地形、土壤和植被条件,在降雨径流作用下容易发生严重侵蚀,其坡面侵蚀特性与原地貌相比发生了本质改变。作为人为水土流失最为严重的地貌单元,分析工程堆积体边坡径流水力学特性及侵蚀产沙过程,对有效控制工程堆积体水土流失具有重要的科学意义与生产应用价值。由于工程堆积体来源和土石含量不同,不同工程堆积体在径流冲刷作用下的土壤侵蚀特征差异性较大。在工程堆积体形态特征及物理性质特征野外调查的基础上,以重庆广泛分布的紫色土和黄壤工程堆积体为研究对象,采用野外实地放水冲刷法及水力学、泥沙运动力学等理论,研究不同土石比工程堆积体(土质、偏土质和土石混合质)边坡水动力学、径流产沙、细沟侵蚀特征及重力作用对细沟发育过程的影响,建立其边坡坡面水沙关系及侵蚀临界条件,为生产建设项目工程堆积体水土流失量预测和水土保持措施布置提供科学依据和技术参数。

4.1 研究区概况及试验方法

4.1.1 试验材料与设计

试验小区设计规格见表 2.1。试验小区建设完成后,需要将供试土样填入小区,而坡面模拟冲刷试验由于条件的限制,不能进行全坡长试验,因此对于生产建设项目工程堆积体中较大石块需予以剔除,供试土样混合均匀后填入小区,使小区堆积体达到设计的土石混合比,然后用铁耙对其进行平整,待其自然沉降 2~3 周后进行放水冲刷试验,如图 4.1 所示。根据对重庆 20 多个线性工程项目和城镇建设项目工程堆积体形态特征的野外调查,工程堆积体边坡在 25°~40°变化,坡长最小为几米,最大可达百米,因此坡度设计为 25°、30°、35°、40° 4 个等级,坡长设计为 4m、6m、8m、10m 4 个水平,将 1cm 粒径作为土石分界线,以大于 1cm 为石质,小于 1cm 为土质。土石混合比采用筛分法计算,即根据野外采集弃土弃渣混合散样,过 1cm 土壤筛,分别称量计算上下两级土样占总量百分率。本试验选择土质(含石量为 0)、偏土质(含石量为 20%)和土石混合质(含石量为 40%)工程堆积体边坡进行放水冲刷试验。

图 4.1　野外实地放水冲刷径流小区设计

根据生产建设项目区多年降雨数据资料(特别是暴雨资料),分析暴雨发生频率和暴雨过程线,绘制水文频率曲线,分析得到不同设计频率的降雨量(或降雨强度),同时根据工程堆积体边坡物质组成、实验获得的不同类型工程堆积体边坡的入渗过程、实际汇水面积等,将暴雨发生频率在试验小区上产生的单宽流量加上工程堆积体入渗量即可得到设计放水流量(实际生产中,工程堆积体上方有不同的汇水面积或工程堆积体上方无截排水沟,所以要考虑其汇水面积的因素)。计算过程如下:放水流量(Q)按照重庆地区暴雨发生频率在试验小区上产生的单宽流量加上工程堆积体入渗量得到,放水流量按式(4.1)计算。

$$Q = P \times A' + f_c \tag{4.1}$$

式中,Q 为放水流量,L/min;P 为暴雨发生频率雨强,mm/min;A' 为小区投影面积,m²;f_c 为工程堆积体入渗量,L/min。本章研究设计放水流量为 5L/min、10L/min、15L/min、20L/min、25L/min 5 个水平,由于黄壤堆积体易冲刷侵蚀,所以采用 5L/min、7.5L/min、10L/min、12.5L/min、15L/min 5 个水平。

放水流量率定采用体积法,即测量已知时间段内放水流量体积是否符合设计试验流量标准,以保证放水流量与设计流量误差不超过 5%。放水冲刷试验时间为 10~60min。

4.1.2　野外放水冲刷试验

根据重庆市不同地区的降雨强度,设计对应的放水流量,对不同生产建设项目工程堆积体进行野外实地放水冲刷试验,研究工程堆积体的坡面侵蚀发育过程,分析边坡产沙产流特征,计算工程堆积体的土壤侵蚀模数,利用冲刷模数进行水土流失量预测。利用野外实地放水冲刷试验(彭旭东等,2013),可定量分析项目区的降雨、工程堆积体的边坡物质组成和入渗等对工程堆积体土壤侵蚀发育过程的影响特征及控制土石混合比的典型工程堆积体在不同堆积体形态(坡度、坡长)下的侵蚀发育过程,定量分析侵蚀发育过程中产沙产流特征及土壤侵蚀模数,分析其侵蚀规律和侵蚀强度特征。野外实地放水冲刷试验(图 4.2)包括集流槽、溢流槽、稳压水泵、水阀、流量计、水泵、储水箱等。在小区顶端放置一个簸箕形溢流槽,以保证水流以薄层均匀形式向下流动;水流经稳压水泵及流量计后流入溢流槽,在溢流槽上端通过阀门控制流量,溢流槽下面铺透水纱布,以防水流过度侵蚀。在设计小区上进行放水冲刷试验前,需要测定边坡容重、土壤颗粒组成及土壤前期含水量,同时率定放水流量;试验过程中需要测定各试验时段的径流量并取样、测定试验温度等;试验过程中观测侵蚀沟发育过程,试验结束后测定侵蚀沟体积。

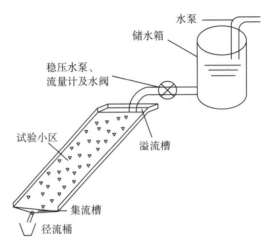

图 4.2　野外实地放水冲刷试验示意图

　　试验开始后,在集流槽出口处放径流桶收集径流泥沙样。记录产流时间(水流流出溢流槽到流出集流槽的时间),产流 10min 内每 1min 接取一次径流泥沙样,10min 后每 3min 接取一次样(可根据试验具体情况设计),用量筒或标准测样铁桶测定各个时段的径流样体积,将径流浑水样搅和均匀后用采样瓶进行采样,用烘干法(105℃)测定泥沙含量。由于工程堆积体冲刷试验过程中小区出口径流泥沙量大且含有较多卵石等大粒径物质,上述测定方法已不适用,在实际试验过程中,随机抽取盛有某时段径流量的径流桶,静置一段时间后,倒掉桶中上清液,测定桶中泥沙层的泥沙量,多次测定取平均值。试验过程中根据接样时间测定流速、水深和水宽。径流流速是用染色法测得坡面表层最大流速并根据径流流态进行修正得到(过渡流为 0.7;紊流为 0.8),流宽、水深采用直尺测量,分上、中、下三个断面测定。工程堆积体容重采用环刀法(200cm³),工程堆积体颗粒组成采用筛分法+沉降法,工程堆积体含水量采用烘干法,水温采用普通温度计测定。

4.1.3　参数计算

1) 含沙量与产沙量

　　含沙量为取样瓶中泥沙质量与取样瓶中径流泥沙总体积的比值,%;而产沙量为含沙量与相应时段内的径流量之积,g。

$$\rho = m / V_{样}, \quad M = \rho V_{径流} \tag{4.2}$$

式中，ρ 为径流含沙量，g/L；m 为取样瓶中泥沙烘干后质量(105℃)，g；$V_{样}$ 为取样瓶中径流泥沙所占体积，L；M 为径流产沙量，g；$V_{径流}$ 为相应时段内坡面产生的径流量，L。

2) 雷诺数(Re)

表征径流惯性力和黏滞力的比值，是水流流态的重要判别指标。当 $Re \geqslant 500$ 时，水流为紊流，$Re < 500$ 时为层流(张光辉，2002)，计算公式如下：

$$Re = \upsilon R / \eta, \quad R = A / W_{p} \tag{4.3}$$

式中，υ 为水流流速，m/s；R 为水力半径，m；η 为水的运动黏滞系数，m²/s；A 为平均水流横截面积，m²；W_{p} 为湿周，m。

3) 弗劳德数(Fr)

表征水流惯性力和重力的比值，是判断水流流态的重要指标。当 $Fr < 1$ 时水流为缓流，$Fr \geqslant 1$ 时为急流(王文龙等，2006)，计算公式如下：

$$Fr = \upsilon / \sqrt{gh} \tag{4.4}$$

式中，h 为平均水深，cm。

4) Darcy-Weisbach 阻力系数(f)

表示水流剪切力做功与水流动能的比值，是反映水流流动时所受阻力大小的参数(史东梅等，2015)，计算公式如下：

$$f = 8R \cdot J \cdot g / \upsilon^{2} \qquad J = [L \cdot \sin\theta - (\upsilon^{2} / 2g)] / L \tag{4.5}$$

式中，R 为水力半径，m；J 为水力坡度，m/m；g 为重力加速度，取值 9.8m/s²；υ 为水流流速，m/s；L 为坡长，m；θ 为坡度，(°)。

5) 径流剪切力(τ)

表示坡面径流在流动过程中，沿坡面梯度方向产生的一种作用力(史东梅等，2015)，计算公式如下：

$$\tau = \rho \cdot g \cdot R \cdot J = \gamma \cdot R \cdot J \tag{4.6}$$

式中，τ 为径流剪切力，N/m²；水流密度 ρ 取各场次试验平均含沙量时的密度，g/cm³；γ 为浑水容重，N/m³。

6) 径流功率(P)

表示单位面积水体的水流功率，反映水流流动时的挟沙能力的参数(张宽地等，2014)，计算公式如下：

$$P = \tau\upsilon \tag{4.7}$$

式中，P 为径流功率，N/(m·s)。

7) 土壤剥蚀率 (Dr)

单位时间单位面积径流侵蚀的泥沙质量，其表征坡面径流对土体分离能力(张乐涛等，2013)，以单位时间单位面积在水蚀动力作用下被剥蚀的土体颗粒质量表示，计算公式如下：

$$Dr = \frac{M_{s(i)}}{b \cdot L \cdot T} \tag{4.8}$$

式中，Dr 为土壤剥蚀率，$g/(m^2 \cdot min)$；$M_{s(i)}$ 为各时段内的产沙量，g，其中 $i = 1, 2, \cdots, n$；b 为时段内的平均流宽，m；L 为坡长，m；T 为时间间隔，s。

8) 入渗率 (K)

表征单位时间单位面积上土壤水分下渗量。根据水分平衡原理，放水量为径流量、入渗量以及蒸发量之和，由于水分蒸发量较小，可忽略不计，所以可根据放水量与径流变化资料计算坡面入渗过程，计算公式如下：

$$K = I\cos\theta - \frac{10R_i}{St} \tag{4.9}$$

式中，K 为工程堆积体边坡入渗率，mm/min；I 为放水强度，mm/min；θ 为边坡坡度，(°)；R_i 为第 i 次取样的径流量，mL；S 为过水断面积，m^2；t 为径流取样间隔时间，min。

9) 冲刷模数 (M)

表示单次冲刷试验中产沙量与冲刷时间和小区面积的比值(史东梅等，2015)，计算公式如下：

$$M = \frac{m}{at} \times 5.256 \times 10^5 \tag{4.10}$$

式中，M 为冲刷模数，$t/(a \cdot km^2)$；m 为侵蚀产沙量，g；a 为小区水平投影面积，单位 m^2；t 为产流时间，min。

10) 含沙量变异系数

变异系数可反映一组数据相对波动程度大小，计算公式如下：

$$V = \frac{100\sigma}{\mu} \tag{4.11}$$

式中，V 为含沙量变异系数；μ 和 σ 分别为该组数据的均值和方差。

4.2　工程堆积体边坡径流水力学参数特征

水动力学模拟是分析土壤侵蚀过程动力作用的主要方法。一般情况下，坡面流流速较快及其水深较浅，且伴随着侵蚀过程在坡面时空不断地变化。工程堆积体为物质组成极不均匀、离散程度很大的土石混合物，其边坡土壤侵蚀的发生主要取决于坡面径流的水力学特性和边坡土体条件。因此，为揭示工程堆积体边坡径流水动力学特性变化规律，选取流速、水深、阻力系数、雷诺数、弗劳德数、剪切力、功率等主要水力学参数，阐明边坡土壤侵蚀过程的水动力作用机理，分析不同土石比工程堆积体边坡水沙关系和土壤侵蚀过程，研究边坡细沟侵蚀发育过程和细沟形态变化特征，揭示重力作用在边坡侵蚀过程中的影响。

4.2.1　边坡径流流速变化特征

流速与坡面水蚀的土壤分离、泥沙输移和沉积过程关系密切(Peng et al.，2014)。坡面平均流速是流量、坡度及边坡条件等多因素综合作用的结果，是坡面流其他水力学参数计算及土壤侵蚀预报方程中不可缺少的参数之一。表 4.1 为不同工程堆积体边坡的侵蚀动力特征。由表 4.1 可知，在各场次放水冲刷试验中工程堆积体边坡径流均以紊流和缓流形态出现，其中径流流速在 0.103～0.318m/s 变化，雷诺数在 848～3876 变化，弗劳德数在 0.413～0.988 变化。

表 4.1　不同工程堆积体边坡的侵蚀动力特征

小区编号	放水流量/(L/min)	水温/℃	流速/(m/s)	流深/cm	流宽/cm	雷诺数	弗劳德数	阻力系数	径流剪切力/Pa	径流功率 P/[N/(m·s)]
1	5	21	0.187	0.817	29.250	1555	0.660	8.558	37.368	6.980
	10	17	0.307	1.367	27.476	3876	0.839	5.297	65.732	20.188
2	5	22	0.207	0.737	20.900	1591	0.770	7.793	33.690	6.969
	7.5	18	0.217	0.887	42.133	1823	0.736	8.517	45.824	9.947
3	5	21	0.184	0.885	35.955	1658	0.624	11.849	40.680	7.479
	10	20	0.208	1.067	43.833	2209	0.644	11.146	49.486	10.300
	15	18	0.232	0.992	55.583	2176	0.743	8.360	50.701	11.748
	20	15	0.281	0.983	71.042	2421	0.904	5.648	51.982	14.593
4	10	14	0.188	0.529	81.188	849	0.824	8.240	44.571	10.613
5	5	20	0.155	0.711	45.534	1097	0.587	16.254	32.556	5.045
	7.5	16	0.212	0.475	54.625	907	0.984	8.789	22.000	4.669
	10	19	0.219	0.533	51.250	1135	0.958	6.099	27.632	6.054
	12.5	15	0.226	0.565	82.238	1122	0.963	6.045	31.069	7.036
	15	18	0.309	0.733	42.667	1716	0.921	6.597	47.337	11.694
6	5	21	0.161	0.700	49.323	1150	0.616	14.786	32.822	5.291
	7.5	18	0.201	0.571	53.417	1084	0.848	9.340	28.233	5.661
	10	21	0.226	0.642	61.474	1481	0.902	8.248	34.859	7.888
	12.5	15	0.263	0.722	69.167	1665	0.988	6.870	41.183	10.830
	15	16	0.318	0.933	70.000	2254	0.887	8.525	57.154	15.339
7	5	20	0.184	0.772	53.389	1416	0.670	12.481	35.525	6.547
	10	21	0.187	0.904	52.833	1719	0.627	14.252	42.291	7.890
	15	18	0.201	1.132	82.619	2154	0.603	15.396	53.600	10.769
	20	16	0.239	1.333	76.481	2864	0.660	12.849	65.422	15.614
	25	14	0.239	1.154	96.708	2356	0.711	11.095	61.413	14.676

续表

小区编号	放水流量/(L/min)	水温/℃	流速/(m/s)	流深/cm	流宽/cm	雷诺数	弗劳德数	阻力系数	径流剪切力/Pa	径流功率 P/[N/(m·s)]
8	10	18	0.168	0.967	40.333	1535	0.545	22.627	44.232	7.415
	15	21	0.275	0.813	80.792	2282	0.976	7.042	38.311	10.554
9	10	26	0.143	6.094	35.175	1010	0.602	12.931	25.280	3.671
	15	25	0.110	6.018	57.544	848	0.477	21.123	24.968	3.155
	20	24	0.137	8.240	50.158	1367	0.492	19.710	34.244	5.210
	25	26	0.219	8.175	38.509	2212	0.783	6.891	34.129	8.093
	30	26	0.243	8.982	31.860	2623	0.826	6.635	37.519	9.599
10	10	27	0.120	5.871	38.281	924	0.539	15.526	28.816	3.885
	15	28	0.147	5.465	52.771	1026	0.644	18.072	26.868	4.232
	20	25	0.210	8.187	37.158	1958	0.768	8.114	43.249	9.299
	25	25	0.241	9.731	31.351	2784	0.809	7.801	54.900	14.123
	30	25	0.295	10.778	52.000	3484	0.944	5.728	75.595	21.966
11	10	28	0.103	6.520	25.439	928	0.413	47.579	36.893	4.404
	15	24	0.183	7.556	34.667	1716	0.686	10.101	43.556	8.478
	20	27	0.183	7.456	30.175	1670	0.710	12.665	44.505	8.541
	25	24	0.223	7.860	38.719	2008	0.808	9.036	50.650	11.892
	30	26	0.280	9.257	36.737	3010	0.940	5.992	67.054	19.140
12	10	25	0.142	8.556	9.298	1484	0.506	22.402	54.014	8.396
	15	27	0.151	9.371	20.123	1787	0.508	21.811	59.364	9.703
	20	25	0.119	8.936	15.070	1225	0.442	39.532	57.048	7.009
	25	25	0.137	8.070	27.667	1364	0.485	31.860	51.786	7.860
	30	26	0.151	9.298	29.719	1685	0.507	44.671	83.743	13.672

注: 流速为水流表面流速修正后的水流平均流速(过渡流为0.7; 紊流为0.8)。小区编号1为土质紫色土弃渣(坡度25°, 坡长10m), 2为偏土质黄壤弃渣(坡度30°, 坡长8m), 3为偏土质紫色土弃渣(坡度30°, 坡长8m), 4为偏土质紫色土弃渣(坡度35°, 坡长8m), 5为土石质黄壤弃渣(坡度35°, 坡长6m), 6为土石质黄壤弃渣(坡度40°, 坡长4m), 7为土石质紫色土弃渣(坡度35°, 坡长6m), 8为土石质紫色土弃渣(坡度40°, 坡长4m), 9为土石质紫色土弃渣(坡度25°, 坡长10m), 10为土石质紫色土弃渣(坡度30°, 坡长10m), 11为土石质紫色土弃渣(坡度35°, 坡长10m), 12为土石质紫色土弃渣(坡度40°, 坡长10m)。后同。

　　由土石混合质紫色土堆积体(9小区、10小区、11小区、12小区)边坡径流流速与冲刷时间(产流开始的时刻记为零)的变化关系(图4.3)可知, 工程堆积体坡面径流流速在冲刷过程中呈波动式变化, 且波动趋势随冲刷时间延续表现为由强到弱。在冲刷初期的9min内, 坡面径流流速较大且波动较为强烈, 因为此时堆积体表面较为平整, 未形成较大跌坎或细沟, 坡面粗糙度较小, 且此时径流携带的泥沙较少; 在冲刷过程的9~30min, 坡面径流流速表现为波动式减小, 因为堆积体表面在径流的冲刷作用下形成较大的跌坎或细沟, 对径流产生消能作用, 而且该阶段的细沟侵蚀伴随着沟壁土体的崩塌脱落, 导致径流呈现波动式减小的变化; 在冲刷过程30min以后, 径流流速趋于平稳, 其中25°堆积体、30°堆积体、35°堆积体在10~30L/min径流条件下的径流流速变化在0.10~0.30m/s, 而40°堆积体径流流速在0.10~0.15m/s。

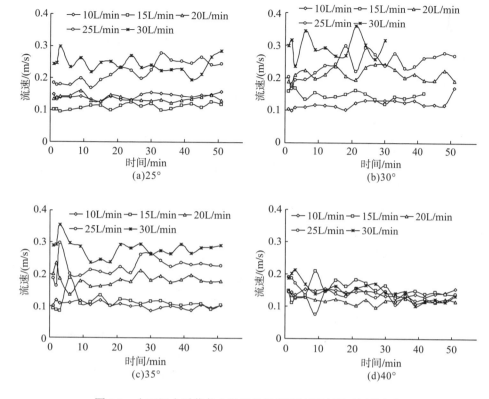

图 4.3　土石混合质紫色土堆积体径流流速随冲刷时间的变化

图中 25°为 9 小区，30°为 10 小区，35°为 11 小区，40°为 12 小区

由表 4.1 和图 4.4 可见不同土石比堆积体边坡在不同放水流量下的径流流速相差较大。

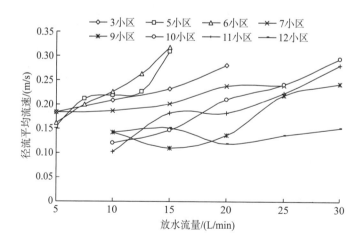

图 4.4　工程堆积体径流流速与放水流量的关系

(1)对紫色土堆积体而言(表 4.1)，在不同放水流量条件下不同土石比边坡的径流流速差异明显，其数值在 0.110~0.295m/s 变化。当放水流量为 5L/min 时，冲刷过程中的平均

径流流速表现为土质(0.187m/s)＞偏土质(0.184m/s)＞土石混合质(小于 0.184m/s)；当放水流量为 10L/min、15L/min、20L/min 时，偏土质堆积体的平均径流流速仍大于土石混合质。这表明边坡细颗粒成分含量高的条件下径流流速更大，土壤侵蚀就更容易发生，而此时坡度及坡长对边坡径流流速影响较小。

(2)对黄壤堆积体而言(表 4.1)，在不同放水流量条件下不同土石比边坡的径流流速也存在较大差异，其径流流速变化范围为 0.155～0.318m/s。当放水流量为 5L/min、7.5L/min 时，偏土质堆积体的平均径流流速均大于其土石混合质，其中 30°偏土质黄壤堆积体的平均流速较 35°土石混合质依次增加了 33.47%、2.28%，较 40°土石混合质依次增加了 28.31%、8.26%。

(3)与紫色土堆积体相比，黄壤堆积体径流平均流速变化较大，因为黄壤堆积体颗粒细小、颗粒间黏聚力弱，其在较大径流冲刷作用下很快就会形成细沟，径流容易汇集在细沟内流动。同时，边坡坡度越大或坡长越短，径流流速越大。

坡度和放水流量是影响工程堆积体坡面径流流速的重要因子。相关研究发现，在侵蚀细沟内，水流速度与坡度无关，水流流速仅是流量的简单函数，造成这种现象的原因与侵蚀细沟的阻力构成有关(Govers，1992)。由堆积体径流流速与放水流量关系(图 4.4)可知，在小流量(5L/min)下，紫色土堆积体(3 小区和 7 小区)径流流速均大于黄壤(5 小区和 6 小区)，当放水流量增加后则相反。边坡径流流速与放水流量均呈幂函数关系，随着放水流量增大，黄壤弃渣边坡径流流速较紫色土弃渣增加更快，表明在相同降雨径流冲刷作用下黄壤弃渣较紫色土弃渣更易发生侵蚀。

4.2.2　边坡径流阻力变化特征

Darcy-Weisbach 阻力系数 f 是径流沿坡面运动过程中受到的来自水土界面的阻滞水流运动力的总称(Li et al.，2016；Shen et al.，2020)。阻力系数越大，径流克服阻力所消耗的能量越多，则侵蚀产沙量就越小，反之则侵蚀产沙量就越大(赵满等，2019；Liao et al.，2019)。因此，分析径流阻力系数变化特征对于认识工程堆积体边坡侵蚀动力学过程具有重要的意义。

由土石混合质紫色土堆积体(9 小区、10 小区、11 小区、12 小区)边坡径流阻力系数随冲刷时间的变化(图 4.5)可知，径流阻力系数在冲刷过程中总体上呈波动式增加趋势，冲刷后期波动性尤为剧烈。在冲刷初期，特别是在冲刷时间的 15min 内，阻力系数表现为波动式增加或波动式稳定变化，此时各种坡度条件下的堆积体径流阻力系数均在 0～20 变化，其中 25°堆积体阻力系数的变异系数变化范围为 14.857%～49.034%，30°为 8.448%～44.030%，35°为 10.744%～47.083%，40°为 6.932%～39.938%。在冲刷初期，堆积体表面形态被径流侵蚀破坏的程度小，边坡粗糙度或细沟发育程度较小，从而阻力系数波动较弱；在冲刷过程 15min 后，阻力系数表现为波动式增加，且波动程度随坡度增加而增强，此时所有坡度下的堆积体阻力系数在 0～120 变化，各坡度条件下的堆积体阻力系数变化范围依次为 19.400%～27.363%，19.874%～38.608%，19.207%～53.843%和 16.063%～47.033%；在冲刷过程 40min 后，受初期层状面蚀影响，堆积体表面裸露石质增加，加上侵蚀沟沟槽初步形成，沟壁土体随机崩塌脱落，使得堆积体表面粗糙度随机增加，故阻力系数呈波动式增加。

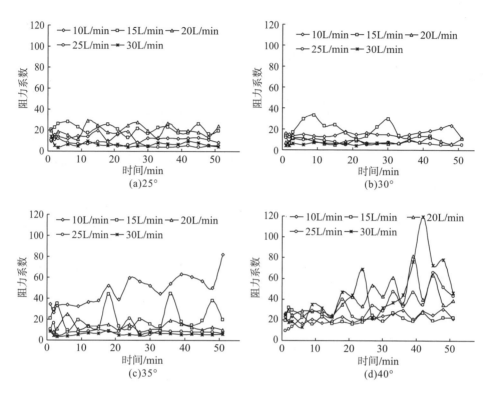

图 4.5　土石混合质紫色土堆积体径流阻力系数随冲刷时间的变化

图中 25°为 9 小区，30°为 10 小区，35°为 11 小区，40°为 12 小区

由表 4.1 和图 4.6 可见，不同土石比堆积体边坡在不同放水流量下径流阻力系数相差较大。

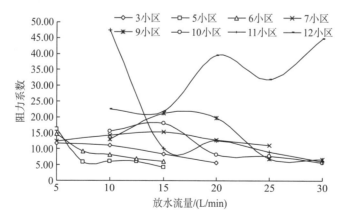

图 4.6　工程堆积体径流阻力系数与放水流量的关系

（1）就紫色土堆积体而言（表 4.1），径流阻力系数变化范围为 5.297～47.579。在不同放水流量条件下，不同土石比堆积体的径流阻力系数均表现为土质堆积体＜偏土质堆积体＜土石混合质堆积体；当放水流量为 5L/min 时，土质堆积体阻力系数分别较偏土质及土石混合质低 27.778%和 31.437%；当放水流量为 20L/min 时，偏土质堆积体阻力系数为 5.648，而土石混合质在 8.114～39.532。这表明在相同条件下，阻力系数随土石比的增加而增加，即含石量较多的堆积体形成的阻力系数更大，这是因为堆积体表面石块由于自身较大重量对径流形成阻碍，且会增加堆积体表面粗糙度。

（2）对于黄壤堆积体而言（表 4.1），径流阻力系数在 4.222～16.254 变化。当放水流量相同时，偏土质黄壤堆积体的径流阻力系数也小于土石混合质，当流量为 5L/min 时偏土质的阻力系数为 7.793，而土石混合质为 14.786～16.254，当流量为 7.5L/min 时偏土质的阻力系数为 8.517，而土石混合质为 8.789～9.340。从土石比相同的 40°堆积体（6 小区）和 35°堆积体（5 小区）的阻力系数变化可知，坡度也是影响径流阻力系数的重要因子。

（3）土石比及地形条件相同时，5L/min 放水流量条件下偏土质黄壤弃渣边坡阻力系数小于相同条件下的偏土质紫色土弃渣（3 小区）；该放水流量条件下土石混合质黄壤弃渣（5 小区）边坡阻力系数则大于紫色土弃渣（7 小区），而放水流量增加后则相反。以上分析表明，土石比是工程堆积体边坡阻力系数的一个重要影响因素，土石比不同，其边坡形成的阻力系数也会不同。

已有研究表明，阻力系数与流量呈幂函数关系（吴淑芳等，2010；杨茹珍等，2020），而本试验中阻力系数与放水流量变化规律不明显（图 4.6），数值变化在 4.222～47.579。究其原因是工程堆积体边坡石砾、土粒、沟槽形态等对径流的阻碍及水流所携带泥沙的影响，使得边坡空间差异较大、水流宽度变化不一、冲淤坡段长度不等。同时细沟侵蚀过程中沟壁两侧坍塌等对边坡糙率的改变均使阻力系数发生变化。

4.2.3　边坡径流剪切力变化特征

当坡面出现径流后，水土界面的径流剪切力是分离土壤的主要动力。坡面径流剪切力可克服土粒之间的黏结力，使土壤颗粒间分离，从而为径流侵蚀提供物质来源（Léonard and Richard，2004；Wu et al.，2012；Han et al.，2019）。径流剪切力越大，作用于弃渣体土粒的有效剪切力就越多，剥离的土粒越多，侵蚀越严重。坡面上结合紧密的土体颗粒由静止到启动再通过径流输出坡面主要经历 3 个阶段（王瑄和李占斌，2010）：一是通过径流产生的沿坡面的剪切力使土粒之间的黏结力破坏，使土粒由有序变为松散；二是克服土粒与土或土粒与地表之间的摩擦力使土粒启动；三是径流克服输移泥沙时的内部混掺耗能作用而将泥沙带出坡面。

由土石混合质紫色土堆积体（9 小区、10 小区、11 小区、12 小区）径流剪切力随冲刷时间的变化（图 4.7）可知，工程堆积体坡面径流剪切力在冲刷过程中也呈波动式变化，且波动趋势随冲刷时间延续表现为弱—强—弱的变化。在冲刷过程 9min 左右，坡面径流剪切力波动较弱，因为此时侵蚀形式以面蚀为主，坡面未形成较大跌坎或细沟；在冲刷过程 9～30min，坡面径流剪切力波动增强，呈多峰多谷特点，因为堆积体表明侵蚀形式为细沟侵蚀，且细沟侵蚀过程中伴随着沟壁土体的随机崩塌，当径流汇集达到一定程度后，堵塞土体才被径流冲开，故径流呈现出较大的波动；在冲刷过程 30min 以后，径流剪切力趋于平稳。当放水流量为 10～30L/min 时，25°堆积体的径流剪切力在冲刷过程后期趋于 20～40Pa 变化，30°堆积体为 20～60Pa，35°堆积体为 20～60Pa，而 40°堆积体为 40～70Pa。

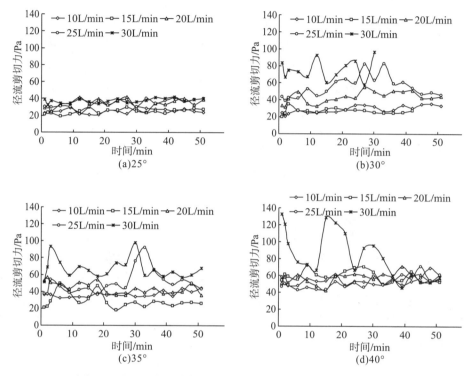

图 4.7　土石混合质紫色土堆积体径流剪切力随冲刷时间的变化

图中 25°为 9 小区，30°为 10 小区，35°为 11 小区，40°为 12 小区

　　由表 4.1 和图 4.8 可见，不同土石比堆积体边坡在不同放水流量下的径流剪切力差异明显。

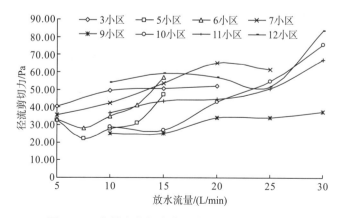

图 4.8　工程堆积体径流剪切力与放水流量的关系

(1) 从不同土石比紫色土堆积体来看(表 4.1)，径流剪切力变化范围为 24.571～83.743Pa。当放水流量为 5L/min 时，偏土质堆积体的径流剪切力(40.680Pa)大于土质堆积体(37.368Pa)，而土石混合质最小(35.525Pa)，最大值和最小值可相差 5.155Pa；当放水流量为 10L/min 时，偏土质堆积体径流剪切力(44.571～49.486Pa)大于相同坡度范围的土石混合质(25.280～42.291Pa)，而小于坡度较大的 40°土石混合质堆积体(54.014Pa)；当放水流量为 15L/min、20L/min 时，径流剪切力变化与 10L/min 流量条件相似。这表明坡度条件一定时土石比是影响径流剪切力变化的主要因素，即工程堆积体中土质含量越多侵蚀越严重，因为块石一方面会减小坡面土体可蚀性，使坡面不易形成细沟，另一方面对径流能量的耗损使径流可用于侵蚀的能量变小；坡度也是径流剪切力重要影响因子，坡度越大则径流沿坡面的剪切力越大。

(2) 对于相同土石比黄壤边坡(5 小区和 6 小区)，径流剪切力在 22.000～57.154Pa 范围变化。当放水流量相同时，偏土质堆积体的径流剪切力也大于土石混合质。如 5L/min 时偏土质的径流剪切力为 33.690Pa，而土石混合质为 32.556～32.822Pa；在 7.5L/min 时偏土质为 45.824Pa，而土石混合质为 22.000～28.233Pa。土石比相同时，40°堆积体(6 小区)在不同放水流量下的径流剪切力均大于 35°堆积体(5 小区)。这表明土石比和地形条件(坡度或坡长)均是影响径流剪切力的重要因子。

(3) 土石比及地形条件相同时，不同放水流量下工程堆积体边坡径流剪切力均以紫色土较大，其可为黄壤的 1.1～1.5 倍；不同工程堆积体边坡的土体黏聚力则表现为黄壤(5.9～11.5kPa)＜紫色土(15.4～21.1kPa)，内摩擦角也表现为黄壤(23°～29°)＜紫色土(32°～34°)，说明在相同放水流量条件下径流作用于黄壤工程堆积体边坡的有效剪切力大于紫色土，因此黄壤工程堆积体边坡较紫色土更容易发生侵蚀。

由图 4.8 可知，不同堆积体的径流剪切力均随放水流量增加而增大，且黄壤堆积体径流剪切力随放水流量增加速率较紫色土堆积体快。从颗粒分析中可知，黄壤弃渣边坡以小于 0.25mm 细颗粒为主(其含量为 43%～51%)，颗粒间黏结力弱，而紫色土弃渣颗粒级配良好，其结构性较好。因此，在相同放水流量条件下径流作用于黄壤弃渣边坡的有效剪切力大于紫色土弃渣，从而黄壤弃渣边坡更容易发生侵蚀。

4.2.4　边坡径流功率变化特征

能量是坡面径流水动力学性能的综合表现。坡面水流在沿边坡流动过程中需要克服剥离、颗粒输移及含沙流内部紊动等作用而做功，从而造成能量在侵蚀产沙过程中损失。因此，分析径流功率变化特征对于认识工程堆积体边坡侵蚀动力学过程具有重要意义。

由图 4.9 可知，径流功率在坡面冲刷过程中也呈现波动式变化特征，且波动变化存在明显的阶段性特征。在冲刷初期的 9min 内，径流功率波动变化最为强烈，特别是 30°、35°和 40°堆积体，因为此时堆积体边坡侵蚀形式由面蚀阶段转为细沟侵蚀；在冲刷过程中的 9～36min 内，径流功率波动变化较强，且随放水流量的增加，波动变化逐渐增强，因为此时堆积体表面侵蚀过程以细沟侵蚀为主，且细沟发育过程中会伴随着沟壁土体随机崩塌等重力作用下的侵蚀；在冲刷后期(36min 以后)，径流功率变化趋于稳定，其中 25°堆积体在放水流量为 10～30L/min 时的径流功率趋于 3～12N/(m·s)，30°堆积体趋于 4～30N/(m·s)，35°堆积体趋于 2～20N/(m·s)，而 40°堆积体趋于 5～10N/(m·s)。

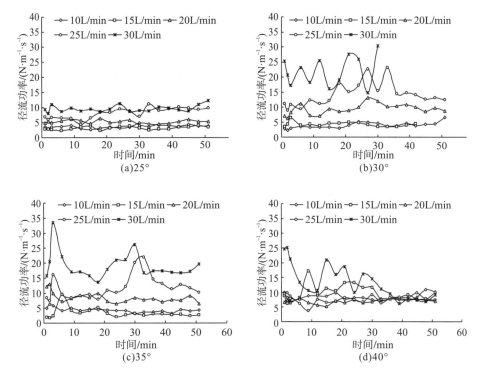

图 4.9　土石混合质紫色土堆积体边坡径流功率随冲刷时间的变化

图中 25°为 9 小区 9，30°为 10 小区，35°为 11 小区，40°为 12 小区

由表 4.1 和图 4.10 可见，不同土石比堆积体边坡在不同放水流量下径流功率差异显著。

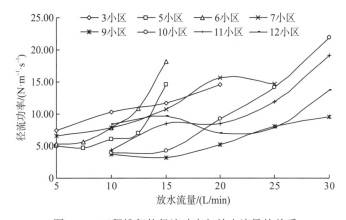

图 4.10　工程堆积体径流功率与放水流量的关系

（1）就紫色土堆积体而言，径流功率变化范围为 3.155～20.188N/(m·s)。当放水流量较小（如 5L/min）时，不同土石比堆积体的径流功率表现为偏土质[7.479N/(m·s)]＞土质

[6.980N/(m·s)]＞土石混合质[6.547N/(m·s)]，这说明作用于含石量较少堆积体的有效径流功率较大，其侵蚀产沙量可能更大；反之，当放水流量较大(如 15L/min)时，不同土石比堆积体的径流功率随含石量增加而减小，即土质[20.188N/(m·s)]＞偏土质[11.748N/(m·s)]＞土石混合质[3.155～10.769N/(m·s)]，土质堆积体径流功率最高可为土石混合质的 6.4 倍，说明土质含量较多的堆积体其侵蚀会更加严重。

(2)对于黄壤堆积体而言，其径流功率在 4.669～18.197N/(m·s)变化。当放水流量相同时，偏土质堆积体的径流剪切力均大于土石混合质，放水流量为 5L/min 和 7.5L/min 时，偏土质堆积体的径流功率分别为 6.969N/(m·s)和 9.947N/(m·s)，而土石混合质则在 4.669～5.661N/(m·s)。在土石比相同时，40°堆积体(6 小区)在不同放水流量下的径流功率均大于 35°边坡(5 小区)。

与径流剪切力变化相同，不同边坡径流功率均随放水流量增大而增大。边坡主要是通过其地表糙度对水流(细沟流)作用而影响坡面侵蚀的发生和发展。小流量(5L/min)时，偏土质紫色土堆积体径流功率最大，数值为 7.479N/(m·s)，而以土石混合质黄壤最小，数值为 5.168N/(m·s)；当放水流量为 15L/min 时，径流功率以土石混合质黄壤堆积体最大。径流功率随放水流量增加而增大的原因是放水流量增大时，径流冲刷力强、水流流动快、径流剪切力大；当径流作用于工程堆积体的水流动力足以破坏弃渣体黏聚力，水流下切形成侵蚀沟，故径流功率变大。

4.2.5　边坡土壤剥蚀率变化特征

土壤剥蚀速率是土壤侵蚀的量化，是土壤侵蚀预报模型中一个非常重要的参数。由图 4.11 可知，各工程堆积体边坡的土壤剥蚀率数值为 0.337～61.910g/(m²·min)，且均随放水流量增加而增大，当放水流量由 5L/min 增加到 15L/min 时，各工程堆积体边坡土壤剥蚀率最大可增加 229 倍，最小为 3 倍。土石比和坡度相同时，小流量(5L/min)下紫色土堆积体边坡(7 小区)土壤剥蚀率大于黄壤(5 小区)，而大流量(10～15L/min)条件则相反，这说明放水流量增加对黄壤堆积体边坡侵蚀作用较强。

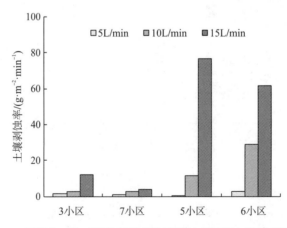

图 4.11　不同土石比工程堆积体的土壤剥蚀率随放水流量变化特征

(1)对不同土石比紫色土工程堆积体边坡而言(3 小区和 7 小区)，土壤剥蚀率表现为偏土质＞土石混合质，当放水流量为 5L/min、10L/min 和 15L/min 时偏土质边坡的土壤剥蚀率分别为土石混合质的 1.5 倍、1.1 倍和 3.3 倍，这主要是由于偏土质边坡具有较丰富细颗粒可作为径流侵蚀泥沙来源。

(2)对相同土石比黄壤工程堆积体而言(5 小区和 6 小区)，当流量为 5L/min 和 10L/min时土壤剥蚀率均以 40°堆积体边坡最大，其可为 35°堆积体边坡的 8.5 倍和 2.5 倍，而当流量为 15L/min 时则以 35°堆积体边坡最大，这说明在小流量条件下坡度越大，土壤侵蚀量可能越大。

土壤剥蚀率作为水力参数和土壤属性的函数，是土壤侵蚀预报模型中一个非常重要的参数。由图 4.12 可知，土壤剥蚀率随放水流量的增大而增加。工程堆积体土壤剥蚀率数值为 $9.570 \sim 4616.064 \mathrm{g \cdot m^{-2} \cdot min^{-1}}$。当放水流量由 10L/min 增加到 30L/min 时，堆积体边坡土壤剥蚀率最小可增加 42 倍，最大为 459 倍。土壤剥蚀率随坡度的变化不存在明显的变化规律，但在坡度为 30°、流量为 30L/min 时达到最大值，为 $4616.064 \mathrm{g \cdot m^{-2} \cdot min^{-1}}$。说明工程堆积体边坡土壤侵蚀以水力侵蚀为主，重力作用下的侵蚀为辅。

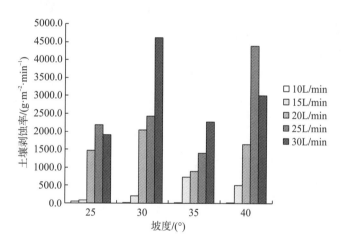

图 4.12　不同坡度不同放水流量下土壤剥蚀率特征

注：图中 25°为 9 小区，30°为 10 小区，35°为 11 小区，40°为 12 小区。

工程堆积体作为一种特殊的土石混合体，其物质组成和侵蚀动力特征具有特殊性。研究表明，工程堆积体通常物质组成不均匀、离散程度大、土石含量不等且植物根系和有机质缺乏(张乐涛等，2013；Peng et al.，2014)，这些均与原土差异较大。本研究中各堆积体边坡径流为紊流和缓流，而原土坡面流流态基本呈过渡流和紊流，这主要是土石混合体中石质存在增加了坡面粗糙度(Cerdà，2007)，土石比变化对土石混合体土体干密度、孔隙度及抗剪强度等物理力学性质影响很大(张宽地等，2014)。当粗粒(砾石、沙)质量分数高于 76%时，土石混合体抗剪强度由粗粒物质决定，当粗粒质量分数低于 56%时其抗剪强度由黏粒决定，而粗粒质量分数为 56%～76%时则由二者共同决定(程展林等，2007)。本章研究中紫色土工程堆积体小于 0.25mm 颗粒质量分数为 6.54%～12.93%，而黄壤堆积体为 43.26%~50.75%，因此其抗剪强度均由其黏粒含量决定。研究表明，土体受径流冲刷时黏聚力是第一个阻挠土体被径流破坏的力(Fattet et al.，2011)，而土体抗剪强度大小对水的作用非常敏感，含水率增加时其黏聚力会急剧下降，且块石存在影响着土石混合体内部应力场及变形破坏形式。因此土石混合体在径流侵蚀过程中其黏聚力会迅速降低，径流不断下切形成侵蚀沟，导致边坡发生严重侵蚀。由于工程堆积体物理力学性质的特殊性及复杂性，今后应重点关注工程堆积体边坡各种物理力学性质与土壤侵蚀的响应关系，为科学认识土石混合体边坡侵蚀机理、边坡土壤侵蚀模型提供理论依据。

4.3 工程堆积体边坡径流泥沙特征

4.3.1 边坡入渗特征

坡面土体入渗能力直接反映了坡面形成径流量及土壤侵蚀量的大小。降雨降落在坡面上，首先是在土体中下渗，当入渗量足够多时土体水分渐趋饱和或降雨强度超过土体入渗能力时，坡面上多余水量就会逐步汇集形成径流。选择典型小区分析工程堆积体边坡入渗率随冲刷时间的变化过程，结果见图 4.13，产流开始的时刻记为零。

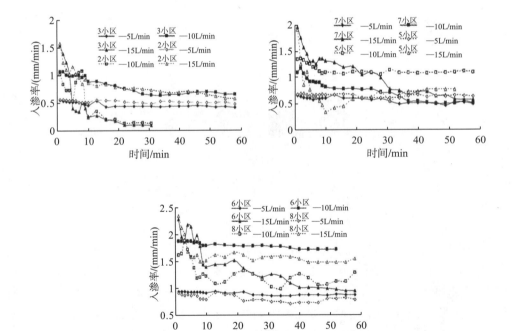

图 4.13 不同放水流量条件下不同边坡入渗率随冲刷时间的变化

各小区不同放水流量条件下工程堆积体入渗率的波动程度不同(图 4.13)。在小流量(5L/min)时，工程堆积体平均入渗率为 0.5~0.9mm/min，变化幅度仅为 10.25%~30.62%；

随着流量的增大，工程堆积体初始入渗率最大可达 2.3mm/min，前 10min 内入渗率骤减，其减小幅度为 83%；两种弃渣的稳定入渗率有一定差异，但均为 0.4～1.7mm/min。在相同坡度、含石量、流量条件下，紫色土和黄壤弃渣平均入渗率差异显著。当边坡坡度为 35°、含石量为 40% 时，紫色土弃渣平均入渗率可由 0.56mm/min（5L/min）增加到 0.74mm/min（10L/min）和 1.07mm/min（15L/min），黄壤弃渣平均入渗率依次为 0.64mm/min、1.13mm/min、1.53mm/min，40° 黄壤弃渣平均入渗率依次是 40° 紫色土弃渣的 0.90 倍、0.71 倍、1.12 倍，30° 黄壤弃渣平均入渗率最大可为 30° 紫色土弃渣的 1.72 倍。

对相同类型的边坡小区进行整理，得到不同类型边坡的土壤入渗率变化过程（图 4.14）。由图 4.14 可以看出，工程堆积体边坡入渗过程大致存在 3 个阶段，即迅速降低、缓慢降低和趋于稳定阶段。迅速降低阶段发生在产流的前 3min 内，此阶段由于堆积体初始含水率较低且土体对水分的吸力大，其初始入渗率较大而且随时间变化下降较快，这说明冲刷过程的前期产生径流量较小；缓慢降低阶段发生在 3～20min，堆积体边坡的入渗率随冲刷时间延长缓慢降低，这主要是由于堆积体边坡的土体逐渐趋于饱和，其所能蓄存及下渗的水量逐渐减少；稳定变化阶段发生在 20min 后，此时入渗率趋于一个稳定值，放水流量从 10L/min 增加到 30L/min 时，堆积体边坡的稳定入渗率依次为 0.938mm/min、1.420mm/min、1.569mm/min、2.014mm/min、2.013mm/min。

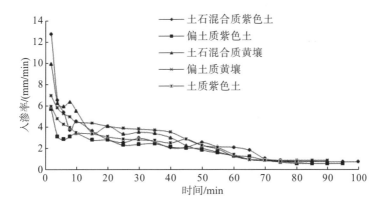

图 4.14　工程堆积体边坡入渗率随冲刷时间的变化

根据各种堆积体边坡的入渗率变化过程，分析可得到其在不同放水流量条件下的平均入渗率（表 4.2）。各种堆积体边坡平均入渗率总体上随放水流量的增加而增加；在相同土石比条件下，偏土质黄壤堆积体的平均入渗率均大于相应条件下的偏土质紫色土堆积体，而土石混合质黄壤堆积体在流量为 15L/min 时均小于土石混合质紫色土堆积体，在其他流量时变化不明显。就紫色土堆积体而言，小流量条件下（5L/min）土质堆积体的平均入渗率高于其偏土质及土石混合质，而在流量增加后，土质堆积体的平均入渗率小于其偏土质及土石混合质。对黄壤堆积体而言，不同流量条件下偏土质堆积体的平均入渗率高于其土石混合质，在流量为 5L/min 时，偏土质及土石混合质平均入渗率分别为 0.464mm/min 和

0.458mm/min，10L/min 时其分别为 0.888mm/min 和 0.780mm/min，而 15L/min 时其依次为 0.866mm/min 和 0.833mm/min。

表 4.2　不同堆积体在不同放水流量条件下的平均入渗率

边坡条件	小区编号	不同放水流量下入渗率/(mm/min)					
		5L/min	10L/min	15L/min	20L/min	25L/min	30L/min
土质紫色土	1	0.490	0.744	0.847	0.391	0.930	—
偏土质黄壤	2	0.464	0.888	0.866	—	—	—
偏土质紫色土	3	0.450	0.843	0.839	1.260	1.615	—
	4	0.459	0.295	0.547	0.880	—	—
土石混合质黄壤	5	0.482	0.882	0.794	—	—	—
	6	0.434	0.677	0.872	—	—	—
土石混合质紫色土	7	0.456	0.691	1.013	1.461	1.838	—
	8	0.468	0.784	0.887	1.161	1.165	—

注：表中"—"表示数据未测定。后同。

对平均入渗率与放水流量的统计分析(表 4.3)表明，平均入渗率与放水流量均呈幂函数关系，决定系数 R^2 均在 0.6 以上，回归效果显著。

表 4.3　不同边坡平均入渗率与放水流量的关系

边坡条件	小区编号	平均入渗率与放水流量的关系($K\sim Q$)	样本数 n	决定系数 R^2	F 值检验	Sig.
土质紫色土	1	$K=0.1648Q^{0.2368}$	5	0.646	8.462	0.044
偏土质黄壤	2	$K=0.2062Q^{0.4796}$	5	0.642	5.382	0.013
偏土质紫色土	3	$K=0.2572Q^{0.3846}$	5	0.794	2.739	0.037
	4	$K=0.3641Q^{0.3846}$	5	0.817	17.588	0.036
土石混合质黄壤	5	$K=0.1997Q^{0.753}$	5	0.988	244.274	0.001
	6	$K=0.3420Q^{0.5758}$	5	0.914	31.668	0.011
土石混合质紫色土	7	$K=0.1327Q^{0.8201}$	5	0.935	43.811	0.007
	8	$K=0.4329Q^{0.5094}$	5	0.792	11.439	0.043

4.3.2　边坡产流特征

径流既是坡面侵蚀发生的主要外营力，又是泥沙输移的载体。为揭示工程堆积体边坡产流量在冲刷过程中的动态变化过程，选择重庆市分布广泛的土石混合质紫色土堆积体进行产流率变化特征及其产流成因微观机制分析，具体如图 4.15 所示，产流开始的时刻记为零。

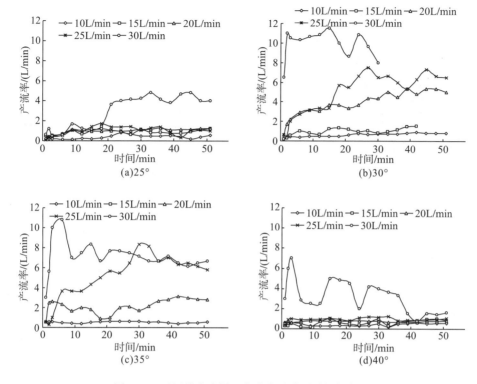

图4.15　不同放水流量下产流率随冲刷时间的变化

图中25°为9小区，30°为10小区，35°为11小区，40°为12小区

由图4.15可见，土石混合质堆积体产流率具有以下变化特征。

(1)不同放水流量下的堆积体边坡产流率随冲刷时间呈先增加后趋于稳定的变化趋势。

冲刷初期堆积体边坡表层含水率低、入渗大，故径流量小；随着时间延续，表层水分渐趋饱和、入渗减缓，径流量迅速增加，当达到稳渗阶段后，径流量就趋于一个常数上下波动，其中25°堆积体在放水流量为10~30L/min时趋于0.2~4L/min变化，30°堆积体趋于0.8~8L/min变化，35°堆积体趋于0.5~6.5L/min变化，而40°堆积体则趋于0.5~1.5L/min变化。

(2)不同放水流量下的产流过程存在不同程度的突变或波动且随放水流量增大而加剧。

边坡产流率突变发生在产流后的9min内，此时段为边坡侵蚀沟发育时期，侵蚀沟形成对产流率大小及产流率达到稳定的时间均有重要影响。侵蚀沟发育时径流开始沿细沟集中冲刷，产流率增大；冲刷过程中细沟沟壁两侧土体随机崩塌脱落阻塞水流，当径流汇集到一定程度后阻塞土石才被冲开，故产流率在冲刷过程中出现突变或波动现象。

(3)堆积体边坡产流率随放水流量增大而增大。

边坡条件保持不变时，入渗、蒸发等趋于恒定，放水流量越大则产流率越大。当放水流量为30L/min时，4种坡度条件下的堆积体均能达到产流率的最大值，其依次为4.833L/min、11.500L/min、10.800L/min、7.000L/min。放水流量较小时，水流流动慢、冲刷力弱，故水流只能将细小的土粒冲走，形成细沟的速度慢；同时，冲刷过程中细沟沟壁两侧土壤不断崩塌脱落，阻塞水流，致使入渗量增大，径流量减小，当径流汇集达到一定程度后，堵塞土壤才被径流冲开；放水流量较大时，水流流动快、冲刷力强，很快就会形成细沟，同时沟壁两侧坍塌土壤极易被水流冲走，故产流量大。因此，为防止径流沿途汇集冲刷工程堆积体坡面，生产建设项目可在弃渣场横坡向上设梯形边沟，利用其阶梯状坡面增加入渗并消能，减小径流量。

径流直接影响产沙量大小，是形成产沙的最基本条件，而边坡状况又直接影响堆积体边坡产流能力。为深入分析不同土石比堆积体之间产流变化的定量关系，本章定义径流率为单位时间内小区坡面产生的径流量，将各场冲刷试验测得各个时段内的径流率取平均值，得到不同堆积体平均径流率数值表。由表 4.4 可知，不同堆积体边坡的平均径流率随放水流量增大而增大，而不同堆积体之间差异较大；其他条件相同时，平均径流率随坡度增加呈先增加后减小的变化。就紫色土堆积体而言，当放水流量为 5L/min 时，不同土石比堆积体的平均径流率大小依次为土石混合质（0.459～0.545L/min）＞偏土质（0.341～0.431L/min）＞土质（0.104L/min）；当放水流量为 25L/min 时，平均径流率大小顺次变化与20L/min 的相同，即均以土质堆积体最大（19.441L/min），而土石混合质最小（0.942L/min）。对于黄壤堆积体而言，当放水流量较小时，偏土质堆积体径流率较土石混合质小，而当放水流量增加后则相反。结果表明，土石比对工程堆积体边坡平均径流率的影响随着放水流量增大而增强，放水流量从 5L/min 增加到 25L/min，25°土质堆积体的平均径流率增加了19.337L/min，增加量最大，而土石混合质堆积体的增加量最小。因此在重庆市降雨分布较为集中季节，各类生产建设项目应重视临时性水土保持措施布置，否则不仅会发生严重水土流失，还可能发生诱发性崩塌、滑坡和泥石流，对周边地区水土资源造成巨大危害和破坏（史东梅等，2008；Shi et al.，2021）。

表 4.4　不同堆积体在不同放水流量条件下的平均径流率

边坡条件	小区编号	不同放水流量下径流率/（L/min）					
		5L/min	10L/min	15L/min	20L/min	25L/min	30L/min
土质紫色土	1	0.104	2.560	6.530	16.090	19.441	—
偏土质黄壤	2	0.249	2.953	9.980	—	—	—
偏土质紫色土	3	0.341	1.575	6.873	7.397	8.850	—
	4	0.431	7.051	9.530	11.197	—	—
土石混合质黄壤	5	0.183	1.117	7.059	—	—	—
	6	0.755	3.261	6.281	—	—	—
土石混合质紫色土	7	0.459	3.090	4.870	5.395	6.619	—
	8	0.545	3.913	7.159	8.390	13.353	—
	9	—	0.378	0.855	0.968	0.992	2.879
	10	—	0.618	0.953	3.788	4.859	9.875
	11	—	0.537		2.144	4.993	7.118
	12	—	0.447	0.604	0.719	0.942	3.272

　　为揭示不同物质来源及土石比条件的工程堆积体边坡产流过程的差异性,本章选择中流量(15L/min)条件下的累积产流量进行产流过程分析。由不同土石比的工程堆积体边坡累积产流量变化过程(图 4.16)可知,各工程堆积体边坡累积产流量均随冲刷时间呈线性关系增加,其增长率按堆积体边坡顺序依次为 5.824L/min、10.812L/min、5.552L/min、7.339L/min、6.580L/min、8.027L/min,具体表现为以下几方面。

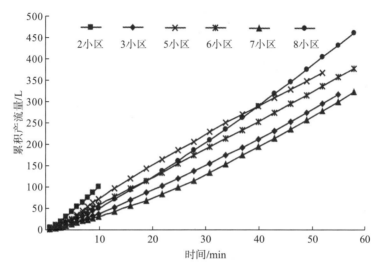

图 4.16　不同土石比的工程堆积体边坡累积产流量变化过程

　　(1)土石比及地形条件相同时,黄壤工程堆积体边坡的累积径流量大于紫色土(除 8 小区外)。当土石比为 4∶1 时,紫色土堆积体边坡累积产流量随冲刷时间的增长率(5.824L/min)仅为黄壤(10.812L/min)的一半左右;当土石比为 3∶2 时,35°紫色土堆积体边坡累积产流量增长率低于黄壤,40°时则相反,这表明含石量较少时土石比对产流量的影响较大,而含石量较大时地形条件对产流量的影响较大。

　　(2)对黄壤工程堆积体而言,偏土质堆积体边坡的累积产流量明显高于土石混合质,其累积产流量增长率可为土石混合质的 1.47～1.94 倍,说明偏土质堆积体边坡较土石混合质更易发生侵蚀。

　　(3)对紫色土工程堆积体而言,累积产流量随土石比的变化关系不明显,这主要由于紫色土堆积体边坡黏粒含量大,其颗粒间胶结形成的大团粒较多。因此,在实践生产中应加强对工程堆积体坡面的水土保持措施,在雨季来临前提前做好工程堆积体边坡排水措施及增加边坡入渗、减小径流的措施布置(史东梅等,2008),尤其应注重大雨强条件下的坡面及时防护,尽可能地分散坡面地表径流,以最大限度地减小短历时、高强度径流所造成的松散堆积体的水土流失。

　　对相同物质组成和堆放坡度的工程堆积体边坡产流而言,放水流量是影响坡面产流率的主要因素。分析不同工程堆积体边坡产流率与放水流量的关系(表 4.5)可知,不同工程堆积体边坡产流率与放水流量均呈线性关系,决定系数 R^2 均在 0.79 以上,$F > F(1,5)_{0.05} = 6.61$,说明产流率与放水流量达到了 0.05 水平的显著相关。

表 4.5　不同工程堆积体边坡产流率与放水流量的关系

边坡条件	小区编号	产流率与放水流量的关系($W\sim Q$)	样本数 n	决定系数 R^2	F 值检验	Sig.F
土质紫色土	1	$W=1.0886Q-6.7413$	5	0.970	96.267	0.002
偏土质黄壤	2	$W=1.0032Q-5.3342$	5	0.976	119.076	0.002
偏土质紫色土	3	$W=0.5016Q-2.2275$	5	0.972	108.189	0.002
	4	$W=0.6413Q-3.5678$	5	0.937	44.603	0.007
土石混合质黄壤	5	$W=0.5646Q-3.5523$	5	0.796	11.737	0.042
	6	$W=0.6133Q-2.7133$	5	0.962	77.340	0.003
土石混合质紫色土	7	$W=0.284Q+0.1511$	5	0.880	21.942	0.018
	8	$W=0.7164Q-4.3205$	5	0.931	40.711	0.008

注：表中 W 为产流率，L/min；Q 为放水流量，L/min。

4.3.3　边坡产沙特征

　　径流是泥沙输移的载体，径流量的大小、流速都影响径流对泥沙的载运能力。工程堆积体边坡在径流冲刷作用下极易发生片蚀和细沟侵蚀。受径流及其边坡条件影响，其产沙过程较产流过程更为复杂。通过对每场冲刷试验泥沙样品径流含沙量的测定，分析得到不同放水流量下产沙率随冲刷时间的变化趋势如图 4.17 所示，产沙开始的时刻记为零。

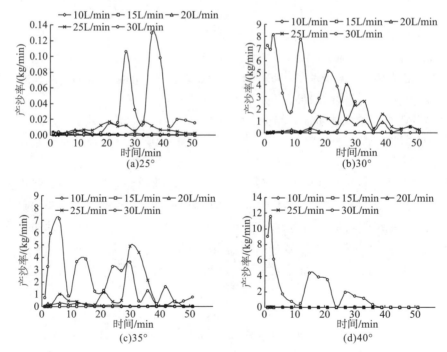

图 4.17　不同放水流量下产沙率随冲刷时间的变化
图中 25°为 9 小区，30°为 10 小区，35°为 11 小区，40°为 12 小区

从图 4.17 可见放水流量为 10L/min、15L/min、20L/min、25L/min、30L/min 时，产沙过程同径流变化过程一样，均存在波动现象，边坡产沙过程呈现出多峰多谷特点且波动程度随放水流量增大而增强；在径流冲刷过程中，产沙率总体上随冲刷时间延续呈先增加后减小趋势，而在冲刷过程 42min 后产沙量趋于稳定。这主要是冲刷后期水土界面侵蚀颗粒减少且石砾化程度增加，边坡产沙率趋于稳定，其中 25°堆积体趋于 0～0.02kg/min，30°堆积体趋于 0～1.5kg/min，35°堆积体趋于 0～1.6kg/min，而 40°堆积体趋于 0.01kg/min 以下变化。

(1) 小流量(10～15L/min)条件下，土石质边坡产沙率波动幅度小。此时，坡面来水量小、水层薄，流速慢，水质点由于边坡凸起物阻挡形成绕流，水流没有固定路径；坡面形成的侵蚀沟条数多(5～8 条)，侵蚀沟宽深比较小(0.67～1.0)，因此其产沙率比较稳定。

(2) 中流量(20L/min)条件下，产沙率表现为波动幅度增加。在产流后 9min 内发生产沙率突变现象，表明侵蚀沟形成对产流率大小及产流率稳定时间均有重要影响。在冲刷过程中，片流汇集成股状水流向坡下流动，股流具有更强的冲刷力并使得差异性侵蚀不断加大；当超过其土体的抗冲刷能力并足以破坏表层结皮后，迅速下切形成细沟，导致坡面侵蚀量增加，产沙率呈现出波动现象。此时坡面形成的侵蚀沟数量较少(3～5 条)，细沟宽深比为 2～10。

(3) 大流量(25～30L/min)条件下，产沙率则表现为剧烈波动。边坡侵蚀沟发育迅速，而侵蚀沟条数少(小于 3 条)、细沟宽深比大(大于 2.14)，且细沟侵蚀过程中沟壁两侧土壤随机塌落被径流冲走，导致产沙量急剧增加，因此产沙率波动剧烈。产沙率随放水流量发生的这种变化，一是由于放水流量的增加增强了边坡径流强度，二是由于放水流量增加时，坡面径流冲刷力及挟沙能力相对增强，坡面侵蚀沟发育时间相对缩短且侵蚀沟发育迅速，因此造成坡面产沙量随放水流量增大而迅速增加。

侵蚀速率为单位时间内坡面产沙量，在径流输沙诸多特征中最能直观地体现各时段的侵蚀强烈程度，可反映径流冲刷作用下不同工程堆积体边坡的侵蚀发育过程(Croke and Mockler，2001；陈卓鑫等，2019)。根据侵蚀速率过程线波动程度，并参照于国强等(2010)的研究，将不同放水流量条件下侵蚀速率随冲刷时间的变化过程划分为突变期、活跃期和稳定期三个阶段(图 4.18)。

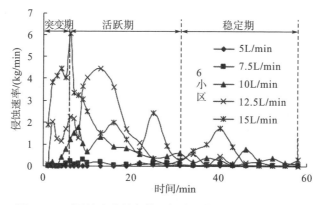

图 4.18　不同放水流量条件下侵蚀速率随冲刷时间的变化

(1) 突变期。该阶段发生在产流初期(0～6min),以坡面面蚀为主。随着放水流量增大,径流侵蚀动力及挟沙能力明显增强,工程堆积体侵蚀速率突变愈加明显且发生更早,其突变值为 0.21～4.21kg/min。

(2) 活跃期。该阶段发生在产流后 6～31min,为面蚀向细沟侵蚀过渡阶段。放水流量为 15L/min 条件下工程堆积体侵蚀速率由 6.07kg/min 减小至 2.50kg/min。随后由于侵蚀沟形成与坍塌发育,降低了坡面供沙能力,侵蚀速率减小并伴有多个峰谷值。

(3) 稳定期。在产流 31min 后,由于侵蚀沟发育成熟,工程堆积体边坡形态基本稳定,产沙量趋于稳定。

径流是形成产沙的最主要条件,径流量和边坡状况共同决定产沙量大小。放水流量越大,单位径流量所造成的土壤侵蚀量也就越大。与径流率变化相似,产沙率为单位时间内小区坡面产生的泥沙量。表 4.6 为不同土石比堆积体边坡在不同放水流量条件下的平均产沙率。由表 4.6 可知,不同土石比堆积体的平均产沙率随放水流量增大而增大,而不同堆积体之间差异较大;其他条件相同时,平均产沙率随着坡度的增加呈先增加后减小的变化。就紫色土堆积体而言,当放水流量为 5L/min 时,不同堆积体的平均产沙率大小顺次变化与同一放水流量下平均径流率相同,即土石混合质紫色土(0.003kg/min)＞偏土质(0～0.001kg/min)＞土质,表现出水大沙大的一般特征;而当放水流量为 25L/min 时,平均产沙率大小依次为土质(7.200kg/min)＞偏土质(2.807kg/min)＞土石混合质(0.007～1.064kg/min)。对于黄壤堆积体而言,平均产沙率在小流量时以坡度较大或坡长较短的土石混合质堆积体较大,而坡度较小或坡长较长的偏土质堆积体较小;当水流量较大时(如 15L/min),平均产沙率则以偏土质堆积体较大。工程堆积体物质组成(土石比)对其泥沙流失量起着决定性的作用,因此在生产建设项目水土保持工作中应对土质、偏土质、土石混合质等不同物质组成的工程堆积体进行分类防治,以加快弃渣场水土保持生态恢复速度和程度。

表 4.6   工程堆积体边坡在不同放水流量条件下的平均产沙率

边坡条件	小区编号	不同放水流量下产沙率/(kg/min)					
		5L/min	10L/min	15L/min	20L/min	25L/min	30L/min
土质紫色土	1	0	0.058	0.419	3.247	7.200	—
偏土质黄壤	2	0	1.332	9.414	—	—	—
偏土质紫色土	3	0	0.021	0.891	1.271	2.807	—
	4	0.001	1.231	2.472	3.407		
土石混合质黄壤	5	0	0.182	3.253			
	6	0.024	0.585	1.933	—	—	—
土石混合质紫色土	7	0.003	0.070	0.202	0.436	1.064	
	8	0.003	0.018	0.226	0.410	0.669	—
	9	—	0	0.001	0.002	0.007	0.026
	10	—	0	0.001	0.330	0.858	4.359
	11	—	0.003	0.009	0.110	0.869	2.249
	12	—	0.001	0.003	0.009	0.016	2.427

为分析不同物质来源及土石比的工程堆积体产沙量差异性,同样选择 15L/min 放水流量条件下的累积产沙量进行产沙过程分析。由不同土石比的工程堆积体边坡累积产沙量变化特征(图 4.19)可知,各工程堆积体边坡的累积产沙量随冲刷时间呈非线性关系变化,其冲刷模数(即单位面积和单位时间内被径流冲刷剥蚀并发生位移的土壤侵蚀量)(史东梅等,2015)按边坡顺序依次为 $0.130kg/(m^2 \cdot min)$、$1.177kg/(m^2 \cdot min)$、$0.040kg/(m^2 \cdot min)$、$0.397kg/(m^2 \cdot min)$、$0.335kg/(m^2 \cdot min)$ 和 $0.062kg/(m^2 \cdot min)$。

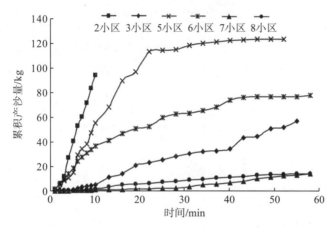

图 4.19　不同土石比的工程堆积体边坡累积产沙量变化特征

(1)对黄壤工程堆积体而言,偏土质工程堆积体(2 小区)边坡的累积产沙量明显高于土石混合质(5 小区和 6 小区),冲刷时间均为 10min 时,2 小区、5 小区和 6 小区堆积体边坡的累积产沙量分别为 94.13kg、55.199kg 和 36.569kg,偏土质边坡累积产沙量可为土石混合质边坡的 1.7~2.6 倍,表明含石量较少的边坡侵蚀剧烈。

(2)对紫色土工程堆积体而言,偏土质工程堆积体(3 小区)边坡的累积产沙量也明显高于土石混合质(7 小区和 8 小区),冲刷时间均为 10min 时,3 小区、7 小区和 8 小区堆积体边坡的累积产沙量依次为 4.907kg、0.885kg 和 1.647kg。因此,生产实践中应重点对土质含量较多的工程堆积体边坡进行水土保持措施的布置,以防发生严重侵蚀。

(3)黄壤工程堆积体边坡的累积产沙量明显高于紫色土,因此生产建设项目在布置各种水土保持措施时应区别对待这两种类型工程堆积体。冲刷初期,累积产沙量呈增加趋势;冲刷后期,水土界面侵蚀颗粒减少且石砾化程度增加,边坡累积产沙量趋于稳定。综合以上分析表明,放水流量是决定边坡侵蚀产沙量的主要因素,而土石比是影响边坡侵蚀产沙量的重要因素。因此,生产建设项目应在雨季前做好工程堆积体边坡防护措施,以保存足够细粒成分为后期植物生长和生态恢复提供物质和养分条件。

4.3.4　边坡水沙关系

灰色关联分析是基于行为因子序列的微观或宏观几何接近,以分析和确定因子之间的影响程度或其对主行为的贡献测度(Peng et al.,2014)。为分析各水动力学参数与边坡产沙量的关联程度，此处不考虑边坡条件对产沙量的影响，以平均产沙率为参考系列，以各水动力学参数为比较系列，运用灰色关联分析法对各水动力学参数与产沙量进行分析，其原始数据见表 4.7。

表 4.7　工程堆积体边坡产沙率与水动力学参数变化

产沙率 /(kg/min) χ_0	放水流量 /(L/min) χ_1	流速 /(m/s) χ_2	流深 /cm χ_3	流宽 /cm χ_4	雷诺数 χ_5	弗劳德数 χ_6	阻力系数 χ_7	径流剪切力 /Pa χ_8	径流功率 /(N·m^{-1}·s^{-1}) χ_9
0.000	5	0.187	0.817	29.250	1555	0.660	8.558	37.368	6.980
0.058	10	0.307	1.367	27.476	3876	0.839	5.297	65.732	20.188
0.000	5	0.207	0.737	20.900	1591	0.770	7.793	33.690	6.969
0.284	7.5	0.217	0.887	42.133	1823.000	0.736	8.517	45.824	9.947
0.003	5	0.184	0.885	35.955	1658	0.624	11.849	40.680	7.479
0.021	10	0.208	1.067	43.833	2209	0.644	11.146	49.486	10.300
0.891	15	0.232	0.992	55.583	2176	0.743	8.360	50.701	11.748
1.271	20	0.281	0.983	71.042	2421	0.904	5.648	51.982	14.593
1.231	10	0.188	0.529	81.188	849	0.824	8.240	44.571	10.613
0.000	5	0.155	0.711	45.534	1097	0.587	16.254	32.556	5.045
0.002	7.5	0.212	0.475	54.625	907	0.984	8.789	22.000	4.669
0.182	10	0.219	0.533	51.250	1135	0.958	6.099	27.632	6.054
0.488	12.5	0.226	0.565	82.238	1122	0.963	6.045	31.069	7.036
3.253	15	0.309	0.733	42.667	1716	0.921	6.597	47.337	11.694
0.024	5	0.161	0.700	49.323	1150	0.616	14.786	32.822	5.291
0.077	7.5	0.201	0.571	53.417	1084	0.848	9.340	28.233	5.661
0.585	10	0.226	0.642	61.474	1481	0.902	8.248	34.859	7.888
1.259	12.5	0.263	0.722	69.167	1665	0.988	6.870	41.183	10.830
1.933	15	0.318	0.933	70.000	2254	0.887	8.525	57.154	15.339
0.003	5	0.184	0.772	53.389	1416	0.670	12.481	35.525	6.547
0.070	10	0.187	0.904	52.833	1719	0.627	14.252	42.291	7.890
0.202	15	0.201	1.132	82.619	2154	0.603	15.396	53.600	10.769
0.436	20	0.239	1.333	76.481	2864	0.660	12.849	65.422	15.614
1.064	25	0.239	1.154	96.708	2356	0.711	11.095	61.413	14.676
0.018	10	0.168	0.967	40.333	1535	0.545	22.627	44.232	7.415
0.226	15	0.275	0.813	80.792	2282	0.976	7.042	38.311	10.554
0.000	10	0.143	6.094	35.175	1010	0.602	12.931	25.280	3.671
0.001	15	0.110	6.018	57.544	848	0.477	21.123	24.968	3.155
0.002	20	0.137	8.240	50.158	1367	0.492	19.710	34.244	5.210
0.007	25	0.219	8.175	38.509	2212	0.783	6.891	34.129	8.093
0.026	30	0.243	8.982	31.860	2623	0.826	6.635	37.519	9.599
0.000	10	0.120	5.871	38.281	924	0.539	15.526	28.816	3.885
0.001	15	0.147	5.465	52.771	1026	0.644	18.072	26.868	4.232

续表

产沙率 /(kg/min) χ_0	放水流量 /(L/min) χ_1	流速 /(m/s) χ_2	流深 /cm χ_3	流宽 /cm χ_4	雷诺数 χ_5	弗劳 德数 χ_6	阻力 系数 χ_7	径流剪切力 /Pa χ_8	径流功率 /(N·m^{-1}·s^{-1}) χ_9
0.330	20	0.210	8.187	37.158	1958	0.768	8.114	43.249	9.299
0.858	25	0.241	9.731	31.351	2784	0.809	7.801	54.900	14.123
4.359	30	0.295	10.778	52.000	3484	0.944	5.728	75.595	21.966
0.003	10	0.103	6.520	25.439	928	0.413	47.579	36.893	4.404
0.009	15	0.183	7.556	34.667	1716	0.686	10.101	43.556	8.478
0.110	20	0.183	7.456	30.175	1670	0.710	12.665	44.505	8.541
0.869	25	0.223	7.860	38.719	2008	0.808	9.036	50.650	11.892
2.249	30	0.280	9.257	36.737	3010	0.940	5.992	67.054	19.140
0.001	10	0.142	8.556	9.298	1484	0.506	22.402	54.014	8.396
0.003	15	0.151	9.371	20.123	1787	0.508	21.811	59.364	9.703
0.009	20	0.119	8.936	15.070	1225	0.442	39.532	57.048	7.009
0.016	25	0.137	8.070	27.667	1364	0.485	31.860	51.786	7.860
2.427	30	0.151	9.298	29.719	1685	0.507	44.671	83.743	13.672

由于产沙率与水动力学参数单位存在差异，根据灰色关联分析法标准化的原理，可获得所有试验条件下产沙量与水动力学参数的初值化特征值(表 4.8)和关联度(表 4.9)。

表 4.8　产沙量与水动力学参数的初值化特征值

产沙率 χ_0	放水流量 χ_1	流速 χ_2	流深 χ_3	流宽 χ_4	雷诺数 χ_5	弗劳德数 χ_6	阻力系数 χ_7	径流剪切力 χ_8	径流功率 χ_9
0.000	0.335	0.922	0.206	0.622	0.881	0.918	0.624	0.839	0.740
0.107	0.669	1.513	0.345	0.584	2.196	1.167	0.386	1.475	2.139
0.000	0.335	1.020	0.186	0.445	0.901	1.071	0.568	0.756	0.738
0.525	0.502	1.070	0.224	0.896	1.033	1.023	0.621	1.028	1.054
0.005	0.335	0.907	0.223	0.765	0.939	0.868	0.864	0.913	0.792
0.039	0.669	1.025	0.269	0.932	1.251	0.896	0.813	1.110	1.091
1.649	1.004	1.144	0.250	1.182	1.233	1.033	0.610	1.138	1.245
2.352	1.338	1.385	0.248	1.511	1.371	1.257	0.412	1.167	1.546
2.278	0.669	0.927	0.133	1.727	0.481	1.146	0.601	1.000	1.125
0.001	0.335	0.764	0.179	0.969	0.621	0.816	1.185	0.731	0.535
0.004	0.502	1.045	0.120	1.162	0.514	1.368	0.641	0.494	0.495
0.337	0.669	1.080	0.134	1.090	0.643	1.332	0.445	0.620	0.641
0.903	0.836	1.114	0.143	1.749	0.636	1.339	0.441	0.697	0.746
6.019	1.004	1.523	0.185	0.908	0.972	1.281	0.481	1.062	1.239
0.044	0.335	0.794	0.177	1.049	0.651	0.857	1.078	0.737	0.561
0.142	0.502	0.991	0.144	1.136	0.614	1.179	0.681	0.634	0.600
1.082	0.669	1.114	0.162	1.308	0.839	1.254	0.601	0.782	0.836

产沙率 χ_0	放水流量 χ_1	流速 χ_2	流深 χ_3	流宽 χ_4	雷诺数 χ_5	弗劳德数 χ_6	阻力系数 χ_7	径流剪切力 χ_8	径流功率 χ_9
2.329	0.836	1.297	0.182	1.471	0.943	1.374	0.501	0.924	1.148
3.576	1.004	1.568	0.235	1.489	1.277	1.233	0.622	1.283	1.625
0.006	0.335	0.907	0.195	1.136	0.802	0.932	0.910	0.797	0.694
0.130	0.669	0.922	0.228	1.124	0.974	0.872	1.039	0.949	0.836
0.374	1.004	0.991	0.286	1.757	1.220	0.839	1.123	1.203	1.141
0.807	1.338	1.178	0.336	1.627	1.622	0.918	0.937	1.468	1.654
1.969	1.673	1.178	0.291	2.057	1.335	0.989	0.809	1.378	1.555
0.033	0.669	0.828	0.244	0.858	0.869	0.758	1.650	0.993	0.786
0.418	1.004	1.356	0.205	1.718	1.293	1.357	0.513	0.860	1.118
0.000	0.669	0.705	1.537	0.748	0.572	0.837	0.943	0.567	0.389
0.002	1.004	0.542	1.518	1.224	0.480	0.663	1.540	0.560	0.334
0.004	1.338	0.675	2.079	1.067	0.774	0.684	1.437	0.768	0.552
0.013	1.673	1.080	2.062	0.819	1.253	1.089	0.502	0.766	0.858
0.048	2.007	1.198	2.266	0.678	1.486	1.149	0.484	0.842	1.017
0.000	0.669	0.592	1.481	0.814	0.523	0.750	1.132	0.647	0.412
0.002	1.004	0.725	1.379	1.122	0.581	0.896	1.318	0.603	0.448
0.611	1.338	1.035	2.065	0.790	1.109	1.068	0.592	0.971	0.985
1.587	1.673	1.188	2.455	0.667	1.577	1.125	0.569	1.232	1.497
8.065	2.007	1.454	2.719	1.106	1.974	1.313	0.418	1.696	2.328
0.006	0.669	0.508	1.645	0.541	0.526	0.574	3.469	0.828	0.467
0.017	1.004	0.902	1.906	0.737	0.972	0.954	0.737	0.977	0.898
0.204	1.338	0.902	1.881	0.642	0.946	0.987	0.923	0.999	0.905
1.608	1.673	1.099	1.983	0.824	1.137	1.124	0.659	1.137	1.260
4.161	2.007	1.380	2.335	0.781	1.705	1.307	0.437	1.505	2.028
0.002	0.669	0.700	2.158	0.198	0.841	0.704	1.633	1.212	0.890
0.006	1.004	0.744	2.364	0.428	1.012	0.706	1.590	1.332	1.028
0.017	1.338	0.587	2.254	0.321	0.694	0.615	2.882	1.280	0.743
0.030	1.673	0.675	2.036	0.588	0.773	0.674	2.323	1.162	0.833
4.490	2.007	0.744	2.346	0.632	0.954	0.705	3.257	1.879	1.449

表 4.9　产沙量与水动力学参数的关联度

γ_Q	γ_v	γ_h	γ_b	γ_{Re}	γ_{Fr}	γ_f	γ_τ	γ_P
0.928	0.544	0.623	0.578	0.525	0.518	0.546	0.529	0.540

由此可见,各水动力学参数对边坡产沙量的关联度为 $\gamma_Q > \gamma_h > \gamma_b > \gamma_f > \gamma_v > \gamma_p > \gamma_\tau > \gamma_{Re} > \gamma_{Fr}$,其关联度主要集中在 0.518～0.928 变化。各水动力学参数与边坡侵蚀产沙量均有一定关系,其中放水流量对边坡侵蚀产沙量影响最大,径流深及流宽对侵蚀产沙量影响仅次

于放水流量，说明在一定放水流量条件下工程堆积体侵蚀沟形成对产沙量有重要影响。

根据关联度的计算值，可用与边坡产沙量（M）关系最为密切的放水流量（Q）来建立侵蚀产沙量预测关系式，其结果见图 4.20。可以看出，产沙量与放水流量呈幂函数关系变化，幂指数为 3.029，大于 1，其关系式如下。

$$M=0.007Q^{3.029}\ (R^2=0.602；F=56.751；Sig.=0.000)$$

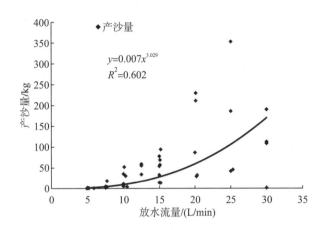

图 4.20　边坡产沙量与放水流量的关系

工程堆积体边坡产沙量随放水流量呈幂函数增加，这种变化表明各种边坡条件的工程堆积体在遇较大暴雨且上方汇水面积较大时边坡将产生更大泥沙量，因此生产建设项目应在雨季来临前提前做好弃渣场排水措施及增加边坡入渗、减小径流的措施布置。

为深入分析不同边坡条件下的工程堆积体坡面产沙量和放水流量之间的定量关系，基于不同土石比、坡度、坡长等条件下的放水冲刷试验数据，利用 SPSS 进行回归分析，建立了不同工程堆积体边坡产沙量与放水流量的经验方程列于表 4.10，其中 M 表示产沙量（kg），Q 表示放水流量（L/min）。由表 4.10 可知，各边坡的产沙量与放水流量仍呈显著或极显著的幂函数关系。产沙量发生的这种变化，一是由于放水流量的增加增强了边坡径流强度，二是由于放水流量增加时，坡面径流冲刷力及挟沙能力相对增强，坡面侵蚀沟发育时间相对缩短且侵蚀沟发育迅速，造成坡面产沙量随放水流量增大而迅速增加（Peng et al.，2014；彭旭东，2015）。这些方程虽然未直接体现出产沙量与土石比、坡度、坡长的定量关系，但仍可用于工程堆积体水土流失状况的定量评价，也有助于深入理解工程堆积体边坡侵蚀过程。

表 4.10　不同工程堆积体边坡径流产沙量与放水流量的经验方程

边坡条件	小区编号	产沙量与放水流量的经验方程	R^2	F	Sig.
土质紫色土	1	$M=0.001Q^{3.939}$	0.971	99.991	0.002
偏土质黄壤	2	$M=0.002Q^{4.040}$	0.910	30.193	0.012
偏土质 紫色土	3	$M=0.008Q^{3.146}$	0.992	355.306	0.000
	4	$M=0.0007Q^{4.305}$	0.911	30.508	0.012

边坡条件	小区编号	产沙量与放水流量的经验方程	R^2	F	Sig.
土石混合质黄壤	5	$M=0.002Q^{3.747}$	0.993	421.027	0.000
	6	$M=0.001Q^{4.222}$	0.967	87.151	0.003
土石混合质紫色土	7	$M=0.021Q^{2.385}$	0.987	223.945	0.001
	8	$M=0.012Q^{2.586}$	0.988	237.901	0.001
	9	$M=0.032Q^{1.146}$	0.968	90.609	0.002
	10	$M=0.0001Q^{4.178}$	0.993	439.307	0.000
	11	$M=0.0002Q^{3.983}$	0.860	18.352	0.023
	12	$M=0.0002Q^{4.1306}$	0.931	40.545	0.008

侵蚀泥沙颗粒是直接反映坡面侵蚀变化过程的因子,揭示冲刷过程中最易侵蚀的泥沙颗粒分布特征,对工程堆积体的生态恢复与重建具有重要指导意义。由图 4.21 可知,在不同水力冲刷条件下侵蚀泥沙颗粒粒径分布差异性明显,紫色土弃渣的最大侵蚀泥沙颗粒均大于黄壤。黄壤弃渣边坡(5 小区)在不同放水流量条件下的侵蚀泥沙颗粒均主要分布在 0.1~0.5mm(77.76%以上),边坡侵蚀颗粒最大粒级为 10~20mm。而紫色土弃渣边坡(7 小区)侵蚀泥沙颗粒粒径主要分布在 2~10mm(54.06%~59.18%),并随着放水流量增大对大颗粒弃渣搬运能力增强,侵蚀泥沙颗粒的分布特征趋于坡面原始颗粒,造成弃渣堆积体坡面粗化现象更明显。

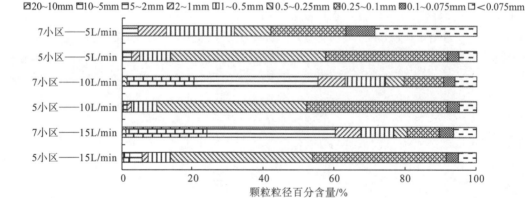

图 4.21   不同放水流量条件下侵蚀泥沙颗粒分布

4.3.5   放水冲刷法的应用

根据试验设计的放水流量,对生产建设项目工程堆积体 8 个小区进行了 41 场放水冲刷试验,研究工程堆积体边坡侵蚀机理,获得坡面土壤侵蚀模数(土壤侵蚀强度),定量分析坡面土壤侵蚀模数的影响因素,除去部分影响因素(坡度和坡长),通过单因素和多因素相关性分析,建立合适的工程堆积体水土流失预测模型。本试验通过设计不同的土石比、坡度、坡长及土壤类型模拟实际工程堆积体的不同下垫面条件,通过相关计算模型可获得不同放水流量下土壤侵蚀模数(表 4.11)。

表 4.11　不同工程堆积体边坡土壤侵蚀模数　　　　　　　　(单位：t/km^2)

边坡条件	小区编号	不同放水流量下的土壤侵蚀模数							
		5L/min	6L/min	7.5L/min	10L/min	12.5L/min	15L/min	20L/min	25L/min
土质紫色土	1	0.93	—	—	543.53	—	3 304.45	22 946.94	35 310.71
偏土质黄壤	2	55.35	397.92	2 569.89	7 453.63	7 483.71	12 282.39	—	—
偏土质紫色土	3	29.90	—	—	203.245	—	5 501.46	10 921.79	23 383.94
	4	8.05	—	244.48	6 506.25	—	8 587.99	26 406.19	—
土石混合质黄壤	5	4.21	—	196.70	2 637.48	6 497.35	21 290.72	—	—
	6	825.20	—	1 265.89	8 500.10	15 381.77	19 938.75	—	—
土石混合质紫色土	7	90.50	—	—	936.79	—	2 577.95	5 651.02	7 323.69
	8	14.73	—	—	46.47	—	4 315.77	8 125.11	12 543.45

注："—"表示该试验条件无数据。在生产实践中,可以通过查阅本表,选择合适堆积体下垫面条件和侵蚀动力条件(降雨量及降雨强度),获得基本土壤侵蚀模数。

　　降雨径流是土壤侵蚀产沙的最主要动力因素,尤以径流冲刷影响最大,不同的放水流量模拟不同的侵蚀动力条件;同时不同的下垫面条件也直接影响土壤侵蚀过程。不同边坡条件下,黄壤堆积体土壤侵蚀模数明显比紫色土大(表 4.11),这主要由于黄壤黏聚力小,颗粒之间黏性较差,在冲刷过程中更加容易形成侵蚀沟。在 15L/min 的放水流量条件下,小区冲刷前 2min 开始形成侵蚀沟,且沿着纵向、横向、深度三个不同方向扩张,形成较大的侵蚀危害,随着放水时间持续,黄壤表层达到了冲刷的极端条件,小区大部分表层土壤被冲刷,造成严重的危害。基于野外调查结果,根据工程堆积体自然休止角设计了不同边坡坡度,结果显示随着坡度增加其土壤侵蚀模数也增大,说明坡度与土壤侵蚀模数存在正相关关系。工程堆积体土壤侵蚀模数与其边坡条件有关,在同样侵蚀动力条件下,边坡条件差异使不同工程堆积体土壤侵蚀强度存在差异。

　　由表 4.12 可知,随着放水流量增加,不同工程堆积体边坡侵蚀动力增加,土壤侵蚀模数也对应增加,各边坡小区土壤侵蚀模数与放水流量之间存在一定关系,即 $M = f(Q)$；由于放水流量是通过降雨强度计算而来,所以可通过转换获得土壤侵蚀模数与降雨量之间的关系,即 $M = f(P)$。基于回归分析,不同工程堆积体边坡土壤侵蚀模数与放水流量、降雨量的关系式见表 4.13。

表 4.12 不同工程堆积体边坡野外放水冲刷试验参数变化特征

边坡条件	小区编号	水温/℃	放水流量/(L/min)	相当降雨量/mm	入渗量/(L/min)	渣土容重/紧实度/(g/cm³)	渣土前期含水率/%	土壤侵蚀模数/(t/km²)
土质紫色土	1	21	5.2	162.96	5.18	1.442	13.11	0.93
		20	10.0	180.5	9.03	1.438	12.32	543.53
		17	15.0	170.50	11.08	1.407	14.65	3 304.45
		15	20.1	137.60	5.64	1.570	13.53	22 946.94
		14	25.0	132.25	8.29	1.441	11.76	35 310.71
偏土质黄壤	2	22	5.2	116.91	5.11	1.323	11.32	55.35
		14	6.2	70.54	5.69	1.348	9.31	397.92
		18	7.7	68.88	6.16	1.283	12.40	2 569.89
		20	10.0	40.00	6.75	1.301	9.94	7 453.63
		15	12.5	24.64	7.69	1.322	12.10	7 483.71
		17	15.2	22.81	7.00	1.355	12.65	12 282.39
偏土质紫色土	3	21	4.96	69.26	4.63	1.437	14.38	29.90
		20	10.0	124.33	9.22	1.511	15.15	203.25
		18	15.1	127.50	10.47	1.507	15.76	5 501.46
		15	20.0	163.42	12.49	1.347	15.08	10 921.79
		13	25.0	198.44	16.02	1.342	14.84	13 685.09
	4	22	4.9	57.08	4.64	1.469	14.38	8.05
		14	7.5	64.88	6.92	1.482	13.50	244.48
		20	10.1	91.25	4.37	1.483	10.52	6 506.25
		18	15.1	128.50	10.59	1.474	12.33	8 587.99
		16	20.1	166.58	9.77	1.550	12.19	26 406.19
土石混合质黄壤	5	20	5.2	56.6	5.07	1.354	8.38	4.21
		16	7.5	131.6	7.24	1.344	8.62	196.70
		19	10.0	111.4	8.85	1.341	6.52	2 637.48
		15	12.5	132.7	10.43	1.338	7.96	6 497.35
		16	15.0	136.3	8.28	1.332	8.24	21 290.72
	6	21	5.1	88.8	4.33	1.364	5.74	825.20
		18	7.7	123.1	6.74	1.300	7.67	1 265.89
		21	10.3	148.5	6.82	1.296	8.10	8 500.10
		15	12.5	190.6	7.63	1.277	7.86	15 381.77
		16	15.0	224.1	8.71	1.274	7.11	19 938.75
土石混合质紫色土	7	20	5.2	95.6	4.83	1.434	12.51	90.50
		21	10.5	124.1	7.82	1.422	11.34	936.79
		18	15.2	183.7	10.83	1.418	12.29	2 577.95
		16	20.3	244.4	15.66	1.442	14.03	5 651.02
		14	25.0	259.0	18.89	1.385	11.84	7 323.69

边坡条件	小区编号	水温/℃	放水流量/(L/min)	相当降雨量/mm	入渗量/(L/min)	渣土容重/紧实度/(g/cm³)	渣土前期含水率/%	土壤侵蚀模数/(t/km²)
土石混合质紫色土	8	22	5.9	118.4	5.66	1.534	10.88	14.73
		18	10.0	316.3	9.70	1.582	12.52	46.47
		21	15.0	229.4	7.48	1.610	12.45	4 315.77
		15	20.2	340.2	12.58	1.582	12.19	8 125.11
		14	25.3	389.0	12.09	1.584	11.08	12 543.45

表 4.13　不同工程堆积体土壤侵蚀模数与放水流量、降雨量的关系

边坡条件	小区编号	土含量/%	土壤侵蚀模数与放水流量的关系	相关系数 R^2	土壤侵蚀模数与降雨量的关系	相关系数 R^2	运用条件
土质紫色土	1	100	$M=1.877Q-15.847$	0.8590	$M=0.70902P+123.569$	0.8726	
偏土质黄壤	2	80	$M=1.1451Q-9.1821$	0.8752	$M=0.1308P-11.166$	0.6372	
偏土质紫色土	3	80	$M=1.2264Q-6.5794$	0.9537	$M=0.11819P+11.812$	0.7679	可根据生产实践的需要，选择相似的临时堆积体下垫面特征，运用相关模型进行计算
	4	80	$M=1.6587Q-10.790$	0.8786	$M=0.2444P-13.960$	0.9890	
土石混合质黄壤	5	60	$M=0.38758Q-2.5908$	0.9620	$M=0.04213P-4.3238$	0.9600	
	6	60	$M=1.9983Q-13.937$	0.7676	$M=0.13485P-9.2086$	0.2578	
土石混合质紫色土	7	60	$M=2.1172Q-12.244$	0.9456	$M=0.1544P-14.759$	0.9547	
	8	60	$M=0.68206Q-5.4128$	0.9600	$M=0.0367P-5.2268$	0.5266	

注：表中，M 为侵蚀模数，kg/m²；Q 为放水流量，L/min；P 为降雨量，mm。在生产实践中，如果有符合表中设计的临时堆积体的下垫面特征，可选择合适的模型，获得土壤侵蚀模数特征。

由表 4.13 可知，生产建设项目工程堆积体边坡土壤侵蚀模数与放水流量、降雨量之间均呈线性正相关，这与前面的理论分析符合，侵蚀动力增大则侵蚀强度增加，土壤侵蚀模数也会随着增加。工程堆积体边坡水土流失不仅与侵蚀动力有关，还与堆积体边坡本身的性质有关。根据工程堆积体侵蚀环境研究可知，降雨是工程堆积体的主要侵蚀动力，但其土壤侵蚀还与下垫面特征、堆积体坡度、坡长、土质类型、物质组成、前期含水量、土体密实度等有直接关系。为定量评价水土流失量与各因素间的关系，将坡度、坡长、物质组成等野外易测量的因素固定，重点分析土壤侵蚀模数与前期含水量（w）、土体密实度（ρ）、放水流量（Q）、降雨量（P）之间的关系，即建立 $M=f(w,\rho,Q)$ 和 $M=f(w,\rho,P)$ 的关系模型，通过野外调查工程堆积体其他条件，选定符合条件的模型进行评价分析（表 4.14）。

表 4.14　不同工程堆积体土壤侵蚀模数预测模型

边坡条件	小区编号	土含量/%	侵蚀模数的多因子分析 $M=f(Q,w,\rho)$	相关系数 R^2	侵蚀模数的多因子分析 $M=f(P,w,\rho)$	相关系数 R^2
土质紫色土	1	100	$M=1.658Q+3.8438\omega-39.1888\rho-19.496$	0.942	$M=0.724P+2.213\omega-29.094\rho+197.347$	0.910

边坡条件	小区编号	土含量 /%	侵蚀模数的多因子分析 $M=f(Q,w,\rho)$	相关系数 R^2	侵蚀模数的多因子分析 $M=f(P,w,\rho)$	相关系数 R^2
偏土质黄壤	2	80	$M=1.343Q+0.427\omega-17.086\rho+19.721$	0.966	$M=0.106P+0.936\omega-24.643\rho-32.020$	0.842
偏土质紫色土	3	80	$M=1.659Q+10.903\omega-46.180\rho+81.131$	0.973	$M=0.0283P+5.644\omega-92.024\rho+50.447$	0.738
	4	80	$M=0.906Q+0.229\omega-168.805\rho-251.011$	0.976	$M=0.284P+0.424\omega-61.915\rho+80.081$	0.996
土石混合质黄壤	5	60	$M=3.17689Q+2.6481\omega-533.21912\rho-762.281$	0.845	$M=0.292P+4.383\omega-2015.904\rho+2709.404$	0.985
	6	60	$M=2.994Q+0.146\omega-107.651\rho-162.366$	0.985	$M=0.272P+3.684\omega-247.295\rho-381.818$	0.997
土石混合质紫色土	7	60	$M=0.291Q+1.047\omega-44.348\rho+48.897$	0.983	$M=0.033P+0.615\omega-43.419\rho+51.318$	0.976
	8	60	$M=0.670Q+1.413\omega-4.413\rho+4.519$	0.996	$M=0.029P+5.807\omega-135.546\rho-148.188$	0.877

注：表中，M 为侵蚀模数，kg/m^2；Q 为放水流量，L/min；P 为降雨量，mm；ω 为含水量，%；ρ 为容重（密实度），g/cm^3。在生产实践中，可通过野外实测堆积体边坡土体密实度（容重）、前期含水量、坡度、坡长、土石比等基本指标，选择适合模型预测土壤侵蚀模数。模型中获得土壤侵蚀模数非年土壤侵蚀模数，而是某一侵蚀性降雨量情况下产生的土壤侵蚀模数。

　　根据分析可知，土壤侵蚀模数与下垫面前期含水量呈线性正相关，与土壤密实度（容重）呈线性负相关。工程堆积体边坡土壤侵蚀过程，包括坡面径流的形成、携带细小颗粒的运动、侵蚀细沟形成与扩张等，土壤前期含水量越高，土壤更容易达到饱和含水量，坡面径流产生的侵蚀动力越大，侵蚀模数则越高。同时，土体密实度是反映堆积体紧实状况的指标，密实度越大则土体越紧实，土体颗粒间黏聚力越大，抗冲抗蚀能力更强，故在相同侵蚀动力条件下，土壤侵蚀模数与土壤紧实度呈负相关。

4.4　工程堆积体边坡细沟侵蚀特征

4.4.1　边坡细沟形态特征

　　细沟侵蚀过程中股流的冲刷作用会造成坡面形态发生变化，因此研究细沟形态变化特征是认识堆积体边坡细沟侵蚀过程的重要基础。细沟形成是径流对边坡进行下切和冲淘的结果，不同的工程堆积体其切应力不同，故其形成的细沟形态差异也较大。黄壤堆积体颗粒细小、颗粒间黏结力弱，故很容易形成较单一主沟，而紫色土堆积体则形成较多细沟（图 4.22）。

图 4.22　两种坡面细沟的形态对比

由土石质紫色土工程堆积体坡面细沟形态特征(表 4.15)可知,不同放水流量、坡度条件下的堆积体坡面细沟发育的形态特征差异明显。各种工程堆积体边坡侵蚀沟条数、平均沟宽、平均沟深总体上随放水流量增大而增大,且坡度越大则其沟宽、沟深也越大。在发育过程中,细沟内的股流会不断加剧沟底下切,使沟深变大,同时细沟沟壁两侧土体会在重力作用下发生崩塌而加速沟岸扩张,使沟宽变大。在各场冲刷试验中,平均沟宽的最大值和最小值分别为 23.67cm 和 6.78cm,平均沟深分别为 7.67cm 和 1.58cm,其最大值和最小值相差 4 倍左右,这说明边坡条件的差异性会导致细沟形态的变化较大。

在一定条件下,坡面细沟密度越大则坡面形成的侵蚀产沙量也就越大。各边坡条件下的工程堆积体边坡的细沟平均密度最大为 2.27m/m²,最小为 1.0m/m²,数值均大于 1m/m²,这说明其径流侵蚀作用下的边坡至少存在一条主沟,而且其细沟侵蚀形成的产沙量在坡面总产沙量中占很大部分。冲刷初期,边坡被径流破坏较少,其细沟长、宽、深均较小,细沟密度也较小,此时坡面面蚀形成的产沙量高于细沟侵蚀形成的产沙量。随着径流的不断下切、冲淘、搬运,坡面细沟的长、宽、深逐渐变大,其细沟密度也变大,此时坡面形成的泥沙主要来自坡面细沟沟底泥沙及细沟沟壁在自身重力作用下的崩塌土体等。细沟宽深比反映了坡面细沟被径流下切的程度及产沙量的大小。各工程堆积体边坡细沟宽深比最大为 7.92,最小为 2.41,二者相差 2.3 倍左右。细沟宽深比总体上随放水流量增大而减小,且细沟宽深比随坡度增加而减小,说明坡度增大会加剧沟底下切,增加细沟沟壁重力作用下的侵蚀发生概率。

表 4.15　不同工程堆积体坡面细沟形态特征

边坡条件	小区编号	放水流量/(L/min)	侵蚀沟条数	平均沟宽/cm	平均沟深/cm	最大沟宽/cm	最大沟深/cm	最大沟长/cm	细沟平均密度/(m/m²)	细沟宽深比
土石混合质紫色土	9	10	2	11.83	1.58	20	3	10	1.18	7.47
		15	3	9.00	3.00	15	5	10	1.40	3.00
		20	4	12.33	2.36	24	5	10	1.63	5.22
		25	5	12.40	2.17	20	7	10	1.65	5.71
		30	5	12.33	2.53	30	5.5	10	2.27	4.87

续表

边坡条件	小区编号	放水流量/(L/min)	侵蚀沟条数	平均沟宽/cm	平均沟深/cm	最大沟宽/cm	最大沟深/cm	最大沟长/cm	细沟平均密度/(m/m²)	细沟宽深比
		10	3	6.78	1.78	13	5	10	1.19	3.81
		15	3	10.56	2.33	20	4	10	1.23	4.53
	10	20	7	11.19	3.24	22	12.5	10	1.87	3.45
		25	5	18.33	3.57	30	6	10	1.84	5.13
		30	5	23.67	4.10	43	8	10	2.00	5.77
土石混合质紫色土		10	2	14.50	1.83	24	4	10	1.20	7.92
		15	2	14.53	1.86	32	4.5	10	1.34	7.81
	11	20	7	13.90	2.50	40	5.5	10	2.00	5.56
		25	4	17.50	4.83	30	12	10	1.85	3.62
		30	4	14.67	5.67	30	10	10	2.25	2.59
		10	1	20.00	4.33	25	5.5	10	1.00	4.62
		15	1	21.67	7.67	25	10	10	1.00	2.83
	12	20	2	17.33	4.83	30	7	10	1.20	3.59
		25	3	13.56	4.89	20	7	10	1.60	2.77
		30	2	15.83	6.58	27	9	10	1.15	2.41

4.4.2 边坡细沟侵蚀过程

坡面径流逐步汇集形成股流时，坡面侵蚀形式将会发生改变，其相应的坡面含沙量也会发生相应变化。由土石混合质工程堆积体不同坡度条件下的径流含沙量随产流历时（产流开始的时刻记为零）的变化特征（图4.23）可知，工程堆积体边坡含沙量变化呈波动（多峰多谷）趋势，且工程堆积体坡面侵蚀过程可分为面蚀和细沟侵蚀两个阶段。

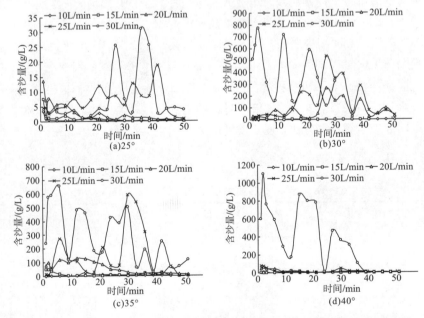

图4.23 土石混合质工程堆积体不同坡度条件下径流含沙量随冲刷时间的变化

（1）砂砾化面蚀阶段，即坡面开始产流至细沟形成时的坡面侵蚀过程。该阶段发生在产流后 3min 以内，此时坡面流通常以滚波流形式运动且滚波流叠加处的坡面径流侵蚀力最大，当径流侵蚀切应力达到足以剥离和分散坡面土壤时便发生侵蚀，这是跌坎发育的前提，下一步即将发育成跌坎，然后不断形成细沟。这对坡面后续跌坎及细沟形成产生直接影响。

（2）细沟侵蚀阶段，即坡面跌坎形成细沟后的坡面侵蚀。该阶段大概发生在产流的 3min 后，其含沙量表现为波动减小至稳定阶段，其可概括为细沟发展阶段、稳定阶段两个阶段。细沟发展阶段主要发生在工程堆积体边坡产流后 3～45min。该阶段坡面股流逐步集中对边坡进行冲刷并形成较大的细沟，同时细沟沟头的崩塌、沟壁的崩塌等会导致坡面含沙量呈强烈的波动现象。细沟稳定阶段则发生在 45min 后，其含沙量呈稳定的波动变化且数值较小，因为此时下垫面受石质含量影响，径流冲刷过程中坡面没有充足的土供应，且冲刷后裸露石质对水流形成一定阻力，故形成较小泥沙量。

表 4.16 为不同坡度工程堆积体坡面细沟侵蚀过程的几个关键时刻。由表 4.16 可知，在相同条件下，工程堆积体坡面产流时间随放水流量增大而缩短，同时坡度越大产流时间越短。在各场冲刷试验中，产流时间最大为土石混合质紫色土 25°工程堆积体坡面 10L/min 径流条件，为 3812s，最小为土石混合质黄壤 40°工程堆积体坡面 10L/min 径流条件，为 85s，这主要因为产流时间不仅取决于径流的大小、边坡入渗能力，而且与前期土壤含水率大小密切相关。工程堆积体坡面细沟出现时间也与放水流量、坡度呈负相关关系，即放水流量越大，坡度越大，细沟出现时间越短；细沟出现时间最短为土石混合质黄壤 40°工程堆积体 15L/min 径流条件，为 9s，而最长为 177s，这主要因为径流及地形（坡度、坡长）条件决定了坡面细沟下切的快慢和程度。

表 4.16　不同工程堆积体坡面细沟侵蚀过程特征

边坡条件	小区编号	放水流量/(L/min)	冲刷前土壤含水率/%	产流时间/s	细沟出现时间/s	边坡条件	小区编号	放水流量/(L/min)	冲刷前土壤含水率/%	产流时间/s	细沟出现时间/s
土质紫色土	1	5	13.11	1843	101	偏土质紫色土	4	5	14.38	2120	74
		10	12.32	1634	92			7.5	13.50	1213	52
		15	14.65	1540	93			10	10.52	902	41
		20	13.53	648	65			15	12.33	632	36
		25	11.76	594	68			20	12.19	518	40
偏土质黄壤	2	5	14.38	2164	45	土石混合质黄壤	5	5	12.51	1672	38
		7.5	15.15	928	43			7.5	11.34	2117	43
		10	15.76	241	41			10	12.29	529	29
		12.5	15.08	346	26			12.5	14.03	342	26
		15	14.84	130	15			15	11.84	152	13
偏土质紫色土	3	5	11.32	3109	93		6	5	8.38	422	34
		10	12.40	2509	72			7.5	8.62	458	23
		15	9.94	779	53			10	6.52	85	18
		20	12.10	442	45			12.5	7.96	183	12
		25	12.65	330	47			15	8.24	105	9

边坡条件	小区编号	放水流量/(L/min)	冲刷前土壤含水率/%	产流时间/s	细沟出现时间/s	边坡条件	小区编号	放水流量/(L/min)	冲刷前土壤含水率/%	产流时间/s	细沟出现时间/s
土石混合质紫色土	7	5	5.74	3406	100	土石混合质紫色土	10	10	10.29	3731	151
		10	7.67	986	89			15	11.62	1324	123
		15	8.10	928	75			20	11.59	814	97
		20	7.86	919	78			25	9.68	672	99
		25	7.11	250	48			30	10.76	372	87
	8	5	10.88	2144	81		11	10	6.49	3632	121
		10	12.52	904	73			15	10.03	1352	109
		15	12.45	190	54			20	11.72	865	91
		20	12.19	602	57			25	10.42	711	89
		25	11.08	254	45			30	10.79	348	76
	9	10	10.81	3812	177		12	10	12.53	2443	104
		15	9.31	1401	146			15	9.28	1105	89
		20	10.87	801	119			20	10.53	752	79
		25	6.77	679	104			25	8.66	647	84
		30	8.16	474	101			30	10.41	368	76

注：产流时间指径流刚刚流出坡面的时间；细沟出现时间是指坡面出现明显细沟的时间。

4.4.3　边坡细沟形态特征与产沙关系

灰色关联分析结果显示，放水流量对坡面产沙量的影响最大，其次为径流深及流宽。径流深及流宽在工程堆积体边坡的坡面上直接反映了细沟的发育状况，同时细沟的体积直接反映了坡面侵蚀产沙量的大小。为深入分析坡面细沟形态特征与坡面侵蚀产沙量的关系，选取了侵蚀沟条数、平均沟宽、平均沟深、细沟密度、细沟宽深比及侵蚀产沙量等指标，利用 SPSS 对其进行相关性分析，结果见表 4.17。

表 4.17　细沟形态特征与侵蚀产沙量的关系

	侵蚀沟条数	平均沟宽	平均沟深	细沟密度	细沟宽深比	侵蚀产沙量
侵蚀沟条数	1					
平均沟宽	-0.177	1				
平均沟深	-0.275	0.618**	1			
细沟密度	0.824**	0.009	-0.068	1		
细沟宽深比	0.000	-0.005	-0.715**	-0.064	1	
侵蚀产沙量	0.028	0.363	0.592**	0.215	-0.408	1

注：**为在 0.01 水平上极显著相关。

由表 4.17 可知，工程堆积体边坡的侵蚀产沙量与细沟平均沟深呈极显著正相关，相关系数为 0.592，这间接说明细沟侵蚀是边坡侵蚀产沙的主要影响因素，因为细沟沟深直接反映了坡面径流对边坡的下切程度。利用 SPSS 进一步对细沟平均沟深与侵蚀产沙量进行回归分析，发现产沙量与平均沟深呈较好的幂函数关系(图 4.24)，其关系式为

$$M=0.219h^{2.951} \ (R^2=0.525) \tag{4.12}$$

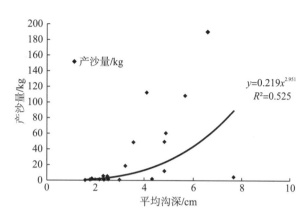

图 4.24　侵蚀产沙量与细沟平均沟深的关系

考虑边坡条件对产沙量的影响，对不同边坡产沙量与细沟平均沟深进行分析，发现二者仍呈较好的幂函数关系(表 4.18)。可以看出，土石混合质紫色土工程堆积体(9 小区、10 小区、11 小区、12 小区)边坡的侵蚀产沙量与细沟平均沟深的幂指数均大于 1，说明当细沟沟深变大时，其坡面侵蚀产沙量将迅速增加。同时，随着边坡坡度的增加，其幂指数呈先增加后减小的变化，其幂指数最大为 30°堆积体(7.590)，而最小为 25°堆积体(1.749)。

表 4.18　土石质边坡产沙量与细沟平均沟深的经验方程

边坡条件	小区编号	经验方程	R^2	F	Sig.
土石混合质 紫色土	9	$M=0.216h^{1.749}$	0.672	12.127	0.013
	10	$M=4\times10^{-5}h^{7.590}$	0.963	104.537	0.003
	11	$M=0.054h^{5.295}$	0.984	181.710	0.001
	12	$M=0.231h^{3.482}$	0.993	436.746	0.000

4.4.4　边坡侵蚀临界条件分析

1. 临界水流功率

只有当坡面水流达到一定水流条件时，才能发生细沟侵蚀，研究坡面径流侵蚀临界水动力条件为坡面侵蚀的判断提供基础。水流功率作为反映坡面水流能量状态的重要指标，其表征一定高度的水体顺坡流动时具有的势能，可准确地预测径流分离能力。根据各场冲

刷试验的实测侵蚀速率和计算结果,点绘不同堆积体边坡坡面径流冲刷条件下的侵蚀速率与水流功率的关系,如图 4.25 所示。

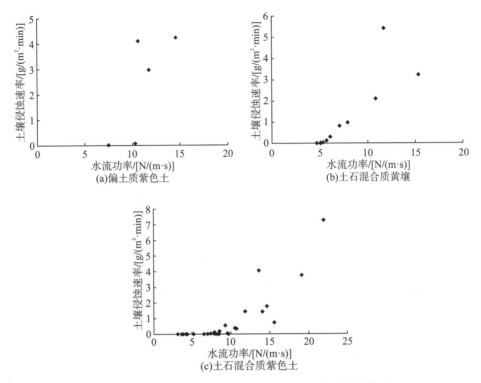

图 4.25 不同工程堆积体边坡侵蚀速率与水流功率的关系

由图 4.25 可知,各种堆积体边坡的侵蚀速率总体上随着水流功率的增大而增加,这说明水流能量越大其坡面侵蚀产沙量就越大。针对不同的土石比边坡,分别对其进行回归分析,结果发现侵蚀速率与水流功率呈较好的线性关系,其结果见表 4.19。

表 4.19 不同堆积体边坡侵蚀速率与水流功率的回归方程

边坡条件	关系式	R^2	F	Sig.	N
偏土质紫色土	$S=0.296(P-6.699)$	0.673	13.466	0.023	5
土石混合质黄壤	$S=0.428(P-4.921)$	0.715	20.028	0.002	10
土石混合质紫色土	$S=0.309(P-7.265)$	0.677	52.433	0.000	27

注:由于土质、偏土质黄壤堆积的样本数较少,所以未做回归分析。

由表 4.19 可知,偏土质紫色土堆积体坡面侵蚀发生的临界水流功率为 6.699N/(m·s),而土石混合质紫色土堆积体的临界水流功率大于偏土质紫色土,其数值为 7.265N/(m·s),这种变化说明偏土质紫色土堆积体在相同径流条件下较土石混合质紫色土堆积体更易发生侵蚀。对于相同土石比条件下的紫色土堆积体和黄壤堆积体而言,黄壤堆积体发生侵蚀的临界水流功率小于紫色土堆积体,说明黄壤堆积体较紫色土堆积体更易发生侵蚀。

2. 临界径流剪切力

在放水冲刷试验条件下坡面径流在不同阶段呈现不同形态，从坡面开始产流至 3min 时，基本为薄层水流条件下的面蚀过程；3min 以后至产流结束，主要为细沟侵蚀过程。薄层水流、细沟水流、径流全过程各阶段径流剪切力、径流功率与土壤侵蚀速率之间的关系见图 4.26。

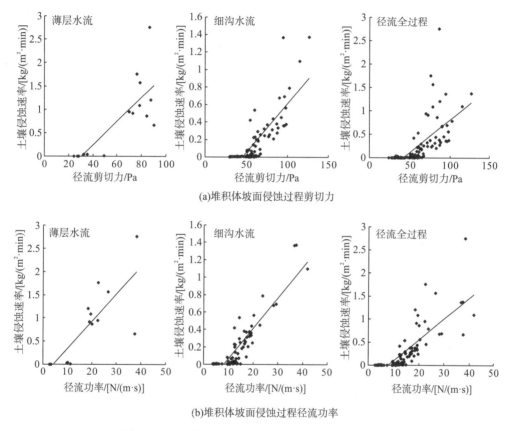

(a)堆积体坡面侵蚀过程剪切力

(b)堆积体坡面侵蚀过程径流功率

图 4.26　工程堆积体边坡侵蚀速率与水动力参数关系

对薄层水流和细沟水流条件下工程堆积体坡面土壤侵蚀速率与径流剪切力、径流功率间的关系进行动态分析可知，不同阶段的土壤侵蚀速率随径流剪切力、径流功率的增大而增加，这说明径流能量越大坡面土壤侵蚀速率就越快。

由图 4.26 可知，在径流侵蚀全过程中，土壤侵蚀速率与径流剪切力的关系方程如下。

$$E=0.011(\tau-45.32) \quad R^2=0.664, \text{Sig.}=0.01，n=90$$

式中，E 为土壤侵蚀速率，$kg/(m^2 \cdot min)$；τ 为径流剪切力，Pa；R^2 为决定系数；Sig.为显著性水平；n 为样本数。

可知，当 $\tau \geqslant 45.32Pa$ 时，土壤侵蚀速率 $E \geqslant 0$，即 45.32Pa 为 35°时的临界径流剪切力。同时从细沟侵蚀过程得知，细沟侵蚀对应的临界剪切力为 41.67Pa，故当 $\tau \geqslant 41.67Pa$ 时，标志着细沟发育的开始。

在径流全过程，土壤侵蚀速率与径流功率的关系方程如下。

$$E=0.0454(P-7.96) \quad R^2=0.631，Sig.=0.01，n=90$$

式中：E 为土壤侵蚀速率，kg/(m^2·min)；P 为径流功率，N/(m·s)；R^2 为决定系数；Sig. 为显著性水平；n 为样本数。

坡面土壤侵蚀是做功消耗能量的一个过程，故一定存在径流功率。由相关分析的结果可知，当 $P \geqslant 7.96$N/(m·s)时，土壤侵蚀速率 $E \geqslant 0$，即 7.96N/(m·s)是该条件下的临界径流功率，同时细沟发育的临界径流功率为 8.18N/(m·s)。

针对不同坡度条件，分别对面蚀、细沟侵蚀、径流全过程的土壤侵蚀与径流剪切力、径流功率之间的关系进行了回归分析，结果发现土壤侵蚀与坡面径流剪切力、径流功率呈显著的线性关系(Sig.<0.001)，结果见表 4.20。

表 4.20　工程堆积体边坡侵蚀产沙与水动力参数回归方程

下垫面条件	侵蚀阶段	径流剪切力				径流功率			
		关系式	R^2	Sig.	N	关系式	R^2	Sig.	N
25°	面蚀	$S=0.264(\tau-30.118)$	0.5966	0.001	15	$S=0.543(P-3.013)$	0.4774	0.001	15
	细沟侵蚀	$S=0.176(\tau-31.517)$	0.5578	0.000	80	$S=0.382(P-7.135)$	0.4599	0.000	80
	侵蚀全过程	$S=0.208(\tau-38.512)$	0.5154	0.000	95	$S=0.457(P-6.884)$	0.4519	0.000	95
30°	面蚀	$S=0.167(\tau-23.950)$	0.3271	0.008	15	$S=0.327(P-1.764)$	0.4310	0.008	15
	细沟侵蚀	$S=0.115(\tau-44.635)$	0.5023	0.000	80	$S=0.383(P-8.757)$	0.5691	0.000	80
	侵蚀全过程	$S=0.143(\tau-43.111)$	0.3969	0.000	95	$S=0.377(P-8.106)$	0.5737	0.000	95
35°	面蚀	$S=0.254(\tau-30.567)$	0.6148	0.000	15	$S=0.572(P-3.293)$	0.6655	0.000	15
	细沟侵蚀	$S=0.112(\tau-45.770)$	0.6900	0.000	80	$S=0.332(P-7.691)$	0.7405	0.000	80
	侵蚀全过程	$S=0.138(\tau-41.935)$	0.4203	0.000	95	$S=0.437(P-7.469)$	0.6408	0.000	95
40°	面蚀	$S=0.248(\tau-31.940)$	0.5454	0.000	15	$S=0.572(P-7.281)$	0.6750	0.000	15
	细沟侵蚀	$S=0.083(\tau-40.866)$	0.5193	0.000	80	$S=0.241(P-7.096)$	0.6192	0.000	80
	侵蚀全过程	$S=0.097(\tau-34.985)$	0.3122	0.000	95	$S=0.317(P-7.685)$	0.5158	0.000	95

由表 4.20 可知，不同坡度的临界径流剪切力、临界径流功率存在显著的差异性。面蚀阶段的临界径流剪切力和临界径流功率以30°时最小，分别为23.950Pa 和1.764N/(m·s)，这说明在产流开始阶段 30°的堆积体边坡更容易发生土壤侵蚀；细沟侵蚀阶段以 40°时的临界径流功率最小，说明在相同径流条件下40°时的工程堆积体边坡更易发生土壤流失。

3. 临界坡度

坡度作为影响工程堆积体边坡土壤侵蚀的重要地形因子之一，同时也是影响边坡稳定性的重要因素。在一定范围内，坡度越大则工程堆积体越不稳定，同时其边坡径流沿坡面向下的分力越大，其产沙量也越大。许多野外观测资料及人工模拟降雨试验表明，当坡面的坡度超过一定值后，其坡面冲刷量与坡度成反比，这说明存在临界坡度。考虑到工程堆积体边坡条件的差异性及放水流量对侵蚀产沙量的重要影响，点绘不同放水流量条件下土石混合质紫色土工程堆积体(坡长均为 10m)边坡坡面径流冲刷条件下的侵蚀速率与坡度的关系，如图 4.27 所示。

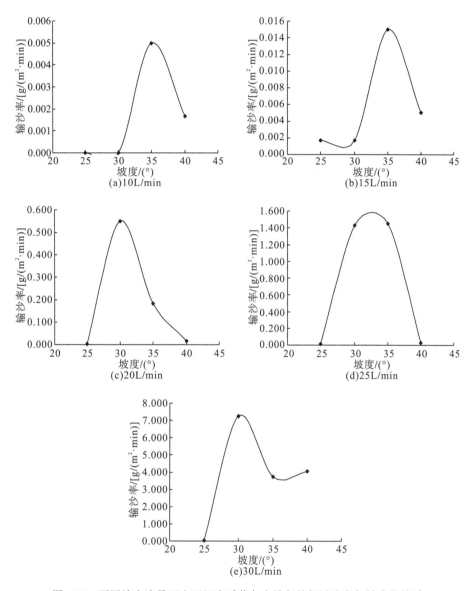

图 4.27　不同放水流量下土石混合质紫色土堆积体侵蚀速率与坡度的关系

由图 4.27 可知，土石混合质紫色土工程堆积体边坡侵蚀速率的临界坡度为 30°～35°，放水流量依次为 10L/min、15L/min、20L/min、25L/min、30L/min 时，土石混合质紫色土工程堆积体边坡侵蚀的临界坡度依次为 35°、35°、30°、32.5°、30°；随着放水流量的增加，侵蚀临界坡度有减小的趋势。胡世雄等(1999)研究表明，包括坡面各种侵蚀条件的临界坡度都超过 30°，这与本章的研究结果相一致。因此，生产实践中，在工程堆积体及开挖边坡时应注意控制边坡的坡度在侵蚀临界坡度内，同时应做好相应的边坡防护措施，以免造成严重水土流失及边坡垮塌。

工程堆积体边坡土壤侵蚀形式多样,径流冲刷和重力崩塌共同作用。工程堆积体边坡土体抗侵蚀性差,在径流作用下极易发生细沟侵蚀。大量研究表明,细沟侵蚀的产生将直接导致土壤侵蚀量成倍或成数十倍迅速增加(Auerswald et al.,2009),细沟侵蚀量可占坡面总侵蚀量的70%(Kimaro et al.,2008),这主要是因为细沟汇聚的股流具有较大的冲刷力和搬运力。本章研究也表明细沟侵蚀会使工程堆积体边坡产沙量迅速增加且土石比越小坡面产沙量越大。在细沟侵蚀过程中,沟头及沟岸土体易在自身重力作用下发生崩塌、滑塌等重力侵蚀现象。研究表明,细沟发育过程中的重力侵蚀是影响坡面产沙波动的主要因素,且重力侵蚀产沙量在整个坡面侵蚀过程中占坡面总产沙量的一半以上(韩鹏等,2003)。本章研究也表明,细沟侵蚀是造成产沙率迅速增加的原因,而侵蚀沟壁土体在重力作用下的崩塌脱落是造成产沙波动的重要原因。工程堆积体边坡及坡脚易受水流冲刷破坏,并造成上方部分土体悬空、坍塌,同时边坡土体在入渗水流的作用下,其抗剪强度会降低,冲刷和渗透相互影响,加剧了边坡土体侵蚀破坏,导致边坡失稳(沈水进等,2011)。因此,各种工程建设产生的堆积体如不进行及时有效的防护,不仅会发生严重水土流失,还可能发生诱发性崩塌、滑坡和泥石流,对周边地区水土资源造成巨大危害和破坏(Wang et al.,2012)。工程堆积体中块石分布及含量会直接影响边坡侵蚀类型和形式,也会导致重力和水力贡献率的差异性。本章将工程堆积体按碎石含量划分为偏土质(土石比为4∶1)和土石混合质(土石比为3∶2),今后应增加不同物质来源及不同碎石含量梯度的工程堆积体产流产沙过程系统性研究,为生产建设项目工程堆积体边坡及诱发性灾害有效防护提供参数支持。

4.5　重力作用对工程堆积体坡面细沟发育过程的影响

4.5.1　重力作用对坡面流速的影响

松散堆积体坡面侵蚀量增大的主要原因在于细沟形成后,坡面水流的流动特征和侵蚀动力发生了本质改变。当细沟出现后,坡面径流由面状薄层水流变为线状水流或集中股流,其流速、流深均变大,使得坡面径流侵蚀动力增强。流速作为重要的坡面流水动力学参数,其大小直接关系到坡面水蚀的土壤分离、泥沙输移和沉积过程。分析不同松散堆积体坡面流速变化特征(图4.28)可知,坡面流速随冲刷过程呈先减小后稳定的波动变化趋势,且这种变化程度随放水流量增大而增大。

由图4.28可见,坡面流速减小主要发生在松散堆积体面蚀过程,此时由于径流含沙量不大,坡面流用于输移泥沙的损耗能量较小,所以流速较大(0.172～0.719m/s)。坡面流速稳定波动阶段主要发生在松散堆积体细沟侵蚀过程,由于坡面径流含沙量和输移泥沙能耗较大,所以流速较小(0.097～0.470m/s)。由于细沟沟壁随机性崩塌等重力作用下的侵蚀发生,其崩塌体会在短时间内堵塞水流,使坡面流速急剧减小。当汇集径流冲开堵塞崩塌体后,坡面流速迅速增大。以上分析表明,细沟发育是坡面流速变大的主要原因,而细沟边坡在重力作用下的侵蚀则是造成坡面流速波动变化的重要原因。

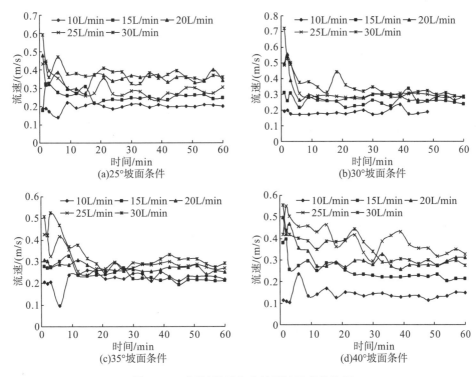

图 4.28　不同松散堆积体坡面流速变化特征

a 为 17 小区，b 为 18 小区，c 为 19 小区，d 为 20 小区

4.5.2　重力作用对坡面水沙关系的影响

在边坡细沟侵蚀过程中，细沟股流对细沟两侧沟壁的冲淘使得沟壁两侧土体容易在自身的重力作用下失稳而发生崩塌，为坡面细沟侵蚀产沙提供物质基础。研究表明，细沟侵蚀过程中细沟沟壁崩塌等重力作用下的侵蚀是造成坡面产沙量波动变化的主要原因（Peng et al.，2014；林姿等，2019）。因此，根据坡面总产沙量来确定细沟在重力作用下的侵蚀产沙量，是定量分析工程堆积体边坡重力作用变化规律的基础。

坡面重力作用下的侵蚀发生在水流下切形成细沟之后，当细沟沟壁有大块土体发生崩塌脱落侵蚀现象时，坡面径流含沙量相应增大，由于重力作用下侵蚀发生的随机性，坡面径流含沙量呈现出波动变化趋势。因此，可以假设水力侵蚀产沙上限或重力作用下侵蚀产沙下限如图 4.29 中虚线部分所示。可以看出，在冲刷初期，由于边坡入渗大，坡面形成的径流小，坡面侵蚀以面蚀为主，其形成的产沙量较小且低于水力侵蚀产沙的上限；随着径流的不断冲刷，边坡土体水分渐趋饱和，入渗减缓，径流量增大，坡面侵蚀产沙量逐渐增大，当坡面水流逐渐汇集成股流时，坡面开始形成细沟并发生细沟侵蚀，此时坡面形成的径流含沙量可能达到或超过水力侵蚀产沙的上限；在细沟侵蚀过程中，由于细沟两岸沟壁或沟头土体崩塌脱落而堵塞水流，短时间内坡面的含沙量变小（可能低于水力侵蚀产沙上限），而当径流汇集达到一定程度时，被堵塞的土体被径流冲刷带走，为坡面径流侵蚀提供了大量的物质基础，含沙量表现为迅速增加（高于重力作用下侵蚀产沙的下限）。

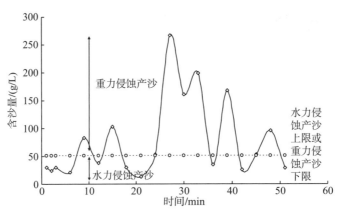

图 4.29　工程堆积体边坡侵蚀产沙过程

　　如果能准确划分出工程堆积体边坡侵蚀过程中水力侵蚀产沙的上限（或重力作用下侵蚀产沙下限），那么根据各场冲刷试验水力侵蚀产沙上限（或重力作用下侵蚀产沙下限）及径流含沙量的动态变化过程，可以估算得到细沟侵蚀过程中的重力作用下的侵蚀对坡面总侵蚀产沙的贡献。根据黄土坡面细沟发育过程中确定重力作用下的侵蚀产沙量及其变化原则（韩鹏等，2003），选用每场冲刷试验最后 10min 的平均含沙量作为细沟发育充分后的稳定含沙量，因为工程堆积体边坡在细沟侵蚀 45min 后含沙量相对稳定，故可基本反映试验条件下细沟发育充分后单一水力侵蚀的临界产沙能力。据此，可计算工程堆积体边坡产流产沙变异系数及重力作用的贡献（表 4.21）。

表 4.21　工程堆积体边坡产流产沙变异系数及重力作用的贡献

边坡条件	小区编号	放水流量/(L/min)	含沙量变异系数/%	产沙量变异系数/%	重力作用下侵蚀产沙贡献/%	边坡条件	小区编号	放水流量/(L/min)	含沙量变异系数/%	产沙量变异系数/%	重力作用下侵蚀产沙贡献/%
土质紫色土	1	5	10.91	28.64	25.95	偏土质紫色土	4	5	42.83	39.33	10.88
		10	44.16	67.60	53.38			7.5	—	—	—
		15	73.50	98.51	43.66			10	105.66	91.81	55.35
		20	63.70	79.74	57.44			15	49.24	40.37	25.09
		25	38.93	67.62	35.21			20	42.43	59.49	48.85
偏土质黄壤	2	5	65.34	98.20	43.35	土石混合质黄壤	5	5	75.08	124.52	34.88
		7.5	73.48	107.17	63.02			7.5	75.28	97.36	77.98
		10	79.44	107.01	75.18			10	83.25	103.21	69.58
		12.5	14.99	24.67	11.75			12.5	67.84	79.93	52.97
		15	10.13	35.68	32.66			15	92.85	113.53	68.62
偏土质紫色土	3	5	84.81	80.64	40.20		6	5	61.51	117.35	32.81
		10	84.33	125.13	67.50			7.5	85.73	65.52	62.47
		15	65.32	87.93	51.09			10	76.49	65.14	53.60
		20	65.33	78.81	49.88			12.5	110.07	149.31	76.36
		25	73.36	88.49	49.76			15	101.47	72.23	59.15

边坡条件	小区编号	放水流量/(L/min)	含沙量变异系数/%	产沙量变异系数/%	重力作用下侵蚀产沙贡献/%	边坡条件	小区编号	放水流量/(L/min)	含沙量变异系数/%	产沙量变异系数/%	重力作用下侵蚀产沙贡献/%
土石混合质紫色土	7	5	32.45	48.74	21.78	土石混合质紫色土	10	10	154.55	67.79	76.60
		10	33.48	64.92	17.29			15	128.83	88.37	72.26
		15	62.26	97.67	34.93			20	93.86	109.90	78.19
		20	114.01	133.41	53.81			25	107.51	126.51	71.93
		25	71.47	101.27	52.11			30	65.93	57.40	63.61
	8	5	86.72	89.23	68.83		11	10	101.32	112.61	74.95
		10	111.82	66.92	93.27			15	130.73	63.25	70.24
		15	67.55	76.38	57.28			20	73.78	84.40	70.66
		20	109.95	130.66	24.55			25	129.66	165.88	88.58
		25	89.14	108.04	24.77			30	70.08	92.76	63.18
	9	10	135.06	164.75	74.41		12	10	161.98	133.42	81.36
		15	187.55	117.91	74.97			15	122.13	154.84	73.47
		20	129.39	103.23	61.49			20	154.36	143.34	96.57
		25	63.73	76.37	72.94			25	134.92	110.49	70.99
		30	123.26	151.30	39.51			30	99.75	106.39	83.88

注：重力作用下侵蚀产沙贡献指坡面细沟重力作用下的侵蚀产沙量与坡面出口总产沙量的比值。

含沙量变异系数在一定程度上反映了工程堆积体坡面细沟侵蚀过程中重力作用下侵蚀的发生程度，变异系数越小说明侵蚀过程中含沙量越稳定，可认为细沟侵蚀过程中很少有或没有重力作用下的侵蚀发生，反之细沟侵蚀过程中重力作用下的侵蚀量较多。由表 4.21 可见，含沙量变异系数变化为 10.13%～187.55%，其中紫色土堆积体的变化范围为 10.91%～187.55%，而黄壤堆积体为 10.13%～110.07%，这种变化说明紫色土堆积体细沟侵蚀过程中发生重力作用下侵蚀的可能性较黄壤堆积体大。在工程堆积体细沟发育过程中的重力作用下侵蚀产沙贡献最大为 96.57%，最小为 10.88%，表明工程堆积体坡面细沟沟壁及沟头土体崩塌滑落是影响坡面产沙的重要因素，同时也是导致坡面含沙量波动变化的重要原因。对相同边坡物质组成及坡长的 9 小区、10 小区、11 小区、12 小区而言，随着边坡坡度的增加，其重力作用下侵蚀产沙贡献总体上呈增加的趋势，放水流量在 10～30L/min 范围时各边坡平均重力作用下侵蚀产沙贡献依次为 64.67%、72.52%、73.52%、81.25%，这说明边坡坡度越大，其径流沿坡面向下的冲刷力越大，工程堆积体边坡就越容易下切形成细沟，故其重力作用下的侵蚀就越容易发生。

4.5.3　重力作用对细沟形态发育的影响

重力作用下的侵蚀是造成坡面细沟由短变长、由浅变深、由窄变宽的主要原因。分析土石质煤渣堆积体坡面细沟发育特征(表 4.22)可知，在不同放水流量、坡度条件下，松散堆积体坡面细沟发育过程和特征差异明显。坡面细沟平均沟宽、沟深均随放水流量增大而增加，且坡度越大细沟宽度、深度越大，这是由于在坡面细沟发育过程中，水流侵蚀会加剧沟底下切，使细沟变深，同时细沟沟壁重力作用下的侵蚀会加速沟岸扩张，使细沟变宽。在各次冲刷试验中，细沟沟宽最小为7.89cm，最大为19.73cm；细沟沟深最大为6.73cm、最小为2.17cm，这说明在堆积体坡面侵蚀过程中，径流侵蚀对沟深发展起主导作用，重力作用下的侵蚀对沟宽发展起主导作用且两种作用程度相当，所造成的侵蚀产沙量均为坡面径流泥沙的主要来源。

表 4.22 不同松散堆积体坡面细沟发育特征

坡度 /(°)	放水流量 /(L/min)	侵蚀沟条数	平均沟宽 /cm	平均沟深 /cm	最大沟宽 /cm	最大沟深 /cm	最大沟长 /cm	细沟平均密度 /(m/m²)	细沟宽深比
25	10	3	10.11	2.17	37	4	10	1.35	4.36
	15.1	6	11.72	3.83	20	6.5	10	1.77	3.06
	20.5	4	10.08	3.46	20	5.5	10	2.07	2.92
	25.3	5	19.73	4.67	32	12	10	2.88	4.23
	30.1	5	12.60	4.53	20	8	10	1.84	2.78
30	10.4	4	10.12	3.69	20	6	10	1.68	2.82
	15.4	6	11.72	4.04	26	6	10	2.42	2.90
	20	4	10.67	3.75	20	8.5	10	1.79	2.84
	25.1	6	12.72	4.94	20	10	10	2.52	2.57
	30.4	5	14.80	6.50	28	15	10	2.34	2.28
35	10.5	6	7.89	2.50	14	6.5	10	1.90	3.16
	15.1	4	16.58	4.13	29	7	10	1.74	4.02
	20.5	5	8.87	3.37	16	8	10	2.39	2.63
	25	5	13.13	4.53	21	12	10	2.75	2.90
	30	7	11.42	5.38	28	13	10	3.00	2.12
40	10	4	9.33	3.17	15	4.5	10	1.86	2.95
	15	5	8.73	3.60	20	12.5	10	1.59	2.43
	20.1	4	11.58	4.83	23	13	10	1.95	2.40
	25.5	5	17.33	6.73	30	16	10	1.93	2.57
	30	5	16.67	6.33	40	17	10	2.16	2.63

在相同径流条件下，坡面细沟密度越大则相应的侵蚀产沙量也越大。在坡面细沟发育过程中，由于冲刷初期细沟长、宽、深和细沟密度(1.35～1.90m/m²)均较小，水流冲刷形成的产沙量(1.74～2.39kg)高于细沟沟壁重力坍塌形成的产沙量(0.46～1.77kg)；在冲刷后期由于细沟长、宽、深的扩大和细沟密度(2.07～3.00m/m²)变大，细沟沟壁重力作用下的侵蚀产沙量增加到149.00～162.68kg，细沟沟壁崩塌泥沙可能堵塞水流，造成细沟水流流路发生改变使坡面细沟呈现S形发育。细沟沟壁崩塌主要与沟道下切、侧蚀及土壤含水率增大所造成的土壤黏聚力降低及土壤膨胀现象有关。细沟宽深比反映了坡面细沟下切程度

及细沟沟壁发生崩塌等重力作用下侵蚀的可能性，松散堆积体坡面细沟宽深比最大为4.36，最小为2.12，细沟宽深比随放水流量和坡度增大而减小，说明坡度增大会加剧沟底下切、增大细沟沟壁重力作用下侵蚀发生的可能性。

重力作用下的侵蚀对工程堆积体坡面产沙量作用明显。本章研究表明，坡面细沟在重力作用下造成的侵蚀沟沟壁土体崩塌滑落是造成工程堆积体产流产沙过程中存在波动现象的重要原因，也是坡面不稳定的重要因素。相似研究也表明重力作用下的侵蚀是影响坡面产沙波动的主要因素，重力作用下的侵蚀在整个坡面侵蚀过程中的产沙量占坡面总产沙量的一半以上（韩鹏等，2003）。工程堆积体中块石分布及含量会直接影响堆积体坡面侵蚀类型和形式，也会导致重力和水力作用贡献率的差异性。本试验中将工程堆积体按碎石含量划分为偏土质（土石比为 4∶1）和土石质（土石比为 3∶2）工程堆积体，今后应增加不同生产建设项目不同碎石含量和坡度水平条件下工程堆积体边坡产流产沙规律研究，以更好地反映工程堆积体水土流失特征。从研究结果来看，当放水流量为 15L/min、20L/min、25L/min 时，坡度为 35°的坡面径流含沙量变异系数最大、重力作用下侵蚀产沙贡献最大（图 4.30），这表明坡度小于 35°时坡面侵蚀以水力侵蚀产沙为主，而当坡度大于 35°时坡面侵蚀以重力作用下的侵蚀产沙为主；当放水流量为最小（10L/min）和最大（30L/min）时，坡度为 35°的坡面径流含沙量变异系数较小、重力作用下的侵蚀产沙贡献也较小，这说明35°为该极值流量条件下径流侵蚀的适宜坡度。

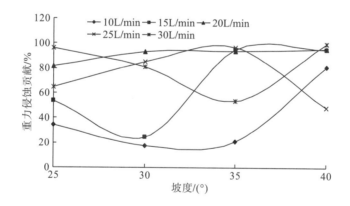

图 4.30　重力作用下的侵蚀贡献与坡度的关系

相关研究表明，坡沟系统在坡度为 5°、15°、25°时，土壤侵蚀方式以溅蚀、片蚀和沟蚀为主；当坡度大于或等于 35°时，土壤侵蚀方式以切沟为主，且伴有崩塌、滑塌等重力作用下的侵蚀（王文龙等，2003；Niu et al.，2020）。蔡强国等（1998）分析了滑塌、崩塌和泻溜 3 种主要重力作用下侵蚀的发生坡度，其下限坡度约为 30°，随着坡度的增加，重力作用下的侵蚀在 47°～48°达到峰值，然后逐渐减弱。在坡面细沟侵蚀过程中，细沟沟壁崩塌等重力作用下的侵蚀的发生不仅取决于地形条件，还取决于细沟被径流冲刷淘蚀的程度，因此今后应加强重力作用下的边坡侵蚀与降雨、径流、地形因子（坡度和坡长）、坡面细沟发育特征的定量研究。

4.6　小结与工程建议

4.6.1　小结

(1) 工程堆积体边坡侵蚀过程中的径流均以紊流和缓流形态出现, 各水动力参数变化明显。坡面径流流速在冲刷过程中呈波动式变化, 且波动趋势随冲刷时间持续表现为由强到弱, 其数值为 0.103~0.318m/s。径流阻力系数在冲刷过程中总体上呈波动增加的趋势且冲刷后期波动增强; 在一定条件下堆积体边坡阻力系数随土石比的减小而增大, 即含石量较多的堆积体形成的阻力系数更大。径流剪切力在冲刷过程中呈波动式变化且波动程度呈 "弱—强—弱" 的变化, 径流剪切力随放水流量增加而增大。径流功率在坡面冲刷过程中呈阶段性的波动式变化特征, 径流功率随放水流量增加而增大, 且不同土石比堆积体边坡在不同放水流量条件下的径流功率变化差异明显。

(2) 工程堆积体边坡入渗过程存在迅速降低(前 3min)、缓慢降低(3~20min)和趋于稳定(20min 后) 3 个阶段。在土石比相同时, 偏土质黄壤堆积体平均入渗率均大于相同条件下的紫色土堆积体; 黄壤工程堆积体稳定入渗率为原土的 1.70~4.07 倍, 紫色土工程堆积体稳定入渗率为原土的 7.02~11.59 倍。工程堆积体边坡产流过程存在不同程度突变或波动现象且随放水流量增大而加剧, 细沟侵蚀对产流量变化有重要影响, 土石比对平均径流率有重要影响且随放水流量增大而增强。

(3) 工程堆积体边坡产沙过程呈连续性的多峰多谷特点且波动程度随放水流量增大而增强, 细沟沟壁土体在重力作用下的崩塌脱落是造成产沙过程波动的重要原因。不同堆积体平均产沙率均随放水流量增大而增大, 在其他条件相同时平均产沙率随坡度增加呈先增加后减小的趋势。各水动力学参数对工程堆积体边坡产沙量影响作用程度的大小依次为 $\gamma_Q > \gamma_h > \gamma_b > \gamma_f > \gamma_v > \gamma_p > \gamma_\tau > \gamma_{Re} > \gamma_{Fr}$, 其中放水流量对产沙量影响最大, 流深及流宽次之。

(4) 工程堆积体边坡侵蚀过程可分为面蚀和细沟侵蚀两个阶段。面蚀阶段发生在产流后的 3min 内, 其径流含沙量呈增加趋势。细沟侵蚀阶段可细分为细沟发展阶段和稳定阶段, 其中细沟发展阶段发生在产流后 3~45min, 其径流含沙量呈波动减小的趋势, 而稳定阶段发生在 45min 后, 其含沙量比较平稳。不同堆积体径流冲刷后其坡面细沟的形态特征差异较大, 黄壤堆积体一般形成较单一的主沟, 而紫色土堆积体则形成较多细沟。细沟宽深比总体上随放水流量增加而减小, 且坡度增大会加剧沟底下切。工程堆积体边坡侵蚀产沙量与坡面细沟形态特征密切相关, 与平均沟深呈极显著正相关。

(5) 不同工程堆积体边坡径流侵蚀临界条件存在差异。偏土质紫色土堆积体边坡发生侵蚀的临界水流功率为 6.699N/(m·s), 而土石混合质紫色土堆积体的临界水流功率为 7.265N/(m·s), 偏土质堆积体在相同径流条件下较土石混合质堆积体易发生侵蚀; 土石比条件相同时, 黄壤堆积体边坡发生侵蚀的临界水流功率小于紫色土堆积体。工程堆积体边坡的侵蚀临界坡度随放水流量增加而减小, 当放水流量为 10L/min、15L/min、20L/min、

25L/min、30L/min 时，土石混合质紫色土堆积体边坡侵蚀的临界坡度依次为 35°、35°、30°、32.5°、30°。

(6) 工程堆积体边坡细沟两侧及沟头的重力作用是影响坡面产沙的重要因素，同时也是导致坡面含沙量波动变化的重要原因。紫色土堆积体边坡细沟发育过程中重力作用下的侵蚀发生的可能性较黄壤堆积体大，紫色土堆积体含沙量变异系数为 10.91%～187.55%，而黄壤堆积体为 10.13%～110.07%。工程堆积体细沟发育过程中的重力作用下侵蚀产沙贡献在 10.88%～96.57%变化。

4.6.2　工程建议

(1) 不同土石比的工程堆积体应分类布设有效防护措施。土石比是影响工程堆积体边坡径流侵蚀产沙的重要因素，工程堆积体中块石大小及含量会直接影响边坡侵蚀的强度和形式，也会导致重力和水力作用下贡献率的差异性。在生产建设项目工程堆积体堆放过程中应对不同土石比的工程堆积体分别进行处理，并设置不同的有效防护措施，最大限度地降低工程堆积体土壤流失量，以保存足够细粒成分为后期植物生长和生态恢复提供物质和养分条件。

(2) 在雨季，工程堆积体水土流失防治应重点关注边坡—平台联合阻控效应。降雨集中的 5～9 月应在布设植物措施的同时，针对工程堆积体台面、边坡不同坡位（上、中、下）采取不同的水土保持措施，在工程堆积体平台处和边坡布设排水沟、截水沟等工程措施以调控坡面径流，阻止平台径流汇入边坡而造成沟蚀，在坡脚布设挡墙和疏水工程等措施以排出多余水分并提高工程堆积体边坡稳定性。

(3) 工程堆积体边坡土壤侵蚀造成土壤细粒物质及土壤养分流失或损失，这导致工程堆积体后期植被恢复难度大且成本增加；大量松散物质可能淤积河道、毁坏农田、污染水体等，甚至存在诱发人为滑坡、人为泥石流风险，这是造成项目区及周边生态环境损害发生的主要生态破坏行为，可通过堆积体土体的破坏剥蚀、沿途搬运及异地沉积 3 个过程与生态环境损害形式建立因果关系链。

第5章 生产建设项目工程堆积体边坡稳定性分析

在强降雨作用下,工程堆积体边坡容易失稳破坏,极易形成人为崩塌、人为滑坡和人为泥石流等土壤侵蚀形式。工程堆积体物质组成复杂、结构松散且植被覆盖度低,其形态特征、土壤物理力学性质是影响工程堆积体边坡稳定性的关键因素;松散高陡边坡是工程堆积体边坡失稳的客观条件,物质组成及土壤物理力学性质是工程堆积体边坡失稳的内在因素,而降雨是工程堆积体边坡失稳的重要诱发因素之一。采用 Geo-Studio 2012 软件分析紫色土堆积体和煤矸石堆积体受力情况及变化规律,计算工程堆积体最危险滑动面和安全系数,揭示不同降雨事件下工程堆积体边坡失稳的差异性;设计正交试验,评价不同情景条件下工程堆积体边坡稳定性并探讨其影响因素,阐明工程堆积体边坡失稳机制,定量评估不同措施工程堆积体边坡稳定性的增强效应,以期为工程堆积体人为崩塌、人为滑坡防治提供科学依据。

5.1 研究区概况及研究方法

5.1.1 工程堆积体定位观测点

工程堆积体定位观测点具体见表 2.2。野外调查发现,工程堆积体植被覆盖度为 0%～90%,主要有蕨类、狗尾草、宽叶薹草、油蒿等,工程堆积体植被覆盖度随堆积时间持续呈增加趋势,堆积年限为 3～4 年时植被覆盖度可达 80%～90%,而新堆积体植被覆盖度低于 30%;施工便道由于被压紧实,不利于植被恢复,其植被覆盖度较低,最高仅为 5%;工程堆积体土壤类型为紫色土及母质、黄壤及母质,其坡度、坡长、占地面积的变化范围分别为 15°～45°、5～30m、903.78～13 726.34m²,平均为 31.92°、14.26m、5953.53m²,变异系数分别为 30.37%、59.55%、82.48%,属中等变异性。原地貌以坡耕地、荒草地和林地为主,土壤为紫色土和黄壤,植被覆盖度为 40%～95%;坡耕地多为小麦—玉米/红薯轮作,荒草地至少撂荒 1 年,植被以狗尾草、油蒿等为主,林地多为桑树、马尾松、香樟等。

通过比较多个工程堆积体的形态特征、堆放环境、有无水土保持措施等方面,确定两个典型工程堆积体作为研究对象(图 5.1)。为分析不同坡位工程堆积体土壤物理性质的差异,选取 7#、8#、9#工程堆积体为研究对象,于工程堆积体上坡位(U)、中坡位(M)、下坡位(D)分别采集土壤样品,分析不同坡位的土壤粒径分布特征、物理力学性质、剪切力—剪位移关系及降雨对边坡稳定性参数的定量影响,以期为工程堆积体水土流失防治及其人为滑坡等发生提供科学依据。

(a)2#紫色土堆积体　　　　　　　　　　　　　(b)11#煤矸石堆积体

图 5.1　两个典型工程堆积体坡面形态特征

5.1.2　基于 Geo-Studio 2012 软件的边坡稳定性分析

Geo-Studio 2012 软件的 SLOPE/W 模块以极限平衡法为计算原理,嵌套 Ordinary 法(瑞典条分法)、Bishop 法、Janbu 法和 Morgenstern-Price 法(摩根斯顿-普赖斯,即 M-P 法)等分析方法,能准确、快速地求解最小安全系数和最危险滑动面,因此广泛应用于各类边坡稳定性分析。Geo-Studio 2012 具有功能齐全、操作简便、具备交互式可视化界面等优点,所有模块可以在同一环境下运行,几何模型在所有的模块中共享,共享的分析数据可以对同一问题进行不同要求的多种结果分析,无限制地划分网格功能,模型区域改变时有限元网格自动更新。Geo-Studio 2012 软件各个模块及功能见表 5.1。

表 5.1　Geo-Studio 2012 软件各个模块及功能

模块	名称	功能	备注
SLOPE/W	边坡稳定性分析软件	边坡稳定性分析	全球岩土工程界首选的稳定性分析软件
SEEP/W	地下水渗流分析软件	地下水渗流分析	第一款全面处理非饱和土体渗流问题的商业化软件
SIGMA/W	岩土应力变形分析软件	应力和变形分析	完全基于土(岩)体本构关系建立的专业有限元软件
QUAKE/W	地震响应分析软件	动态响应分析	线性、非线性土体的水平向与竖向耦合动态响应分析软件
TEMP/W	地热分析软件	地热分析	一款具有权威、涵盖范围广泛的地热分析软件
CTRAN/W	地下水污染物传输分析软件	污染物传输分析	实用、具有性价比的地下水环境土工软件
AIR/W	空气流动分析软件	多孔介质地下水—空气相互作用分析	处理地下水—空气—热相互作用的专业岩土软件
VADOSE/W	综合渗流蒸发区和土壤表层分析软件	综合渗流蒸发区和土壤表层分析	设计理论完善和全面的环境土工设计软件
Seep3D	三维渗流分析软件	工程结构中真实的三维渗流问题分析	将交互式三维设计引入饱和、非饱和地下水建模

采用 Geo-Studio 2012 软件对工程堆积体边坡稳定性的分析步骤如下。

(1) 在 Geo-Studio 2012 软件中新建一个 SLOPE/W 模块，设定项目的页面区域、单位和比例、坐标轴等相关参数，根据实际调查工程堆积体的形态特征参数绘制堆积体二维几何模型，主要有堆积体高度、坡度、边坡长度、平台宽度、平台周长和坡脚周长等形态参数，将模型划分为上、中、下 3 个层次，以提高计算结果的精确度。

(2) 在绘制的模型中生成材料区域并定义材料属性，定义工程堆积体的材料模型为 Mohr-Coulomb，分别输入重度、黏聚力和内摩擦角 3 个参数并给材料区域赋值。绘制滑动面入口和出口范围，其数值根据实际调查结果确定，同时不考虑地下水的作用。至此，模型建立基本结束，对模型进行验证，若结果为 0 错误和 0 警告，可进一步求解分析。

(3) 以工程堆积体坡长在水平投影的长度为基准，Geo-Studio 2012 软件将工程堆积体自动划分为 30 个(也可为其他数值)等宽受力条块，经过 2000 次迭代求解最小安全系数和最危险滑动面，并可得到 Ordinary 法、Bishop 法、Janbu 法和 Morgenstern-Price 法 4 种分析方法的边坡安全系数，计算结果可揭示 1#~30# 每个条块的剪应力强度和有效法向应力的变化过程，并确定其最大值所在土条。

5.1.3　工程堆积体边坡稳定性情景分析

降雨是导致边坡稳定性失稳的主要诱发因素，有必要分析不同降雨条件下工程堆积体边坡稳定性。按降雨强度指标，我国气象部门对降雨强度的划分标准见表 5.2，可分为小雨、中雨、大雨、暴雨等，表 5.3 为观测期间采样日期前的天气状况等资料。

表 5.2　降雨强度等级划分标准

等级	12 小时降雨量 /mm	24 小时降雨量 /mm	降雨特征
小雨	≤4.9	≤9.9	雨滴下降清晰可辨；地面全湿，但无积水或积水形成很慢
中雨	5~14.9	10~24.9	雨滴下降连续成线，雨滴四溅，可闻雨声；地面积水形成较快
大雨	15~29.9	25~49.9	雨滴下降模糊成片，四溅很高，雨声激烈；地面积水形成很快
暴雨	30~69.9	50~99.9	雨如倾盆，雨声猛烈，开窗说话时声音受雨声干扰而听不清楚；积水形成特快，下水道往往来不及排泄，常有外溢现象

表 5.3　观测期间采样降雨特征

采样日期(月.日)	前期降雨情况	降雨类型
6.5	6 月 4 日为一场小雨，降雨量为 4.1mm，降雨历时 15h，降雨强度为 0.27mm/h，前期无降雨，干旱 8 天	一次性降雨
6.9	6 月 8 日为一场中雨，降雨量为 10.9mm，降雨历时 15h，降雨强度为 0.73mm/h，前期无降雨，干旱 4 天	一次性降雨
6.14	6 月 13 日为一场大雨，降雨量为 27.7mm，降雨历时 15h，降雨强度为 1.85mm/h，前期无降雨，干旱 5 天	一次性降雨
6.24	6 月 24 日前 5 天分别为小雨、中雨、中雨、小雨、小雨，降雨量合计 47.5mm，累计降雨历时为 44h，平均雨强为 1.08mm/h	间歇性降雨

采样日期(月.日)	前期降雨情况	降雨类型
6.27	6 月 27 日前 2 天分别为中雨、小雨，降雨量合计 21.5mm，累计降雨历时为 22h，平均雨强为 0.98mm/h	间歇性降雨
7.2	7 月 2 日前 4 天分别为小雨、小雨、中雨、小雨，降雨量合计 34.6mm，累计降雨历时为 44h，平均雨强为 0.79mm/h	间歇性降雨

　　表 5.3 为观测期间采样降雨特征。由表 5.3 可知，采样日期分别为 6 月 5 日、6 月 9 日、6 月 14 日、6 月 24 日、6 月 27 日和 7 月 2 日，其中 6 月 4 日、6 月 8 日和 6 月 13 日分别为小雨、中雨和大雨，为一次性降雨，降雨量分别为 4.1mm、10.9mm 和 27.7mm，降雨强度为 0.27mm/h、0.73mm/h、1.85mm/h；6 月 24 日、6 月 27 日和 7 月 2 日共 3 次采样的前期降雨为间歇性降雨，平均雨强分别为 1.08mm/h、0.98mm/h 和 0.79mm/h。

　　通过野外调查和室内试验结果，确定工程堆积体的形态特征(坡高和坡度)和物理力学性质(重度、黏聚力和内摩擦角)的变化范围，统计、计算各影响因素的最大值、最小值和极差，将极差 4 等分确定各影响因素的设计水平值。利用正交试验设计 5 因素、4 水平的影响因素水平表 $L_{16}(4^5)$ (表 5.4)，应用 Geo-Studio 2012 软件计算工程堆积体边坡安全系数 K，并划分边坡稳定性等级，即极稳定($K>1.5$)、稳定($1.5\geqslant K>1.25$)、基本稳定($1.25\geqslant K>1.0$)、潜在不稳定($1.0\geqslant K>0.5$)、不稳定($0.5\geqslant K>0$)。采用灰色关联度分析边坡稳定性影响因素的敏感性，量化分析结果，确定各种影响因素的主次关系和敏感程度，为边坡设计及治理提供可靠的评价依据。

表 5.4　正交试验方案

序号	重度 γ /(kN/m³)	黏聚力 c/kPa	内摩擦角 φ /(°)	坡高 h/m	坡度 θ /(°)
情景 1	10.13	4.89	18.76	4.00	25.00
情景 2	10.13	10.19	21.55	9.33	29.33
情景 3	10.13	15.49	24.35	14.67	33.67
情景 4	10.13	20.79	27.15	20.00	38.00
情景 5	11.98	10.19	18.76	14.67	38.00
情景 6	11.98	4.89	21.55	20.00	33.67
情景 7	11.98	20.79	24.35	4.00	29.33
情景 8	11.98	15.49	27.15	9.33	25.00
情景 9	13.82	15.49	18.76	20.00	29.33
情景 10	13.82	20.79	21.55	14.67	25.00
情景 11	13.82	4.89	24.35	9.33	38.00
情景 12	13.82	10.19	27.15	4.00	33.67
情景 13	15.67	20.79	18.76	9.33	33.67
情景 14	15.67	15.49	21.55	4.00	38.00
情景 15	15.67	10.19	24.35	20.00	25.00
情景 16	15.67	4.89	27.15	14.67	29.33

5.2   不同工程堆积体边坡入渗特征

5.2.1   入渗过程分析

土壤入渗是降水、地表水转化为土壤水、地下水的关键环节,其大小直接影响地表径流量和土壤侵蚀量(赵炳昌等,2021)。土壤入渗是一个逐渐衰减的过程,即随着时间的延长入渗速率逐渐减小,直到达到稳定入渗速率。工程堆积体作为一种典型的土石混合体,其入渗特征不同于原生土壤,其入渗过程和入渗特征与其物质组成、孔隙结构、土石比、植被覆盖度、降雨条件等关系密切,入渗不仅可以有效减少地表径流,也可为植物生长提供水分条件(陈卓鑫等,2019;丁鹏玮等,2021)。

由图 5.2 可知,紫色土、黄壤和煤矸石堆积体入渗过程存在差异,其入渗特征值大小依次为煤矸石堆积体>紫色土堆积体>黄壤堆积体,其初始入渗率依次为 20.09mm/min、13.86mm/min、12.73mm/min,稳定入渗率分别为 10.19mm/min、6.79mm/min、1.64mm/min,这一差异与堆积体物质组成、内部颗粒组成和排列方式、堆积体紧实度、堆积年限、植被根系状况等因素有关,但总体上入渗率都随时间的增加而逐渐减小,最后趋于稳定入渗率。工程堆积体入渗过程可划分为以下 3 个过程。

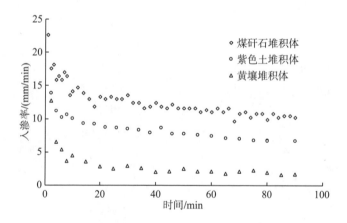

图 5.2   不同类型工程堆积体入渗过程曲线

(1)在入渗初期(0~10min),尤其是 0~4min,堆积体具有较高的入渗率,煤矸石、紫色土和黄壤堆积体的初始入渗率分别为 20.09mm/min、13.86mm/min、12.73mm/min。这主要是由于堆积体结构松散且孔隙发达,土壤含水率较低,水分在重力和水压作用下迅速向下运动。

(2)在 10~30min 阶段,入渗率依然呈下降趋势,但下降趋势减缓且存在一定程度的波动,3 个堆积体 30min 瞬时入渗率分别为 13.58mm/min、8.49mm/min、2.94mm/min,与初始入渗率相比分别降低 32.40%、38.75%、76.9%。该阶段入渗率减小主要有两个原因：一方面，随着堆积体含水量的增加，颗粒之间的孔隙被水分逐渐填充，使得饱和度增大，入渗梯度减小，降低土壤入渗率；另一方面，表层细小颗粒随水分入渗而向下运动，上层粗颗粒逐渐被架空，在水力和重力共同作用下形成小范围的塌陷，使得入渗通道被堵塞，降低土壤入渗率。

(3) 在稳定入渗阶段(30～90min)，入渗率继续呈减小趋势，但减小程度明显变缓。3 个堆积体稳定入渗率分别为 10.19mm/min、6.79mm/min、1.64mm/min，较 30min 瞬时入渗率分别降低 24.96%、20.02%、44.22%。煤矸石堆积体的稳定入渗率大于紫色土和黄壤堆积体，一方面是由于煤矸石堆积体孔隙状况好于紫色土和黄壤堆积体，在一定程度上促进了煤矸石堆积体的入渗速率；另一方面，煤矸石堆积体年限较长，坡面植被长势良好，地下植物根系通过穿插、网络和固结等作用改善了堆积体的土壤物理性质，同时根系与土壤的接触面形成了较好的入渗通道，部分水分沿植物根系向下运动，增强了煤矸石堆积体的入渗能力。

5.2.2　入渗特征值分析

土壤渗透性大小通常用土壤初始入渗率、稳定入渗率、平均入渗率和渗透总量 4 个入渗特征值评价(李叶鑫等，2017)，图 5.3 为 1#～13#工程堆积体的入渗特征值。由图 5.3 可知，不同工程堆积体的初始入渗率、稳定入渗率、平均入渗率和渗透总量存在差异。13 个工程堆积体的初始入渗率为 5.66～23.20mm/min，平均为 13.25mm/min，其中 1#工程堆积体最大，8#工程堆积体最小；稳定入渗率为 1.64～10.19mm/min，平均为 4.75mm/min，其中 13#工程堆积体最大，5#工程堆积体最小；平均入渗率为 1.87～12.27mm/min，平均为 5.83mm/min，其中 13#工程堆积体最大，7#工程堆积体最小；渗透总量为 218.60～1104.04mm，平均为 494.44mm，其中 13#工程堆积体最大，8#工程堆积体最小。工程堆积体初始入渗率、稳定入渗率、平均入渗率和渗透总量的变异系数分别为 34.88%、55.27%、56.99%和 53.97%，均属于中等变异性，这可能与工程堆积体物质组成、碎石含量及分布、堆积年限、植被状况和人为干扰等多方面因素有关，也反映了工程堆积体在植被恢复过程中土壤物理性质改变和植物根系对土壤入渗特征值的影响。

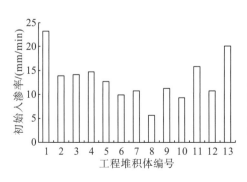
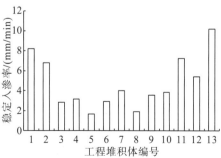

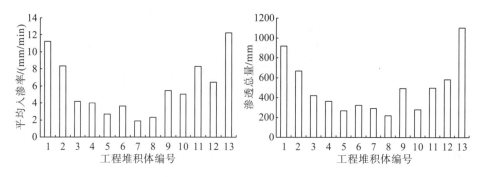

图 5.3 1#～13#工程堆积体的入渗特征值

5.2.3 入渗影响因子分析

工程堆积体入渗是一个复杂的过程，其入渗特性与工程堆积体的孔隙结构、碎石含量与大小、碎石与土壤的结合方式、土壤及其母岩类型、含水率、堆积年限、植被根系状况等因素有关(Cerdà，2007)。一方面，碎石作为不透水介质，会减少水流过水断面的面积，增加其孔隙的弯曲度而抑制水分下渗，延长水分运移路径；另一方面，碎石的存在会增加有利于水分运动的非毛管孔隙度，促进土壤水分入渗及再分布，具体结果决定于碎石类型、不同粒径碎石含量及其在土层中的位置(Wilcox et al.，1988；Lavee and Poesen，1991)。因此，本节分析容重、含水率、孔隙度、碎石含量等土壤物理性质对工程堆积体入渗性能的影响。

由表 5.5 可知，工程堆积体的初始入渗率、稳定入渗率、平均入渗率和渗透总量与容重、含水率均呈负相关关系，与总孔隙度呈正相关关系，其相关系数较低，而入渗特征值与碎石含量的相关系数较高，说明碎石对入渗的影响程度更大。稳定入渗率是土壤水分入渗达到稳定时土壤入渗能力的表现，平均入渗率是入渗过程中的整体平均水平的表现，因此选择稳定入渗率和平均入渗率进一步分析入渗性能与不同粒径碎石含量的相关性。稳定入渗率与 60～40mm 碎石含量呈负相关关系，与 40～20mm、20～10mm 和 10～5mm 碎石含量呈极显著负相关关系，仅与 5～2mm 碎石含量呈正相关关系，说明 5～2mm 碎石可促进土壤水分入渗，而 60～5mm 碎石会抑制土壤水分入渗且 40～20mm、20～10mm 和 10～5mm 碎石的抑制作用更为显著，这与 Wilcox 等(1988)研究结果一致，Wilcox 等(1988)认为碎石直径与土壤入渗能力呈较好的负相关关系，且碎石粒径越小，影响越显著。平均入渗率与 60～40mm 和 10～5mm 碎石含量均呈负相关关系，与 40～20mm 和 20～10mm 碎石含量呈极显著负相关和显著负相关关系，与 5～2mm 碎石含量呈正相关关系，说明 5～2mm 碎石会提高土壤整体入渗水平，而 60～5mm 碎石会降低整体入渗水平且 40～10mm 碎石更为显著。综合不同粒径碎石含量对稳定入渗率和平均入渗率的相关分析，表明粒径大于 5mm 碎石能够抑制工程堆积体的入渗能力，40～20mm 和 20～10mm 碎石可以达到极显著水平和显著水平。

表 5.5　工程堆积体入渗性能与土壤物理性质相关分析

土壤入渗特征值	初始入渗率	Sig.	稳定入渗率	Sig.	平均入渗率	Sig.	渗透总量	Sig.	N
容重/(g/cm³)	-0.105	0.798	-0.185	0.643	-0.217	0.585	-0.160	0.692	13
含水率/%	-0.451	0.229	-0.024	0.961	-0.045	0.918	-0.359	0.352	13
总孔隙度/%	0.192	0.631	0.159	0.694	0.083	0.841	0.059	0.891	13
非毛管孔隙度/%	0.380	0.313	0.007	0.985	0.055	0.889	0.333	0.382	13
60～40/mm	-0.332	0.392	-0.581	0.107	-0.565	0.119	-0.408	0.284	13
40～20/mm	-0.526	0.152	-0.801**	0.009	-0.802**	0.009	-0.752*	0.019	13
20～10/mm	-0.494	0.184	-0.808**	0.008	-0.721*	0.028	-0.661	0.057	13
10～5/mm	0.060	0.890	-0.823**	0.002	-0.319	0.411	-0.089	0.830	13
5～2/mm	0.444	0.238	0.333	0.389	0.398	0.298	0.606	0.089	13
2～1/mm	-0.061	0.887	0.318	0.413	0.304	0.434	0.046	0.915	13
1～0.5/mm	0.523	0.155	0.809**	0.008	0.734*	0.024	0.654	0.060	13
0.5～0.25/mm	0.106	0.796	0.503	0.174	0.360	0.350	0.068	0.874	13
0.25～0.1/mm	0.117	0.775	0.566	0.118	0.447	0.235	0.342	0.376	13
0.1～0.075/mm	0.184	0.645	0.568	0.117	0.426	0.261	0.185	0.645	13
<0.075/mm	-0.230	0.562	-0.696*	0.037	-0.607	0.088	-0.346	0.371	13

注：*表示 $P<0.05$；**表示 $P<0.01$

5.2.4　入渗过程模拟

为比较不同拟合模型对工程堆积体入渗过程的拟合优度,确定适用于重庆市工程堆积体的入渗模型,分别采用 Kostiakov 模型、通用经验模型、Horton 模型和 Philip 模型对 1#～13#工程堆积体入渗过程进行优化模拟,具体结果见表 5.6。由表 5.6 可知,不同工程堆积体回归模型的拟合优度存在差异,其拟合优度依次为 Kostiakov 模型＞通用经验模型＞Horton 模型＞Philip 模型。Kostiakov 模型拟合的决定系数为 0.76～0.964,平均为 0.884;通用经验模型拟合的决定系数为 0.751～0.971,平均为 0.879;Horton 模型拟合的决定系数为 0.689～0.934,平均为 0.845;Philip 模型拟合的决定系数为 0.728～0.938,平均为 0.846。结合 13 个工程堆积体土壤水分入渗的最优模型,其中 Kostiakov 模型占 10 个,通用经验模型占 2 个,Horton 模型占 1 个,表明 Kostiakov 模型和通用经验模型都符合工程堆积体入渗的实际情况,且 Kostiakov 模型可以更好地模拟和预测工程堆积体的入渗过程和入渗能力,这与周蓓蓓和邵明安(2007)关于不同碎石含量及直径的土石混合介质最优入渗模型的研究结果一致。

为检验不同拟合模型入渗速率计算值与实测入渗速率的符合程度,选择 2#工程堆积体、5#工程堆积体和 10#工程堆积体分别点绘 Kostiakov 模型、通用经验模型、Horton 模型和 Philip 模型拟合方程入渗速率计算值与实测入渗速率,结果如图 5.4～图 5.6 所示。

表 5.6　工程堆积体入渗模型拟合参数

编号	Kostiakov 模型拟合参数			通用经验模型拟合参数				Horton 模型拟合参数				Philip 模型拟合参数		
	a	b	R^2	a	b	n	R^2	a	b	c	R^2	s	a	R^2
1#	21.916	0.199	0.939	2.0034	20.140	0.2323	0.937	9.979	10.80	0.096	0.882	31.340	8.238	0.910
2#	14.884	0.171	0.956	2.1352	13.0535	0.2203	0.954	7.293	5.732	0.062	0.884	22.001	6.185	0.938
3#	13.991	0.339	0.765	3.874	25.322	1.359	0.908	4.223	32.455	0.603	0.852	27.003	1.895	0.815
4#	15.531	0.412	0.790	3.469	30.878	1.484	0.971	3.733	31.377	0.534	0.934	29.614	1.186	0.827
5#	5.636	0.256	0.883	1.845	6.169	0.812	0.832	2.161	5.180	0.264	0.771	10.345	1.348	0.872
6#	11.992	0.225	0.871	0.995	11.249	0.266	0.864	3.907	5.110	0.032	0.761	20.773	3.531	0.862
7#	11.104	0.260	0.943	0.320	10.856	0.275	0.938	4.166	5.728	0.105	0.891	19.247	2.831	0.832
8#	12.341	0.256	0.964	0.654	9.644	0.354	0.872	3.214	4.614	0.201	0.864	18.654	3.244	0.867
9#	15.123	0.194	0.824	7.730	22.147	1.467	0.854	7.993	21.798	0.519	0.923	23.646	5.609	0.830
10#	10.876	0.149	0.760	1.451	9.528	0.184	0.751	5.815	4.254	0.070	0.689	13.114	5.305	0.728
11#	21.254	0.158	0.932	2.917	18.612	0.200	0.931	10.991	8.689	0.073	0.864	27.834	9.586	0.897
12#	10.214	0.297	0.949	2.674	5.348	0.547	0.825	2.891	7.012	0.066	0.855	8.024	2.734	0.871
13#	8.401	0.181	0.921	3.144	4.314	0.684	0.794	4.02	6.731	0.096	0.820	6.490	6.581	0.746

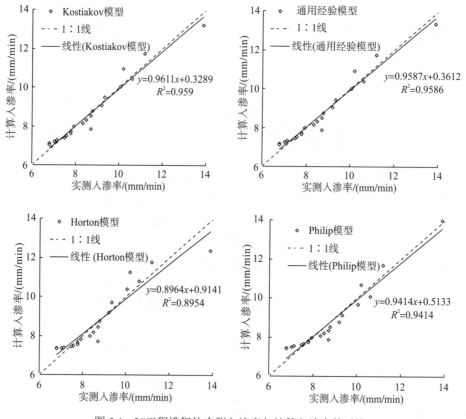

图 5.4　2#工程堆积体实测入渗率与计算入渗率的对比

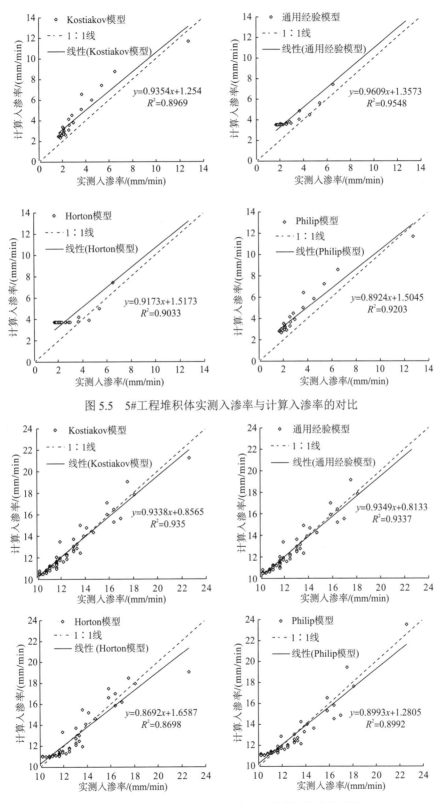

图 5.5　5#工程堆积体实测入渗率与计算入渗率的对比

图 5.6　10#工程堆积体实测入渗率与计算入渗率的对比

由图 5.4 可知，2#工程堆积体不同拟合模型的计算入渗率均与实测入渗率差异较小，4 个入渗模拟回归方程的决定系数依次为 Kostiakov 模型（R^2=0.959）＞通用经验模型（R^2=0.9586）＞Philip 模型（R^2=0.9414）＞Horton 模型（R^2=0.8954），说明 Kostiakov 模型和通用经验模型可以很好地预测 2#工程堆积体入渗速率。Philip 模型计算得到的初始入渗率略高于实测初始入渗率，Kostiakov 模型、通用经验模型和 Horton 模型则相反，且 Horton 模型偏差较大，Kostiakov 模型和通用经验模型符合紫色土工程堆积体入渗的实际情况。

由图 5.5 可知，5#工程堆积体不同拟合模型的计算入渗率均与实测入渗率差异较小，4 个入渗模拟回归方程的决定系数依次为通用经验模型（R^2=0.9548）＞Philip 模型（R^2=0.9203）＞Horton 模型（R^2=0.9033）＞Kostiakov 模型（R^2=0.8969），说明通用经验模型和 Philip 模型可以很好地预测 5#堆积体入渗速率；Horton 模型拟合程度虽然较好，但对于稳定入渗率的预测效果较差，不适合应用于模拟和预测黄壤堆积体的入渗过程；Kostiakov 模型和 Philip 模型计算得到的初始入渗率略低于实测初始入渗率，通用经验模型和 Horton 模型则与之相反，且 Horton 模型偏差较大，通用经验模型符合黄壤工程堆积体入渗的实际情况。

由图 5.6 可知，10#工程堆积体不同拟合模型的计算入渗率均与实测入渗率差异较小，4 个入渗模拟回归方程的决定系数依次为 Kostiakov 模型（R^2=0.935）＞通用经验模型（R^2=0.9337）＞Philip 模型（R^2=0.8992）＞Horton 模型（R^2=0.8698），说明 Kostiakov 模型可以很好地预测土壤入渗率。Philip 模型计算得到的初始入渗率略高于实测初始入渗率，Kostiakov 模型、通用经验模型和 Horton 模型则相反，且 Horton 模型偏差较大，Kostiakov 模型符合煤矸石堆积体入渗的实际情况，可以较好地模拟和预测煤矸石工程堆积体入渗过程。

5.3　紫色土堆积体边坡稳定性特征

5.3.1　不同降雨条件下工程堆积体稳定性分析

依据上述模型和参数计算 2#工程堆积体不同降雨事件下的最危险滑动面（图 5.7）和不同计算方法下的安全系数（表 5.7）。由图 5.7 可知，不同降雨事件的最危险滑动面和边坡安全系数明显不同，边坡安全系数均大于 1.25，工程堆积体处于稳定状态。随着降雨强度的增大，工程堆积体边坡安全系数逐渐减小，小雨（6 月 5 日）、中雨（6 月 9 日）和大雨（6 月 14 日）条件下的安全系数分别为 2.434、1.384 和 1.275；6 月 24 日、6 月 27 日和 7 月 2 日 3 次间歇性降雨事件下的边坡安全系数分别为 1.904、1.304 和 1.641。

表 5.7 为不同降雨事件下 2#工程堆积体的边坡安全系数。不同计算方法运行得到的边坡安全系数略有不同。不同降雨事件下边坡安全系数依次为 6 月 5 日（2.377）＞6 月 24 日（1.943）＞7 月 2 日（1.600）＞6 月 9 日（1.355）＞6 月 27 日（1.283）＞6 月 14 日（1.243），一次性降雨事件的边坡安全系数随着降雨强度的增大而减小，而间歇性降雨事件边坡安全系数的变化则略有不同，这主要是因为边坡安全系数不仅与降雨强度有关，而且与间歇时间、降雨次数、气候条件和蒸发能力等有关。

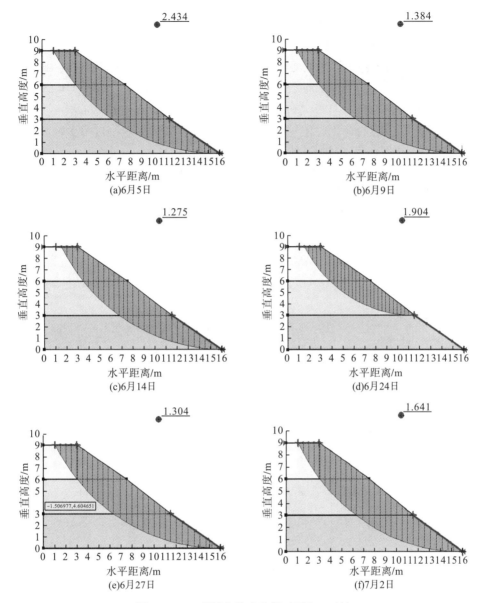

图 5.7　2#工程堆积体失稳滑动面（M-P 法）

表 5.7　不同降雨事件下 2#工程堆积体的边坡安全系数

日期(月.日)	降雨强度/(mm/h)	Ordinary 法	Bishop 法	Janbu 法	M-P 法	平均值
6.5	0.27	2.358	2.457	2.258	2.434	2.377
6.9	0.73	1.332	1.387	1.317	1.384	1.355
6.14	1.85	1.213	1.282	1.200	1.275	1.243
6.24	1.08	1.926	1.972	1.904	1.968	1.943
6.27	0.98	1.258	1.310	1.258	1.304	1.283
7.2	0.79	1.577	1.646	1.537	1.641	1.600

为进一步分析堆积体滑动面土体应力的变化过程,选取剪应力强度和有效法向应力作为反映堆积体内部受力情况指标,研究剪应力强度和有效法向应力随堆积体水平距离变化规律,具体结果见图 5.8 和图 5.9。2#工程堆积体剪应力强度随着水平距离的增加而先增大再减小,小雨、中雨、大雨 3 种降雨强度下的变化范围依次为 8.94~51.43kPa、8.34~27.87kPa、4.71~25.14kPa,且最大剪应力强度与降雨强度具有较好的负相关关系。2#工程堆积体有效法向应力的变化过程与剪应力强度相同,其过程线可以用抛物线较好地拟合。当降雨强度分别为小雨、中雨和大雨时,最小有效法向应力依次为-0.2kPa、-3.06kPa、-0.17kPa,最大有效法向应力依次为 45.43kPa、42.67kPa、39.28kPa,最大有效法向应力与降雨强度有较好的负相关关系,相关系数为-0.98。

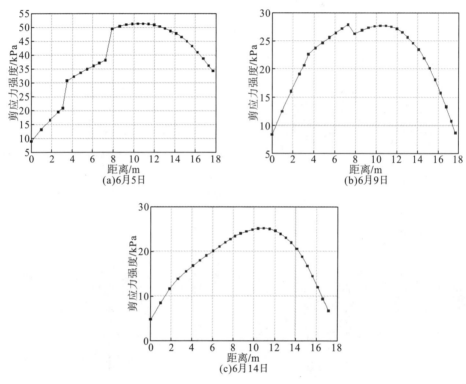

图 5.8 2#工程堆积体剪应力强度分布

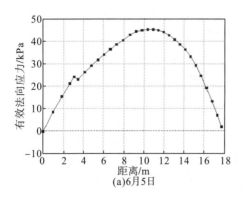
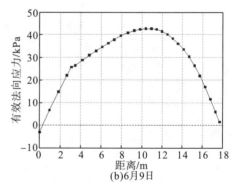

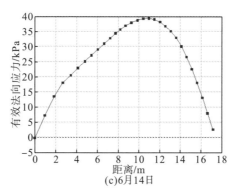

图 5.9　2#工程堆积体有效法向应力分布

为了研究土条间作用力对边坡稳定性的影响，以小雨、中雨和大雨 3 种降雨强度为例分别选取最大基底运动剪力和最大基底法向力的所在土条，着重分析滑动面土条受力情况，具体结果见图 5.10 和图 5.11。2#工程堆积体在小雨、中雨和大雨条件下受力土条的最大基底运动剪力分别为 14.469kPa、13.481kPa、10.957kPa，其变化规律与降雨强度相反；受力土条的最大基底法向力分别为 29.758kPa、28.277kPa、21.697kPa，其变化规律与降雨

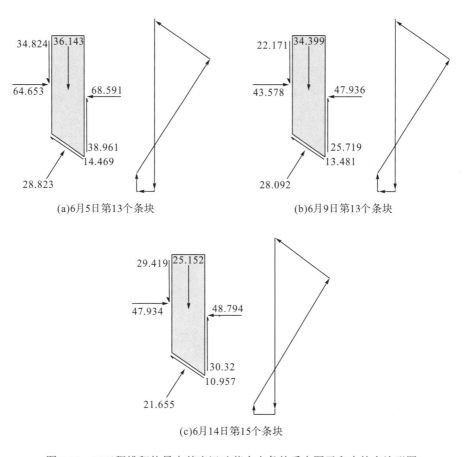

(a)6月5日第13个条块

(b)6月9日第13个条块

(c)6月14日第15个条块

图 5.10　2#工程堆积体最大基底运动剪力土条的受力图示和力的多边形图

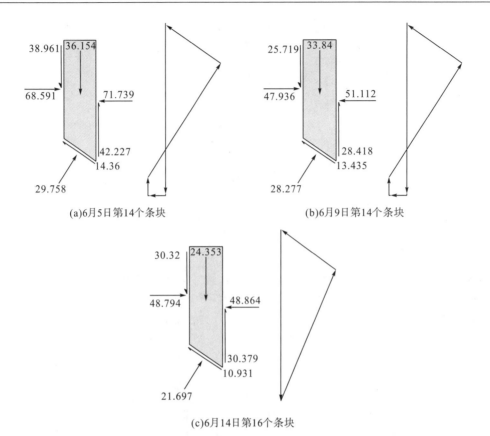

(a)6月5日第14个条块　　　　　　　　　　(b)6月9日第14个条块

(c)6月14日第16个条块

图 5.11　2#工程堆积体最大基底法向力土条的受力图示和力的多边形图

强度相反。说明随着降雨强度的增大，受力土条的最大基底运动剪力和最大基底法向力减小且在大雨条件下更加明显。同时，滑动面任何一个土条的基底抗剪力始终大于基底运动剪力，致使工程堆积体边坡处于稳定状态，也从工程堆积体内部土条受力角度验证了工程堆积体的边坡稳定性。

5.3.2　边坡安全系数相关分析

工程堆积体边坡安全系数不仅与降雨量、降雨强度和降雨历时有关，而且与堆积体土壤重度、黏聚力、内摩擦角和土壤渗透性等关系密切。图 5.12 为 2#工程堆积体边坡安全系数随降雨强度的变化过程。由图 5.12 可知，边坡安全系数与降雨强度之间存在显著的负相关关系。当降雨强度由 0.27mm/h 增加至 0.73mm/h 和 1.85mm/h 时，边坡安全系数由 2.377 降低至 1.355 和 1.243。

为进一步分析堆积体内外因素对边坡稳定性的影响，将土壤重度、黏聚力、内摩擦角、土壤含水率、稳定入渗、降雨强度与边坡安全系数进行相关性分析（表 5.8）。由表 5.8 可知，边坡安全系数与土壤黏聚力、稳定入渗率和内摩擦角呈正相关关系，与土壤重度、土壤含水率和降雨强度呈负相关关系。安全系数与土壤黏聚力呈极显著正相关（$P<$ 0.01），其相关系数为 0.973，双尾检验值仅为 0.001；与降雨强度呈显著负相关（$P<0.05$），

其相关系数为 0.653，双尾检验值为 0.016。安全系数与土壤重度、内摩擦角、含水率和稳
定入渗率无明显相关关系，这主要是 Geo-Studio 2012 软件计算边坡安全系数时侧重土条
之间的作用力，而忽略了具体指标对稳定性的影响。

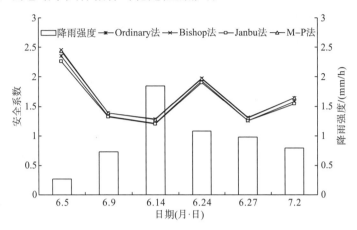

图 5.12　2#工程堆积体边坡安全系数随降雨强度的变化

表 5.8　2#工程堆积体边坡安全系数与影响因素相关性分析

指标	土壤重度 /(kN/m³)	黏聚力 /kPa	内摩擦角 /(°)	土壤含水率 /%	稳定入渗率 /(mm/min)	降雨强度 /(mm/min)
相关系数	−0.277	0.973**	0.500	−0.039	0.598	−0.653*
Sig.(2-tailed)	0.595	0.001	0.313	0.942	0.210	0.016
N	6	6	6	6	6	6

注：*表示 $P<0.05$；**表示 $P<0.01$

5.3.3　Geo-Studio 2012 软件适用性分析

为分析 Geo-Studio 2012 软件对工程堆积体边坡稳定性分析的准确性和适用性，以相
关文献关于工程堆积体边坡稳定性研究结果为数据基础，对比研究不同计算模型获得的
最危险滑动面和边坡安全系数的差异性。选取重庆市南岸区二塘区一个紫色土弃土场为
研究对象，应用 Geo-Studio 2012 软件计算其边坡安全系数并与文献数据进行对比分析。
重庆市南岸区二塘区工程堆积体在非降雨条件下的基本情况如下(李俊业，2011)：采用
经纬仪量测弃土场形态特征，弃土场高度为 30.58m，弃土场顶面为 50m，坡脚坡度为
35°，弃土主要来源为工程弃土与生活垃圾的混合物，通过现场取样和室内试验获得基本
物理力学性质参数，具体见表 5.9。该工程堆积体容重较大，$Cu>5$ 且 $1<Cc<3$，土体
级配良好，试验结果正确可靠且有一定的代表性。

表 5.9　重庆南岸区二塘区工程堆积体基本物理力学性质参数表

含水量 /%	天然重度 /(kN/m³)	黏聚力 /kPa	内摩擦角 /(°)	>2mm 颗粒含量 /%	不均匀系数 Cu	曲率系数 Cc
6.14	19.40	26.8	29.8	54.98	23.71	2.26

图 5.13（a）为 2#工程堆积体边坡失稳滑动面和安全系数，建模时按坡上、坡中、坡下将堆积体划分为 3 部分，堆积体平均重度、黏聚力和内摩擦角为 16.1kN/m³、20.35kPa 和 23.38°。利用 Ordinary 法、Janbu 法、Bishop 法和 M-P 法计算得到的安全系数分别为 1.898、2.002、1.860 和 2.013，平均为 1.943，处于极稳定状态。图 5.13（b）为重庆市南岸区二塘区工程堆积体边坡失稳滑动面和安全系数，利用 Ordinary 法、Janbu 法、Bishop 法和 M-P 法计算得到的安全系数分别为 1.367、1.439、1.350 和 1.433，平均为 1.397，处于稳定状态。

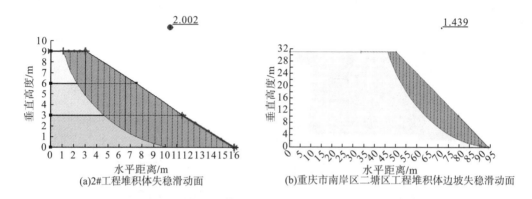

图 5.13　非降雨条件下 2#与重庆市南岸区二塘区的工程堆积体边坡失稳滑动面对比

根据相关文献数据，采用修正的瑞典圆弧法计算紫色土弃土场的边坡稳定性，认为非饱和土边坡稳定性的受力情况与传统瑞典圆弧法有很大的不同，需要考虑非饱和区滑动面的基质吸力，并将基质吸力看作是土的黏聚力的一部分，这样作用于第 i 土条底面的压力和抗剪力可表示为图 5.14，式(5.1)则为适合非饱和土边坡稳定性计算的修正后的圆弧法计算公式。

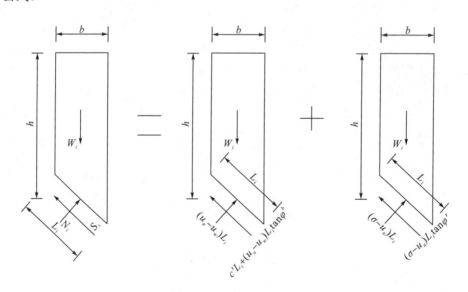

图 5.14　土条底面的压力和抗剪力分解示意图

$$K = \frac{\sum\left\{\left[\left(\cos\alpha_i - A\sin\alpha_i\right) - \mu_a L_i\right]\tan\varphi_i' + c'L_i + \left(\mu_a - \mu_w\right)L_i\tan\varphi^b\right\}}{\sum\left\{W_i\left(\sin\alpha_i + A\cos\alpha_i\right)\right\}} \tag{5.1}$$

式中，α_i 为第 i 块土条的滑面倾角，(°)；A 为地震加速度，m/s²；μ_a 为空气压力，kPa；L_i 为第 i 块土条的滑面长度，m；φ_i' 为第 i 块土条的有效内摩擦角，(°)；c' 为材料有效黏聚力，kPa；μ_w 为孔隙水压力，kPa；φ^b 为抗剪强度随基质吸力增加的速率，为基质吸力的函数；W_i 为第 i 块土条的重量，kN·m。

　　Geo-Studio 2012 软件在计算最危险滑动面和安全系数时，不同计算方法满足不同的静态平衡条件，具有不同的条间力种类。其中，满足力矩平衡的方法有 Ordinary 法、Bishop 法和 M-P 法，满足力平衡的方法有 Janbu 法和 M-P 法；具有条间正应力的有 Bishop 法、Janbu 法和 M-P 法，具有条间剪应力的是 M-P 法，应用 Geo-Studio 2012 软件计算边坡稳定性时具体的土条受力见图 5.15。

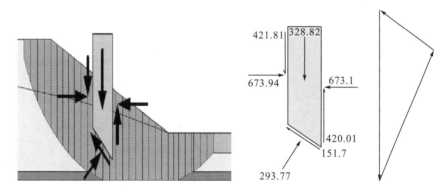

图 5.15　土条的受力图示和力的多边形图

　　每一条块底面的法应力均来自各土条垂直方向上力的总和[式(5.2)]，将条块底部切向力方程[式(5.3)]带入得到每一条块底面法向力的方程[式(5.4)]。

$$\left(X_L - X_R\right) - W + N\cos\alpha + S_m\sin\alpha - D\sin\omega = 0 \tag{5.2}$$

$$S_m = \frac{\beta\left[c' + \left(\sigma_n - \mu\right)\tan\varphi'\right]}{K} \tag{5.3}$$

$$N = \frac{W + \left(X_R - X_L\right) - \dfrac{c'\beta\sin\alpha + \mu\beta\sin\alpha\tan\varphi'}{K} + D\sin\omega}{\cos\alpha + \dfrac{\sin\alpha\tan\varphi'}{K}} \tag{5.4}$$

式中，X 为条间的竖向剪力，kN，X_L 和 X_R 分别指土条的左侧和右侧；W 为宽为 b、高为 h 条块的总重力，kN；N 为每一条块底部上作用的总法向力，kN；α 为每一土条的底面圆弧的切线和水平面的夹角，(°)；S_m 为每一条块底部上作用的切向力，kN；D 为外加线荷载，kN/m²；ω 为线荷载与水平面的夹角，(°)；β 为每一土条的底面长度，m；c' 为有效黏聚力，kPa；σ_n 为总的法向力，kN；μ 为孔隙水压力，kPa；φ' 为有效内摩擦角，(°)；K 为安全系数。

由式 (5.4) 可知，法向力方程是非线性的，随着安全系数 K 而改变。当求解力矩平衡时，安全系数等于力矩平衡时的安全系数 K_m，当求解力平衡时，安全系数等于力平衡时的安全系数 K_f。

开始计算安全系数时，条间切向力和法向力被忽略，而每一条块的法向力能按照同一方向法向力总和直接算出，可以用这个简单的法向力方程来获得计算安全系数的初始值。若忽略条间切向力，保留条间法向力，则条块底面法向力方程如下。

$$N = \frac{W - \dfrac{c'\beta\sin\alpha + \mu\beta\sin\alpha\tan\varphi'}{K} + D\sin\omega}{\cos\alpha + \dfrac{\sin\alpha\tan\varphi'}{K}} \tag{5.5}$$

当用这个带有底面法向力的方程计算时，关于力矩平衡的安全系数就是简化 Bishop 法，关于力的平衡的就是 Janbu 安全系数法。

对于非饱和土的安全系数，条块底部切向力方程 [式 (5.6)] 和条块底面的法向力方程 [式 (5.7)] 如下。

$$S_m = \frac{\beta}{K}\left[c' + (\sigma_n - \mu_a)\right]\tan\varphi' + (\mu_a - \mu_w)\tan\varphi^b \tag{5.6}$$

$$N = \frac{W + (X_R - X_L) - \dfrac{c'\beta\sin\alpha + \mu_a\beta\sin\alpha(\tan\varphi' - \tan\varphi^b) + \mu_w\beta\sin\alpha\tan\varphi^b}{K} + D\sin\omega}{\cos\alpha + \dfrac{\sin\alpha\tan\varphi'}{K}} \tag{5.7}$$

式 (5.6) 和式 (5.7) 可用于计算饱和土和非饱和土。对于大多数分析，孔隙气压力设为零。Geo-Studio 2012 软件使用两个独立的安全系数方程：一个是关于力矩平衡的方程，另一个是关于水平力平衡的方程。

当仅有力矩平衡满足时，安全系数方程如下。

$$K_m = \frac{\sum\left\{c'\beta R + \left[N - \mu_w\beta\dfrac{\tan\varphi^b}{\tan\varphi'} - \mu_a\beta\left(1 - \dfrac{\tan\varphi^b}{\tan\varphi'}\right)\right]R\tan\varphi'\right\}}{\sum Wx - \sum Nf + \sum k_W e \pm \sum Dd \pm \sum Hh} \tag{5.8}$$

式中，R 为圆弧滑面的半径或者与滑移力相关的力臂，单位 m；x 为从每一条块中心线到旋转中心或力矩中心的水平距离，单位 m；f 为法向力距旋转中心或者力矩中心的垂直偏移量，单位 m；k_W 为适用于通过每一条块的水平地震荷载，单位 kN/m^2；e 为从每一条块质心到旋转中心或力矩中心的垂直距离，单位 m；d 为从一线荷载到旋转中心或力矩中心的垂直距离，单位 m；H 为合成的外部水压力，单位 kN；h 为从合成的外部水压力线到旋转中心或力矩中心的垂直距离，单位 m。

当只有水平力平衡时，安全系数方程如下。

$$K_f = \frac{\sum\left\{c'\beta\cos\alpha + \left[N - \mu_w\beta\dfrac{\tan\varphi^b}{\tan\varphi'} - \mu_a\beta\left(1 - \dfrac{\tan\varphi^b}{\tan\varphi'}\right)\right]\tan\varphi'\cos\alpha\right\}}{\sum N\sin\alpha + \sum k_w - \sum D\cos\omega \pm \sum H}$$ (5.9)

为分析 Geo-Studio 2012 软件应用的准确性和适用性，将重庆市南岸区二塘区工程堆积体模型计算值与文献数据进行对比分析。利用 Geo-Studio 2012 软件计算的边坡安全系数为 1.367（Ordinary 法）、1.439（Bishop 法）、1.350（Janbu 法）、1.433（M-P 法），文献数据则为 1.551，与文献数据相比模型计算值偏低但仍处于稳定状态，表明 Geo-Studio 2012 软件可被较好地应用于工程堆积体边坡稳定性分析。造成相对误差较大的原因是文献数据采用修正的瑞典圆弧法计算获得，考虑非饱和土体中的负孔隙水压力，将非饱和土体中的基质吸力提供的强度纳入稳定性分析中，而应用 Geo-Studio 2012 软件计算的结果并未考虑。

5.4　煤矸石堆积体边坡稳定性特征

5.4.1　不同降雨条件下工程堆积体稳定性分析

依据上述模型和参数计算，得到 11#工程堆积体在不同降雨事件下的最危险滑动面（图 5.16）和不同计算方法下的边坡安全系数（表 5.10）。不同降雨事件的最危险滑动面和边坡安全系数明显不同，边坡安全系数均大于 1.25，工程堆积体处于稳定状态。随着降雨强度的增大，工程堆积体边坡安全系数逐渐减小，小雨（6 月 5 日）、中雨（6 月 9 日）和大雨（6 月 14 日）条件下的安全系数分别为 3.015、2.638 和 1.408；6 月 24 日、6 月 27 日和 7 月 2 日 3 次间歇性降雨事件下的边坡安全系数分别为 1.993、2.114 和 2.077。

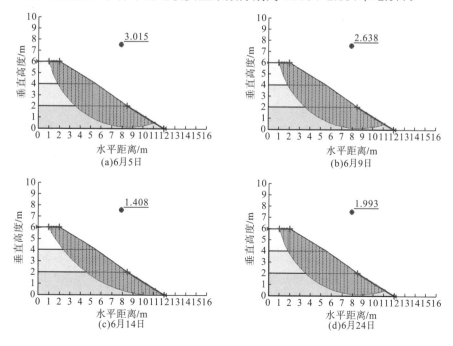

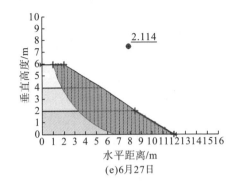
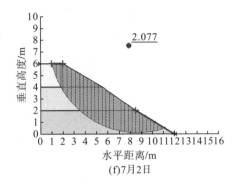

图 5.16　11#工程堆积体失稳滑动面（M-P 法）

表 5.10　不同降雨事件下 11#工程堆积体的边坡安全系数

日期(月.日)	降雨强度/(mm/h)	Ordinary 法	Bishop 法	Janbu 法	M-P 法	平均值
6.5	0.27	2.915	3.020	2.863	3.015	2.953
6.9	0.73	2.546	2.649	2.380	2.638	2.553
6.14	1.85	1.367	1.412	1.354	1.408	1.385
6.24	1.08	1.907	2.002	1.859	1.993	1.940
6.27	0.98	2.035	2.114	2.027	2.114	2.069
7.2	0.79	1.962	2.089	1.877	2.077	2.001

　　表 5.10 为不同降雨事件下 11#工程堆积体的边坡安全系数。不同计算方法运行得到的边坡安全系数略有不同；不同降雨事件下 11#工程堆积体的边坡安全系数依次为 6 月 5 日（2.953）＞6 月 9 日（2.553）＞6 月 27 日（2.069）＞7 月 2 日（2.001）＞6 月 24 日（1.940）＞6 月 14 日（1.385），一次性降雨事件的边坡安全系数随着降雨强度的增大而减小，而间歇性降雨事件边坡安全系数的变化略有不同。

　　图 5.17 和图 5.18 为 11#工程堆积体剪应力强度和有效法向应力随堆积体水平距离变化过程。可以看出，11#工程堆积体剪应力强度随着水平距离的增加先增大再减小，小雨、中雨、大雨 3 种雨强下的变化范围依次为 14.79～29.34kPa、7.28～28.27kPa、4.05～14.96kPa，且最大剪应力强度与降雨强度具有较好的负相关关系，其相关系数为-0.98。11#工程堆积体有效法向应力的变化过程与剪应力强度相同，其过程线可以用抛物线较好地拟合。当降雨条件分别为小雨、中雨和大雨时，最小有效法向应力依次为-6.51kPa、-1.37kPa、-1.38kPa，最大有效法向应力依次为 31.22kPa、33.21kPa、22.41kPa，且最大有效法向应力与降雨强度具有较好的负相关关系，其相关系数为-0.90。

　　图 5.19 和图 5.20 为 11#工程堆积体在小雨、中雨和大雨条件下土条的受力图示和力的多边形图。可以看出，受力土条的最大基底运动剪力分别为 6.180kN、4.090kN、4.834kN，最大基底法向力分别 11.905kN、11.593kN、9.282kN，其变化规律与紫色土堆积体相似。此外，滑动面任何一个土条的基底抗剪力也始终大于基底运动剪力，致使工程堆积体边坡处于稳定状态。

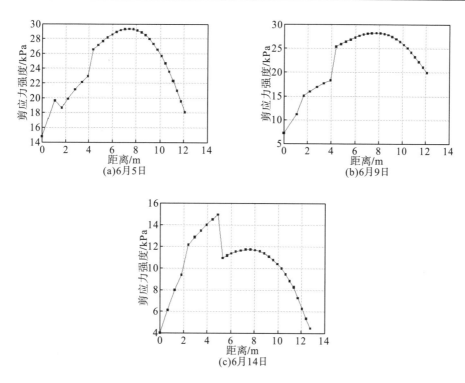

图 5.17　11#工程堆积体剪应力强度分布

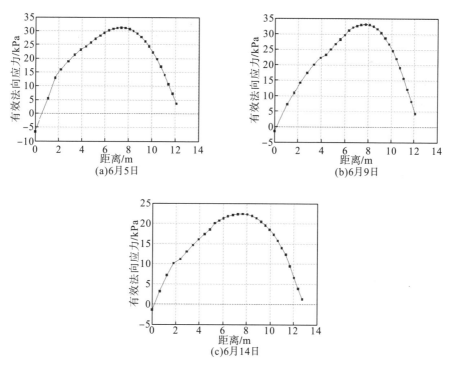

图 5.18　11#工程堆积体有效法向应力分布

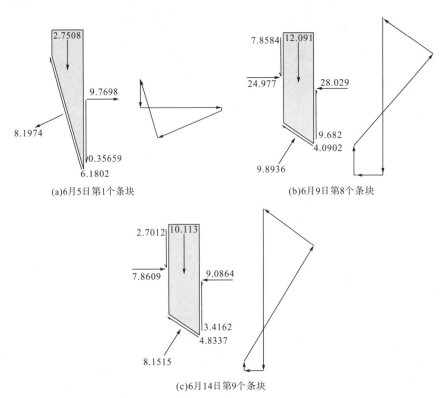

(a)6月5日第1个条块　　　　　　　　　　　　　(b)6月9日第8个条块

(c)6月14日第9个条块

图 5.19　11#工程堆积体最大基底运动剪力土条的受力图示和力的多边形图

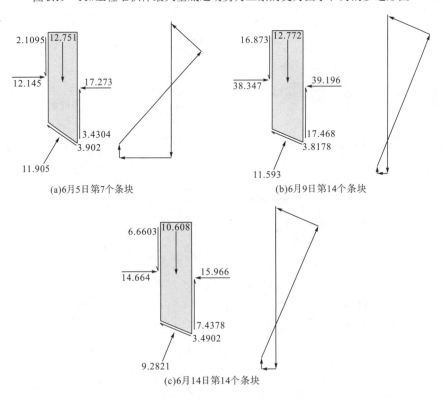

(a)6月5日第7个条块　　　　　　　　　　　　　(b)6月9日第14个条块

(c)6月14日第14个条块

图 5.20　11#工程堆积体最大基底法向力土条的受力图示和力的多边形图

5.4.2　边坡安全系数相关分析

由堆积体边坡安全系数随降雨强度的变化过程可知(图 5.21)，边坡安全系数与降雨强度之间存在显著的负相关关系。当降雨强度由 0.27mm/h 增加到 0.73mm/h 和 1.85mm/h 时，边坡安全系数由 2.953 降低至 2.553 和 1.385。

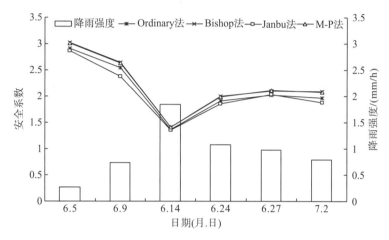

图 5.21　11#工程堆积体边坡安全系数随降雨强度的变化

边坡安全系数与黏聚力、稳定入渗率和内摩擦角呈正相关关系，与土壤重度、土壤含水率和降雨强度呈负相关关系(表 5.11)。安全系数与黏聚力呈极显著正相关关系($P<0.01$)，其相关系数为 0.962，双尾检验值仅为 0.002；与稳定入渗率呈显著正相关关系($P<0.05$)，其相关系数为 0.843，双尾检验值为 0.035；与降雨强度呈极显著负相关关系($P<0.05$)，其相关系数为 0.945，双尾检验值为 0.004。

表 5.11　11#工程堆积体边坡安全系数与影响因素相关分析

指标	土壤重度 /(kN/m³)	黏聚力 /kPa	内摩擦角 /(°)	土壤含水率 /%	稳定入渗率 /(mm/min)	降雨强度 /(mm/min)
相关系数	-0.266	0.962**	0.133	-0.371	0.843*	-0.945**
Sig.(2-tailed)	0.610	0.002	0.801	0.469	0.035	0.004
N	6	6	6	6	6	6

注：*表示 $P<0.05$；**表示 $P<0.01$

5.4.3　Geo-Studio 2012 软件适用性分析

选取中梁山矿区煤矸石山为研究对象，应用 Geo-Studio 2012 软件计算其边坡安全系数并与文献数据进行对比分析。该矿区位于重庆市近郊九龙坡区与沙坪坝区交界部位，地处缓山、丘陵地带，年平均降雨量为 1093.6mm。中梁山矿区煤矸石工程堆积体在非降雨条件下的基本情况如下(臧亚君，2008)：该堆积体高度为 10m，煤矸石山顶面高为 15m，坡度为 45°，通过现场取样和室内试验获得堆积体基本物理力学性质参数，具体见表 5.12。
由表 5.12 可知，中梁山矿区煤矸石堆积体天然重度大于 20kN/m³，$Cu>5$ 且 $1<Cc<3$，
土体级配良好，工程性质优良，试验结果正确可靠且有一定的代表性。

表 5.12　中梁山矿区煤矸石堆积体基本物理力学性质参数

含水量 /%	天然重度 /(kN/m³)	黏聚力 /kPa	内摩擦角 /(°)	>3mm 颗粒含量 /%	不均匀系数 C_u	曲率系数 C_c
9	22.45	15	33	87.3	25	1.69

图 5.22（a）为 11#工程堆积体边坡失稳滑动面和安全系数，建模时按坡上、坡中、坡
下将堆积体划分为 3 部分，堆积体平均重度、黏聚力和内摩擦角为 12.17kN/m³、9.31kPa
和 22.08°。利用 Ordinary 法、Janbu 法、Bishop 法和 M-P 法计算得到的安全系数分别为
1.990、2.048、1.953 和 2.043，平均为 2.009，为极稳定状态。图 5.22（b）为中梁山矿区煤
矸石堆积体边坡失稳滑动面和安全系数，利用 Ordinary 法、Janbu 法、Bishop 法和 M-P
法计算得到的安全系数分别为 1.394、1.446、1.383 和 1.440，平均为 1.416，为稳定状态。

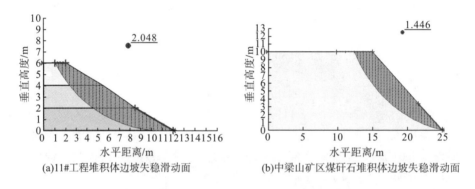

(a)11#工程堆积体边坡失稳滑动面　　　　　　　　(b)中梁山矿区煤矸石堆积体边坡失稳滑动面

图 5.22　非降雨条件下 11#和中梁山矿区煤矸石的堆积体边坡失稳滑动面比较

文献数据根据三维极限分析理论计算中梁山矿区煤矸石堆积体的稳定安全系数。在三
维极限分析理论中，条块的划分参照了 Sarma 法的相关假定。根据 1979 年 Sarma 在《边
坡和堤坝稳定性分析》中提出的基本概念：边坡体除非是沿一个理想的平面或弧面滑动，
才可以作为一个完整刚体运动，否则，边坡体必先破裂成多块可相对滑移的块体，才可能
产生滑动。边坡体在发生滑动前必先在内部产生剪切破坏，并分裂成一个个可相互滑动的
小块体，这就是建立三维滑移机构多块体破坏模式的理论依据(图 5.23)。

FLAC 软件的基本原理是将计算区域离散化，分成若干单元，单元之间由节点联结，
节点受荷载作用后，其运动方程可以写成时间步长的有限差分形式。在某一微小时段内，
作用于该节点的荷载只对周围若干节点有影响。根据单元节点的速度变化和时段，求出单
元之间相对位移，进而求出单元应变。利用单元材料的本构关系求出单元应力及其随时间
段增长趋势，将这一过程将扩展到整个区域，从而求出单元之间不平衡力。

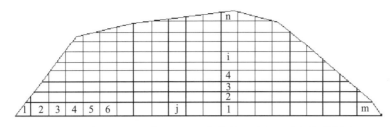

图 5.23　中梁山矿区煤矸石堆积体散体三维极限分析条块划分

Geo-Studio 2012 软件是基于刚体极限平衡理论(力平衡和力矩平衡)建立的程序，该模型在计算时可以采用多种土体模型，操作简单，能够比较直观地看到图示化最危险滑动面及对应的滑动中心的位置和相应的安全系数，确定各土条的受力情况和几何尺寸及角度以及各物理量随坐标轴的变化趋势，为进一步分析提供方便。但在应用时，为了使本身不静定的问题变为静定，要做一些假设。若这些假设与实际情况不符，则会得到不合理的结果。为分析 Geo-Studio 2012 软件应用的准确性和适用性，将中梁山矿区煤矸石堆积体模型计算值与文献数据进行对比分析。利用 Geo-Studio 2012 软件计算的边坡安全系数为1.394(Ordinary 法)、1.446(Bishop 法)、1.383(Janbu 法)、1.440(M-P 法)，文献数据则为1.480，与文献数据相比模型计算值偏低但仍处于稳定状态，可靠性较高，表明 Geo-Studio 2012 软件可以很好地应用于工程堆积体边坡稳定性分析。

5.5　工程堆积体边坡稳定性影响因素分析

5.5.1　降雨对工程堆积体边坡稳定性的影响

工程堆积体边坡稳定性受多因素的复合作用，主要包括内部因素和外部因素，内部因素主要包括堆积体边坡土体的工程特性、边坡形态、堆置方式、地下水特征等，外部因素主要包括降雨、边坡植被、外力作用、风化作用以及人类活动等(丁文斌等，2017；聂兵其等，2019；Zhang et al.，2019；黄盛锋等，2020)。工程堆积体作为不同于一般均质土体和岩体的岩土混合物，是一种典型的非均质多孔介质，其内部的碎石含量直接影响堆积体的孔隙度、持水性和界限含水率等物理力学性质指标，进而影响工程堆积体的边坡稳定性(徐扬等，2009)。应用 Geo-Studio 2012 软件对非降雨和降雨条件下 2#工程堆积体进行稳定性分析，两种条件下工程堆积体的容重、含水率、黏聚力和内摩擦角等岩土力学参数见表 5.13。

表 5.13　试验参数表

条件	地貌单元	容重/(g/cm³)	含水率/%	黏聚力/kPa	内摩擦角/(°)
非降雨	2#工程堆积体	1.503	6.449	32.409	32.041
	土壤层	1.277	9.370	23.570	29.163
降雨	2#工程堆积体	1.582	16.234	11.468	25.325
	土壤层	1.362	20.153	12.134	24.673

在历时 18h 且雨量为 23.3mm 的中雨条件下，2#工程堆积体及原生土壤的容重和含水率较非降雨条件下呈不同程度地增加，而抗剪强度参数则呈减小的变化；在非降雨和典型中雨条件下 2#工程堆积体边坡安全系数分别为 2.863 和 1.600，该边坡在这两种条件下均为极稳定状态。同时，从滑动面与原地面的接触面看，非降雨自然条件下的堆积体边坡滑动面为母岩表面与底层土壤之间，而在中雨条件下其滑动面为堆积体底部与表层土壤之间，这说明在降雨条件下由于水分湿润使表层土壤软化，降低其抗剪强度，进而可能发育为软弱面或滑带土，诱发堆积体滑坡形成。

5.5.2 坡位对工程堆积体边坡特性的影响

1. 边坡物理和力学特性变化

不同种类的堆积体，其物理性质和力学性质均有较大差异。对于母岩类型不同的堆积体，其边坡的内力作用机制不同。由坚硬致密岩石组成的堆积体，其抗剪强度一般较大，抗风化能力高，水分对其岩性影响较小，故其边坡较为稳定；由紫色页岩、片岩等组成的堆积体，则较容易失稳。对于含石量不同的堆积体，其抗剪强度及渗透能力不同，从而在相同的条件下其边坡稳定状况存在较大差异。研究表明，碎石含量在 30%～70%的土石混合质堆积体边坡稳定性较好（高儒学等，2018）。对于堆积方式不同的堆积体，其边坡物理力学性质差异较大，一般经机器碾压的堆积体边坡容重较大、渗透能力弱、抗剪强度高，故稳定性较好，相反，对于未压实的堆积体，其稳定性较差。为了研究堆放时间对堆积体粒度分布的影响，对上、中、下 3 个坡位的粒度分布进行计算，得到相应的综合平均分布曲线［图 5.24(a)］。分布主要集中在 2～20mm，其中 2a 堆积体的含量最高，为 73.79%，4a 堆积体仅为 45.61%。2m 堆积体大于 20mm 含量达到 19.62%，粗颗粒含量较高，岩石风化程度弱。紫色母岩的风化速度远大于其他母岩类型，其侵蚀模数可达 23 640t/(km²·a)。通过对 3 个堆积体的粒度分析可知，4a 堆积体小于 2mm 含量(39.48%)明显高于 2m 堆积体和 2a 堆积体，其主要原因是随着堆放时间的持续，工程堆积体在降雨作用下加快了紫色岩的风化速度。

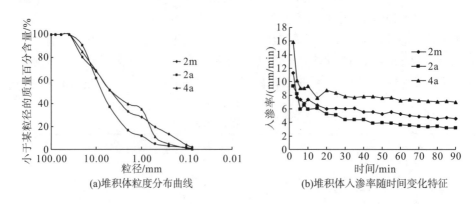

(a)堆积体粒度分布曲线　　(b)堆积体入渗率随时间变化特征

图 5.24　不同堆积年限的紫色土工程堆积体物质组成和入渗性能变化

　　由图 5.24(b)可知，3 个堆积体入渗过程差异显著。在入渗初期(0~10min)，尤其是在 0~4min，堆积体具有较高的入渗率，4a 堆积体的初始入渗率可达到 15.84mm/min。这主要是由于堆积体结构松散，大孔隙发达，水分在重力作用下迅速向下运动，同时地表和水流周围的细小颗粒随着水分向下运动入渗通道逐渐被堵塞，入渗率逐渐降低。随着入渗时间的延续，2m 堆积体、2a 堆积体、4a 堆积体入渗率降低至 7.36mm/min、5.94mm/min、9.34mm/min(10min 时)。在 10~30min 阶段，入渗率依然呈下降趋势，但下降趋势减缓且存在一定程度的波动，3 个堆积体的 30min 瞬时入渗率分别为 6.00mm/min、4.41mm/min、7.81mm/min，其变化幅度为 1.36~1.75mm/min。该阶段入渗率减小的主要原因是：一方面，随着堆积体含水量的增加，饱和度增大，入渗梯度减小，导致入渗率减小；另一方面，细小颗粒的流失，使得上层大颗粒逐渐被架空，在水力和重力共同作用下形成小范围的塌陷，影响水分的入渗路径。在稳定入渗阶段(30~90min)，入渗率继续呈减小趋势，但减小明显变缓。3 个堆积体稳定入渗率由大到小依次为 4a(7.02mm/min)＞2m(4.53mm/min)＞2a(3.17mm/min)，较 30min 入渗率分别降低了 10.12%、24.50%和 28.12%。4a 堆积体稳定入渗率最大，这是由于堆放时间长，母岩风化而形成土壤团聚体，根系通过穿插、网络和固结等作用改善土壤结构和孔隙度，同时根系与土壤的接触面形成了较好的入渗路径。而 2m 堆积体稳定入渗率大于 2a 堆积体是因为 2m 堆积体是新形成的，其结构松散，大孔隙普遍存在。

　　工程堆积体边坡物理性质不仅影响其入渗性能，还与其边坡稳定性关系密切。由表 5.14 可知，不同堆积年限的紫色土堆积体天然密度为 1.35~1.91g/cm³，干密度为 1.20~1.64g/cm³，数值变化范围较大，其主要原因为碎石在一定程度上影响了堆积体内部颗粒之间的排列。所测样品中，饱和含水量坡下＞坡中＞坡上，其最大值为 42.31%，最小值为23.36%；塑性指数也具有相同的变化规律，各堆积体坡上的塑性指数为 13.6~24.9，平均值为 21，坡中和坡下塑性指数的平均值分别为 18.47 和 25.87，说明堆积体坡下颗粒能吸附更多的水分，这证实了堆积体饱和含水量的变化规律。2a 堆积体和 4a 堆积体的液性指数为 0~1，呈塑态；而 2m 堆积体的液性指数为负数，说明其颗粒呈坚硬状态，这与堆积体风化程度有关。

表 5.14　不同坡位的紫色土工程堆积体边坡物理性质变化

编号	天然含水量/%	天然密度/(g/cm³)	干密度/(g/cm³)	饱和含水量/%	孔隙比	饱和度/%	塑限/%	液限/%	塑性指数	液性指数
7#-U	9.61	1.63	1.49	23.36	0.17	41.13	12.3	25.9	13.6	-0.2
7#-M	7.69	1.65	1.53	27.05	0.13	28.42	11.8	26.6	14.8	-0.3
7#-D	7.86	1.57	1.46	25.64	0.13	30.64	9.3	29.0	19.7	-0.1
8#-U	14.63	1.70	1.48	26.68	0.28	54.82	8.7	33.6	24.9	0.2
8#-M	19.05	1.91	1.61	28.38	0.44	67.12	9.1	31.4	22.3	0.4
8#-D	15.01	1.89	1.64	27.58	0.33	54.42	2.6	30.9	28.3	0.4
9#-U	11.22	1.66	1.50	30.24	0.20	37.09	7.6	25.1	17.5	0.2
9#-M	9.43	1.37	1.25	30.40	0.13	31.03	7.4	25.7	18.3	0.1
9#-D	12.04	1.35	1.20	42.31	0.17	28.46	5.2	34.8	29.6	0.2

2. 边坡剪切力—剪切位移关系曲线

外力作用主要包括地震、大规模爆破和机械振动等，其都能引起边坡内部应力变化，进而影响堆积体边坡稳定性。地震作用下岩土体受到地震加速度的作用而增加下滑力，同时边坡岩土体可能发生变化甚至破坏，使原结构面张裂；地震振动对土体的压实还会增大孔隙水压力，降低土体抗剪强度并形成潜在滑动带（吴桂芹，2006）。边坡剪切力—剪切位移关系曲线可以用来描述堆积体在不同荷载作用下剪切力的变化过程，揭示剪切力与剪切位移之间的关系，确定抗剪强度并计算黏聚力和内摩擦角。由图5.25可知，随着剪切位移的增加，剪切力不断增加且施加荷载越大其增长程度越大，剪切力—剪切位移关系曲线无明显峰值，说明该曲线为硬化型。在剪切初期，剪切力迅速增加且荷载越大越明显，剪切力—剪切位移关系曲线的切线斜率均大于1（除100kPa荷载条件下）；随着剪切位移的增大，剪切力继续不断增加，但剪切力—剪切位移关系曲线逐渐平缓。以下9个试样中，2a-M的剪切力—剪切位移关系曲线不同于其他试样，其最大剪切力（400kPa荷载条件下）仅为140kPa，而且关系曲线存在峰值，这与含水率和试样颗粒组成关系密切。

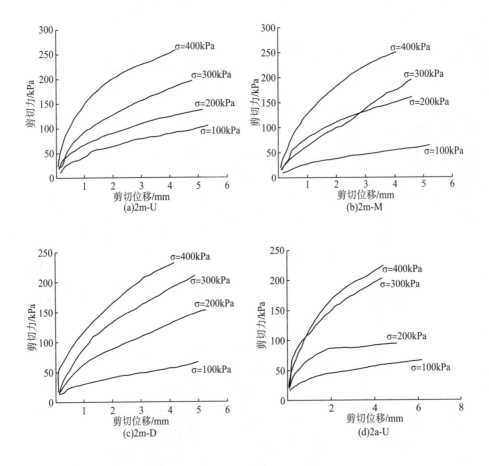

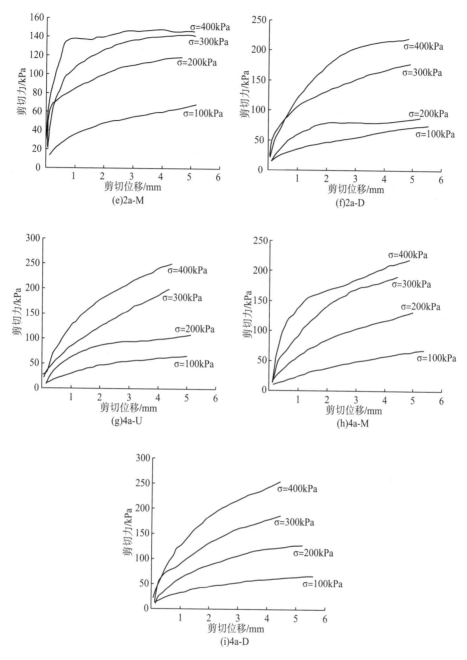

图 5.25　不同坡位的紫色土堆积体剪切力-剪切位移关系曲线

3. 降雨对边坡稳定性参数的影响

降雨与堆积体边坡的失稳关系较为复杂，主要与前期降雨、降雨量、降雨历时、降雨强度、降雨雨型等有关。研究表明，土壤抗剪强度可反映土体在外力作用下发生剪切变形破坏的难易程度，其数值大小可直接影响堆积体边坡稳定性，而黏聚力和内摩擦角是衡量土体抗剪强度的两个重要指标，因此分析其变化规律可以为研究堆积体边坡稳定性提供科学依据。在一定的降雨条件下,坡面形成的地表径流会对边坡造成冲刷破坏;同时,降雨入渗可将土体中的细小颗粒及胶结物质带走,减小了土体的黏聚力和内摩擦角,下渗水分还会增加土体容重,导致土体的下滑力增大;降雨入渗同时引起坡体内孔隙水压力上升,降低滑动面上的有效正应力,导致滑动面的抗滑力减小,进而使整个边坡失稳。由表 5.15 可知,所测试样中黏聚力为 16.43~31.88kPa,内摩擦角为 2.23°~41.69°;其中同一堆积体不同坡位的黏聚力较为接近(除 2a 堆积体外),而内摩擦角的变化范围较大,这主要与所测试验的颗粒组成关系密切。对不同坡位的黏聚力和内摩擦角取平均值,分别得到 3 个堆积体的黏聚力和内摩擦角,其中黏聚力由大到小依次为 2m(30.19kPa)>4a(29.71kPa)>2a(24.93kPa),内摩擦角为 2a(16.92°)>2m(10.08°)>4a(9.68°)。因此,生产单位应根据当地的降雨特征,在雨季来临前做好工程堆积体边坡的临时性保护措施或边坡防护措施,以防发生滑坡等地质灾害。

表 5.15　不同堆积年限的紫色土工程堆积体力学性质指标

编号	含水率/%	重度/(kN/m³)	黏聚力/kPa	内摩擦角/(°)
7#-U	9.61	14.9	28.78	22.86
7#-M	7.69	15.3	31.70	2.30
7#-D	7.86	14.6	30.08	5.07
平均值	8.39	14.9	30.19	10.08
8#-U	14.63	14.8	30.23	6.15
8#-M	19.05	16.1	16.43	41.69
8#-D	15.01	16.4	28.14	2.91
平均值	16.23	15.8	24.93	16.92
9#-U	11.22	15.0	31.88	9.47
9#-M	9.43	12.5	25.97	17.34
9#-D	12.04	12.0	31.28	2.23
平均值	10.90	13.2	29.71	9.68

5.5.3　工程堆积体边坡稳定性单因素分析

(1)重度影响。工程堆积体边坡土壤黏聚力、内摩擦角、坡高和坡度取平均值,即 c=26.52kPa, φ =24.38°, h=12m, θ =31.5°,重度分别取 10.13kN/m³、11.98kN/m³、13.82kN/m³、15.67kN/m³。在其他影响因素不变的前提下,当重度由 10.13kN/m³ 增加到 15.67kN/m³ 时,安全系数由 2.256 降低至 1.884(M-P 法),即边坡稳定性随着重度的增加而降低。利用 SPSS 17.0 对数据进行拟合,得到安全系数 K 与重度 γ 的函数关系式(表 5.16)。由表 5.16 可知,4 种方法得到的拟合参数 a 为-0.0674~-0.0644,决定系数 R^2 在 0.98 以上,拟合效果很好。

表 5.16　安全系数 K 与重度 γ 的拟合结果

计算方法	$K = a \times \gamma + b$	计算方法	$K = a \times \gamma + b$
Ordinary 法	$K=-0.0674\gamma+2.8208$，$R^2=0.9834$	Janbu 法	$K=-0.0644\gamma+2.7382$，$R^2=0.9837$
Bishop 法	$K=-0.0669\gamma+2.9193$，$R^2=0.9836$	M-P 法	$K=-0.0668\gamma+2.9143$，$R^2=0.9831$

(2) 黏聚力影响。工程堆积体边坡重度、内摩擦角、坡高和坡度取平均值，即 $\gamma =$ 14.8kN/m³，φ =24.38°，h=12m，θ =31.5°，黏聚力分别取 4.89kPa、10.19kPa、15.49kPa、20.79kPa。在其他影响因素不变的前提下，当黏聚力由 4.89kPa 增加到 20.79kPa 时，安全系数由 1.478 增加至 2.541（M-P 法），即边坡稳定性随着黏聚力的增加而增加。利用 SPSS 17.0 对数据进行拟合，得到安全系数 K 与黏聚力 c 的函数关系式（表 5.17）。由表 5.17 可知，4 种方法得到的拟合参数 a 为 0.0596～0.0668，决定系数 R^2 在 0.99 以上，拟合效果很好。

表 5.17　安全系数 K 与黏聚力 c 的拟合结果

计算方法	$K=a \times c+b$	计算方法	$K=a \times c+b$
Ordinary 法	$K=0.063c+1.1278$，$R^2=0.9995$	Janbu 法	$K=0.0596c+1.1319$，$R^2=0.999$
Bishop 法	$K=0.0668c+1.1654$，$R^2=0.9992$	M-P 法	$K=0.0666c+1.1643$，$R^2=0.9992$

(3) 内摩擦角影响。工程堆积体边坡重度、黏聚力、坡高和坡度取平均值，即 $\gamma =$ 14.8kN/m³，c=26.52kPa，h=12m，θ =31.5°，内摩擦角分别取 18.76°、21.55°、24.35°、27.15°。在其他影响因素不变的前提下，当内摩擦角由 18.76°增加到 27.15°时，安全系数由 1.792 增加至 2.284（M-P 法），即边坡稳定性随着内摩擦角的增加而增加。利用 SPSS 17.0 对数据进行拟合，得到安全系数 K 与内摩擦角 φ 的函数关系式（表 5.18）。由表 5.18 可知，4 种方法得到的拟合参数 a 为 0.0532～0.0588，决定系数 R^2 在 0.99 以上，拟合效果很好。

表 5.18　安全系数 K 与内摩擦角 φ 的拟合结果

计算方法	$K = a \times \varphi + b$	计算方法	$K = a \times \varphi + b$
Ordinary 法	$K=0.0535\varphi+0.7048$，$R^2=0.9997$	Janbu 法	$K=0.0532\varphi+0.6705$，$R^2=0.9996$
Bishop 法	$K=0.0588\varphi+0.6878$，$R^2=0.9997$	M-P 法	$K=0.0586\varphi+0.6887$，$R^2=0.9997$

(4) 坡高影响。工程堆积体边坡重度、内摩擦角、黏聚力和坡度取平均值，即 $\gamma =$ 14.8kN/m³，c=26.52kPa，φ =24.38°，θ =31.5°，坡高分别取 4m、9.33m、14.67m、20m。在其他影响因素不变的前提下，当坡高由 4m 增加到 20m 时，安全系数由 3.057 降低至 1.368（M-P 法），即边坡稳定性随着坡高的增加而降低。利用 SPSS 17.0 对数据进行拟合，得到安全系数 K 与坡高 h 的函数关系式（表 5.19）。由表 5.19 可知，4 种方法得到的拟合参数 a 为-0.102～-0.0979，决定系数 R^2 在 0.82 以上，拟合效果很好。

表 5.19　安全系数 K 与坡高 h 的拟合结果

计算方法	$K = a \times h + b$	计算方法	$K = a \times h + b$
Ordinary 法	$K=-0.1008h+3.0768$，$R^2=0.8302$	Janbu 法	$K=-0.0979h+3.0053$，$R^2=0.8309$
Bishop 法	$K=-0.1017h+3.16$，$R^2=0.8297$	M-P 法	$K=-0.1027h+3.1714$，$R^2=0.829$

(5) 坡度影响。工程堆积体边坡重度、黏聚力、内摩擦角和坡高取平均值，即 $\gamma =$ 14.8kN/m³，c=26.52kPa，φ=24.38°，h=12m，坡度分别取 25°、29.33°、33.67°、38°。在其他影响因素不变的前提下，当坡度由 25° 增加到 38° 时，安全系数由 1.979 降低至 1.408（M-P 法），即边坡稳定性随着坡度的增加而降低。利用 SPSS 17.0 对数据进行拟合，得到安全系数 K 与坡度 θ 的函数关系式（表 5.20）。由表 5.20 可知，4 种方法得到的拟合参数 a 为-0.0429～-0.0366，决定系数 R^2 在 0.95 以上，拟合效果很好。

表 5.20　安全系数 K 与坡度 θ 的拟合结果

计算方法	$K = a \times \theta + b$	计算方法	$K = a \times \theta + b$
Ordinary 法	$K=-0.0382\theta+2.7935$，$R^2=0.9585$	Janbu 法	$K=-0.0366\theta+2.7152$，$R^2=0.9581$
Bishop 法	$K=-0.0428\theta+3.0084$，$R^2=0.962$	M-P 法	$K=-0.0429\theta+3.0093$，$R^2=0.9653$

5.5.4　工程堆积体边坡稳定性敏感性分析

对正交实验设计的 16 个不同组合进行稳定性计算，得到边坡安全系数和失稳滑动面，并对工程堆积体的边坡稳定性进行评价，具体结果见表 5.21。16 个不同组合的平均安全系数最小仅为 0.898，最大为 4.489，平均为 1.900。对边坡稳定性进行评价，结果表明：工程堆积体处于极稳定状态共 11 个，稳定状态 2 个，基本稳定状态 2 个，潜在不稳定状态 1 个。

表 5.21　正交试验方案下不同计算方法的安全系数

序号	安全系数 K					评价结果
	Ordinary 法	Bishop 法	Janbu 法	M-P 法	平均值	
情景 1	1.981	2.066	1.933	2.063	2.011	极稳定
情景 2	1.770	1.836	1.735	1.836	1.794	极稳定
情景 3	1.883	1.870	1.718	1.883	1.839	极稳定
情景 4	1.696	1.778	1.669	1.772	1.729	极稳定
情景 5	1.044	1.110	1.026	1.108	1.072	基本稳定
情景 6	0.875	0.927	0.866	0.924	0.898	潜在不稳定
情景 7	4.466	4.556	4.356	4.577	4.489	极稳定
情景 8	2.538	2.662	2.484	2.684	2.592	极稳定
情景 9	1.245	1.299	1.223	1.298	1.266	稳定
情景 10	2.007	2.103	1.964	2.119	2.048	极稳定
情景 11	1.022	1.072	1.010	1.067	1.043	基本稳定

续表

序号	安全系数 K					评价结果
	Ordinary 法	Bishop 法	Janbu 法	M-P 法	平均值	
情景 12	2.442	2.521	2.402	2.520	2.471	极稳定
情景 13	1.766	1.846	1.738	1.857	1.802	极稳定
情景 14	2.465	2.509	2.436	2.507	2.479	极稳定
情景 15	1.513	1.545	1.504	1.543	1.526	极稳定
情景 16	1.330	1.362	1.324	1.360	1.344	稳定

表 5.22 为正交试验下工程堆积体滑动面基本信息。由表 5.22 可知，情景 9 的滑动面总体积最大，为 203.88m³，情景 12 的滑动面总体积最小，为 10.90m³，滑动面总体积平均为 86.67m³，其变异系数为 75.03%，属中等变异性，表明工程堆积体形态特征和物理力学性质对边坡稳定性影响作用显著。

表 5.22　情景 1～16 工程堆积体滑动面情景分析(M-P 法)

编号	总体积 /m³	总重量 /kN	抗滑力矩 /(kN·m)	下滑力矩 /(kN·m)	总抗滑力 /kN	总下滑力 /kN
情景 1	14.12	142.99	802.14	388.86	88.21	42.76
情景 2	53.10	537.92	7 832.80	4 267.00	362.37	197.33
情景 3	118.02	1 195.60	19 474.00	10 344.00	809.29	428.07
情景 4	163.71	1 658.40	39 595.00	22 347.00	1 199.40	674.74
情景 5	98.52	1 180.20	12 381.00	11 175.00	520.20	472.10
情景 6	151.20	1 811.40	30 534.00	33 053.00	700.55	759.08
情景 7	14.28	171.12	2 431.80	531.35	253.84	55.46
情景 8	70.75	847.59	16 393.00	6 108.10	721.40	267.96
情景 9	203.88	2 817.70	61 264.00	47 213.00	1 363.70	1 050.30
情景 10	157.24	2 173.10	50 256.00	23 713.00	1 449.60	683.51
情景 11	31.12	430.07	4 271.30	4 004.30	203.79	191.74
情景 12	10.90	150.59	1 280.70	508.29	141.00	55.96
情景 13	55.86	875.37	9 172.20	4 940.30	572.50	309.18
情景 14	11.03	172.83	1 489.50	594.16	165.41	66.06
情景 15	162.96	2 553.60	112 470.00	72 868.00	1 430.00	926.82
情景 16	70.01	1 097.00	31 598.00	23 232.00	589.77	433.92

在 0.05 显著性水平下建立回归方程(表 5.23)，安全系数与土壤重度、土壤黏聚力、内摩擦角、坡高和坡度具有较好的线性相关，其中土壤重度、坡高和坡度与安全系数呈负相关关系，土壤黏聚力和内摩擦角与安全系数呈正相关关系，不同情景的决定系数 R^2 均在 0.80 以上，回归效果显著。

表 5.23　不同计算方法的安全系数回归分析

计算方法	回归方程	样本数 n	决定系数 R^2	F 值检验	Sig.
Ordinary 法	$K=-0.040\gamma+0.073c+0.068\varphi-0.088h-0.042\theta+2.266$	16	0.809	8.445	0.002
Bishop 法	$K=-0.042\gamma+0.067c+0.075\varphi-0.090h-0.044\theta+2.417$	16	0.818	8.988	0.002
Janbu 法	$K=-0.031\gamma+0.067c+0.071\varphi-0.087h-0.041\theta+2.139$	16	0.805	8.271	0.003
M-P 法	$K=-0.043\gamma+0.069c+0.076\varphi-0.091h-0.045\theta+2.436$	16	0.820	9.091	0.002

为分析和确定各因子之间的影响程度或其对主行为的贡献测度,以边坡安全系数为参考系列,以各影响因素为比较系列,根据灰色关联分析法可知,各影响因素对工程堆积体边坡安全系数的关联度在 0.5675~0.8578 变化,关联度排序为内摩擦角(0.8578)>重度(0.8408)>坡度(0.8362)>黏聚力(0.6204)>坡高(0.5675),内摩擦角、重度和坡度对安全系数影响较大,为敏感因素;黏聚力和坡高对安全系数影响较小,为次敏感因素。因此在工程堆积体边坡稳定性评价时,内摩擦角、重度和坡度的取值非常重要,可通过野外调查、现场试验和室内试验等准确地获得相关参数,从而有针对性地设计和优化工程堆积体。

5.6　工程堆积体边坡稳定性增强效应分析

5.6.1　挡墙增强效应

挡墙是水土保持的先行保障措施,可以有效防止崩塌、小规模滑坡及大规模滑坡前缘的再次滑动,预防工程堆积体边坡失稳。应用 Geo-Studio 2012 软件计算有无挡墙条件下工程堆积体的边坡稳定性,定量分析挡墙对工程堆积体边坡稳定性的影响,具体结果见图 5.26。由图 5.26 可知,布设挡墙后,堆积体内部应力分布得到较好调节。在未采取挡墙措施下工程堆积体的边坡安全系数为 1.147,处于基本稳定状态;采取挡墙措施后为 1.281,工程

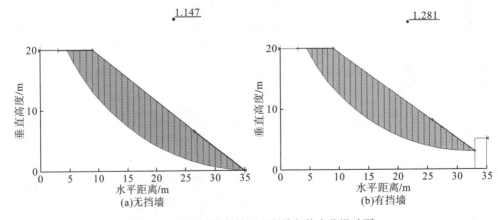

图 5.26　有无挡墙条件下工程堆积体失稳滑动面

堆积体处于稳定状态,较实施措施前提高 11.7%,最危险滑动面明显上移。因此,挡墙措施可以有效地提高工程堆积体的边坡稳定性且效果较好,但是要保证先拦后弃原则,否则拦挡效果不佳。

5.6.2   削坡增强效应

削坡是一种控制边坡高度和坡度而无须对边坡进行整体加固就能使边坡达到稳定的措施,可以有效地减小不稳定力、增加抗滑力。应用 Geo-Studio 2012 软件计算不同程度削坡(集中削坡和多级削坡)下工程堆积体边坡稳定性,定量分析削坡对工程堆积体边坡稳定性的影响,确定最有效的防治措施,具体结果见图 5.27。由图 5.27 可知,在未采取削坡措施下工程堆积体的边坡安全系数为 1.147,处于基本稳定状态。采取削坡措施后,边坡稳定性明显提高,边坡安全系数分别为 1.209 和 1.168,较未采取削坡措施提高 5.4% 和 1.8%,这一结论与国内类似研究结果相一致(王乐华等,2009)。采取削坡后,工程堆积体内部应力的分布结构发生改变,减轻坡体的自重应力,有效提高工程堆积体稳定性。与多级削坡相比,集中削坡对工程堆积体边坡稳定性的增强效应更明显,这是因为集中削坡相对于多级削坡下滑力减小得更多,扰动程度更小。周志林(2005)的研究结果也表明,当边坡削坡形状的长宽比为 1 时,边坡的稳定性较好,对地表的扰动最小,施工开挖线更接近最危险滑动面。

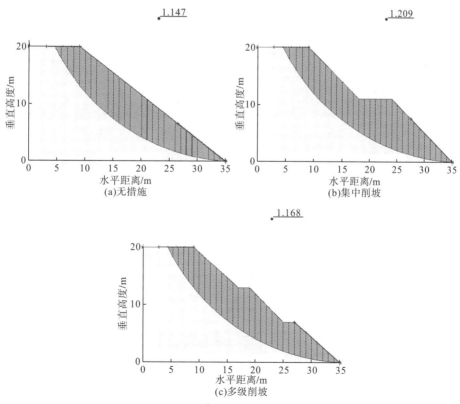

图 5.27   有无削坡条件下工程堆积体失稳滑动面

5.6.3 植被恢复增强效应

植被恢复可以有效控制水土流失，维护坡面稳定，对生态环境改善具有重要意义。选取研究区两个工程堆积体，定量分析植被建设工程对边坡稳定性的加固作用。两个工程堆积体的土壤及母岩为同一类型，堆积形态与堆积环境均相同，弃渣量、坡度和坡长均接近，可很好地用于分析植被建设工程对弃土场土壤物理力学性质及边坡稳定性的影响。应用Geo-Studio 2012 软件分析植被恢复对工程堆积体边坡稳定性的影响，以期为生产建设项目工程堆积体水土流失防治、边坡稳定性分析和植被恢复提供理论基础，具体结果见图 5.28。由图 5.28 可知，与无植被恢复的工程堆积体相比，植被恢复的工程堆积体最危险滑动面明显上移且滑动面面积明显减小。无植被恢复工程堆积体的边坡安全系数为1.495，处于稳定状态，而植被恢复工程堆积体的安全系数为 2.375，处于极稳定状态，与无植被措施相比提高 58.86%，定量验证了植被恢复可以有效增强工程堆积体边坡稳定性。

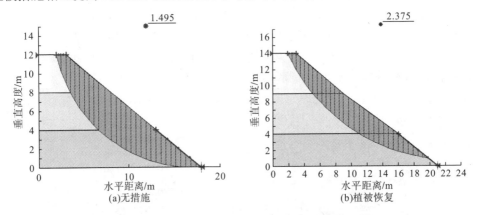

图 5.28 有无植被恢复条件下工程堆积体失稳滑动面

5.7 小结与工程建议

5.7.1 小结

(1) 紫色土、黄壤和煤矸石堆积体入渗过程差异明显且影响因素复杂。紫色土、黄壤和煤矸石堆积体稳定入渗率依次为 6.79mm/min、1.64mm/min、10.19mm/min，三者之间差异显著。工程堆积体初始入渗率、稳定入渗率、平均入渗率和渗透总量的变异系数分别为 34.88%、55.27%、56.99%和 53.97%，均属于中等变异性。工程堆积体的物质组成、堆积年限、植被恢复是影响工程堆积体入渗能力的主要因素，初始入渗率、稳定入渗率、平均入渗率、渗透总量与容重、含水率、碎石含量呈负相关，与孔隙度呈正相关。Kostiakov模型和通用经验模型都符合工程堆积体入渗的实际情况，且 Kostiakov 模型可以更好地模拟和预测工程堆积体的入渗过程和入渗能力。

（2）不同降雨事件的紫色土堆积体和煤矸石堆积体边坡稳定性均处于稳定状态。两种工程堆积体的剪应力强度随水平距离的增加而先增大再减小，在小雨、中雨、大雨 3 种雨强下的变化范围依次为 8.94～51.43kPa、8.34～27.87kPa、4.71～25.14kPa 和 14.79～29.34kPa、7.28～28.27kPa、4.05～14.96kPa，最大剪应力强度与降雨强度具有较好的负相关关系，滑动面土条的基底抗剪力均大于基底运动剪力。随着降雨强度的增大，紫色土堆积体和煤矸石堆积体边坡安全系数均减小，其数值分别为 1.275～2.434 和 1.408～3.015。边坡安全系数与土壤黏聚力和内摩擦角呈正相关关系，与降雨强度、稳定入渗率、土壤含水率呈负相关关系。

（3）物质组成和降雨是影响工程堆积体边坡稳定性的关键因素。工程堆积体物质组成直接影响其黏聚力和内摩擦角，进而影响工程堆积体边坡抗剪强度及稳定性。随着降雨强度的增大，各个坡位的土壤含水率均增大，土壤黏聚力大小依次为坡上＜坡中＜坡下，而内摩擦角无明显变化规律，各工程堆积体黏聚力和内摩擦角为 16.43～31.88kPa 和 2.23°～41.69°。无雨和中雨（历时 18h、降雨量 23.3mm）条件下工程堆积体边坡安全系数分别为 2.863 和 1.600，说明降雨会显著降低工程堆积体边坡稳定性。

（4）影响工程堆积体边坡稳定性的敏感因素为土体重度、内摩擦角和边坡坡度，次敏感因素是黏聚力和坡高。当工程堆积体土体重度、坡高和坡度分别增加 $1kN/m^3$、1m 和 1°时，边坡安全系数分别降低 0.067、0.103 和 0.043；当土壤黏聚力和内摩擦角分别增加 1kPa和 1°时，边坡安全系数分别增加 0.067 和 0.059。工程堆积体边坡安全系数的关联序表现为内摩擦角（0.8578）＞重度（0.8408）＞坡度（0.8362）＞黏聚力（0.6204）＞坡高（0.5675）。高边坡、低黏聚力的工程堆积体处于不稳定状态，是最容易失稳的一种情景，应加强防护。

5.7.2　工程建议

（1）维持工程堆积体边坡稳定性，在堆放时应重视工程堆积体的堆放方式和堆放环境，雨季更应加强工程堆积体边坡稳定性的监测。工程堆积体是岩土混合质，结构不同于一般的土质边坡，主要体现在堆积体的粒度分布规律。在堆放过程中，应该考虑土层和岩层物质组成的差异，堆放角度不宜超过 37°，以保证工程堆积体稳定性。降雨是工程堆积体边坡失稳的重要诱发因素，应开展持续降雨和短历时强降雨条件下工程堆积体边坡稳定性的定位监测，结合工程堆积体所在地的地形地貌、上方汇水情况、地下水位、堆积形态等，确定工程堆积体边坡失稳临界条件，研发工程堆积体边坡失稳预警系统。

（2）工程堆积体边坡稳定性增强效应存在差异。挡墙和削坡作为生产建设项目工程堆积体边坡防护措施，可以很好地增强边坡稳定性，有效控制边坡细沟发育和潜在崩塌、潜在滑坡、潜在泥石流等灾害。在生产实践中，需要将挡墙和削坡结合布设，工程措施与植物措施相结合。工程堆积体边坡削坡形状的长宽比应控制为 1，以保证地表扰动最小、边坡稳定性最大，挡墙高度应根据工程堆积体形态确定。

（3）工程堆积体物质结构松散、坡度大，在强降雨诱发条件下极易失稳，形成人为崩塌、人为滑坡和人为泥石流等，对周边地区水土资源、植被资源和生态系统服务功能影响很大。因此在生产建设项目建设期和运行期，应密切关注单个工程堆积体对周边生态环境损害的风险评估，实时监测工程堆积体稳定性变化趋势。

第6章　生产建设项目水土保持措施典型设计

各种生产建设活动破坏大量地表土壤、植被及土地资源，其大量开挖、堆垫活动形成特殊人为地貌单元，造成水土资源破坏、土地生产力下降乃至丧失。生产建设项目水土保持措施布设对优化主体工程设计具有积极作用，在不影响主体工程安全运行的前提下，项目区各扰动地貌单元水土流失调控应遵循近自然修复原理，水土保持措施典型设计和布设应坚持生态工程优先原则、综合有效防护原则、最小面积扰动和最短时间扰动原则，加强表土和弃土弃渣综合利用，使人为水土流失的生态环境影响达到可控程度和防护标准。生产建设项目工程措施包括边坡防护措施、截排水(洪)措施、土地整治措施、拦渣措施、表土保护措施和降水蓄渗措施，植物措施包括常规林草措施、园林式绿化、工程绿化、植物固沙措施，临时措施包括临时拦挡措施、覆盖措施、排水措施、沉沙措施和临时植物措施。可在不同土壤侵蚀类型区，选择相同生产建设项目类型，综合采用无人机、摄影测量、定位采样分析等技术手段对扰动地貌单元水土保持措施效应进行长期定位监测，为生产建设项目水土保持措施体系优化及合理布设提供科学依据及参数标准。

6.1　生产建设项目水土流失调控原理

6.1.1　水土流失防治责任范围的界定

水土流失防治责任范围包括防治责任空间范围、防治责任时期和防治责任主体3个方面，防治责任空间范围是指生产建设项目水土流失防治的区域，防治责任时期是指生产建设项目水土流失防治的时间期限，防治责任主体是指承担水土流失防治义务的单位或个人。

(1)防治责任空间范围。在此防治责任范围内的水土流失，不管是否由生产建设行为造成，均需对其进行治理并达到水土流失防治标准规定的治理要求或当地的治理规划。在此范围内，建设单位应根据地形、地貌、地质条件和施工扰动方式，有针对性地设置预防及治理措施，避免或减轻可能造成的水土流失危害或影响。

(2)防治责任时期。防治责任与土地利用权属直接相关，建设单位在永久征地范围内具有土地使用权，毫无疑问要承担全过程的水土流失防治义务。在通过水土保持专项验收前，临时占地范围内的水土流失防治义务也归建设单位承担，通过验收、土地移交后建设单位不再具有土地使用权，无法再设置防治措施，即超出了责任期限。

(3)防治责任主体。为落实具体防治责任，需明确承担该空间和时间范围内水土流失防治义务的责任主体。在生产建设期间，责任主体为建设单位。当主体工程完工、临时占地归还地方时，须在土地交还前完成水土流失防治义务并经水行政主管部门验收后将防治责任归还土地使用权的接收者，即通过水土保持验收后建设单位或运行管理单位的水土流失防治责任范围仅为项目的永久占地范围。

根据生产建设项目水土流失防治责任范围内各分区水土流失类型、特点及利用方向，水土保持措施总体布局坚持工程措施与植物措施相互协调，"点、线、面"相结合原则，形成全面的水土流失防治措施体系。水土保持措施布设原理是为了防治生产建设项目施工活动和生产活动造成的人为水土流失，保护、改良与合理利用项目区水土资源，以充分发挥水土植物资源的生态效益、经济效益和社会效益，建立良好的生态环境。生产建设项目水土保持措施分为工程措施、植物措施和临时措施，其中工程措施主要布设于施工期内扰动裸露地表及因水土流失易诱发人为崩塌、人为滑坡和人为泥石流的区域(弃土场、弃渣场、因工程建设而形成的边坡、沟道、渠道等)，植物措施主要布设在工程扰动占压的裸露土地及工程管理范围内其他扰动土地(如弃渣场、料场、开挖填筑扰动面)，临时措施主要用于施工期间易造成水土流失的扰动区域(如工程建设形成的土质边坡及其他裸露土地、施工生产生活区、临时堆料场、弃渣场、料场等)。在工程实践中，针对各防治分区水土流失特征、地形地貌及施工工艺，结合主体工程具有水土保持功能的措施，遵循"因地制宜，分区防治；统筹兼顾，注重生态；技术可行，经济合理；与主体工程相衔接，与周边景观环境相协调"的原则，采取水土流失防治措施全面防护和恢复各种扰动地貌单元，以达到各项生产建设项目水土流失防治标准。

6.1.2　扰动地貌单元近自然生态修复原理

各种生产建设项目的建设活动和运行活动严重破坏项目区原有土壤、植被、地形地貌条件，可能加剧生态系统退化和生态环境恶化。为使项目区的人为扰动达到最小影响，各扰动地貌单元水土流失调控应遵循近自然修复原理，水土保持措施设计和布设应坚持生态工程优先原则、综合有效防护原则、最小面积扰动原则和最短时间扰动原则，具体分析如下。

1)近自然修复原理

基于生态学理论，依靠自然生态过程，使退化生态系统恢复到接近地带性生态系统，保证其结构和功能的多样性、稳定性和可持续性。各扰动地貌单元水土保持应充分考虑项目区水力侵蚀、风力侵蚀及重力侵蚀等，以自然生态系统自我调控为主，以人为地形再塑、人工植被促进修复为辅。

2)生态工程优先原则

以项目所在区域的地形、自然的土壤植被为基础或参照，以植物措施稳定性和持久性为基础，优化组合各种工程措施、植物措施和临时措施以实现最佳修复效果和最低修复成本的水土保持目标，有效防止生产建设活动人为水土流失及其次生崩塌、滑坡和泥石流等危害。

3）综合有效防护原则

在保证生产建设项目安全的前提下，将水土保持措施设计与主体工程设计相结合，在扰动地貌单元综合布设工程措施、植物措施与临时措施，使水土保持措施在施工期和运行期发挥有效防护作用，以降低对项目区内外生态环境的影响。

4）最小面积扰动原则

严格控制建设工程永久占地面积和临时工程数量，最大限度地减少可能产生的人为水土流失及对项目周边地区的工程扰动程度；创新施工工艺，将原地貌土壤和植物的损毁程度降到最低，并为特殊地区珍稀野生动物迁徙通道提供条件，保护并提升区域生态系统生物多样性。

5）最短时间扰动原则

在保证主体工程质量的前提下，优化施工组织设计，最大限度地缩短施工时间，严格按设计标准布设各项防护措施，加强全过程的水土保持监测和监理，从源头上降低人为活动对项目区生态环境的干扰程度。

6.1.3　工程措施调控原理

工程措施主要有边坡防护措施、截排水（洪）措施、土地整治措施、拦渣措施、表土保护措施和降水蓄渗措施，不同类型的工程措施通过改变下垫面状况调控降雨径流的冲刷作用。边坡防护措施通过对不同物质组成、坡度、高度和地表状况的人工边坡系统进行稳定性评估，根据评估结论采取削坡反压、排水防渗、抗滑等措施保证坡体稳定性、防止重力侵蚀发生，采取砌石护坡等措施改变坡面状况以调控坡面水沙过程。截排水（洪）措施根据一定汇水面积下、不同重现期降雨条件下的坡面洪峰流量，布设不同断面、不同规格、不同材质的截排水（洪）沟，将水沙截流、拦蓄或排出项目区，减少降雨径流对项目区的冲刷作用。土地整治措施通过改变地表微地形对土壤或土体的地表产流、入渗、蒸发等水文过程进行调控，依据建设区的土壤特性或土地利用方向进行蓄水、排水设计以达到充分利用水分的目的，通过土壤改良措施重构土体并改善土壤理化性质以实现对土壤涵养水源功能的有效调控。拦渣措施主要根据弃渣堆置形式以及周边地形、地质地貌、降雨及汇水条件，对易发生滚落、失稳、滑塌的堆积体进行拦挡，同时兼顾滞蓄上方洪水的作用。表土保护措施主要通过对表土进行剥离、堆存和防护，在后期用于土地复垦或植被恢复，以达到保护土地资源的目的。降水蓄渗措施主要是在生产建设项目建设过程中，结合所在区域水资源特征、降雨时空分布及项目区"渗、滞、蓄"建设要求，针对地表降雨径流和区域下垫面雨水入渗进行调控。工程措施布设原则有以下四点。

(1)约束优化原则。工程措施多为主体工程设计措施,其实施和布设应从水土保持、生态景观、地形地貌、工程稳定性等多方面论证并优化主体工程设计,使工程措施布设以最经济的投入,最大限度地发挥水土保持效益。

(2)资源利用原则。根据主体工程施工时序布置各项工程措施,充分依托主体工程施工条件、施工材料及现场已有材料进行布设;预防保护优先,对项目区表土资源、植被资源及水资源进行充分保护,减少二次扰动并降低工程措施成本。

(3)措施协调原则。应结合主体工程类型及总体布局、项目区自然条件、水土流失类型,突出生态优先、绿色施工理念,针对扰动地貌单元以单项措施为基础、形成多种措施的组合布设,发挥综合性水土保持措施体系作用。

(4)工程措施应与主体设计相衔接和协调,明确主体工程征占地范围内的各项水土保持工程措施的设计标准和工程量;主体工程已经设计的应注明图号,主体工程没有设计的应做补充设计。

6.1.4　植物措施调控原理

植物措施包括常规林草措施、园林式绿化、工程绿化和植物固沙。不同类型的植物措施主要通过提高林草覆盖率、植物对降雨的截流与消能作用、地表枯枝落叶覆盖实现对水土流失过程的调控。常规林草措施主要通过乔、灌、草合理配置模式调控降雨、径流、入渗、蒸发、渗漏等生态水文过程,通过植物根系的胶结和固持作用、细根分泌物以及枯落物分解作用对土壤抗侵蚀能力进行调控。园林式绿化措施在实现常规林草措施水土保持功能的基础上,要求实现对环境美化和生态景观建设的调控。工程绿化措施针对稳定状态坡体,通过分析坡面立地条件,采用新技术、新材料对坡体表面或浅层进行防护性绿化,以此改造坡面微地形、增加植被覆盖度和物种多样性,并与工程措施相结合,对坡面径流进行有效分散、拦蓄和排泄等,最终达到水土保持、生态保护和景观建设的客观需要。植物固沙措施通过人工栽植乔灌草植物,采取封禁治理等手段,提高区域内植被覆盖度和分布均匀性,实现防风固沙的目的。植物措施布设应遵循以下原则。

(1)生态优先原则。在保证主体工程安全的前提下,优先考虑植被恢复。根据水土流失防治指标要求,通过工程合理布局与工程设计,利用乔灌草植物最大限度地覆盖各种裸露土地与边坡,将传统硬质防护措施调整为以植物防护为主或植物与工程相结合的工程绿化措施。

(2)分区恢复原则。防治分区应与主体工程设计要求相协调,根据不同分区特点与功能定位合理确定林草级别与设计标准,使林草工程布局满足植被恢复与建设级别划分要求,满足工程建设、生产运行及生产生活服务功能要求。

(3)景观优先原则。合理配置乔、灌、草等,在满足林草生态功能的基础上,充分发挥林草植被景观功能,使植物恢复工程符合当地经济发展的功能定位和生态景观要求,并与工程周边自然景观、人文景观等相协调。

(4)因地制宜原则。根据生产建设项目水土流失特点、场地生态环境和工程扰动后的立地条件等,优先选择乡土树草种,综合调查分析植被恢复与建设场地的生态环境主导限制因子,因地制宜地选择适当的植物措施类型和种类,使乔灌草生态习性和布设地点环境条件基本一致。

6.1.5　临时措施调控原理

临时措施主要针对生产建设项目施工中临时堆料、堆土(石、渣,含表土)、临时施工迹地等在外营力作用下可能产生的水土流失而采取的临时性拦挡、排水、覆盖及临时植物防护等措施,适用于施工准备期和施工期,防护对象主要是临时堆土(石、渣,含表土)场、各类施工场地扰动面、占压区等区域,通常布设在工程裸露地、施工场地、施工道路及其他周边影响区。临时措施的水土流失调控原理与工程措施、植物措施相同,是防治施工期水土流失的关键措施。在满足相应防护功能的条件下,临时措施设计简单且易于实施,但使用年限不长,布设原则有以下四点。

(1)临时措施应在对主体工程及施工组织设计分析评价的基础上,根据地表裸露的时间、降雨等侵蚀动力条件确定相应防护措施,注重临时防护与永久防护相结合。

(2)临时防治措施布设要与工程措施和植物措施相配合,注重时效性,以弥补施工期植物措施不能全面发挥防护效应的不足。

(3)临时措施应结合主体工程施工工期、项目扰动特点、地形地貌及自然条件变化,随时调整布设方式,减少工程建设的负面影响。

(4)对于各种施工活动造成的临时堆土宜在堆土区集中堆放,堆土坡比在1∶1.5以下,堆土高度不超过 2.0m,一般按 2 年一遇设计临时排水设施,同时采取拦挡、苫盖等措施防止径流冲刷或粉尘出现。

临时拦挡与苫盖措施主要有挡土墙拦挡、护坡拦挡、彩钢瓦拦挡、草袋装土拦挡、密目网苫盖、彩条布苫盖等形式,包括临时拦挡、临时苫盖、临时拦挡与苫盖相结合的措施,均具有一定的减流减沙效应。拦挡措施减流效应并不明显,这是由于拦挡措施主要布设在坡脚处,但堆积体坡面仍然处于裸露状态,其降低坡面流速效果仅仅体现在增加了坡脚处的入渗率。对于临时拦挡与苫盖相结合措施而言,在临时苫盖措施削减流速和拦截泥沙的基础上,坡脚处的临时拦挡措施进一步发挥减流减沙作用,这使得在不同坡度和降雨强度下,其减流减沙效应大部分优于单一临时拦挡和临时苫盖措施。

临时排水与沉沙措施一般布设在施工场地周边,临时排水设施可采用排水沟(渠)、暗涵(洞)、临时土(石)方挖沟等,也可利用抽排水管设施,排水出口处应设置沉沙池,临时排水与沉沙措施设计时应对项目施工工艺、地形地貌、建设布局等进行详细调查,核对工程量,节约施工成本。临时植物措施可在调查分析立地条件、社会经济及防护要求的基础上,以临时种草为主,也有乔灌草配置或花生、油菜、红薯等农作物配置。此外,由于生产建设项目类型不同,工程建设的方式、特点也不一样,需要因地制宜地采取其他有效的防护措施,如开挖土方的及时清运、集中堆放、平整、碾压、削坡开级、薄膜覆盖等措施。

6.2 生产建设项目工程措施典型设计

6.2.1 拦渣措施典型设计

拦渣措施指拦挡生产建设项目基建与生产过程中排放的固体废弃物的建筑物,同时具有拦渣与防洪两种功能,可避免弃土弃渣淤塞河道,减少入河入库泥沙,防止引发山洪、泥石流,其主要包括挡渣墙、拦渣堤、拦渣坝和围渣堰。挡渣墙指支撑和防护坡地弃渣失稳滑塌的构筑物,适用于生产建设项目坡地型渣场和不受洪水影响的平地型渣场的渣体坡脚防护。生产建设项目拦渣工程多采用重力式、半重力式、衡重式的挡渣墙,建筑材料为浆砌石、混凝土或钢筋混凝土、石笼,其高度一般不宜超过 6m。在工程实践中,可根据弃渣堆置形式,地形、地质、降水与汇水条件,建筑材料来源等选择经济实用的挡渣墙形式,某工程典型设计断面见图 6.1。拦渣堤指支撑和防护河岸边或沟道的弃渣堆积体变形失稳或被水流、降雨等冲入河流(或沟道)的构筑物,适用于生产建设项目临河型弃渣场的挡护,某工程典型设计剖面见图 6.2。

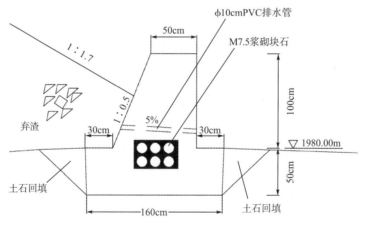

图 6.1 拦渣墙典型设计断面图

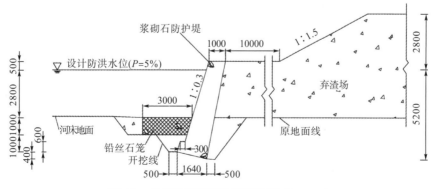

图 6.2 拦渣堤典型设计剖面图(单位:mm)

　　生产建设项目拦渣堤多为墙式拦渣堤，断面形式有重力式、半重力式、衡重式等，断面设计参数主要包括堤顶高程、堤顶宽度、堤高、堤面及堤背坡比等。一般在确定拦渣堤堤型后，根据堤基地形地质、水文条件、筑堤材料、堆渣量及施工条件等，参考已有工程经验初拟定拦渣堤断面主要尺寸，绘制某工程典型设计剖面如图6.3所示。拦渣坝指支撑和防护沟道内的弃渣堆积体免受洪水冲刷而发生变形失稳，造成弃渣流失的构筑物，常用拦渣坝一般以6～15m低坝为宜，高度不超过30m。拦渣坝造价较高，在实际工程中运用较少，其平面布置形式见图6.4。

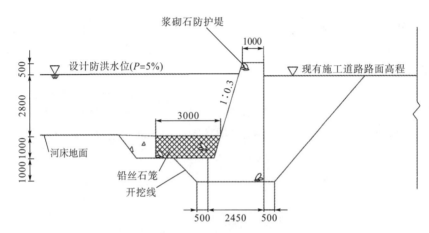

图 6.3　拦渣堤典型设计剖面图（单位：mm）

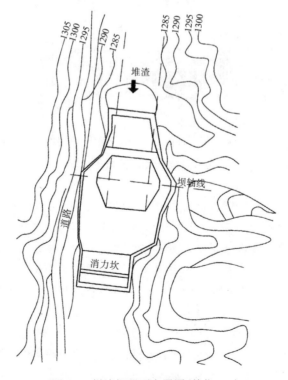

图 6.4　拦渣坝平面布置图（单位：m）

6.2.2 边坡防护措施典型设计

边坡防护措施指为了稳定边坡，防止边坡滑移、垮塌而采取的坡面防护措施，用于保护边坡，防止风化、碎石崩落、崩塌、浅层小滑坡等，主要包括削坡开级、工程护坡、滑坡防治等。

1）削坡开级

削坡指削去非稳定边坡的部分岩土体，以减缓坡度、削减下滑力从而保持坡体稳定的一种护坡措施。开级指通过开挖边坡、修筑阶梯或平台，达到相对截短坡长，改变坡型、坡度、坡比，降低荷载重心的目的，以维持边坡稳定。以上两种工程可单独使用，也可同时使用，主要用于防止中小规模的土质滑坡和石质滑坡，在非稳定边坡高度大于4m且坡比大于 1.0∶1.5 时，应采用削坡开级措施，示意图如图 6.5 所示。

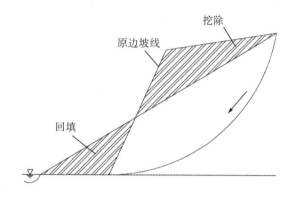

图 6.5 削坡开级示意

削坡开级措施应重点关注岩土结构及力学特性及暴雨—径流特征，在论证边坡稳定性基础上确定工程布设、结构、断面尺寸等技术参数。在采取削坡工程时，必须布置山坡截水沟、平台截水沟、急流槽、排水边沟等排水系统，防止削坡坡面径流及坡面上方地表径流对坡面的冲刷。大型削坡开级工程还应考虑地震问题。

削坡后因土质疏松而产生岩屑、碎石滑落或发生局部塌方的坡脚，应修筑挡土墙进行保护。无论土质削坡或石质削坡，都应在距坡脚1m处开挖防洪排水沟，一般断面深为0.4～0.6m，上口宽 1.0～1.2m，底宽 0.4～0.6m，具体断面应根据坡面来水情况确定。削坡开级的坡面可根据土质情况，因地制宜地种植草灌或乔木进行植物护坡，阶梯形的小平台或大平台处应选择适宜的乔木、灌木或经济树种，其余坡面可种植草本或灌木。在坡面上方距开挖（或填筑）边缘线2m以外布置山坡截水沟工程，在阶梯形和大平台形削坡平台布置平台截水沟，顺削坡的坡面或两侧布置急流槽，将山坡截水沟和平台截水沟的径流排入排水边沟，以防止削坡的坡面径流及上方地表径流对坡面的冲刷，截排水工程设计可参照《水土保持工程设计规范》（GB 51018—2014）。

2) 工程护坡

工程护坡包括砌石护坡、抛石护坡、混凝土护坡和喷浆护坡等，主要布置在堆置固体废弃物或山体不稳定地段或坡脚易受水流冲刷处。工程护坡应重点考察和勘测与坡体稳定性有关的各种因素，包括坡度、坡高、岩(土)性质、地下水渗透力、震动作用等。设计时对因开挖、回填、弃土(石、砂、渣)形成的边坡以及受工程影响的自然边坡，须根据地形、地质、水文条件及周边防护设施的安全要求，确定合理的稳定性设计标准并进行边坡稳定性安全分析，坡脚易受洪水冲刷的应进行水文计算，再比选边坡防护工程方案，明确工程布设、结构、断面尺寸及建筑材料，边坡允许坡度和安全系数可参照相关规范和标准执行。在边坡稳定性分析基础上结合行业防护要求、技术经济分析等，确定不同护坡措施材料和标准，对于土(沙)质边坡或风化严重的岩石边坡应采取坡脚防护工程，保证边坡的稳定。各种土类填土边坡以及碎石土边坡的稳定坡度参考值见表 6.1 和表 6.2(朱首军和黄炎和，2013)。

表 6.1　填土边坡的稳定坡度参考值(高度：水平距离)

填土高度/m	黏土	粉砂	细砂	中砂～碎石	风化岩屑(页岩、千枚岩等)
<6	1：1.5	1：1.75	1：1.75	1：1.5	(1：1.5)～(1：1.75)
6～12	1：1.75	1：2	1：2	1：1.5	(1：1.75)～(1：2)
12～20	1：2	1：2.5	1：2	1：1.75	(1：2)～(1：2.25)
20～30	1：2	—	—	1：2	—
30～40	1：2	—	—	1：2.25	—

表 6.2　碎石土边坡的稳定坡度参考值(高度：水平距离)

土体结合密实程度		边坡高度		
		<10m	10～20m	20～30m
胶结的		1：0.3	(1：0.3)～(1：0.5)	1：0.5
密实的		1：0.5	(1：0.5)～(1：0.75)	(1：0.75)～(1：1)
中等密实的		(1：0.75)～(1：1)	1：1	(1：1.25)～(1：1.5)
松散的	大多数块径>40cm	1：0.5	1：0.75	(1：0.75)～(1：1)
	大多数块径>25cm	1：0.75	1：1	(1：1)～(1：1.35)
	块径一般<25cm	1：1.25	1：1.5	(1：1.5)～(1：1.75)

砌石护坡有干砌石和浆砌石两种形式。干砌石护坡(图6.6)适用于易受冲刷、有地下水渗出的土质边坡，适用坡下不受水流冲刷的坡面，一般采用单层干砌块石护坡，重要地段可采用双层干砌块石护坡。浆砌石护坡(图 6.7)宜布设在坡比为(1：1)～1：2 或坡面可能遭受水流冲刷且冲击力强地段，浆砌石护坡面层块石下应铺设反滤垫层，原坡面如为砂、砾、卵石的，可不设垫层。浆砌石石料应选择坚固的岩石，不采用风化、有裂隙、夹泥层的石块，砂浆标号及要求参见有关浆砌石规范。

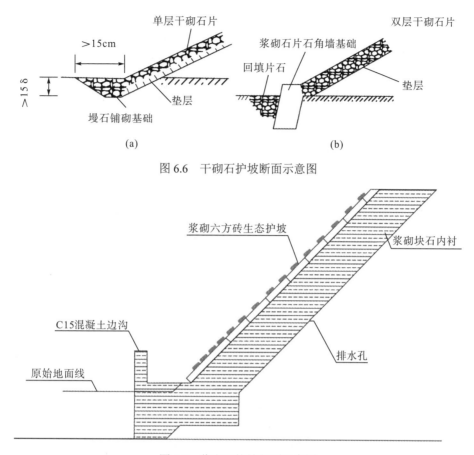

图 6.6　干砌石护坡断面示意图

图 6.7　浆砌石护坡断面示意图

　　抛石护坡指当边坡坡脚位于河(沟)岸，暴雨条件下可能遭受洪水淘刷作用时，对枯水位以下的部分采取抛石斜坡防护工程(某工程典型设计见图 6.8)，主要分为散抛块石护坡、石笼抛石护坡和草袋抛石护坡。抛石的范围和粒径应根据水深、流速确定，坡度不应陡于所抛石料浸水后的天然休止角，石料应符合质地坚硬、不易风化的要求。当坡脚因受流水冲淘且坡下出现均匀沉陷时，应采取散抛块石固定坡脚，适合在沟(河)水流速为 3～5m/s 条件下采用。对坡度较陡且坡脚易受洪水冲淘，流速大于 5m/s 的坡段，应采取石笼抛石护坡，但在坡脚有滚石坡段，不得采用此法。对坡脚不受洪水冲淘且边坡陡于 1∶1.5 的坡段，可采用草袋抛石护坡，坡下有滚石的坡段不得采用此法。

　　混凝土(或钢筋混凝土)护坡(某工程典型设计见图 6.9)适用于边坡极不稳定、坡比为 (1∶0.5)～(1∶1) 且坡脚可能遭受强烈洪水冲淘的较陡坡段，必要时需加锚固定。喷浆护坡(某工程典型设计见图 6.10)适用于易风化岩石或泥质岩层坡面，若基岩只有细小裂隙且无大崩塌危险，可采用喷浆机进行喷浆或喷混凝土护坡，以防止基岩风化剥落。通常在采用削坡消荷稳定边坡工程之后，可采取喷浆护坡使岩石与喷浆在共同变形过程中有效控制岩石变形，部分砂浆渗入岩石的节理、裂隙可重新胶结松动岩块，起到加固岩石稳定性的作用，同时防止岩石风化，堵塞渗水通道，填补缺陷和平整表面，但在有涌水和冻胀严重的坡面不得采用此法。

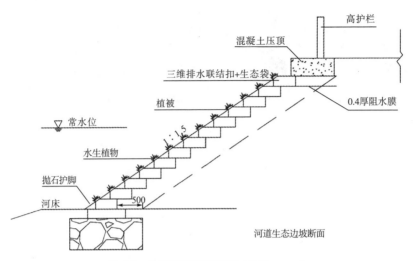

图 6.8　抛石护坡典型设计(单位:mm)

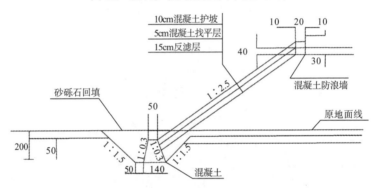

图 6.9　混凝土护坡典型设计(单位:cm)

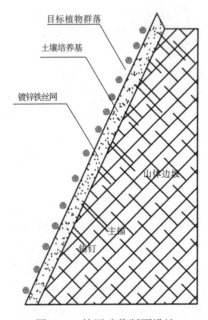

图 6.10　挂网喷浆断面设计

3) 滑坡防治

对于易风化岩石或泥岩岩层坡面，在采用削坡开级工程确保整体稳定之后，还应采取喷锚支护工程固定坡面。对于易发生滑坡的坡面，采取削坡反压、排水防渗、抗滑和滑坡体造林等滑坡整治工程。大型护坡工程应进行必要的预勘探和控制试验，并采取多方案防护论证分析，以确定最佳护坡工程形式、结构、断面尺寸和基础处理。边坡防护首要目的是固坡，对扰动后边坡或不稳定自然边坡具有防护和稳固作用，同时具有边坡表层治理、美化坡面等功能，滑坡防治措施示意图见图 6.11～图 6.14。

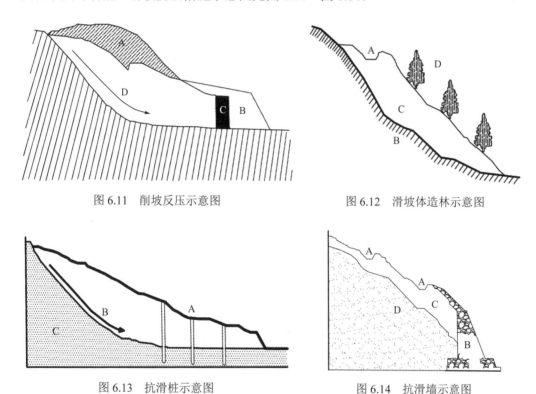

图 6.11　削坡反压示意图　　　　　　　图 6.12　滑坡体造林示意图

图 6.13　抗滑桩示意图　　　　　　　　图 6.14　抗滑墙示意图

6.2.3　截排水(洪)措施典型设计

截排水(洪)工程主要针对工程区和弃土(石、渣)场外围沟道、坡面的径流截排及工程场地的汇水排导等进行布设，截排水(洪)工程是生产建设项目水土流失防治体系中非常重要的排水设施之一，也是工程防洪排涝体系的重要组成部分。常见的截排水(洪)工程包括截排水沟、永久沉沙池、排洪渠等。设计时要求在工程建设破坏原地表水系和改变汇流方式区域布设截排水措施及与下游顺接措施，将工程区域和周边地表径流排导至下游沟道区域。截排水沟的坡面比降应根据其排水去向而定，当排水出口位置在坡脚时，排水沟大致与坡面等高线正交布设；当排水去处位置在坡面时，排水沟可基本沿等高线布设或与等高线斜交布设，但都必须做好防冲措施。坡面截排水措施应与工程范围内及周边区域的沟渠、道路体系相结合，并考虑是否按蓄水要求进行布设，可将截水沟、排水沟、沉沙池及蓄水设施综合规划，以形成完整的防洪排水(利用)体系。此外，坡面截排水工程应根据防护区的地形条件，按高水高排、低水低排、就近排泄、自流原则布设线路，应避开滑坡体、危岩等不利地质条件。

1)截排水工程

截排水工程主要包括截水沟和排水沟，截水沟指在坡面上修筑的拦截、疏导坡面行流且有一定比降的沟槽工程，排水沟指用于排除地面、沟渠或地下多余水量的沟渠。截排水工程按其断面形式一般可采用梯形、矩形、U形和复式断面。其中梯形断面适用广泛(某工程的典型设计见图6.15)，其优点是施工简单、边坡稳定，便于应用混凝土薄板衬砌；矩形断面适用于坚固岩体中开凿的渠、傍山或塬边渠道以及宽度受限渠道等；U形断面适用于混凝土衬砌的排水，其优点是水力条件较好、占地少，缺点是施工比较复杂；复式断面适用于深挖方渠段，渠岸以上部分可将坡度变陡，每隔一定高度留一平台，以减少开挖量。

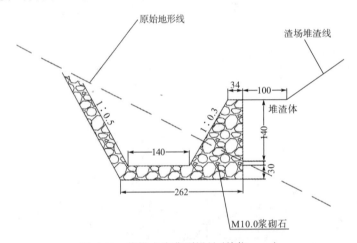

图6.15　截排水沟典型设计(单位：cm)

截排水工程按蓄水排水要求，可分为多蓄少排型、少蓄多排型和全排型。北方少雨地区应采用多蓄少排型，南方多雨地区应采用少蓄多排型，东北黑土区如无蓄水要求，应采用全排型。如按建筑材料分，截排水工程可分为土质截排水沟、衬砌类截排水沟和三合土截排水沟3类，其中土质截排水沟结构简单、取材方便、节省投资，适用于比降和流速较小的沟段；衬砌类截排水沟多用于临时排水，浆砌石或混凝土将截排水沟底部和边坡加以衬砌，适用于比降和流速较大的沟段；三合土截排水沟适用于施工条件介于前两者之间的沟段。

截排水工程级别及设计洪水标准根据防护对象等级确定。截排水沟设计一般先根据地形、地质条件、设计经验等初步确定其断面结构等，然后按明渠均匀流的流量公式计算截排水沟的过流能力，按计算结果确定过流能力能否满足设计要求。同时截排水沟排水流速大于不淤流速、小于允许流速且断面符合安全超高要求的，即为合理尺寸。土质坡面截排水沟断面宜采用梯形，岩质坡面截排水沟断面可采用矩形，断面设计应考虑渠床稳定或冲淤平衡、有足够的排洪能力、渗漏损失较小等因素。梯形土质截排水沟内坡按土质类别宜采用(1∶10)～(1∶1.5)，砖石或混凝土铺砌的截排水沟内坡可采用(1∶0.75)～(1∶1)，排水沟比降不宜小于 5%。土质排水沟的最小比降不应小于 0.25%，衬砌排水沟最小比降不应小于 0.12%，排水沟最小允许流速为 0.4m/s。在截排水沟水深 0.4～1.0m 时，其最大允许流速可按表 6.3 选用；对此水深范围外，可查表 6.4 进行修正；截水沟建筑物的安全超高可根据表 6.5 确定，在弯曲段凹段应考虑水位壅高影响。

表 6.3　截排水沟的最大允许流速

土壤类别	最大允许流速/(m/s)	截排水沟类别	最大允许流速/(m/s)
亚砂土	0.8	浆砌块石、混凝土	3.0～5.0
亚黏土	1.0	黏土	1.2
干砌卵石	2.5～4.0	草皮护坡	1.6

表 6.4　最大允许流速的水深修正系数

水深 h/m	$h \leqslant 0.40$	$0.40 < h \leqslant 1.00$	$1.00 < h < 2.00$	$h \geqslant 2.00$
修正系数	0.85	1.00	1.25	1.40

表 6.5　截水沟建筑物的安全超高

截水沟建筑物级别	1	2	3	4	5
安全加高/m	1	0.8	0.7	0.6	0.5

2) 沉沙池

沉沙池指沉淀挟沙水流中颗粒大于设计沉降粒径的泥沙、降低水流中泥沙含量、控制水土流失的设施，通常在截排水沟末端或集水设施进口前端布设沉沙池，适用于沉淀处理排水沟、截水沟、引水渠、基坑等地表径流中的泥沙。按使用时段或服务期限可将沉沙池分为永久沉沙池和临时沉沙池，按池箱砌筑材料可分为混凝土(钢筋混凝土)结构、浆砌石结构、砖砌结构。沉沙池的设计洪水标准与所连接的沟渠(或设施)防洪、排水标准相同，设计沉降粒径一般不小于 0.1mm。根据项目区实际需要和沉沙效果要求，可布设多级沉沙池(一般为三级)，实现拦沙控制指标(某工程典型设计见图 6.16)。

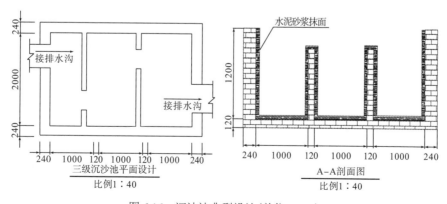

图 6.16　沉沙池典型设计(单位：mm)

　　3）截排洪工程

　　生产建设项目截排洪工程主要包括拦洪坝和排洪工程,应在建设施工或生产运行中易受暴雨和洪水危害的地段修建。项目区上游小流域存在洪水危害现象时,应在沟道中修建拦洪坝。项目区一侧或周边坡面有洪水危害时,可在坡面与坡脚修建排洪渠并对坡面进行综合治理。项目区内各类场地道路及其他地面排水应与排洪渠衔接顺畅以形成有效的洪水排泄系统。当坡面与沟道洪水与项目区的道路、建筑物、堆渣场等发生交叉时应采取涵洞或暗管进行地下排洪。排洪渠体系建设应将项目区周边山坡来洪安全排泄,并与项目区排水系统相结合,当山坡或沟道洪水及项目区需排泄的地表径流与道路、建筑物交叉时,应采取涵洞或暗管排洪。

　　拦洪坝是布置在沟道或河道,用以拦沙蓄水、防洪减灾、保障项目区生产建设安全的挡水建筑物,被拦截的来水可通过隧洞、明渠、暗涵等设施排至项目区下游或相邻沟谷,沟道拦洪坝防洪标准可参考水土保持治沟骨干工程防洪标准进行确定。拦洪坝按结构可分为重力坝、拱坝等坝型,按建筑材料可分为砌石坝(以浆砌石坝为主)、混合坝(土石混合坝和土木混合坝)、混凝土坝等。选择坝型时需综合考虑山洪规模、地质条件及当地材料等因素,常用坝型主要为土石坝、重力坝和格栅坝,适用于沟道型弃渣场。

　　排洪措施主要分为排洪渠、排洪涵洞和排洪隧洞 3 大类,排洪渠典型设计见图 6.17。排洪渠多布置在弃渣场等项目区一侧或两侧,可将上游沟道或周边坡面洪水排往项目区下游;排洪渠多为排水明渠和排水暗渠,以排水明渠为主,多采用梯形、矩形断面。按建筑材料分,排洪渠可以分为土质排洪渠、衬砌排洪渠等。排洪涵洞指为排泄上游来水而修建的封闭式输水道,可分为无压或有压两种类型,水土保持工程中常用无压涵洞,按建筑材料分为钢筋混凝土涵洞、混凝土涵洞和浆砌石涵洞 3 类,按洞身结构分为盖板涵、管涵、拱涵和箱涵 4 类。

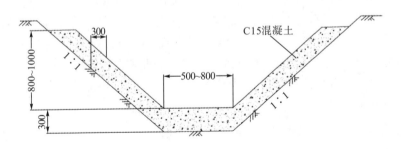

图 6.17　排洪渠典型设计(单位：mm)

6.2.4　土地整治措施典型设计

　　土地整治措施指在项目施工建设和运营过程中,因开挖、填筑、取料、弃渣、施工建设等活动破坏的土地及工程永久征地范围内的裸露土地,在植被建设、复耕前进行的土地平整、改造和修复,为达到可利用状态所采取的水土保持措施,包括土地平整及翻耕、表土回覆、整地、土壤改良、水利及灌溉设施等。土地整治措施实施要符合项目所在地的土地利用规划，应根据施工迹地、坑凹地与弃渣场等场地的地形、土壤等立地条件差异，将坑凹地与弃渣场整治形成的田面，采取覆土、田块平整、打畦围堰等蓄水保土型工艺，达到保持水土、恢复和提高土地生产力的目的。当土地整治区超过一定范围时，土地整治措施布设应与生态环境改善、景观美化相结合。

土地整治工程可将其改造为农业用地、生态用地、公共用地、居民生活用地等并与周边景观相协调，同时与防洪排导工程相结合。坑凹地回填物和弃渣场地都是人工开挖、堆置形成的松散堆积体，易产生地表凹陷，加大坡面产流汇流能力，因此必须与坑凹地、渣场本身及其周边防洪排导工程相结合，方可保证土地利用安全。土地整治也应与主体工程设计相协调，应优先考虑利用主体工程的弃土和剥离表土。土地整治还应与污染防治相结合，对项目区排放的流体污染物和固体污染物首先采取净化处理，以防止有毒有害物质污染土壤、地表水和地下水，影响农作物生长。水平阶、水平沟、鱼鳞坑等传统陡坡治理工程已广泛应用在工程堆积体微地形整治中，土地整治措施典型设计见图6.18。该措施具有缩短径流流线、降低径流流速、拦截坡面上方来水，促进局地降雨径流的富集叠加等径流调节功能，可在减轻土壤冲刷的同时有效改善土壤水文条件，提高植被存活率，恢复生态环境。不同工程措施的减流控沙量在总减沙量中的占比均超过50%，最低为均匀型水平阶52%，最高为水平沟+鱼鳞坑77%（张乐涛等，2019）。

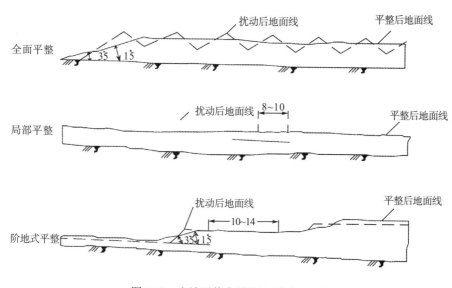

图 6.18　土地平整典型设计（单位：m）

矿山生产建设活动中，在人为活动、人为再塑及自然动力因素影响下，短期内改变了矿区小尺度地形地貌，破坏了岩土层稳定，改变了原有水循环系统。矿区侵蚀程度严重的多为矸石山和塌陷区扰动地貌单元，矸石山是在采煤、洗煤和煤料加工等过程中的废弃物及废弃岩石（煤矸石）所形成的堆积体，山体堆积角度一般为自然堆积角，当堆积角度处于38°～40°时，极其容易发生失稳坍塌。矸石山堆放会占用大量土地且富含多种重金属元素，对周边土壤、水体均会造成污染。塌陷区指开采区域周围岩体原始应力的平衡状态遭到影响或破坏，导致采区岩层和地表发生移动、变形、开裂等现象而形成的地面塌陷，可利用煤矸石作为填充复垦。矿区复垦工程主要环节分为地貌重塑工程、土体重构工程、植被恢复工程、景观再造工程及生物多样性保护工程等，煤矸石山一般坡度较陡，堆积高度多在30~70m，有的高达 150m，一般先沿等高线进行阶地化处理，再根据治理难易程度将其分为极难治理型、难治理型、易治理型(图 6.19)，可优先选择耐贫瘠、耐盐、根系深、易存活的植物进行分类治理(张耀方等，2011)。塌陷区可根据复垦土地利用方向分为充填农业复垦、充填林业复垦、充填建设复垦(图 6.20)。

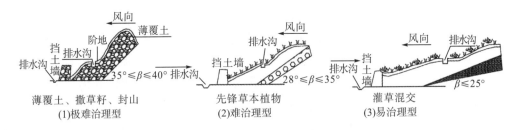

图 6.19 矸石山复垦措施典型设计

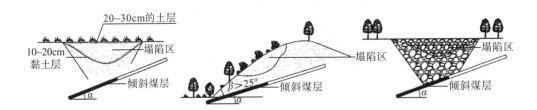

图 6.20 塌陷区复垦措施典型设计

6.2.5 降水蓄渗措施典型设计

降水蓄渗措施指针对地表降雨径流和区域下垫面降雨入渗调控而采取的各种措施，包括蓄水工程和入渗工程两种类型，某蓄水池典型设计如图 6.21 所示。蓄水工程多用于水资源短缺地区，多以蓄水池、水窖和集水箱等形式存在，主要用于植被补水、城市杂用和环境景观用水等，适合多年平均年降雨量小于 600mm 的北方地区、南方石漠化严重地区及海岛沿海等淡水资源短缺地区。入渗工程主要用于削减区域径流汇聚而产生的降雨内涝，减轻防洪压力，适用于土壤渗透系数 10^{-4}~10^{-1}m/s 且渗透面距地下水位大于 1.0m 的地段，常见入渗工程包括透水铺设、下凹式绿地等。对于因项目建设和生产运行而引起的坡面漫流、河槽汇流增大等问题，应采取降水蓄渗工程进行治理。降水蓄渗措施可根据项目区降雨条件、产汇流面积、植被建设面积及植被后期管护用水需求等因素综合规划布置。鉴于雨水利用的季节性，还应充分考虑降雨的季节分布特征和利用时效性，确定工程规模并选择合适工艺和结构形式，保证投资和运行费用的合理性。

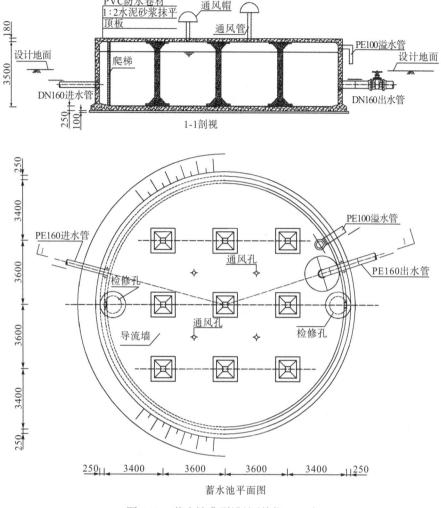

图 6.21 蓄水池典型设计(单位：mm)

透水砖铺设可有效削减洪峰流量，减小径流系数(图 6.22)。研究表明，在两年一遇降雨条件下，透水砖铺设不会产流；5 年一遇条件下，仅有 30%碎石混合垫层的透水砖铺设产流；10 年一遇条件下，15%碎石混合垫层、均质土垫层和 30%碎石混合垫层均产流；砂基垫层在以上 3 种降雨条件下均不产流(李山等，2020)。普通透水砖铺设与构造透水砖铺设均能有效控制雨水径流峰值流量，但构造透水砖铺设由于存在蓄水腔体，其对峰值流量的控制效果更好，普通透水砖铺设的平均峰值流量削减率为 43.3%，构造透水砖铺设的平均峰值流量削减率为 51.9%，在实际工程应用中可选择构造透水砖铺设提高雨水径流控制效果(赵远玲等，2020)。透水砖铺设在降雨频率较小地区的雨洪利用效果较好，当降雨频率为 5%时，透水砖铺设措施可使管道出口断面洪峰流量减少 8.33%，径流系数减小 0.05(晋存田等，2010)。下凹式绿地典型设计如图 6.23 所示，是雨水蓄积以及增加地表入渗的有效绿化措施，根据年内降雨径流观测记录，与传统上凸式绿地相比，普通下凹式绿地的径流总量削减率可达 60%以上(赵庆俊，2018)。在 1 倍汇水面积情况下，对于 10 年一遇、50 年一遇和 100 年一遇暴雨，下凹式绿地的降雨拦蓄率分别为 87.15%、58.48% 和 50.75%，减峰率分别为 71.04%、46.82% 和 41.52%，在多倍汇水面积情况下蓄渗、减洪效果极为明显(叶水根等，2001)。

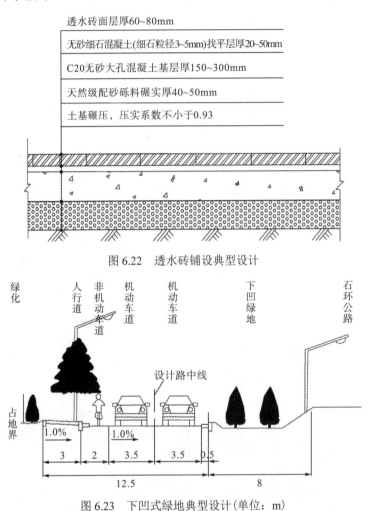

图 6.22　透水砖铺设典型设计

图 6.23　下凹式绿地典型设计(单位：m)

6.3　生产建设项目植物措施典型设计

6.3.1　立地类型划分

立地类型划分指把具有相近或相同生产力的地块划为一类，按类型选用树草种，设计植树造林种草措施。立地类型包括立地区、立地亚区、立地小区、立地组、立地小组、立地类型等，其中立地类型是最基本的划分单元。立地类型划分，首先应根据工程所处地理位置和自然气候区，确定其基本植被类型区分布，如表 6.6 所示的东北地区、三北风沙地区、黄河上中游地区、华北中原地区、长江上中游地区、中南华东(南方)地区、东南沿海及热带地区和青藏高原冻融地区；其次宜按地面物质组成、覆土状况、特殊地形和条件等主要限制性立地因子确定立地类型，线性工程跨越若干地域时，应以水热条件和主要地貌，先划分若干立地类型组，再划分立地类型；立地类型组划分的主导因子包括海拔、降水量、土壤类型等，立地类型划分的主导因子包括地面组成物质（岩土组成）、覆盖土壤的质地和厚度、坡向、坡度和地下水等。

表 6.6　基本植被类型区

区域	范围	特点
东北地区	黑、吉、辽大部及内蒙古东部地区	以黑土、黑钙土、暗棕壤为主，地面坡度缓而长，表土疏松，极易造成水土流失，损坏耕地，降低地力。区内天然林与湿地资源分布集中，因森林过伐，湿地遭到破坏，干旱、洪涝频繁发生，甚至已威胁到工业基地和大中城市安全。
三北风沙地区	东北西部、华北北部、西北大部的干旱地区	自然条件恶劣，干旱多风，植被稀少，风沙面积大；天然草场广而集中，但草地"三化"（退化、沙化、盐渍化）严重，生态十分脆弱。农村燃料、饲料、肥料、木料缺乏，生产生存条件差。
黄河上中游地区	晋、陕、蒙、甘、宁、青、豫的大部分或部分地区	世界上面积最大的黄土分布地区，因气候干旱少雨，加上过垦过牧，造成植被稀少，水土流失十分严重。
华北中原地区	京、津、冀、鲁、豫、晋的部分地区及苏、皖的淮北地区	山区山高坡陡，土层浅薄，水源涵养能力低，潜在重力侵蚀地段多。黄泛区风沙土较多，极易受风蚀、水蚀危害。东部滨海地带土壤盐渍化、沙化明显。
长江上中游地区	川、黔、滇、渝、鄂、湘、赣、青、甘、陕、豫、藏的大部分或部分地区	大部分山高坡陡、峡险谷深，生态环境复杂多样，水资源充沛、土壤保水保土能力差，人多地少、旱地坡耕地多。因受不合理耕作过牧和森林大量采伐影响，导致水土流失日趋严重，土壤日趋贫瘠。
中南华东(南方)地区	闽、赣、湘、鄂、皖、苏、浙、沪、桂、粤的全部或部分地区	红壤广泛分布在海拔 500m 以下的丘陵岗地，因人口稠密、森林过度砍伐、毁林毁草开垦，植被遭到破坏，水土流失加剧，泥沙下泄淤积江河湖库。
东南沿海及热带地区	琼、粤、桂、滇、闽的全部或部分地区	气候炎热、雨水充沛、干湿季节明显，保存有较完整的热带雨林和热带季雨林生态系统。但因人多地少，毁林开荒严重，水土流失日趋严重。沿海地区处于海陆交替、气候突变地带，极易遭受台风、海啸、洪涝等自然灾害的危害。
青藏高原冻融地区	青、藏、新大部分或部分地区	绝大部分为海拔 3000m 以上的高寒地带，以冻融侵蚀为主。人口稀少、牧场广阔，东部及东南部有大片林区，自然生态系统保存完整，但天然植被一旦破坏将难以恢复。

注：表中未列出台湾、香港和澳门特别行政区。

在生产建设项目的植被恢复与建设工程中，可将立地类型作为基本的划分单元。工程扰动土地限制性立地因子包括弃土（石、渣）物理性状、覆土状况（如覆土厚度、覆土土质）、特殊地形（如高陡边坡、阳侧岩壁聚光区、风口、易积水湿洼地及地下水水位较高等）、沙化、石漠化、盐碱（渍）化和强度污染等。

6.3.2　常规林草措施典型设计

常规林草措施指在生产建设项目水土流失防治责任范围内仅需进行水土流失防治与生态恢复的场地，可直接进行或仅需覆土和土壤改良的林草措施，主要包括栽植乔木、栽植灌木、种草、攀援植物绿化。设计时应根据工程所处的自然气候区和植被分布带，确定基本植被类型。按地面物质组成、覆土状况、土壤养分状况、特殊地形和条件等主要限制立地因子确定立地类型。根据工程扰动或未扰动两种状态，在充分考虑地块的植被恢复方向后，依据立地类型确定相应的立地改良要求，立地改良主要通过整地措施、土壤改良和工程绿化特殊工法等技术实现。根据基本植被类型、立地类型划分、基本防护功能要求和适地适树(草)的原则确定林草措施基本类型，应以乡土种类为主，辅以引进适宜本土的优良林草种。栽植树木典型设计见图 6.24，攀援植物绿化典型设计见图 6.25。

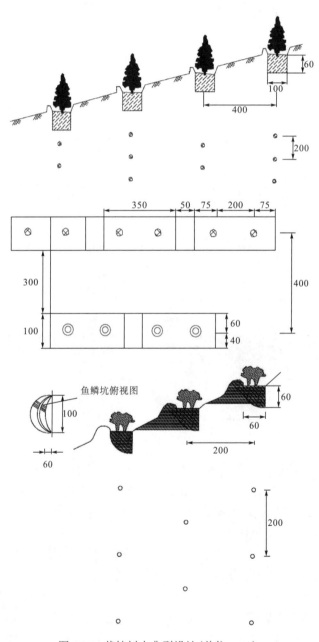

图 6.24 栽植树木典型设计(单位：cm)

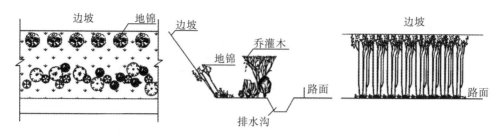

图 6.25　攀援植物绿化典型设计

弃土(石、渣)场、土(块石、砂砾石)料场、采石场和裸露地等工程扰动土地,应根据其限制立地因子,选择适宜树(草)种;山区、丘陵区土(块石、砂砾石)料场和弃渣(土)场绿化应结合水土流失防治、水资源保护和周边景观要求,因地制宜地配置水土保持林树种(或草种)、水源涵养林树种或风景林树种;涉水范围内需要植物防护的内外边坡,一般选用多年生乡土草种以草皮方式绿化,条件允许的可在背水面也进行灌草混交;平原取土场、采石场和弃渣(土)场绿化,应结合平原绿化选择农田防护林树种、护路护岸林树种和环境保护树种;草原牧区工程选择防风固沙林树种和草牧场防护林树种,穿越城郊和城区的工程项目宜结合或配合城市绿化工程且以当地园林绿化树种为主。项目所涉平缓土地林草措施的整地工程,可采用全面整地和局部整地方式;所涉一般边坡林草措施的整地工程,主要采取局部整地方式。

史倩华等(2016)采用野外放水冲刷法研究了不同植被配置模式对内蒙古永利露天煤矿排土场边坡产流产沙的影响,结果表明在植被措施条件下,坡面入渗率较裸地可减少 7.55%～192.19%;放水量在 5～15L/min 时,沙打旺减水效果最佳;在 20L/min 时,撒播紫花苜蓿减水效益最高。刘文虎等(2020)研究了自然降雨条件下四川红桥关隧道土质边坡植物护坡效应,发现植被护坡可增强土壤持水能力,减少坡面径流量和产沙量,采用高羊茅、胡枝子、紫花苜蓿和沙棘混植是最优的植被护坡配置模式。王升等(2012)以紫花苜蓿为研究对象,采用野外黄土坡面放水冲刷试验研究了植被覆盖度对土壤侵蚀和养分流失的影响,结果表明,植被覆盖度增加可使坡面平均糙率增大,从而减小土壤侵蚀量和养分流失量。

6.3.3　园林式绿化措施典型设计

园林式绿化措施主要适用于主体工程范围内有园林景观要求的土地,特别是植被恢复与建设工程级别界定为 1 级的区域,主要包括生产建设项目主体工程周边可绿化区域及工程永久办公生活区,生产建设项目线性工程沿线的管理场站周边环境,生产建设项目线性工程的交叉建筑物、构筑物(如桥涵、道路连通匝道、道路枢纽、水利枢纽、闸(泵)站等周边或沿线),面向公众的展示工程建设风貌的相关工程重要节点,生产建设项目工程移民集中迁建区域,为与周边环境达到景观协调性需采用园林式绿化等区域。园林式绿化应依据主体工程设计,将生态效应发挥和园林景观要求相结合起来,使绿化工程建设达到既保持水土、改善生态环境,又符合景观建设的要求。园林式绿化措施分为园林树木配置、园林花卉配置、园林草坪配置,其常见栽植方式见图 6.26 和图 6.27。园林树木配置可根据不同条件要求,分别采取孤植、对植、列植、丛植、群植、带植、绿篱等多种形式，花卉配置适用于在广场中心、道路交叉处、建筑物入口及其四周，园林草坪地面坡度应小于土壤自然休止角，运动场草坪排水坡度在 0.01 左右，游憩草坪排水坡度一般为 0.02～0.05，最大不超过 0.15。

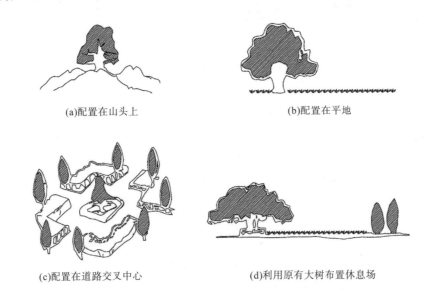

(a)配置在山头上　　　　　　　　　　(b)配置在平地

(c)配置在道路交叉中心　　　　　　　(d)利用原有大树布置休息场

图 6.26　常见孤植配置方式

(a)树种形态相同的树　(b)树种相同、形态不同　(c)树种不同　(d)树种相同，两株靠近，形成整体

图 6.27　常见对植配置方式

　　典型工程要求主体工程区和生产管理区园林式绿化布置符合行业设计要求。如水利工程土坝下游，为防止植物死亡后根系造成坝坡松动和便于检查坝体渗漏情况，坡面不能选用乔灌木和株型高大的草本等。水利工程绿化布置要与水文景观相结合，植被品种选择应突出观赏特征和季节的特点。园林式绿化设计要结合工程特色并突出工程的特点，如高速公路服务区要种植高大乔木以便形成绿荫，工业区和生活区宜选择耐瘠薄土壤、耐修剪、抗污染、吸尘防噪效果好同时可美化环境的树种，并与交通运输、架空管线、地下管道及电缆等设施统一布置，综合协调植物生长与生产运行、居民生活之间的关系，避免相互干扰。线性工程如渠道、堤防、输水、输电线工程等穿越城镇、重要景区、城镇的绿化布置，也要满足相关区域绿地系统规划、生态廊道的规划要求，以不降低所穿越区域绿化设计标

准为前提。线性工程的园林式绿化布置也要符合行业设计要求，如高等级公路两侧行道树应优先选择品种丰富，高大整齐、抗污染、吸尘、降噪的乔木，饮用水输水明渠两侧绿化树种应尽量选择常绿、不飞絮少落花落叶、不结果树种，避免枯落物进入水体影响水质。

园林式绿化措施通过不同植物种类高度、株型、质感的变化，可形成乔—灌—草、疏林、草地 3 种植物配置形式，营造出高低起伏的天际线，从而创造出丰富的空间层次感，其特有形态、色彩、季相变化可提供丰富的景观美感。另外植物叶片可吸附空气粉尘、净化空气，从而改善周边区域生态环境。城市道路绿化可种植香樟、银杏等具有很强的吸烟滞尘、涵养水源能力的树种，可在一定程度上减少机动车行驶产生的尾气、噪声、粉尘对城市环境所造成的严重污染。多样的景观形式可有效缓解视觉疲劳，提高交通安全。行道树在夏季提供荫蔽、降低温度，冬季阻挡寒风、延缓散热，提高了行人通行的舒适度。

6.3.4　工程绿化措施典型设计

常见的工程绿化措施主要有喷播种草、植生毯绿化、生态袋绿化和植草沟，工程绿化只对坡体表面或浅层进行防护性绿化，绿化措施对坡体施加荷载不会对边坡稳定产生不利影响，边坡工程绿化技术应满足边坡安全稳定前提下的质量检验。客土喷播是利用液压流体原理将草(灌、乔木)种、肥料、黏合剂、土壤改良剂、保水剂、纤维物等与水按一定比例混合成喷浆，通过液压喷播机加压后喷射到边坡以形成较稳定的护坡绿化结构，根据基面条件可分为直喷和挂网喷播，其典型设计如图 6.28 所示。客土喷播是边坡绿化基本技术，具有播种均匀、效率高、造价低、对环境无污染、有一定附着力等特点，适用于边坡无涌水、坡面径流流速小于 0.6m/s 的各种土、石质边坡及土石混合坡。

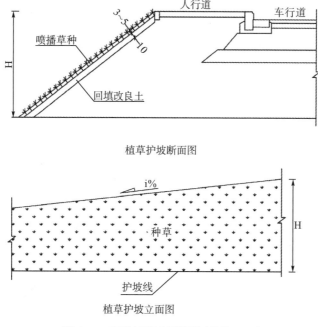

图 6.28　喷播植草典型设计(单位：cm)

　　植生毯坡面植被恢复绿化技术是利用工业化生产的防护毯结合灌草种子进行坡面防护和植被恢复的技术方式，其典型设计见图 6.29。植生毯能固定坡面表层土壤，增加地面糙率，减缓径流速度，分散坡面径流，减轻降雨对坡面表层土壤的溅蚀冲刷。不同材料的植生毯护坡效果存在较大差异，其中 $200\sim300g/m^2$ 的植生毯具有更好保水效果（岳桓陛等，2015）。在工程实践中，植生毯坡面植被恢复技术既能单独使用，也能与其他技术措施结合使用，是其他坡面植被恢复措施良好的覆盖材料。适用于土质、土石质挖填边坡和养护管理困难地段，边坡坡比为(1:4)～(1:1.5)，在坡长大于 20m 时需进行分级处理。

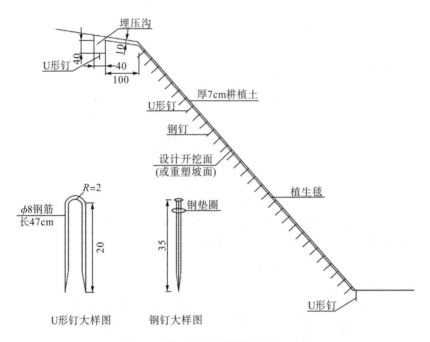

图 6.29　植生毯典型设计（单位：cm）

　　生态袋具有透水不透土的过滤功能，既能防止填充物（土壤与营养成分混合物）流失，又能保持植物生长必需水分。通过在坡面或坡脚以不同方式码放生态袋，可发挥拦挡防护、防止土壤侵蚀作用，同时有效恢复植被。三维排水联扣使单个生态袋体联结成为一个整体受力系统，有利于坡面结构稳定，其典型设计见图 6.30。生态袋技术对坡面质地无限制性要求，尤其适用于坡度较大坡面，是一种见效快且效果稳定的坡面植被恢复方式。对于立地条件差、坡比为(1:0.75)～(1:2)的石质坡面，常用于坡脚拦挡和植被恢复。对于较陡坡面，在坡长大于 10m 时，应进行分级处理。也适用于需要快速绿化以防止水土流失的坡面。在实际应用中，生态袋可直接码放进行护脚、护坡，也常结合加筋格栅、钢筋笼等加筋措施应用到更大范围防护上。生态袋防护效果稳定、明显，研究表明采石场恢复治理当年，25°铺设生态袋坡面与自然恢复相比，减少 58.8% 土壤流失量；而 30°铺设生态袋的坡面较自然恢复相比，仅减少 14.2% 的土壤流失量（冯明明等，2014）。

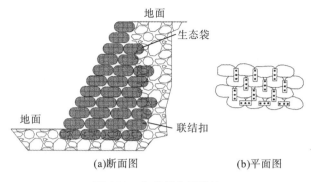

图 6.30　生态袋典型设计

植草沟摒弃传统排水沟所采用的浆砌片石或钢筋混凝土结构，采用宽浅的土质边沟形式(图 6.31)，沟表面设有植被层、底下设有滤层，雨水径流通过植草沟截留、种植土层和滤层渗透和过滤后，能有效降低径流流速，从而延缓径流洪峰出现时间。研究表明，在不同降雨条件下，不同植草沟类型对径流总量削减率在 20%～53%、径流峰值削减率在 10%～53%、洪峰延迟时间在 20～34min(沈子欣等，2015；郭凤等，2015；吴成浩，2018)。调查表明，随着降雨强度增大和降雨重现期的提高，各种植草沟的降雨径流调节作用和峰值削减效果均逐渐降低。

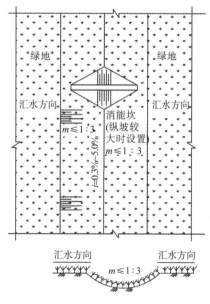

图 6.31　植草沟典型设计

6.3.5　植物固沙措施典型设计

植物固沙措施多见于年降水量为 100mm 以上的风沙区，在先期机械沙障固沙后可造林种草。通常要求生产建设项目所在风沙区的干沙层以下存在稳定湿沙层，以保证耐旱草本和灌木成活生长。植物固沙措施主要有封沙育草、固沙种草和植树造林固沙等。以适合当地生长、有利于发展农牧业生产的乡土树种为主，乔木树种应具有耐瘠薄、耐干旱、耐风蚀、耐沙割、耐沙埋、生长快、根系发达、分枝多、冠幅大、易繁殖、抗病虫害等优点，灌木选择防风固沙效果好、抗旱性能强、不怕沙埋沙压、枝条繁茂、萌蘖力强的树种。

(1)干旱风蚀荒漠化区防风固沙林设计。林带结构为紧密结构、通风结构、疏透结构，防风固沙基干林带宽 20～50m，可采取多带式，林带间距 50～100m；林带混交类型可采用灌混交、乔木混交、灌木混交、综合性混交。乔木树种可选择小叶杨、新疆杨、胡杨、白榆、樟子松等，灌木树种可选择沙拐枣、头状沙拐枣、乔木状沙拐枣、花棒、羊柴、白刺、柽柳、梭梭等，乔木株行距为(1～2)m×(2～3)m，灌木株行距为(1～2)m×(1～2)m。

(2)半干旱风蚀沙化地区防风固沙林设计。林带结构、林带宽度、林带间距、林带混交类型、株行距等同干旱风蚀荒漠化区防风固沙林，乔木树种可选择新疆杨、山杏、文冠果、刺槐、刺榆、樟子松等，灌木树种可选择柠条、沙柳、黄柳、胡枝子、花棒、羊柴、白刺、柽柳、沙地柏等。

(3)半湿润平原风沙区防风固沙林设计。林带结构、林带宽度、林带间距、林带混交类型、株行距等同干旱风蚀荒漠化区防风固沙林，树种可选择油松、侧柏、旱柳、国槐、枣、杏、桑、黑松、臭椿、刺槐、紫穗槐等。

(4)湿润气候带沙地、沙山及沿海风沙区防风固沙林设计。林带结构、林带混交类型、株行距等同干旱风蚀荒漠化区防风固沙林，树种可选择木麻黄、相思树、黄瑾、路兜、内侧湿地松、火炬树、加勒比松、新银合欢、大叶相思等。

(5)防风固沙种草设计。在林带与沙障已基本控制风蚀和流沙移动的沙地上，应进行大面积人工种草合理利用沙地资源，干旱沙漠、戈壁荒漠化区草种宜采用沙米、骆驼刺、籽蒿、芨芨草、草木樨、沙竹、草麻黄、白沙蒿、沙打旺、披肩草、无芒雀麦等，半干旱风蚀沙地草种宜采用沙打旺、草木樨、紫花苜蓿、沙竹、油蒿、披肩草、冰草、羊草、针茅、老芒雀麦等。

6.4 生产建设项目临时措施典型设计

6.4.1 临时拦挡措施典型设计

临时拦挡措施指在边坡坡脚、临时堆料、临时堆土(石、渣)及剥离表土临时堆放地等，为防止施工期间边坡、工程堆积体对周围造成水土流失危害而采取的临时防护措施。主要适用于生产建设项目施工期间临时堆土、施工边坡坡脚的临时防护，多用于土方的临时拦挡，主要类型有填土草袋(编织袋)、土埂、干砌石挡墙等，某工程典型设计见图 6.32～图 6.34。填土草袋(编织袋)就近取用工程防护的土(石、渣、料)或工程开挖的土石料，一般采用梯形断面，高度宜控制在 2m 以下，施工后期可拆除草袋(编织袋)。土埂一般利用防护对象开挖的土体，采用梯形断面，顶宽 30～40cm，埂高一般为 40～50cm，宜控制在

1m 以下，干砌石挡墙宜采用防护石料或工程开挖石料进行修筑，一般采用梯形断面，其坡比和墙高在满足自身稳定性基础上，根据防护堆积体形态及地面坡度确定。

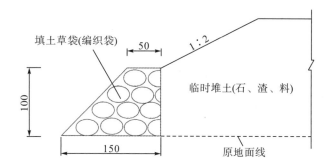

图 6.32　填土草袋（编织袋）临时拦挡典型设计（单位：cm）

图 6.33　土埂临时拦挡典型设计（单位：cm）

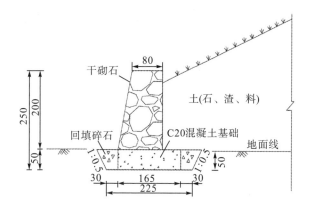

图 6.34　干砌石挡墙临时拦挡典型设计（单位：cm）

填土编织袋能有效地减少土体的沉降变形能力，增强地基承载力，满足边坡稳定性，同时具有施工成本低、易于操作、环保效果明显的特点。一般情况下，填充土的体积达到袋容积的 70%～80% 比较恰当（柴翼翔，2014）。挡土埂不仅可改变径流的流泻方向，径流拦截率将近 50%，还可拦截地表径流所携带的泥沙，泥沙拦截率为 40%～45%，直到相邻挡土埂间的径流沟被泥沙淤泥填平，这为后期种植耐寒草本植物或移植草坪等植物措施提供了基础条件（王石会等，2011）。编织袋拦挡可将坡面径流中较大粒径拦截在拦挡一侧并形成颗粒骨架，以更好地拦截产流后期细小颗粒并逐渐形成土埂，使坡面产流中后期侵蚀速率达到峰值后逐渐降低并趋于稳定（张志华等，2022）。

6.4.2　临时覆盖措施典型设计

　　临时覆盖措施指采用覆盖材料防止水土流失、减少粉尘风沙和土壤水分蒸发、增加土壤养分和植物防晒的防护措施，覆盖材料包括土工布、塑料布、防尘网、砂砾石、秸秆、青草、草袋、草帘等，各种临时覆盖措施布置见图 6.35 和图 6.36。根据覆盖材料不同，临时覆盖措施可分为草袋覆盖、砾石覆盖、棕垫覆盖、块石覆盖、苫布覆盖、防尘网覆盖、塑料布覆盖等。临时覆盖措施适用于风蚀严重地区或周边有明确保护要求的生产建设项目的扰动裸露地、堆土、弃渣、砂砾料等的临时防护，也可用于暴雨集中期建设项目控制和减少雨水溅蚀和径流冲刷的临时堆土(料)和施工边坡。在生态脆弱、植被恢复困难的高山草原区、高原草甸区，可用于建设工程隔离施工扰动对地表草场和草皮的破坏。

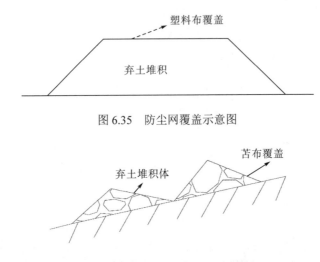

图 6.35　防尘网覆盖示意图

图 6.36　坡地区苫布覆盖示意图

　　临时覆盖措施能够有效地防治水土流失。其中，砾石覆盖不仅会对地表糙度和土壤物理性质(土壤容重、土壤孔隙度、土壤导水率、土壤含水量)产生影响，还会影响土壤的入渗特性。坡面总产流量随砾石覆盖度的增大呈线性减小，砾石覆盖度为 50%的坡面总产流量比砾石覆盖度为 0 的坡面产流总量减少了 20%～50%，坡面土壤侵蚀量随砾石覆盖度的增加呈负指数减小，砾石覆盖度为 50%的坡面总产流量比砾石覆盖度为 0 的坡面产流总量减少了 65%～92%(梁洪儒等，2014)。稻草帘子和沙打旺稻秆覆盖具有更好的减流减沙效应，两种措施的减流效应都达到 60%以上，减沙效应都达到 90%以上(刘瑞顺等，2014)。密目网苫盖可以避免坡面表层土壤可蚀性颗粒与雨滴直接接触而减少溅蚀量，张志华等(2022)利用密目网苫盖作为临时措施研究其在不同降雨强度与坡度条件下对堆积体坡面的减流减沙效应，研究结果表明在坡度为 20°时，单一苫盖措施平均径流率较裸土条件降低幅度为 20.59%～38.34%，在减沙效应方面，其措施条件下平均侵蚀速率较裸土条件降低幅度为 70.06%～97.35%，效果显著。

6.4.3　临时排水措施典型设计

临时排水措施指在施工过程中，为了减轻施工期间降雨及地表径流对临时堆土(渣、料)、施工道路、施工场地及周围区域的影响，通过汇集地表径流并引导至安全地点以控制扰动地貌单元水土流失的措施。根据沟道材质分类可分为土质排水沟、砌石(砖)排水沟、植草排水沟等，土质排水沟适用于使用期短、设计流速较小的排水沟，应布置在低洼地带并尽量利用天然河沟，出口采用自排方式并与周边天然沟道或洼地顺接，设计水位应低于地面(或堤顶)不少于 0.2m。在平缓地形条件下设置的排水沟，多采用梯形断面，断面尺寸可根据当地经验确定，边坡系数应根据开挖深度、沟槽土质及地下水等条件经稳定性分析后确定。砌石(砖)排水沟适用于石料来源丰富、设计流速偏大且建设工期较长的生产建设项目类型，上下级排水沟应按分段流量设计断面，视需要设置跌水等消能设施，沟面护砌材料包括砖、石等，砌石排水沟可采用梯形、抛物线形或矩形断面，其典型断面设计如图 6.37 所示。砖砌排水沟一般采用矩形断面，其他设计参数可参照土质排水沟。

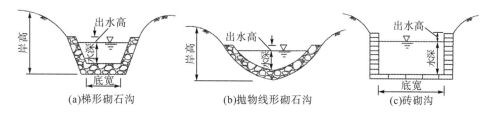

图 6.37　砌石排水沟典型断面设计

植草排水沟适用于施工期长且对环境景观要求较高的生产建设项目。在复式草沟设计中，一般沟底石材或植草砖宽度为 0.6~1.0m，混凝土厚度为 0.1~0.2m，块石厚度不小于0.15m，糙率以植草部分和构造物部分所占长度比例折算。草沟断面宜采用宽浅的抛物线梯形断面，一般沟宽大于 2m，超高 0.1~0.2m，沟面材料以植草为主，沟底应采用硬式防护材料进行护砌，其他设计参照砌石排水沟。

6.4.4　临时沉沙池措施典型设计

临时沉沙池是水土流失防治的重要措施之一，主要适用于生产建设项目施工期间临时堆土、扰动破坏的地表及大面积裸露地表的泥沙沉淀，主要类型有土质沉沙池、砌石沉沙池，不同生产建设项目类型的临时沉沙池典型设计见图 6.38。在高速公路建设中，一般在临时排水沟末端设置 1 个沉沙池，沉沙池规格一般为长 2.5m，宽 2m，深 0.7m；在临时堆土场的排水沟和沉沙池相连，将坡面径流泥沙汇流至沉沙池后，再排入施工道路排水沟内；对于城镇建设工程，一般在建设区排水沟末端设置梯形断面沉沙池，一般规格为底宽 2m，深 1m，顶宽为 3m；对于水利工程建设，要考虑排水措施的减沙效应，防止坡面径流泥沙造成河道淤积,临时沉沙池是减少泥沙搬运的一种有效措施,矩形断面设计规格一般为长4m,宽2m,深1.5m。

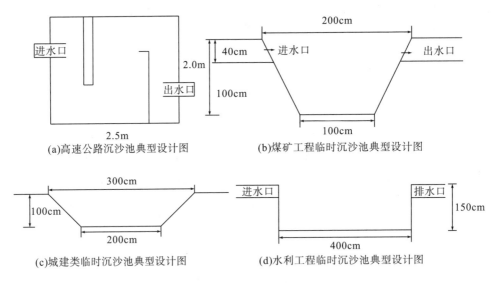

(a)高速公路沉沙池典型设计图　　　　(b)煤矿工程临时沉沙池典型设计图

(c)城建类临时沉沙池典型设计图　　　　(d)水利工程临时沉沙池典型设计图

图 6.38　临时沉沙池典型设计

6.4.5　临时植物措施典型设计

临时植物措施分为临时种草和临时绿化两类,临时种草适用于施工过程中临时堆存的表土,也可用于临时弃渣堆存场;临时绿化主要适用于工期较长的施工生产生活区。对裸露时间超过一个生长季的地段,应采取临时植物措施;在施工过程中,对堆存时间较长的土方堆积体或施工扰动后裸露时间较长地段,可采取临时撒播绿肥草籽方式,如此既防治水土流失,又美化生态环境,同时可有效保存土壤养分以达到后期利用目的。

6.5　小结与工程建议

6.5.1　小结

(1)生产建设项目各种施工活动严重破坏了原地表土壤、植被和水循环系统,受项目扰动面积、程度和建设期等因素影响,可能对水土保持功能和周边生态环境产生较大影响。项目区各扰动地貌单元水土流失调控应遵循近自然修复原理,水土保持措施布设坚持生态工程优先原则、综合有效防护原则以及最小面积扰动原则和最短时间扰动原则,使人为水土流失的生态环境影响达到可控程度。

(2)生产建设项目工程措施主要包括边坡防护措施、截排水(洪)措施、土地整治措施、拦渣措施、表土保护措施和降水蓄渗措施。在工程措施布设时要坚持全面布设、合理优化、成本效应原则,充分考虑降雨水文条件、地形地貌特征和水土流失特点等因素,以最经济、最全面的工程措施布设及时发挥水土保持生态效应。

(3)生产建设项目植物措施可分为常规林草措施、园林式绿化、工程绿化和植物固沙措施,主要通过提高林草覆盖度、植物截流、消能作用发挥和地表枯落物对水土流失进行调控。根据项目类型,坚持近自然生态修复、合理分区、稳定持续原则,使坡面植被的减流减沙和固土护坡效应最大化。

(4)生产建设项目临时措施是为防止项目建设中产生的临时堆料、堆土(石、渣含表土)、临时施工迹地等的水土流失而采取的临时拦挡、覆盖等措施。临时措施布设要根据项目建设地的立地条件、水文条件、社会经济条件、防护需求等,与工程措施、植物措施配合布设,以充分发挥其快速防护作用。

6.5.2　工程建议

(1)城镇建设工程主要表现为地表硬化面积大、扰动区产流汇流时间相对集中,可提高区域性洪水发生频率,一般分为道路施工区、临时堆土区、表土堆放区、绿化区等。此类项目可采取的水土保持工程措施主要有地面硬化处理、土地整治、固坡防护、截排水措施、建设蓄水池、铺设透水砖等;植物措施一般包括喷播植草、植生毯绿化、园林式绿化、植草沟等;临时措施主要针对因挖方、填筑产生的临时堆土区、表土堆放区,一般有临时排水沟、临时拦挡、临时苫盖、周边排水等。

(2)公路铁路工程具有线路长、跨越地貌类型多、土石方工程量较大、沿线取/堆、弃土场数量多等特点,可分为一般路基段、高填路堤段、深挖路堑区、隧道区、桥梁区、弃渣场区、表土堆放区、取土区、临时堆土区等。根据施工要求,可采取的水土保持工程措施有表土剥离与回填利用、土地整治、客土回填、削坡开级、砌(抛)石边坡、喷浆护坡、截排水措施、建设拦渣坝(墙、堤)等,工程沿线植物措施有常规林草措施、喷播植草、植草沟、客土喷播、植生毯坡面植被、生态袋等,临时措施主要有临时截(排)水沟、临时拦挡、临时苫盖、道路区周边排水等。

(3)水利水电工程包括防洪工程、农田水利工程、水力发电工程、航道和港口工程等,具有移民安置人数多、土石方量大、建设运行时间长的特点,一般可分为枢纽区、土石料场区、弃渣区、运输道路区、生产生活区、施工迁建区、移民安置区、库岸塌落区等。针对此类项目,一般可采取的水土保持工程措施有削坡开级、土地整治、拦渣堤(坝)、喷浆护坡、砌(抛)石护坡、混凝土护坡、抗滑桩、抗滑墙、截排水沟、拦洪坝、排洪渠等。水利工程建设要与水文景观相结合,在建设期间要充分考虑植物措施布设。可采用栽种乔木、喷播植草、客土喷播、植生毯坡面、乔—灌—木防护带、生物缓冲带等。为有效防治建设期间弃渣场、堆料场、主体工程区发生水土流失,临时性措施有临时截(排)水沟、临时拦挡(干砌石拦挡)、临时苫盖(草帘、草袋、砂砾石、防尘网等)和临时沉沙池等。

(4)露天矿工程具有地表地貌扰动剧烈、植被破坏严重、排土量及弃渣量较大、堆积体占压地表面积大等特点,可分为首采采坑区、外排土场区、生活区、道路区、拆迁安置区和生产加工区、洗矿区等。针对开发建设初期大面积、高强度对原始地表地貌的扰动、水土保持设施破坏、地表植被破坏、排弃物堆积体相对高差大、扰动土体松散等问题，应采取相应水土保持措施防治因水土流失引发的人为滑坡、人为泥石流等次生灾害。此类项目可采取的水土保持工程措施有削坡开级、表土剥离与回填利用、客土回填、土地整治、运输道路硬化、喷浆护坡、截(排)水沟(主要包括土质沟、砌石沟、混凝土浇沟等)、干砌石拦渣墙、浆砌石护坡、修建抗滑墙与坡体抗滑桩等，植物措施有栽种乔木、撒播草籽、堆积体边坡植生毯措施、挂网喷播、客土喷播、生态袋等，临时措施主要为修筑临时截(排)水沟、建立临时拦挡墙、临时苫盖(优先选择草帘和棕垫层)等。

(5)生产建设项目区扰动地貌单元的生态破坏范围和程度不同，工程措施、植物措施、临时措施的布设原理和措施选择有较大差异，发挥的生态效应也不同。因此，应在不同土壤侵蚀类型区，针对同类生产建设项目，建立相似扰动地貌单元和相似水土保持措施的不同恢复时序定位监测点，分析评估不同水土保持措施的蓄水保土、水源涵养、改良土壤理化性质、植被天然更新及稳定性等恢复状态，综合考虑极端天气条件下水土保持措施防护效应，不仅为生产建设项目水土保持措施体系优化提供参数标准，也可为人为水土流失生态环境损害恢复措施选择和补充性恢复方案制定提供适宜的技术支持。

第7章 生产建设项目人为水土流失生态环境损害鉴定评估

生态环境损害鉴定评估是新时代生产建设项目人为水土流失强监管所面临的新问题，目前生态环境损害可分为环境污染类和生态破坏类两种。生产建设项目违法违规的施工活动，在水力、风力及重力等综合作用下对项目区及周边地区所造成的各种生态破坏行为是人为水土流失生态环境损害的根本原因，生产建设项目人为水土流失生态环境损害主要表现在破坏土壤和土地资源、改变（破坏）水文循环和水资源量、改变林草植被结构和覆盖度、破坏原有生态系统水土保持生态服务功能等，应重点关注土壤剖面层次破坏、土壤性质变化及土地生产力降低效应，局部地表产汇流及地下水循环改变、硬化路（地）面对降雨径流调节与水源涵养能力减弱作用，工程堆积体在暴雨诱发下人为崩塌、人为滑坡和人为泥石流对周边生态环境和居民安全危险性等。生产建设项目人为水土流失生态环境损害评估程序主要有损害事实确认、因果关系判定、损害实物量化、损害价值量化、恢复效果评价，损害鉴定评估应重点关注损害事件的因果关系分析、损害基线阈值、损害价值量化几个关键环节。房地产项目、道路建设、矿山开采、其他类型4大类典型案例分析，可为水土保持领域的生态环境损害事件鉴定评估及其行政磋商和公益诉讼提供评估范式和实践参考。

7.1 人为水土流失生态环境损害界定

7.1.1 基本术语

由于生产建设项目施工工艺差异及所在区域的侵蚀动力特征，各种人为水土流失类型、形式及影响时空范围有较大差异，违法违规的生态破坏行为所造成的生态环境损害表现也有较大差异。我国水土保持工作自1991年《中华人民共和国水土保持法》颁布，逐步走上依法防治轨道，新时代各级水行政主管部门强化了对生产建设活动造成的人为水土流失监管（水土保持司，2019）。水利部制定了一系列生产建设项目人为水土流失防治与监测评价的技术标准，这从技术层面有效预防了因人为水土流失造成的农田损毁、江河湖库淤积、城市内涝等灾害（沈雪建等，2021）。"天地一体化"监管体系下的生产建设项目扰动范围合规性判别与预警，可实现对在建生产建设项目是否编报水土保持方案、扰动范围是否超出防治责任范围等情况进行判定（尹斌等，2016）。2020年《中华人民共和国民法典》的颁布标志着生态环境损害赔偿制度正式确立，但在法律和技术语境下，生态环境损害相关术语缺乏统一和规范(於方等,2022)。在生产建设项目人为水土流失生态环境损害鉴定评估程序的损害调查、损害事实认定、损害因果关系链分析及损害价值评估环节,涉及的基本术语如下。

(1)生态环境损害。生态环境部提出,生态环境损害指因污染环境、破坏生态造成的环境空气、地表水、沉积物、土壤、地下水、海水等环境要素和植物、动物、微生物等生物要素的不利改变,及上述要素构成的生态系统的功能退化和服务减少。

(2)水土流失。《中国水利百科全书·水土保持分册》提出,水土流失指在水力、重力、风力等外营力作用下,水土资源和土地生产力遭受的破坏和损失,包括土地表层侵蚀及水的损失,亦称水土损失。

(3)人为水土流失。是典型的现代人为加速土壤侵蚀类型,其侵蚀动力包括各种人为扰动活动和项目所在区域的原生侵蚀动力条件,具有人为生态破坏行为对原生侵蚀动力条件的叠加效应。同时形成诸如工程堆积体、扰动地表、开挖坡面和硬化道路等不同扰动地貌单元,生产建设项目水土流失危害主要表现在对项目区及周边地区的水土资源、植被资源、生态系统服务功能及人居环境质量的影响。

(4)人为水土流失生态环境损害。指因生产建设项目人为水土流失引起的生态破坏行为,造成项目区或周边地区土地/土壤资源、地表水、地下水、植物、周边生态环境等各种因素的不利改变,以及上述要素构成的水土保持生态服务功能的退化和服务类型减少。人为水土流失造成的生态环境损害形式主要表现为土壤结构和土地资源破坏,植被退化、局部地表汇流及地下水改变、水土保持生态服务功能下降及在项目区及周边发生诱发性崩塌、滑坡、泥石流危险。

(5)人为水土流失生态环境损害鉴定评估。指按照鉴定评估流程和方法,综合运用科学技术和专业知识,调查生产建设项目人为水土流失引起的生态破坏行为与生态环境损害情况,分析生态破坏行为与生态环境损害之间的因果关系,评估生态破坏行为所致的生态环境损害时空范围、特征和程度,确定生态环境损害恢复至基线的恢复措施,量化损害价值并补偿期间损害的全过程。

(6)调查区。为确定人为水土流失生态环境损害的类型、范围和程度,需要开展勘察、监测、观测、调查、测量的区域,包括生态破坏行为的发生区域、可能的影响区域、损害发生区域和对照区域等。

(7)评估区。经调查发现因人为水土流失导致生态环境质量发生不利改变、水土保持生态服务功能退化等,需要开展生态环境损害识别、分析和确认的区域。

(8)基线。生态破坏行为未发生时,评估区内生态环境及其水土保持生态服务功能的状态。

(9)期间损害。自生态环境损害发生到恢复至基线期间,生态系统提供服务功能的丧失或减少。

(10)水土保持生态修复。在水土流失区,通过一定的人工辅助措施,促使自然界本身固有的再生能力得以最大限度地发挥,促进植被的持续生长和演替,保护和改善受损生态系统的功能,建立和维系与自然条件相适应、经济社会可持续发展相协调并良性发展的相对健康的生态系统。

我国生态环境损害赔偿责任认定采用以"违法国家规定"的过错认定标准,"国家规定"包括体系化的法律规定、国家政策性规定以及环境资源领域的国家、行业标准。在水土保持领域,各种生产建设项目已通过水土保持方案编制、监测、验收等实现了对人为水土流失全过程的有效监管。而生产建设项目在建设或运行过程中,各种违法违规活动对土壤、植被、水资源和生态系统功能造成的各种生态破坏,则是人为水土流失生态环境损害鉴定评估的对象,这也实现了用法律手段科学管理因各种生产建设项目人为水土流失引起的水土资源、耕地资源和生态系统功能损害事件,是新时代生产建设项目人为水土流失"强监管"的内容之一。

7.1.2　不同扰动单元水土流失影响评价

1. 工程堆积体

工程堆积体指生产建设项目施工期和运行期产生的土、石、渣或其他固体松散物质所组成的堆积体,通常处于临界稳定状态,一遇开挖和降雨即可能发生开裂、塌陷和滑坡,给工程建设和人员安全带来危害。工程堆积体是生产建设项目水土保持的监测重点,在强降雨条件下存在潜在人为崩塌、人为滑坡和人为泥石流发生风险,对项目区及周边地区交通、工矿和居民生命财产安全造成严重威胁。

(1)工程堆积体潜在人为崩塌评价指标及标准。关注工程堆积体堆放地点的工程地质条件,远离河岸库岸并进行堆积体边坡防护,避免诱发山崩、塌岸和散落,给土地资源、水资源、水土保持生态服务功能及周边环境(村庄、道路及人口安全)造成危害,野外判别标准见表7.1。

表 7.1　工程堆积体潜在人为崩塌危害野外判别标准

环境条件	稳定性差	稳定性较差	稳定性好
地形地貌	前缘临空甚至三面临空,坡度大于55°,出现"鹰嘴"崖,顶底高差大于30m,坡面起伏不平,上陡下缓	前缘临空,坡度大于45°,坡面不平	前缘临空,坡度小于45°,坡面较平,岸坡植被发育
地质结构	岩性软硬相间,岩土体结构松散破碎,裂缝裂隙发育切割深,形成了不稳定的结构体,以及不连续结构面	岩体结构较碎,不连续结构面少,节理裂隙较少。岩土体无明显变形迹象,有不规则小裂缝	岩体结构完整,不连续结构面少,无节理、裂隙发育。岸坡土堆较密实,无裂缝变形
水文气象	雨水充沛,气温变化大,昼夜温差明显。或有地表径流、河流流经坡角,其水流急,水位变幅大,属侵蚀岸	存在大雨-暴雨引发因素	无地表径流或河流水量小,属堆积岸,水位变幅小
人类活动	人为破坏严重,岸坡无护坡。人工边坡坡度大于60°,岩体结构破碎	修路等工程开挖形成软弱基座陡崖,或下部存在凹腔,边坡角为40°~60°	人类活动很少,岸坡有砌石护坡。人工边坡角小于40°
防护措施	工程堆积体未布设截排水设施、拦挡设施	工程堆积体截排水设施、拦挡设施未合理实施或已被损害	工程堆积体截排水设施、拦挡设施、植物措施运行良好

（2）工程堆积体潜在人为滑坡评价指标及标准。工程堆积体结构松散、孔隙度大并处于未固结状态，降雨入渗快、不均匀沉降剧烈，在降雨及地表径流冲刷下，坡面极易形成面蚀和沟蚀。与堆放原地面之间的接触面为天然软弱面，在降雨等外因素激发下极易发生人为滑坡等，工程堆积体潜在人为滑坡危害评价标准见表 7.2。

表 7.2　工程堆积体潜在人为滑坡危害评价标准

指标	状态评价			
	很稳定	稳定	欠稳定	不稳定
工程堆积体边坡坡度/(°)	<20	20～40	40～60	>60
工程堆积体斜坡高度/m	<50	50～100	100～200	>200
工程堆积体植被覆盖度%	>30	15～30	5～15	<5
日降雨强度/mm	<50	50～100	100～200	>200
开挖堆填高度/m	<10	10～30	30～50	>50
地下采矿采空率/%	<25	25～50	50～75	>75
工程堆积体防护措施	运行好	运行较好	未合理布设或部分已损坏	未防护

（3）工程堆积体潜在人为泥石流评价指标及标准。工程堆积体的弃土弃渣数量巨大，易诱发产生泥石流灾害的事件，造成人员、财物巨大损失。据统计，我国每年工业固体废物排放量中 85%以上来自矿山开采，其他的来自水电、道路等工程。工矿弃渣是诱发人为泥石流的重要原因，工矿建设工程破坏森林植被，导致环境退化，往往可诱发泥石流，具体包括：①工矿弃土弃渣泥石流通常与工矿区其他地质灾害相伴产生，常见的有滑坡、崩塌、地裂缝等；②工矿弃土弃渣通常成为泥石流的主要物源，这些物源与沟道内天然分布的松散固体物质混合；③工矿弃土弃渣的物质组成以中等以上颗粒为主，细颗粒含量通常较少；④工矿弃土弃渣人为泥石流的启动模式主要有坡面启动、沟道加积启动、尾矿坝溃决启动等；⑤由于附近通常都是人类活动密集区，工矿弃土弃渣一旦启动产生泥石流，危害极其严重。工程堆积体潜在人为泥石流发生可能性的判别条件如表 7.3 所示，严重程度评价标准如表 7.4 所示。

表 7.3　工程堆积体潜在人为泥石流发生可能性判别条件

泥石流发生可能性	指标
小	沟道比降小于 105‰，沿沟固体松散物储量密度小于 1 万 m³/km²，暴雨强度指标 $R<4.2$
中	沟道比降 105‰～213‰，沿沟固体松散物储量密度在 1 万～10 万 m³/km²，暴雨强度指标 $R=4.2～10$
大	沟道比降大于 213‰，沿沟固体松散物储量密度大于 10 万 m³/km²，暴雨强度指标 $R>10$

注：R 为暴雨强度指标，按 $R=K(H_{24}/60+H_1/20+H_{1/6}/10)$ 计算。其中 K 表示前期降雨量修正系数，无前期降雨时 $K=1$，有前期降雨时 $K>1$，一般 K 取值为 1.1～1.2；H_{24} 表示 24h 最大降雨量(mm)；H_1 表示 1h 最大降雨量(mm)；$H_{1/6}$ 表示 10min 最大降雨量(mm)。

表 7.4　工程堆积体潜在人为泥石流影响程度评价标准

指标	可能发生泥石流的严重程度			
	严重	中等	轻度	无
流域面积/km²	>5	2～5	0.2～2	<0.2
坡面坡度/(°)	>32	25～32	15～25	<15
植被覆盖率/%	<10	10～30	30～60	>60
主沟坡度/(°)	>12	6～12	3～6	<3
松散物储量/(m³/km²)	>10 万	5 万～10 万	1 万～5 万	<1 万

（4）工程堆积体人为水土流失影响程度分级判别条件。结合《水土流失危险程度分级标准》（SL718—2015）滑坡、泥石流潜在危害程度判别条件，将工程堆积体水土流失危害程度分为 5 个等级（表 7.5），由轻到重分别为：①微度危害，危及孤立房屋、零星构筑物等安全，如乡村道路、水土保持设施等，不危及人的安全；②轻度危害，危及小村庄及非重要公路、水渠等安全，危及人数在 10 人以下；③中度危害，威胁乡、镇所在地及大村庄，危及铁路、公路、小航道等安全，并危及 10～100 人的安全；④重度危害，威胁县城及重要乡镇所在地、一般工厂、矿山、铁路、国道及高速公路等安全，并危及 100～500 人的安全或威胁Ⅳ级航道；⑤极重度危害，威胁地（市）级行政所在地，重要县城、工厂、矿山、省际干线铁路、高铁等安全，并危及 500 人以上人口安全或威胁Ⅲ级及以上航道安全。

表 7.5　工程堆积体人为水土流失影响程度分级判别条件

潜在危害分级	危害表现
微度危害	危及孤立房屋、零星构筑物等安全，如乡村道路、水土保持设施等，不危及人的安全
轻度危害	危及小村庄及非重要公路、水渠等安全，危及人数在 10 人以下
中度危害	威胁乡、镇所在地及大村庄，危及铁路、公路、小航道等安全，并危及 10～100 人的安全
重度危害	威胁县城及重要乡镇所在地、一般工厂、矿山、铁路、国道及高速公路等安全，并危及 100～500 人的安全或威胁Ⅳ级航道
极重度危害	威胁地（市）级行政所在地，重要县城、工厂、矿山、省际干线铁路、高铁等安全，并危及 500 人以上人口安全或威胁Ⅲ级及以上航道安全

2. 开挖边坡

生产建设项目开挖边坡不仅强烈地改变了原地表形态，而且为土壤侵蚀发生提供了新的侵蚀坡面。影响开挖边坡的主要因素有下垫面因素及开挖面形成时间，下垫面因素主要包括开挖面上方汇水面积、植被覆盖度、物质组成、土层厚度、坡度、坡长、土石比等参数。对于岩质边坡稳定性评价，可根据野外调查的边坡发育情况及赤平投影分析来进行定性—半定量评价。定性评价标准根据《地质灾害危险性评估规范》（DZ/T 0286—2015）对不稳定斜坡的调查要求，从斜坡高度、坡度、斜坡岩性、地下水发育程度、斜坡变形破坏特征等定性分析边坡稳定性特征，具体如表 7.6 所示。

表 7.6 边坡稳定性野外判别表

边坡要素	稳定性差	稳定性较差	稳定性好
坡脚	临空,坡度较陡且常处于地表径流的冲刷之下,有发展趋势,并有季节性泉水出露,岩土潮湿、饱水	临空,有间断季节性地表径流经,岩土体较湿,斜坡坡度为 30°~45°	斜坡较缓,临空高差小,无地表径流流经和继续变形的迹象,岩土体干燥
坡体	平均坡度大于 40°,坡面上有多条新发展的裂缝,其上建筑物、植被有新的变形迹象,裂隙发育或存在易滑软弱结构面	平均坡度为 25°~40°,坡面上局部有小的裂缝,其上建筑物、植被无新的变形迹象,裂隙较发育或存在软弱结构面	平均坡度小于 25°,坡面上无裂缝发展,其上建筑物、植被没有新的变形迹象,裂隙不发育,不存在软弱结构面
坡肩	可见裂缝或明显位移迹象,有积水或存在积水地形	有小裂缝,无明显变形迹象,存在积水地形	无位移迹象,无积水,也不存在积水地形

3. 扰动地表

生产建设项目扰动地表指在施工期和运行期,由于生产建设活动挖填、压占、翻扰及其他扰动方式破坏了原地表的土壤和植被,改变了原地形或土壤物理性状。扰动地表也是造成水土流失程度加剧的地貌单元之一,其水土流失影响评价指标及标准如表 7.7 所示。

表 7.7 扰动地表水土流失影响评价标准

评价指标	微度危害	轻度危害	中度危害	重度危害	极重度危害
表土剥离未保护面积/m²	1 000~2 000	2 000~3 000	3 000~4 000	4 000~5 000	>5 000
土石方挖填量/万 m³	<4 000	4 000~8 000	8 000~12 000	12 000~16 000	>16 000
破坏林草植被面积/hm²	<50	50~100	100~150	150~200	>200
土壤压实程度(土壤容重)/(g/cm³)	<1.2	1.2~1.4	1.4~1.6	1.6~1.8	>1.8
扰动地表面积/hm²	<140	140~280	280~420	420~560	>560
工程堆积体占地面积/hm²	<20	20~40	40~60	60~80	>80

7.2 人为水土流失生态环境损害评估程序

7.2.1 损害鉴定评估原则

对于各种生产建设项目人为水土流失引起的水土资源、植被资源和水土保持生态服务系统损害事件,其鉴定评估应遵循以下原则。

(1)合法合规原则。损害鉴定评估应遵守国家和地方有关法律、法规和技术规范,生产建设项目水土流失和水土保持相关标准、项目所属行业相关标准等,损害鉴定过程符合相关程序。

(2)科学合理原则。损害鉴定应制定科学、合理、可操作的工作方案。损害鉴定应当根据鉴定委托内容和预先设计工作方案开展,不做超范围鉴定或随意偏离或变更。在鉴定工作过程中,有关数据、资料收集,样品采集和分析等应按技术标准进行。

（3）独立客观原则。损害鉴定机构及损害鉴定人员应当运用专业知识和实践经验独立、客观地开展损害鉴定，不受损害鉴定利益相关方及其他方面因素影响。

（4）实用性原则。鉴定评价指标的数据应容易定量测定或获得，可被广泛理解和普遍接受；筛选对不同水土流失影响特征具有指示性、稳定性的指标，建立生态环境损害鉴定评估指标最小数据集，提高鉴定评估结果的精准性。

在违法违规的生产建设项目人为水土流失生态环境损害鉴定评估中，鉴定评估内容包括但不限于：调查和确定生态破坏行为导致的生态环境损害事实和类型，鉴定分析各种生态破坏行为与人为水土流失生态环境损害之间的因果关系，确定人为水土流失生态环境损害的时空范围、程度及数量，根据损害可恢复性量化生态环境损害价值；制定生态环境损害恢复方案，评估人为水土流失生态环境损害恢复效果；在鉴定评估实践中，可根据委托需要和损害特征，合并或简化以上损害鉴定评估内容；必要时应针对生态环境损害鉴定评估的关键问题开展专项研究，研究成果作为鉴定评估报告附件。

人为水土流失生态环境损害鉴定评估的时间范围以生态破坏行为发生为起点，以受损生态环境要素及其水土保持生态服务功能恢复至基线为终点；空间范围应综合利用现场调查、水土流失监测、遥感分析和模型预测等综合方法，根据生产建设项目各种生态破坏行为的影响范围确定。对于人为水土流失生态环境损害基线，可通过分析调查区生态破坏行为前的土壤、土地、水资源、植被基准值，分类确定不同损害类型的基线判定标准。

7.2.2　损害鉴定评估程序

生产建设项目人为水土流失生态环境损害评估程序包括工作方案制定、损害事实确认、因果关系分析、损害实物量化、损害价值评估、恢复效果评估，鉴定评估关键环节为生态环境损害事实确认、致损体损害鉴定指标体系、损害因果关系分析、损害价值量化。在鉴定评估实践中，应严格根据鉴定评估委托事项开展相应鉴定评估工作，但可根据鉴定委托事项适当简化工作程序。生产建设项目人为水土流失的生态环境损害鉴定评估程序如图 7.1 所示，其中因果关系分析、损害基线阈值和损害价值量化是 3 个重要鉴定评估环节。

生产建设项目人为水土流失危害表现因不同项目类型的生态干扰破坏行为而有较大差异性，也与项目所在区域的主导侵蚀营力及周边生态环境密切相关。在生产建设项目各种违法违规行为已造成生态环境损害事件的前提下，可根据生态破坏行为与损害发生时间先后顺序，在排除其他可能随机因素影响后，通过查阅资料、野外调查、咨询专家等方法，建立生态破坏行为所导致土壤流失、径流损失、植被盖度下降和生态系统结构、过程与功能受损的损害原因（源）—损害方式（路径）—损害结果的因果关系链，并分析因果关系链条环节的科学性和合理性。对于人为水土流失生态环境损害基线，可通过分析损害行为前生态环境基准值，分类建立不同生态环境损害类型的基线判定标准及评估方法。

人为水土流失生态环境损害实物量化常用方法包括统计分析、空间分析、模型模拟等，在实践中可综合各种方法并对不同方法量化的不确定性进行分析。根据不同损害类型的基线阈值范围，土壤损害实物量化以土壤理化性质及抗蚀性为量化指标，比较损害发生后土壤结构、功能、抗蚀性等变化状况，确定受损时间、面积和程度等变量及损害造成的变化

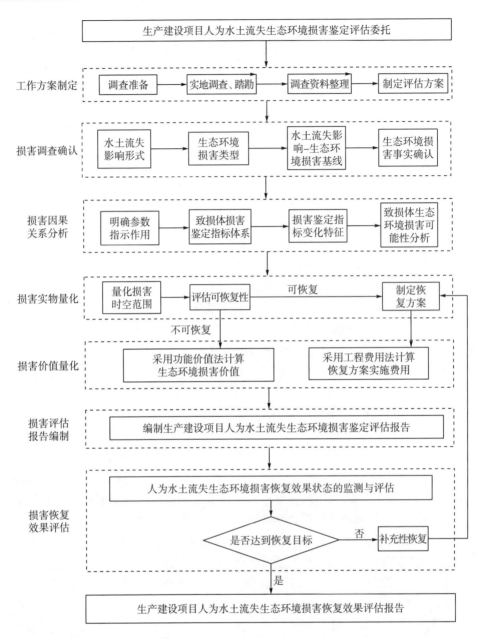

图 7.1　生产建设项目人为水土流失生态环境损害鉴定评估程序

量。水资源损害实物量化以水量、水质为量化指标，比较损害行为发生前后水资源、水文
过程等变化状况，确定超过基线的时间、面积、体积和程度等变量及损害造成的变化量。
水土保持生态服务功能损害实物量化以土壤保持、水源涵养、固碳释氧为量化指标，确定
各种功能超过基线的时间、面积和程度等变量及损害造成的变化量。水土保持设施损害实
物量化以评估区和调查区水土保持工程措施、植物措施、生物措施完整性为量化指标，比
较损害行为发生前后措施完整程度变化状况，确定缺损的时间、面积和程度等变量及损害
造成的变化量。

通过文献调研、专家咨询、案例研究、现场试验等方法，评估受损生态环境要素及其水土保持生态服务功能恢复至基线的可行性，并根据损害可恢复性制定恢复方案；可接受风险水平与基线之间不可恢复的部分，可以采取适合的替代性恢复方案，或采用水土保持功能价值法进行价值量化。原则上，评估区水土保持设施及水土保持生态服务功能应恢复至基线。自人为水土流失生态环境损害发生到恢复至基线的持续时间大于一年的，应计算期间损害，制定基本恢复方案和补偿性恢复方案；小于或等于一年的，仅需制定基本恢复方案。

在鉴定评估时，可利用生产建设项目水土流失和水土保持"天地一体化"动态监测，对调查区、评估区及周边可能影响地区人为生态破坏行为造成的生态环境损害进行损害类型、时空范围、损害程度、损害可恢复性与恢复效果的鉴定评估；其人为水土流失生态环境损害鉴定评估可采用生产建设项目水土保持方案编制、监测、验收等环节基本数据，实现人为水土流失生态环境损害鉴定评估与生产建设项目水土流失全过程监管的有效关联性。

7.2.3　生态环境损害评估最小数据集

水土流失生态损害是生态环境损害的重要内容之一，应以水土保持功能作为判别的基础和条件(姜德文，2018)，生产建设项目水土流失危害评价可从对主体工程、居民、水域和周边生态系统影响 4 个方面进行。从学科分类和行业管理角度，生产建设项目人为水土流失生态环境损害鉴定评估应为各种生态破坏行为的因果关系分析、损害价值评估和恢复效果评估。分析生产建设项目水土流失影响形式(破坏水资源、土壤资源、人为泥石流等)，从数据可测性、指示性、稳定性角度，在人为水土流失防治、水土保持技术标准及水土保持设施验收标准的基础上，为了最大限度地保护与恢复水土资源、林草植被、水土保持生态服务功能，提出生产建设项目人为水土流失生态环境损害评价最小数据集(minimum data sets)，并将各指标对人为水土流失生态环境损害的指示作用分为损害因果关系、损害价值评估、损害恢复效果 3 个方面(表 7.8)。对于在建设期、恢复期、运行期的生产建设项目人为水土流失生态环境损害鉴定评估，建议采用表 7.8 进行定位、定期和实时监测，为损害因果关系分析、损害实物量化和损害价值量化评估提供量化参数，以实现区域水土资源和水土保持生态服务功能的有效恢复。

针对生产建设项目或生产建设活动的单个致损单元的水土流失影响评价或损害类型(对土地资源、水资源、水土保持生态服务功能及生态环境危害)鉴定评估，土地(土壤)资源损害评估可采用土石方开挖总量、工程堆积体总量、表土保护率、有效土层厚度、土壤容重、土壤有机质指标，水资源损害评估可采用不透水硬化地表面积、径流系数、渗透系数指标，植被资源损害评估可采用林草类植被面积、可恢复林草植被面积指标，水土保持生态服务功能损害评估可采用水土保持措施面积、扰动土地面积、占用耕地面积、临时占地面积指标，对周边生态环境影响可采用工程堆积体边坡失稳概率、人为崩塌、人为滑坡、人为泥石流发生风险指标。

对于违法违规的生产建设项目同一评估区，生态破坏行为与污染环境同时存在的，应分别确定其损害时空范围；根据恢复方案效应分析，两种损害类型的实物量化和价值量化不重复评估。

表 7.8　人为水土流失生态环境损害分类体系及评估最小数据集

一级类型	二级类型	损害评估指标最小数据集	内涵	因果分析	价值评估	恢复效果
1 土壤损害	1-1 剖面损毁型	剖面层次、剖面完整性、土层厚度	生产建设或生产活动导致的土壤剖面结构破坏的土壤损害类型	+	++	++
	1-2 压实流松型	土壤容重、土壤紧实度、土壤孔隙度	由于地面压实使土壤水库容萎缩，或地表及坡面开挖造成土壤结构疏松引起的土壤损害类型	-	-	-
	1-3 养分劣化型	有机质、全量养分、速效养分	生产建设施工造成土壤养分降低、土地生产力下降的土壤损害类型	-	++	++
	1-4 污染破坏型	化学污染、生物污染、物理污染	生产建设活动所产生的污染物、直接或间接产生污染项目区土壤的损害	+	++	++
2 土地损害	2-1 耕地占压型	占压面积、土壤孔隙度	生产建设活动的工程堆积体对耕地的压实使耕地面积减少、土壤容重增大、土壤孔隙度变小的土地损害类型	+	++	++
	2-2 林草地占压型	占压面积、土壤容重、土壤饱和导水率	生产建设活动的工程堆积体使林草地面积减少、土壤容重增大、土壤孔隙度变小的土地损害类型	+	++	++
	2-3 污染破坏型	化学污染、生物污染、物理污染	生产建设生产活动所产生的污染物、直接或间接污染土壤、水体、生物及微生物等的土地损害类型	+	++	++
3 植被损害	3-1 植被退化型	退化面积、林木蓄积量、经果林产量	生产建设活动导致评估区植被种类及面积减少、植被群落结构退化、功能降低的植被损害类型	-	/	--
	3-2 盖度降低型	郁闭度、盖度	生产建设或生产活动导致评估区林地郁闭度和植被盖度降低的损害类型	-	/	--
	3-3 植被类型	植被种类丰富度	评估区不同植物种群变化特征	-	/	/
4 水资源损害	4-1 水源短缺型	径流量、河流水位、地下水位	生产建设或生产活动中，评估区水循环系统破坏，导致地表水可利用量减少或地下水位下降的水资源损害类型	+	++	+++
	4-2 下渗受阻型	不透水面面积、渗透系数、土壤质地、孔隙度	生产建设或生产活动中，评估区由于硬化道路或地面，导致局部地表汇流条件改变的水资源损害类型	+	-	-
	4-3 水源污染型	化学污染、生物污染、物理污染	生产建设或生产活动所产生的污染物、直接或间接污染水体，对项目区及周边生态环境产生负面影响的水资源损害类型	+	+++	++

注：指示作用包括因果分析、价值评估、恢复效果三栏。

续表

一级类型	二级类型	损害评估指标最小数据集	内涵	指示作用		
				因果分析	价值评估	恢复效果
5 水土保持生态服务功能损害	5-1 土壤功能弱化型	土壤质地、土壤容重、土壤有机质、土壤养分	生产建设或生产活动中，在损害范围大于一定标准时，造成土壤生产能力下降、蓄水保土性能退化的损害类型	−	−	−
	5-2 土地功能弱化型	土地面积、生产能力、固碳能力、释氧能力	生产建设或生产活动中，在损害范围大于一定标准时，造成评估区土地蓄水保土、固碳释氧能力下降的功能损害类型	+	++	+++
	5-3 水源涵养弱化型	水体面积、土壤入渗、土壤持水、水循环系统	生产建设或生产活动中，在损害范围大于一定标准时，渗能力和水循环系统有明显改变的功能损害类型	+	++	+++
	5-4 植被功能弱化型	植被面积、植被结构、改土作用	生产建设或生产活动中，在损害范围大于一定标准时，改土保水和调节小气候的功能损害类型	+	++	+++
6 周边生态环境损害	6-1 边坡失稳	边坡裂缝、地下水位、坡度、坡高、密实度	生产建设或生产活动中，由于开挖边坡或在坡脚上堆放散土体、破坏边坡原有平衡状态而失稳的损害类型	+	/	/
	6-2 人为崩塌	地质构造、控制面结构、微地貌、地下水	因生产建设或生产活动等各种施工活动而强化了崩塌、滑坡和泥石流的原生环境条件，形态结构特征和塌雨一产汇流形成条件所引起的人为崩塌、滑坡和人为滑坡，可能诱发的人为因素有不合理工程开挖、松散堆积体堆放、植被破坏、坡脚冲刷和浸润、爆破震动、渠道和灌溉渗漏等	+	/	/
	6-3 人为滑坡	地层岩性、控滑结构面、滑体和裂缝		+	/	/
	6-4 人为泥石流	沟道纵坡、松散堆积体来源、补给途径		+	/	/

注："+""−""/"分别反映该指标对生产建设项目人为水土流失生态环境损害指示的正效应、负效应或无关系，"+"和"−"的数量表示影响程度强弱。

7.3　人为水土流失生态环境损害调查

7.3.1　生态环境损害调查流程

生产建设项目人为水土流失生态环境损害调查可分为初步调查和系统调查两个阶段（图 7.2）。初步调查主要通过资料搜集、现场踏勘和人员访谈，侧重收集生产建设项目工

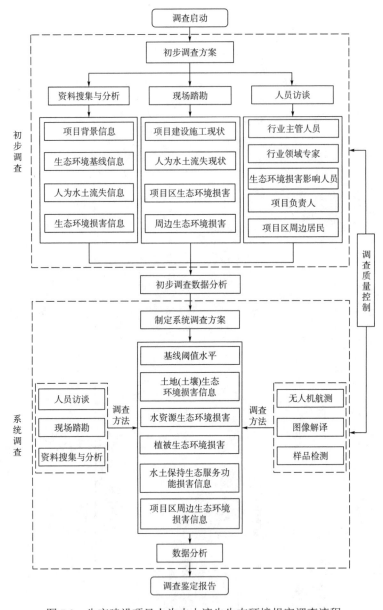

图 7.2　生产建设项目人为水土流失生态环境损害调查流程

程建设资料，对生态环境损害发生时间、地点、类型、范围和程度进行初步判断，与项目所在地行业主管部门及生态环境损害相关各方进行访谈调研。系统调查采用无人机航测、图像解译、样品检测等综合手段，对基线阈值水平和生态环境损害特征开展整体性调查，为损害事实确认、损害实物量化与损害价值量化提供支撑。在初步调查和系统调查阶段应分别制定调查工作方案，方案包括调查对象、调查内容、调查方法、调查方式和质量控制等内容。

7.3.2　生态环境损害调查分析

人为水土流失生态环境损害调查可在评估区和调查区开展，从生态破坏行为、生态环境要素、社会经济因素 3 方面明确损害调查内容(表 7.9)。对于违法违规的生产建设项目的各种生态破坏行为，生态环境要素状态以现场调查、无人机航测、采样分析、资料收集等综合手段确定土壤、植被、水资源、水土保持生态服务功能等变化状态，确定生态破坏方式及损害路径、损害结果等发生过程。社会经济因素则侧重调查评估区所在地损害实物的商品性价格、对损害恢复的意愿等。

表 7.9　生态环境损害调查内容及方法

损害类型	调查内容	调查手段
土地(土壤)损害	土地：土地利用类型图、高分辨率卫星遥感影像资料，进行现场踏勘和实地测量，调查土地占压、挖损情况，工程占地面积、占地类型，损害土地类型及面积，水土流失防治责任范围，工程堆积体总量等	无人机航测、资料搜集、实地测量
	土壤：弃土(渣)量、拦渣率、表土可剥离面积及厚度、表土实际剥离面积及厚度、表土保护率、新增土壤流失量、有效土层厚度，以及表土的土壤容重、土壤饱和导水率、土壤总孔隙度、土壤有机质、土壤氮磷钾等指标	资料搜集、采样分析、原位测定
水资源损害	地表水：评估区内地表水体类型及受损面积、地表水可利用情况及变化、年平均降雨量、蒸发量、径流系数和地表不透水面积等，分析地表水流挟沙能力和周边河道(流)行洪能力等情况。损害特征参数可选择径流系数、渗透系数等，同时调查对河流行洪能力影响、硬化路面对降雨径流调节等	资料搜集、现场踏勘、现场快速检测、无人机航测
	地下水：必要时可进行地下水资源损害调查，调查内容包括地下水类型、水位和水层厚度等，分析水循环和地下水补给受损情况	资料搜集、现场踏勘、地质勘探
植被损害	乔灌草：按植被类型选择 3~5 个有代表性样地，调查乔木林、灌木林、草及复合林面积变化、郁闭度、植被覆盖度、种类组成、优势物种、乡土植物占比及变化等，分析乔灌草植被丰富度和植被稳定性受损情况	现场踏勘、实地调查、遥感影像解译，郁闭度和盖度采用样线方法、摄影测量法
	农作物与经果林：农作物与经果林组成、优势种类、种植面积及占比、种植成本、产量等，分析农作物与经果林产量(值)的受损情况	资料搜集、无人机航测、人员访谈
水土保持生态服务功能损害	土壤保持功能：水土保持措施(设施)保持土壤、拦截泥沙及减少土壤侵蚀量等情况。损害特征指标有土壤侵蚀量、土壤侵蚀模数等	原位监测、模型分析、报告查阅
	水源涵养功能：降雨量、地表径流量、植物蒸发(腾)量等，分析土壤持(透)水能力和地表径流调蓄能力的变化情况。损害特征指标有土壤渗透率、土壤饱和导水率等	资料搜集与分析、原位测定、报告查阅、水量平衡方程
周边生态环境损害	不稳定斜坡：影响斜坡岩土体稳定的结构、斜坡的形状、斜坡的内应力状态等，对可能构成崩塌、滑坡的结构面边界条件、坡体异常情况等进行调查，判断斜坡发生人为崩塌、滑坡和泥石流的危险性及可能影响范围	原位监测

损害类型	调查内容	调查手段
周边生态环境损害	人为崩塌：调查范围应包括崩塌区地质环境、地层岩性、岩层产状及其与陡崖坡向的关系、构造断裂和水文地质特征，岩体结构(结构类型、厚度、裂隙组数)、控制面结构(类型产状、长度、间距)、土质，对先期崩塌体特征调查包括崩塌体产出位置、规模与物质组成及结构、运移的斜坡形态、稳定状况。损害特征指标有崩塌体产出位置、规模、稳定状况、最终堆积场地、可能影响范围	原位监测、无人机航测
	人为滑坡：调查范围包括滑坡区及邻近地段，分析引起滑坡的主要人为因素，判断滑动面深度和倾角大小，分析滑坡体形成机制，调查山坡是否出现裂缝、坡脚松脱鼓胀、斜坡局部沉陷等现象。损害特征指标有滑体特征、滑面及滑带特征、斜坡形态、地面坡度、相对高度、滑坡体岩性、地下水情况等	原位监测、无人机航测
	人为泥石流：泥石流沟谷发育程度、泥沙补给途径、降雨特征值、沟口扇形地特征(扇形地完整性、扇面冲淤变幅、扇长、扇宽、扩散角)、不良地质体发育情况，以及松散堆积物分布范围、储量	原位监测、无人机航测

7.3.3 生态环境损害图像识别

根据各种生产建设项目人为水土流失生态环境损害类型，采用相机、无人机等摄影测量手段可对项目区建设过程中各种破坏土地(土壤)资源、水资源、植被资源、水土保持生态服务功能以及威胁周边生态环境安全的各种人为水土流失生态环境损害类型和形式建立生态环境损害图像识别库(表7.10)。在损害鉴定评估过程中，可根据生态环境损害表现形式的差异性，确定可量化的评估指标，开展野外调查、损害实物量化和价值评估等。

表7.10 生产建设项目水土流失影响图像识别库

类型	生态破坏表现	损害特征	量化指标
土壤生态破坏与损害		工程堆积体压占地表,破坏原地表的土壤、植被和水土保持设施,岩土堆积体无土壤发生剖面层次、物质组成离散度高	工程堆积体总量、扰动土地面积、土层厚度、土壤容重、土壤有机质、径流系数
		工程堆积体压占地表,破坏原地表的土壤、植被和水土保持设施,岩土堆积体结构松散、内摩擦角和黏聚力变小	工程堆积体总量、土壤容重、土壤有机质、工程堆积体边坡失稳概率
土地生态破坏与损害		工程堆积体占用土地资源,边坡侵蚀危害周边生态环境	工程堆积体总量、扰动土地面积、土层厚度、土壤容重、土壤有机质、径流系数、占用耕地面积、林草覆盖面积、工程堆积体边坡失稳概率

续表

类型	生态破坏表现	损害特征	量化指标
土地生态破坏与损害		水土流失加剧，增加河流流量，冲刷沿岸耕地，减少耕地面积	扰动土地面积、占用耕地面积、土层厚度、土壤容重、土壤有机质
水资源生态破坏与损害		大量泥沙下泄，淤积河流水库，降低了水利设施调蓄功能和天然河道的泄洪能力	工程堆积体总量、扰动土地面积、临时占用地面积、径流系数、渗透系数
		工程堆积体占压损害土地资源，水土流失进入河流、水库造成水体污染	工程堆积体总量、扰动土地面积、临时占用地面积、土层厚度、工程堆积体边坡失稳概率
植被生态破坏与损害		大量弃土弃渣堆放导致耕地和原地面林草覆盖度和生物多样性的减少	扰动土地面积、占用耕地面积、林草覆盖面积、工程堆积体边坡失稳概率
		造成排水沟泥沙淤积，影响排水能力，降低坡耕地生产性能，属于轻度危害	扰动土地面积、占用耕地面积、林草覆盖面积、土层厚度、土壤容重、土壤有机质
		施工便道占用土地资源、压实土壤、破坏原有林草植被	扰动土地面积、可恢复林草植被面积、土层厚度、土壤容重、土壤有机质
水土保持生态服务功能破坏与损害		水土流失破坏了道路完整性，造成周边地区泥沙淤积	扰动土地面积、临时占用地面积、不透水硬化面积、渗透系数

类型	生态破坏表现	损害特征	量化指标
水土保持生态服务功能破坏与损害		道路破坏原地表产流汇流路径,地表径流和泥沙量增加明显	扰动土地面积、土层厚度、土壤容重、土壤有机质
对周边生态环境破坏与损害		工程施工破坏了山体边坡结构稳定性,边坡发生滑坡,由于范围大,属于重度水土流失影响	工程堆积体总量、扰动土地面积、临时占地面积、工程堆积体边坡失稳概率、人为崩塌、人为滑坡、人为泥石流
		工程堆积体无防护措施,泥沙淤积河道,降低河流生态服务功能、影响河流行洪防洪能力,威胁下游居民区安全	工程堆积体总量、扰动土地面积、对河流含沙量水质和行洪影响、工程堆积体边坡失稳概率、人为崩塌、人为滑坡、人为泥石流
		工程堆积体无防护措施,破坏地表林草植被和边坡稳定性,对周边生态环境安全造成较大风险	工程堆积体总量、扰动土地面积、土壤容重、土层厚度、工程堆积体边坡失稳概率、人为崩塌、人为滑坡、人为泥石流

7.3.4 生态环境损害事实确定

1. 基线确定方法

根据不同生产建设项目在建设期、恢复期、运行期的人为水土流失特征,针对土壤、土地资源、水资源、植被资源影响特征,建立人为水土流失生态环境损害鉴定评估指标体系。针对特定生态环境损害评估区,选择适当评估指标及其调查方法,并根据评估指标的致损特征(增加或降低)和资料完备性,确定生态环境损害基线确定方法。常用的基线确定方法有历史数据法、对照区数据法、标准基准法、模型推测法和专项研究法。当评估区数据充分时,优先选用历史数据法和对照区数据法确定基线;否则可选用模型推测法、标准基准法、专项研究法。

(1)历史数据法。利用评估区生产建设项目人为水土流失生态环境损害行为发生前的历史数据确定基线,如调查区常规监测、专项调查、文献调研等历史数据。采用的历史资料,应注明资料来源和时间,经过筛选和甄别后应具有较好时间和空间代表性且其采样、测试方法与现状调查方法具有可比性,一般样本数(点位数或采样次数)不少于 5 个。历史数据需进行统计分析,首先确定是否剔除极值或异常值,其次根据损害评价指标的指示意义采用定量化方法确定基线。对于服从正态分布数据,当评价指标升高为生态环境损害时,采用历史数据的 90%参考值上限(算术平均数+1.65 倍标准差)作为基线;当评价指标降低为生态环境损害时,采用历史数据的 90%参考值下限(算术平均数-1.65 倍标准差)作为基线。对于不服从正态分布数据,当生态环境损害导致评价指标升高时,采用历史数据的第 90 百分位数作为基线;当生态环境损害导致评价指标降低时,采用历史数据的第 10 百分位数作为基线。

(2)对照区数据法。当缺乏评估区历史数据或历史数据不满足要求时,可利用未受生产建设项目人为水土流失生态破坏影响的"对照区"的历史或现状调查勘测(委托专业机构)数据确定基线。应选择一个或多个未受生产建设项目各种生态破坏行为影响的对照区,对照区数据应具有较好时间和空间代表性且其数据收集方法应与评估区具有可比性,并符合评估方案的质量保证规定,样本数(点位数或采样次数)不少于 5 个。对搜集的历史资料,应注明资料来源和时间,资料使用应筛选和甄别。应对"对照区"数据的变异性进行统计描述,识别数据极值或异常值并分析其原因,确定是否剔除极值或异常值,根据专业知识和评价指标的意义确定基线。

(3)标准基准法。参考适用的生产建设项目水土流失和水土保持国家标准、行业标准或地方标准确定基线。当缺乏适用的生产建设项目相关标准时,可根据人为水土流失生态环境损害特征,参照其他部门的国家标准、行业标准或地方标准中的适用值或目标值作为基线标准值;当缺乏适用的国内标准时,可参考国际组织发布的相关标准或基准。

(4)模型推测法。基于评估区特定生态环境损害类型和形式,查阅生产建设项目人为水土流失研究成果,构建生产建设项目水土保持生态环境质量与土壤流失量、弃土弃渣量、有效土层厚度、地表不透水面积、植被覆盖度等评估指标之间的形态参数—生态破坏响应关系确定基线。缺乏上述研究成果时,可利用现有的土壤、水文、植被等模型确定基线,并结合其他相关信息共同判定推测结果准确性和可用性。

(5)专项研究法。如果评估区生态环境损害类型复杂多样或具独特性,应开展专项研究。根据评估区特定生态环境损害类型和形式,选择合适的土壤、水文、植被等方面的现有模型,通过鉴定评估指标的灵敏性分析确定基线,常见的有中国水土流失方程、径流曲线数模型等。或根据生产建设项目人为水土流失研究成果,建立评估区损害鉴定评估指标与影响因素的响应关系确定基线阈值范围。

2. 人为水土流失生态环境损害确定

对比分析评估区生态环境质量及水土保持生态服务功能现状与基线阈值,确定评估区人为水土流失生态环境损害事实和损害类型。生态环境损害事实确定应满足以下任一条件。

(1)评估区占地位置、面积违规,耕地、林地、草地面积减少,土石方开挖量增加,弃土(渣)量增加,表土剥离面积及剥离量减少,地表裸露度增加。

(2)评估区新增土壤流失量超过批复水土保持方案预测值,有效土层厚度减小,土壤稳定入渗率降低。其中量化指标超过基线。

(3)评估区地表水可利用量减少,地下水补给量减少。其中量化指标超过基线。

(4)评估区森林蓄积量减少、乔灌草面积减少、植被覆盖度降低,优势物种减少,植被丰富度和植被稳定性受损，农作物、经果林种植成本增加、产量(值)受损。其中量化指标超过基线。

(5)评估区水土保持措施固持土壤、拦截泥沙的保土功能降低，土壤持(透)水能力和地表径流调蓄能力降低。

(6)评估区工程堆积体斜坡失稳发生概率增加或风险增大。

(7)评估区工程堆积体人为崩塌发生概率增加或风险增大。

(8)评估区工程堆积体人为滑坡发生概率增加或风险增大

(9)评估区工程堆积体人为泥石流发生概率增加或风险增大。

(10)造成生产建设项目人为水土流失生态环境损害的其他情形。

7.4 人为水土流失与生态环境损害因果关系分析

7.4.1 生态环境损害因果关系

生产建设项目各种生态破坏行为引起的人为水土流失危害是生态环境损害的表现形式。由于生产建设项目类型不同，其主要扰动地貌单元类型和水土流失危害特征也有较大差异，人为水土流失生态环境损害主要以土壤结构和土地资源破坏，地表植被退化，局部地表汇流及地下水循环改变，水土保持生态服务功能下降，在项目区及周边地区诱发洪水、滑坡、泥石流危险为主要表现类型(表7.11)，具体表现如下。

(1)破坏水土资源及地表植被。生产建设项目开挖、占压土地直接造成土壤位移和地表物质组成改变，土壤养分降低，土地生产力下降；改变原有水系的自然条件和水文特征，地表径流增大，土壤压实使土壤孔隙萎缩，造成城市洪水与内涝威胁；生产建设和经济活动清除地表覆盖物，使植被覆盖度降低，为水土流失创造条件。

(2)破坏生态系统水土保持功能及项目区周边环境。生产建设项目临时性或永久性占用土地、减少耕地林草地面积，削弱项目区生态系统服务功能及水土保持设施水源涵养功能。工程堆积体细颗粒松散堆积物，在风蚀区极易造成浮尘、扬沙等沙尘现象，在水蚀区由于强降雨诱发作用极易引发滑坡、泥石流等重力侵蚀现象，造成社会经济损失和人居环境质量下降。

(3)由于生产建设项目水土流失危害及扰动地貌单元差异较大，可选择生产建设项目对生态环境破坏中的共性影响因素作为生态环境损害评估的主要参数，即土石方挖填总量、工程堆积体量、工程占地面积、水土保持设施数量。

(4)采矿项目生态环境损害以局部地表汇流及地下水改变，降雨条件下的排土场、矸石场等工程堆积体的人为滑坡和人为泥石流潜在危险性为主，同时需关注尾矿库可能引起的污染风险；房地产项目生态环境损害以高陡边坡崩塌、表土土壤结构破坏及养分丧失、硬化路面增加导致的水源涵养功能下降为主。

表 7.11　人为水土流失危害与生态环境损害的关联性分析

项目类型	扰动地貌单元	水土流失危害特征	生态环境损害评估指标
城镇建设	弃土弃渣场、人工边坡、边坡绿化带、场地硬化、施工便道	人为开挖地面、倾倒固体废弃物,废渣弃石堆积降低土壤蓄水与渗透能力,土壤调节地表径流量减弱,城市化建设期间土壤侵蚀速率是农田的 10～350 倍、是森林地区的 1500 倍;房地产项目建设增加不透水面积,大量雨水径流直接排入市政雨水管网,径流系数和产流量相应增大,如北京市不透水建筑物屋顶雨水径流占总雨水径流的 38.2%。	土石方挖填总量、工程堆积体量、工程占地面积、工程堆积体边坡失稳危害、土壤入渗率等。
矿山开采	弃土弃渣场、弃渣场边坡、开挖边坡、煤炭转运场、塌陷区、土地复垦区	破坏植被和土壤结构,产生大量弃土石方,严重影响产流产沙量;建设废弃物污染当地水质(含汞、铅等有害物质进入当地水系),不能饮用、灌溉;矿区土质道路易造成细沟发育,如准格尔露天煤矿投产以后弃土石方为 2.8 亿 m³,产沙率和输沙量比无采矿区增大 10 倍以上。	土石方挖填总量、工程堆积体量、细沟侵蚀量、上游洪水淹没危害、植被覆盖率变化等。
道路建设	弃土弃渣场、采石取土场、路基工程、施工便道、生产生活区	破坏原地形地貌和植被状况,形成大量裸露边坡,混合侵蚀作用下易形成滑坡、泥石流,直接影响道路沿线生产生活安全;开挖、回填、碾压等建设活动扰乱地表和原有地下水文系统,公路项目建设中弃渣量达 1.4 万 t·km⁻²,总量达 42.4 亿 t;细沟侵蚀发育,阻碍路面绿化和坡面复垦,如高速公路弃土场边坡雨季产生沟蚀量高达 9779.55t·km⁻²。	植被覆盖率变化、土石方挖填总量、工程堆积体量、工程堆积体边坡失稳危害、工程占地面积等。
水利工程	主坝工程区、建筑物工程区、引河工程建设区、土料场区、排泥场区	工程扰动地表强度大,毁坏地表植被,降低土壤抗蚀抗冲性;土石方挖填数量大,堆积体数量多,废水废渣影响下游水资源;库区土壤盐碱化、沼泽化等引起植物生理干旱;破坏原生地表、山坡稳定性,占用农耕用地,如恩施小河水电站新增侵蚀量为 1.459 万 t,年平均侵蚀量为 0.775 万 t。	土石方挖填总量、工程占地面积、建设总工期、林草地减少面积等。
	工程堆积体	城镇化、公路铁路建设尤其是煤炭、铁等矿产资源开发类生产建设项目在建设期和运行期会产生大量弃土弃渣,严重破坏所在区域生态环境质量;工程堆积体边坡侵蚀产沙是生产建设项目区新增水土流失的主要来源之一。	改变原地面微地形及降雨-径流条件,占压原地面植被;在暴雨诱发下,人为形成大量松散堆积物是人为滑坡、人为泥石流的重要物质条件。

　　各种施工活动对原地貌单元的生态破坏及项目区所在地水力(风力)及重力等侵蚀动力是造成人为水土流失生态环境损害的根本原因。人为水土流失造成的生态破坏类型集中表现为植被破坏、生态环境恶化、淤积河道、加剧洪涝灾害、破坏基础设施,降低岩土稳定性、引发地质灾害,占用土地、改变土壤理化性质、危害农田等。生产建设项目人为水土流失影响与生态环境损害评估之间存在因果关系、共性关系、定量关系(图 7.3),对两者进行野外调查并通过数量分析方法,提出生产建设项目水土流失影响分类体系,建立生态环境损害评估指标体系、定量生态破坏基线及评估标准,判定生态环境损害基线阈值范围。

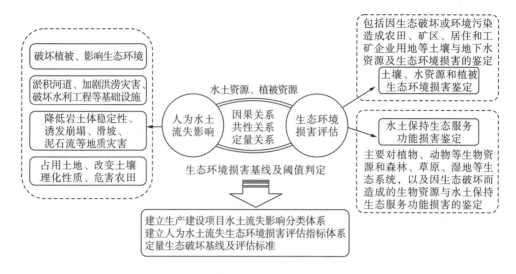

图 7.3 人为水土流失影响与生态环境损害的因果关系

根据生产建设项目人为水土流失影响与生态环境损害评估之间共性关系与定量关系，因果关系分析的内容和方法包括时空相关性分析、损害可能性分析、因果关系链建立及损害不确定性分析。

(1)时空相关性分析。生态破坏行为与生态环境损害状态之间具有时间和空间的关联性。时间相关性分析应结合生态环境损害调查结果，对比评估区生态环境损害及水土保持生态服务功能状态与基线阈值的关系，判断生态破坏行为与生态环境损害发生时间先后顺序，生态破坏行为应发生在生态环境损害之前；空间相关性分析要求根据调查区原地貌单元的土壤、植被、水源涵养功能，结合土壤侵蚀学和水土保持学原理，判别评估区各种扰动地貌单元与调查区原地貌单元的土壤、植被、水源涵养功能的差异性，判别生态破坏行为与生态环境损害在空间上的影响路径，分析生态环境损害类型、程度及可恢复性。

(2)损害可能性分析。根据土壤侵蚀学和水土保持学原理，通过文献查阅、专家咨询、遥感影像分析、径流小区监测、侵蚀示踪法、植被样方调查和生态学实验等方法，结合生态环境损害评估结果，分析生态破坏行为与生态环境损害之间的关联性，以此断定是否溯源生态破坏行为。由于同一致损体损害可能存在不同或若干生态破坏行为，所以需要对其他生态破坏行为的损害可能性进行分析，以提高人为水土流失生态环境损害判定结果的科学性。

(3)因果关系链建立。根据土壤侵蚀学和水土保持学原理，结合生态环境损害评估结果、土壤侵蚀过程和水土保持生态修复过程分析、水动力过程分析等，建立生态破坏行为所导致的土壤流失，径流损失，植被盖度下降，生态系统结构、过程与功能受损的损害原因(源)—损害方式(路径)—损害结果的因果关系链，分析因果关系证据链条环节的科学性和合理性。

(4)损害不确定性分析。通过野外调查、原位实验、资料收集、文献查阅等综合方法，分析降雨、地质地貌、土壤、植被等自然因素和开挖、堆放、扰动地表等人为因素对生态环境损害的影响及其贡献率大小，阐述因果关系分析的不确定性。

7.4.2　损害因果关系链条建立

　　生产建设项目高强度、短历时的各种人为活动一方面强烈破坏了地表植被及土地资源，另一方面大量开挖堆垫活动形成了特殊人为地貌单元，包括弃土弃渣堆积体、人为边坡、施工便道、硬化面等(李文银等，1996；Biemelt et al.，2005；史东梅，2006)。对于生产建设项目和生产活动主体的各种生态破坏行为导致的人为水土流失生态环境损害类型，应以评估区致损体损害状态为对象进行因果关系分析。由生态破坏行为与生态环境损害因果关系概念模型(图 7.4)可知，可根据生态破坏行为对水土植被资源及水土保持生态服务功能的损害事实，分析损害致损机理，推演损害路径，判断各种生态破坏行为与生态环境损害结果之间的因果关系，建立生态破坏行为所致的土壤流失、径流损失、植被盖度下降和水土保持生态服务功能受损的损害原因(源)—损害方式(路径)—损害结果的因果关系链条。

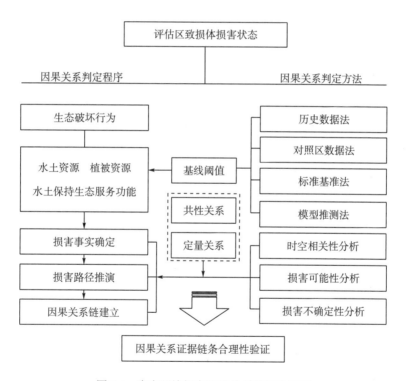

图 7.4　生态环境损害因果关系链概念模型

　　(1)破坏行为识别。根据致损体的土壤流失、径流损失、植被盖度下降和水土保持生态服务功能的损害结果，反推可能形成该损害结果的一种或多种生态破坏行为。

　　(2)损害事实确定。针对特定生态环境损害评估区，可根据损害特征和资料获得性，选择合适的基线阈值判定方法，根据基线阈值确定项目区内外及周边地区生态环境损害事实和损害类型。

（3）损害路径推演。损害事实确定后，可通过文献查阅、专家咨询、遥感影像分析、径流小区监测、侵蚀示踪法、植被样方调查和生态学实验等方法，结合生态环境损害评估结果，明确分析生态破坏行为对生态环境要素及生态过程的影响并解释生态破坏行为的致损机理和损害途径。

在收集分析生态破坏行为资料并开展评估区和调查区现场调查后，研判评估区人为水土流失生态环境损害特征，根据生态破坏行为造成的主要人为水土流失危害特征，拟定生态环境损害因果关系链条构建路径(图7.5)。因果关系链的构建路径分为问题分析及损害诊断两个阶段，问题分析分为植被、土壤、水资源及水土保持设施4个方面，损害诊断即根据生态破坏行为对问题要素造成的危害，分析可能造成的人为水土流失生态环境损害特征。

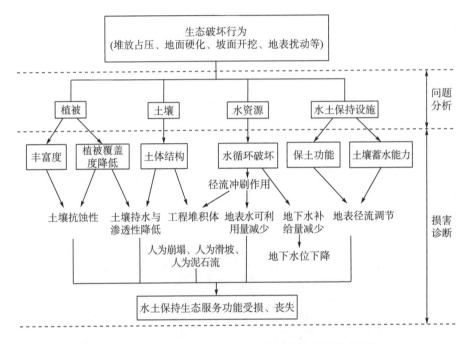

图7.5　人为水土流失生态环境损害因果关系链构建路径

各种生态破坏行为(如地面硬化、坡面开挖、地表扰动、压占土地等)所造成的人为水土流失生态环境损害的因果关系分析路径，主要表现在以下四方面。

（1）地表植被破坏。生产建设活动通过清除植被和地表覆盖物，可使植被丰富度和植被覆盖度降低，减少林冠层、灌木层与枯落层的降雨截留作用和水源涵养能力，使裸露坡面受到水流剧烈冲刷作用，水土流失严重，土壤养分和土壤生产力急剧下降，不利于后期植被恢复重建。

（2）水土资源破坏。生产建设项目开挖、占压土地直接造成地表组成物质改变，使土壤结构破坏、土壤养分降低、土壤持水与渗透性能降低和土地生产力下降。硬化路面使地表不透水面积增大，不仅直接影响地表排洪系统，使径流冲刷作用发生改变，同时改变原有水系的水循环特征,使地表径流增大,地下水补给量减少和地下水位下降。土壤压实使土壤水库库容萎缩,在城市一定排水能力设计条件下,易加剧城市洪水与内涝威胁。生产建设项目强烈的人为活动不仅破坏了大量地表植被及土地资源,并且产生了大量工程堆积体。如果工程堆积体防护不当,在暴雨诱发条件下可能形成人为崩塌、人为滑坡或人为泥石流,极易对项目区及周边生态环境造成不利影响。

(3)水土保持设施破坏。水土保持设施指具有预防和治理水土流失功能的各类人工建筑物的总称,具体包括梯田、截排水沟、蓄水池、沟头防护设施、跌水等构筑物,淤地坝、拦沙坝、尾矿坝、护坡、挡土墙等工程设施,监测站点和科研试验、示范场地、标志碑牌、仪器设备等设施和其他水土保持设施。生产建设项目区临时性或永久性占用土地、减少耕地林草地面积,使水土保持设施保土功能及对地表径流调节能力减弱,项目区水土保持生态服务功能降低。

(4)水土保持生态服务功能下降及对周边环境潜在危害。生产建设项目或生产活动通过对土壤、水资源及植被、水土保持设施的破坏,使评估区土壤质量退化、水源涵养能力和土地生产力下降、水土保持生态服务功能受损甚至丧失。松散工程堆积体在水力侵蚀区极易引发人为滑坡、泥石流等现象,在风力侵蚀区极易出现浮尘、扬沙等沙尘现象,在冻融侵蚀区易产生热融滑塌等热融现象,同时也造成社会经济损失和人居环境质量下降等。

7.5　人为水土流失生态环境损害价值量化

7.5.1　损害价值评估的原理分析

人为水土流失生态环境损害,其生产建设或生产活动的责任主体明确。人为水土流失生态环境损害价值从本质上为违法违规行为导致的抑损型水土保持生态补偿。抑损型水土保持生态补偿目的在于减少生态破坏及资源利用的直接损失,或弥补生态环境资源稀缺所导致的局部受益和全社会均摊资源代价之间的矛盾(余新晓,2015)。根据人为水土流失生态环境损害可恢复性,评估区损害价值评估主要以恢复方案工程费用法、水土保持生态服务功能价值法和水土保持经济学方法为主。对于可恢复的生态环境损害类型,采用最佳生态环境损害恢复方案的工程费用法量化生态环境损害价值,同时计算水土保持生态服务功能损害开始至恢复到基线水平的期间损害价值。工程费用以《生产建设项目水土保持技术标准》(GB 50433—2018)、《水土保持工程设计规范》(GB 51018—2014)、行业发布的相关概算定额为标准,采用概算定额法、类比工程预算法进行损害价值评估。生态环境损害行为发生后,为减轻和消除损害对水土保持生态服务功能的损害而发生的阻断、去除、转移、处理和处置费用,以实际发生费用为准,并要判断实际发生费用的必要性和合理性。部分人为水土流失生态环境损害价值评估方法及其应用特点如表 7.12 所示。

表 7.12　生态环境损害价值评估方法及参数表征意义

损害价值分类	评估方法	计算方法	参数表征意义
土壤环境损害价值	恢复费用法	$E_f = B_a + T + M_a + G$	E_f 为恢复费用；B_a 为恢复方案编制费用；T 为工程建设费用；M_a 为监测检测费用；G 为后期监管费用
土壤养分流失价值	市场价值法	$E_n = \sum Z_i S_i C_i P_i$	E_n 为养分流失所损失价值；Z_i 为土壤侵蚀总量；S_i 为土壤中有效氮、磷、钾折算为硫酸铵、过磷酸钙、氯化钾的系数；C_i 为土壤中有效氮、磷、钾含量；P_i 为硫酸铵、过磷酸钙、氯化钾化肥的价格
土壤有机质流失价值	市场价值法	$E_o = Z_j C_j P_j$	E_o 为有机质经济损失；Z_j 为土壤侵蚀总量；C_j 为土壤中有机质平均含量；P_j 为有机质价格
涵养水源价值量	影子工程法	$E_b = (Z_k F / B_b) Q_m$	E_b 为涵养水源价值；Z_k 为研究区年总侵蚀量；F 为涵养水源量；B_b 为平均土壤容重；Q_m 为地方水价
植被恢复费用	市场价值法	$C_k = S_l P_k$	C_k 为植被恢复费用；S_l 为植被恢复面积；P_k 为单位面积恢复费用
林草场退化价值	陈述偏好法、市场价值法	$C_l = \sum_{j=1}^{m} A_j k B_j$	C_l 为草地资源年 m 种功能损害经济损失；A_j 为 j 功能单位面积实物量；k 为再生系数；B_j 为 j 功能的年均资源破坏量
土地占用价值	市场价值法	$E_m = S_m B_c Y$	E_m 为每年土地占用价值；S_m 为土地占用面积；B_c 为每年的土地机会成本；Y 为施工建设年限
作物减产损失	市场价值法	$E_q = \sum_i \sum_i q_{ij} p_i$	E_q 为作物减产的经济损失；p_i 为单元 i 生产物的市场价格；q_{ij} 为单元 i 中各类侵蚀强度下作物减产量
土地生态价值损失量	权变估值法	$E_v = \Delta S_n P_o$	E_v 为土地生态价值损失量；ΔS_n 为土地向建设用地转化面积；P_o 为生态系统服务功能单价
水土保持补偿费	市场价值法	$E_p = M_c v$	E_p 为水土保持补偿费；M_c 为弃渣量；v 为每立方米弃渣收取费用标准

此外，当人为水土流失生态破坏行为事实明确，但损害事实不明确或无法以合理成本确定生态环境损害范围和程度时，可采用水土保持经济学中资源等值分析方法、服务等值分析法、价值等值分析方法、直接市场价值法、揭示偏好法、陈述偏好法、效益转移法等对人为水土流失生态环境损害进行价值量化。根据评估区资料可获得性，也可采用案例比对法或虚拟治理成本法对生态环境损害价值进行量化，不再计算期间损害。

当评估区人为水土流失生态环境损害无法恢复或仅部分恢复且损害范围超过一定阈值标准时，则以 1 种或 2 种受损害的主导功能为主，采用水土保持生态服务功能价值法量化生态环境损害价值。水土保持生态服务功能具有公共物品属性和外部性特征，人为水土流失引起的水土保持生态服务功能变化具有典型负外部性特征，负外部性指生产建设主体或生产活动主体的生产或消费使其他经济主体的利益受损，如占压土地和扰动地表植被等生态破坏行为，造成人为水土流失或周边地区潜在人为崩塌、人为滑坡和人为泥石流等危害。生态环境损害责任需要协调的是造成生态环境损害一方的个体经济利益、经济公共利益和环境公共利益的关系，要求造成生态环境损害的一方承担生态环境损害责任的主要理由是外部成本的内部化（徐以祥，2021）。对于人为水土流失生态破坏引起的生态环境损害类型，造成人为水土流失一方为赔偿义务人，受到生态环境损害一方为赔偿权利人。如图 7.6 所示，对于生产建设活动，当存在违法违规的生态破坏行为时，其实际的水土植被扰动程度（Q_1）大于已批复的生产建设项目防治标准（Q^*），这将造成生态破坏引起的实际防护成本未能完全包括资源开发利用者应付出的防护成本及资源开发对原地及周边地区影响所造成的生态成本，即实际防护成本(P_1)小于标准防护成本(P^*)。随着生产建设主体或生产活动主体规模的扩大，边际收益(MR)降低，同时水土植被资源或水土保持生态服务功能的生态破坏程度加剧，其防护成本(P)相应增加，且人为水土流失生态环境损害的边际社会成本(MSC)大于边际私人成本(MPC)，这导致评估区生态破坏的扰动程度越来越大，人为水土流失生态环境损害很难恢复。在生态环境损害责任中，赔偿义务人承担生态环境损害责任的理论依据是外部成本的内部化，人为水土流失生态环境损害价值量化要解决的核心问题就是如何内化生态破坏造成的负外部性。基于"谁破坏，谁赔偿"的原则，只有当赔偿义务人承担相应的生态环境损害赔偿责任，即承担$\triangle ABC$所示的生态环境损害价值时，被扰动的水土植被资源及其水土保持生态服务功能才能得到有效恢复。

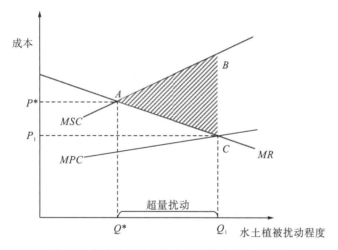

图 7.6　生态破坏引起的负外部性内部化示意图

　　水土保持生态服务功能同时具有负外部性和正外部性，在评估区水土植被生态破坏恢复时所引起的水土保持生态服务功能变化表现的是正外部性特征(图7.7)。正外部性指生产建设主体或生产活动主体的生产或消费使其他经济主体受益，如建设方对评估区人为水土流失生态环境损害类型积极采取各种恢复措施，在恢复范围大于一定阈值标准时，可带来原地良好水土植被资源或避免周边地区人为水土流失危害所产生的外部生态效益。在图7.7中，收益指损害修复后产生的改良土壤、减少地表径流、美化环境等生态效益。根据正外部原理(张长印，2008；王奇等，2020)，评估区水土植被资源和生态系统的恢复由于存在外部收益(图7.7)，实际被扰动水土植被资源恢复程度(Q_1)低于相关技术标准(Q^*)，若要使被扰动水土植被资源恢复程度从Q_1提升到Q^*，付出的防治成本(MC)相应提高，那么建设方的收益(P)也应提高；否则对建设方而言，当被扰动水土植被资源得到有效恢复时，其边际私人收益(marginal private benefit，MPB)小于边际社会收益(marginal social benefit，MSB)，将直接影响建设方恢复人为水土流失生态环境损害的积极性，造成实际被扰动水土植被资源恢复程度无法达到恢复技术标准。内部化是解决外部性问题的关键举措，基于"谁受益，谁付费"原则，只有当水土保持生态服务功能受益者向建设方自愿偿付或提供$\triangle ABC$所示的效益补偿后，建设方才会有效恢复被损害的水土植被资源和水土保持生态服务功能。

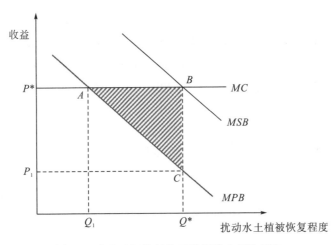

图 7.7　生态破坏恢复的正外部性内部化示意

7.5.2　土壤重构工程实证分析

工程堆积体是各种生产建设项目区的主要扰动地貌单元,其与剥离表土可成为项目区水土保持及评估区损害恢复的客土来源,土壤重构工程各种实物量可作为损害价值量化依据。土壤重构工程需要采用土层剖面重构和土壤改良培肥工艺,使重构土体具有最优土壤物理、化学和生物条件以恢复土壤生产力,保证植物正常生长和更新。通过工程重构和生物重构两种方式,可使重构土壤保持土层发生顺序基本不变,土壤质量更适宜植物生长。工程重构侧重对弃土弃渣进行剥离、回填、挖填、覆土和平整,生物重构侧重对重构"土壤"的培肥改良和种植措施。根据紫色丘陵区自然土壤发生特征,基于各种扰动地貌与原地貌单元土壤理化性质及水文特性的差异性,提出了 3 种城市绿地土壤重构类型(图 7.8),同时采取相应培肥改良措施提高各种重构土壤类型对乔、灌、草的适宜性水平。可根据土壤重构工程量,采用工程费用法计算土壤损害价值。

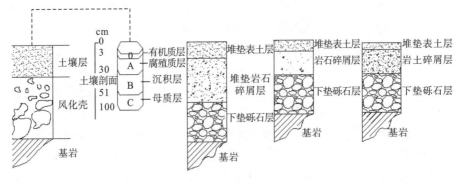

a.乔木适生型土壤构型　b.灌木适生型土壤构型　c.草本适生型土壤构型

(一)自然土壤构型　　　　　　　　　　　　(二)人为重构土壤构型

图 7.8　城市绿地土壤重构类型

1) 乔木适生型土壤构型

调查表明当地乔木适生土壤生境可概括为有效土层厚度大于80cm，土壤容重为0.9～1.48g/cm³，总孔隙度为36.45%～56.82%，田间持水量为10.69%～27.13%，有机质含量大于32.92g/kg，N、P、K含量分别大于0.82g/kg、1.66g/kg、4.18g/kg。黄葛树抗大气污染，耐瘠薄，在石山（砂页岩、花岗岩或石灰岩形成）、城市建筑废墟、工厂矿区均可栽植且生长良好，也是重庆城市园林绿化的优良乔木。相关研究表明，当土层厚度大于10cm时其对植物生长的促进作用不明显，小于2cm砾石含量在5%～10%范围内变化既可提高乔木适生型土壤通气、透水能力，又可提高土壤持水性能和土壤绝对含水量，80cm堆垫表土层适合黄葛树乔木生长，在土壤中掺入腐叶土和种植固氮草本可明显提高土壤养分水平。

紫色丘陵区房地产项目区工程堆积体存在砾石化严重(42.43%～74.76%)、容重大(1.49～1.59g/cm³)和有机质含量低(2.87～11.45g/kg)等妨碍植物正常生长的障碍因素。与乔木适宜土壤特性相比，其砾石含量和容重分别增加10.99%～16.23%、4.05%～17.56%，而其有机质含量降低了65.19%；工程堆积体土壤水库总库容和有效库容也较低，易导致乔木生长受季节性干旱胁迫。2年工程堆积体边坡砾石含量最低，且有机质含量较人工林地增加2%，因此2年工程堆积体边坡土壤可作为乔木适生型土壤的表土。堆积体平台和施工便道可分离出大量砾石下垫底层，岩石碎屑堆垫在表土下层有利于乔木根系伸展。落叶乔木采用配土栽植，常绿树种则带土球移植，同时覆盖80cm疏松表土并配合使用树脂型钾盐保水剂提高其抵御季节性干旱胁迫的能力，这些措施可充分保证乔木正常生长。

2) 灌木适生型土壤构型

调查表明，当地灌木适生土壤生境可概括为有效土层厚度为40～80cm，土壤容重为0.9～1.36g/cm³，总孔隙度为47.14%～66.59%，田间持水量为16.15%～23.16%，有机质含量高于38.18g/kg，N、P、K含量分别大于2.85g/kg、3.25g/kg、4.37g/kg。根据重构土体类型选择适宜或抗逆性强的树种，是解决绿化树生长问题的首要考虑因素。红继木适应性强，耐旱、耐瘠薄、萌芽力和发枝力强，是城市园林绿化的优良灌木。红继木所需土层厚度不大，小于1cm砾石含量在2%～5%范围内可提高土壤持水性能，可采用三叶草等绿肥改善重构土体养分贫乏状况，有效促进灌木生长以充分发挥其减缓城市内涝的潜在作用。

紫色丘陵区房地产项目区工程堆积体存在砾石含量高、容重大和有机质匮乏等障碍因子，与灌木适宜土壤特性相比，其砾石含量和容重分别大25.99%～41.23%、5.62%～19.78%，而其有机质含量降低了75.19%～96.34%。扰动地貌因砾石、岩石碎屑及生土含量显著高于人工林地，导致其持水性能显著下降且土壤有机质含量极低，不利于灌木正常生长且极易受干旱胁迫。因此对于灌木适生型土壤构型而言，灌木采取配土栽植，岩石碎屑层堆垫厚度应低于乔木适生型，同时覆盖40cm疏松表土并使用树脂型钠盐保水剂提高其抗旱能力，可充分保证灌木正常生长。

3) 草本适生型土壤构型

调查表明当地草本适生土壤生境可概括为有效土层厚度为 10～30cm，土壤容重为 0.9～1.21g/cm³，总孔隙度为 37.85%～44.37%，自然含水量为 12.16%～17.85%，有机质含量大于 37.85g/kg，N、P、K 含量分别大于 0.79g/kg、1.48g/kg、3.89g/kg。麦冬抗性强，耐瘠薄，喜排水良好的土壤，常用于城市道路绿化草本。工程堆积体的生土和砾石含量较多，土壤容重较大，覆盖表土时应疏松土壤使其容重小于 1.21g/cm³，同时施加有机肥改善土壤养分状况。小于 1cm 砾石含量在 2%～5%范围内可显著促进草本土壤发挥调控径流的作用。

与草本适宜土壤特性相比，紫色土项目区工程堆积体砾石含量和容重比较分别大 25.99%～41.23%、8.65%～20.37%，而其有机质含量降低了 85.19%～96.34%。扰动地貌弃渣砾石含量显著高于荒草地，导致其土壤水库持水效率显著降低，使草本生长易受干旱胁迫；工程堆积体边坡容重与荒草地差异较小，可用作草本适生土壤的表土。因此，对于重构草本适生型土壤表土层下垫一定厚度的岩石碎屑土，同时使用高分子量聚丙烯酰胺类保水剂可提高草本植物抵御季节性干旱的性能；采用蘸泥浆或拌土播撒种植，同时覆盖 10cm 肥沃表土可充分保证草本植物正常生长。

7.6 生产建设项目生态环境损害案例分析

7.6.1 房地产项目典型案例分析

房地产项目对原地貌人为扰动最明显的特征是项目区大量天然可渗下垫面转变为不透水的硬质地面，地表产汇流形成时间缩短且产汇排相互影响，地表径流系数变大；这会直接影响区域性河流的洪水发生频次。2019 年重庆某房地产项目在未编报水土保持方案条件下开工建设，对表土资源未按规定剥离，没有采取临时防护措施，致使大量表土资源损失，开挖边坡未进行防护，存在一定安全隐患，同时人为活动改变了项目区及周边的降雨径流关系及排水系统，其土壤容重较耕地、林地、荒草地分别增加了 18.3%、27.3%、28.2%，总库容分别下降了 14.3%、9.1%、15.3%，建设产生的弃土弃渣未堆放在指定地点、无防护措施。本案例典型意义在于：①房地产项目人为水土流失生态环境损害主要表现为硬化地面(建筑、道路等)改变原地表产流汇流条件，剥离表土对有效恢复土壤生境、快速恢复项目区植被覆盖度及生态效应发挥作用极大，应采取临时性保护措施保护表土的土壤结构和养分含量等，可为类似生态环境损害鉴定评估提供参考；②生态环境损害恢复方案的措施体系与生产建设项目水土保持方案措施分类具有相对一致性，剥离的表土对有效恢复土壤生境、快速恢复项目区植被覆盖度至关重要，应采取各种临时性措施保护表土的土壤结构及养分，重视表土资源化利用；③本案水行政主管部门与生态环境部门协同，鉴定所完成的人为水土流失生态环境损害鉴定评估报告，在法院案件审理时发挥了重要的证据作用。

2019 年发现贵州某公司在未取得环评变更批复的情况下开展项目建设，增加建筑物高度 13.46m，扩建面积为 11 920m²，违法占用林地，破坏植被资源。经生态环境损害鉴定评估，项目扩建造成水源涵养、水土保持等绿地生态系统服务功能受损，违法增高影响景观视觉，增加的交通运输噪声危害周边环境。本案典型意义在于以下几方面。①在调查阶段同步启动磋商程序，以尽快达成赔偿协议，及时开展生态环境修复，避免损害扩大。②涉及的生态环境损害类型涵盖生态系统服务功能受损、景观视觉影响和噪声污染 3 类，探索了新类型生态环境损害评估方法，为完善生态环境损害鉴定评估技术和方法体系提供重要参考价值。③针对建设项目超规模建设对生态环境和景观视觉造成的影响，制定了与周边环境相适应的生态环境基本恢复和补偿性恢复方案，并测算出超规模建设带来预期收益增加，针对视觉影响提出了相应的替代性修复方案；体现了修复优先的基本原则，促进了替代修复的有效实施，为类似案件处理提供了成功范式。

2020 年山西某房地产在取得住宅建设许可、未办理取水许可的情况下，在建设施工中为避免地基沉降，长期打井抽取地下水并通过塑料管直接排入市政下水井，部分水溢流在路面，水资源浪费问题突出。对此，相关行政机关履行监管职责不到位。2022 年检察院通过行政公益诉讼立案，依法对负有监管职责的行政机关开展监督工作。本案例典型意义在于：①检察机关深入落实"河湖长+检察长"协作机制，行政审批、水利、税务等多部门联动，解决了未及时办理取水许可、取水排水监管和水资源税征管不到位问题，督促行政机关及时履行监管职责，提高了水资源监管执法效率；②水利局开展建设工程施工降排水专项整治，督促在建项目依法办理取水许可并安装计量设备，同税务部门联合构建信息数据传递机制，及时监管水资源税，为黄河流域水资源短缺有效监管提供有效的实践参考。

7.6.2　生产建设项目损害价值实证分析

1. 房地产项目生态环境损害分析

重庆某房地产项目用地面积为 32 580m²，工期为 2.5 年，未编制水土保持方案先行开工建设。野外调查发现，各扰动地貌单元的土壤物理性质均与原地貌单元有较大差异，土壤容重表现为施工道路（1.83g/cm³）＞松散堆积体（1.68g/cm³）＞边坡绿化带（1.54g/cm³），与天然林地相比分别增加 38.64%、27.27%、16.67%；与周边耕地、林地、荒草地相比，施工道路土壤饱和含水率、土壤总孔隙度、土壤稳定入渗率及土壤总库容都大幅下降，松散堆积体土壤容重分别增加了 18.3%、27.3%、28.24%，且土壤抗剪强度明显下降，边坡绿化带的土壤容重、稳定入渗率增大，饱和含水量、土壤总库容均降低。项目区未对表土资源做到应剥尽剥，造成了大量表土资源浪费，不能达到《生产建设项目水土流失防治标准》中表土保护率要求。生态环境损害主要表现为：破坏项目区水土资源，硬化路面影响城市地表排洪系统；建造过程中钢筋混凝土的加工、墙体砌筑导致土壤结构破坏、不透水面积增大、入渗率降低，易引发城市水土流失；大量土方工程涉及基础开挖、现浇砌筑，高陡边坡、工程堆积体在雨季易诱发人为崩塌、人为滑坡等灾害，对项目区及周边生态环境造成负面影响。

　　房地产建设对项目区水土资源、生态系统功能及水土保持设施破坏等有直接因果关系，参考与项目区相似条件的未破坏区域数据确定生态环境损害评估基线，根据《生态环境损害鉴定评估技术指南 总纲和关键环节 第一部分：总纲》（GB/T 39791.1—2020），生态环境损害价值评估主要依据将破坏的生态环境恢复至基线所采用的生态环境恢复措施费用，及由损害开始至恢复期水土保持生态服务功能损害费，优先选择资源等值分析方法和服务等值分析方法。根据我国水土保持生态服务功能分类及计算方法，房地产开发所造成生态环境损害价值评估包括生态环境恢复措施费、水源涵养价值、水土保持补偿费、土地占用生态价值费，生态环境恢复措施费根据《生产建设项目水土流失防治标准》（GB/T 50434—2018）、西南紫色土区水土流失防治指标值（一级标准）评估，水源涵养价值采用影子工程法进行评估，水土保持补偿费通过各地水土保持补偿费征收标准进行评估，具体如表 7.13 所示。

表 7.13　生态环境损害价值评估方法

生态环境损害价值	价值评估方法	价值/万元
生态环境恢复措施费	《生产建设项目水土流失防治标准》（GB/T 50434—2018）	45.60
水源涵养价值	$E = Z \times (W / p) \times R$，式中，$E$ 为水源涵养价值，Z 为土壤流失量，W 为土壤体积含水率，p 为土壤容重，R 为地方水价	17.27
水土保持补偿费	$E = M \times v$，式中，E 为水土保持补偿费，M 为弃渣量，v 为每立方米弃渣收取标准	6.79
土地占用生态价值费	$E_v = \Delta S_n P_o$，式中，E_v 为土地生态价值损失量，ΔS_n 为土地向建设用地转化面积，P_o 为生态系统服务功能单价	5.90
总计		75.56

　　房地产项目区在建设期内，对开挖坡面、松散堆积物、剥离表土要及时布置临时性植物措施和工程措施，建立临时性排水管网，最大限度地减少对项目区土壤资源、水资源的生态破坏范围和程度。实证研究的典型意义有：一是房地产项目造成生态环境损害以高陡边坡崩塌、表土土壤结构及养分破坏、硬化路面增加导致的水源涵养功能下降为主要表现；二是房地产建设项目扰动地貌单元生态功能损害程度依次为松散堆积体＞边坡绿化带＞施工便道，应关注表土保护利用问题及工程堆积体在暴雨径流作用下人为崩塌、人为滑坡对交通与居民生活的影响；三是房地产建设项目中土壤损害价值占比最多，但可通过景观绿化对生态环境进行恢复，项目完成后基本不产生新的水土流失。

2. 矿山开采 A 项目生态环境损害分析

　　重庆某矿山采用人工爆破、穿山凿洞等方式进行井下开采，造成的生态环境损害有采矿过程中扰动地表或地下岩土层，山体内部形成大量采空区和临空面，塌陷区面积占矿区范围的比例约为 120%，导致矿区附近地表塌陷、房屋损坏；林场退化，植被覆盖度降低；工程堆积体在降雨条件下易引发人为崩塌、人为滑坡等灾害，对河流行洪能力造成影响；

涵养水源功能及土地生产力受损。由于爆破、机械振动和采空对岩体结构(尤其是保水层)的破坏,地下水量逐年减少、水井干枯、旱地缺水致荒废、土地产出能力锐减。项目占地面积为 0.53km², 直接影响面积为 0.75km², 对当地生态环境影响区域高达 1.38km², 是项目区面积的 2 倍多;采矿与矿区附近地表塌陷、地下水枯竭、林场退化、土地生产力下降、房屋损坏等有直接因果关系。采用土地生态价值损失估算模型评估土地生态价值损失量,通过土壤养分流失价值评估土地生产功能价值,按市场价值法计算林场退化损失价值,弃渣尾矿规范化处理按《生产建设项目水土保持技术标准》(GB 50433—2018)临时防护工程标准评估,该生产建设项目的损害价值如图 7.9 所示,可知矿山开采生态环境损害价值总量为 357.2 万元,土地生态价值和弃渣尾矿处理分别为 276 万元、45 万元,分别占损害价值总量的 77.27%、12.60%。

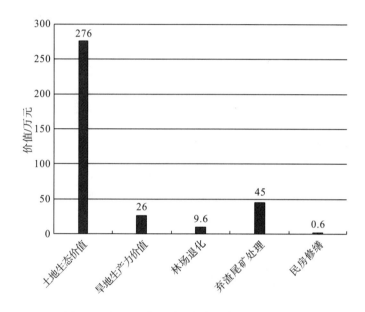

图 7.9　矿山开采 A 项目生态环境损害价值评估

实证研究的典型意义包括以下几点:一是矿山开采项目的生态环境损害以地表地下水循环系统破坏及排土场、矸石场、尾矿库等工程堆积体人为崩塌、人为滑坡危害为主;二是采矿对项目区及周边区域危害影响大,要特别关注暴雨期人为水土流失威胁下游人民生命财产安全;三是采矿项目造成的土地生态价值损失严重,应利用第三方机构评估,加强水土保持监测过程,将人为水土流失造成的生态环境损害和社会经济损失降至最低。

3. 矿山开采 B 项目生态环境损害分析

在进行违法违规的生产建设项目人为水土流失生态环境损害价值评估时,应根据损害特征和水土保持区划,选择适宜的价值评估方法。东北某矿山占林地面积 23.18hm², 其中修建工业场地、建筑物、硬化路面和矸石堆等导致 19.55hm² 林地被严重毁坏,占总面积的 84.33%, 松散堆土和植被恢复区 2.25hm² 林地土壤为轻度毁坏(经整理后可恢复林业立地条件），还有 1.38hm² 现状林地未造成损毁。通过与房地产项目损害价值评估对比（图 7.10），发现其差异表现为以下几个方面。

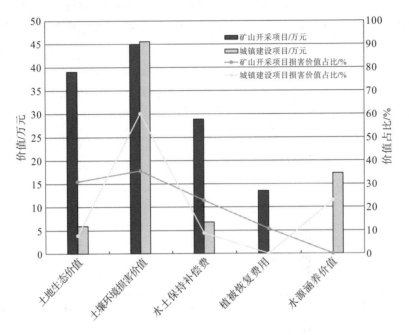

图 7.10　不同生产建设项目的生态环境损害价值评估

(1)损害评估依据不同，矿山开采项目以占用林地面积为主要依据，损害基线判定的特征指标主要有扰动地表面积、可恢复林草植被面积、土石方挖填总量、弃土弃渣量等，应对各种下垫面损坏程度进行判断后再进行实物量化和价值量化。房地产项目以不透水硬化面积为主要依据，损害基线判定的特征指标主要有不透水硬化地表面积、土壤入渗率、扰动地表面积、工程堆积体边坡失稳危害等，计算恢复措施费用及由损害开始至恢复期的期间损害价值。

(2)损害价值占比不同，两个项目的土地生态价值、土壤环境损害价值的占比为60%～70%，矿山项目占用林地面积较大，造成林场生态环境破坏的损害价值可采用土地生态价值损失和植被恢复费用表示，分别占项目总价值的 30.92%、10.68%，而房地产项目造成大量地面硬化影响土壤入渗率、城市地表排洪系统功能，可用水源涵养价值和土壤环境损害量化损害价值表示，分别占项目总价值的 22.86%、60.35%。

7.6.3　道路建设典型案例分析

生产建设项目高强度、短历时的各种人为活动一方面强烈破坏了地表植被及土地资源，另一方面大量开挖堆垫活动形成了特殊人为地貌单元，包括弃土弃渣堆积体、人为边坡、施工便道、硬化面等。线性工程水土流失主要发生在路域两侧一定范围内，弃土弃渣堆放地如防护不当，在暴雨条件下将发生严重水土流失并存在人为崩塌、人为滑坡和人为泥石流风险。2018 年重庆某高速公路建设中有 4 个弃渣场实际选址与设计不符且相关水土保持措施不完善，其中 2 个弃渣场未设置拦挡措施，导致大量弃土弃渣冲刷淤积堵塞河道。重庆市水利局责令建设单位立即停止有关违法行为，清理流入江河的石渣，责成项目所在地水行政主管部门依法对其进行了行政处罚，并针对造成的严重水土流失危害开展了生态环境损害赔偿。本案例典型意义在于：①赔偿义务人生态破坏行为事实明确，从时间先后顺序、因果关系链建立均具合理性，这都为生态环境损害价值量化提供了基础条件；②本案是重庆市落实生态环境损害赔偿制度改革后，水土保持行业首例生态环境损害赔偿案例，对各种生产建设项目的违法违规行为起到一定程度的警示作用；③水行政执法人员通过本案的全流程处理，有效衔接了行政监管和行政执法，提高了人为水土流失的监督执法效率。

2008 年广东省某农户租用山地果园开展农业生产，2014 年汕昆高速公路立项建设，果园部分土地被列入建设征地红线范围，其余被高速公路分隔为南、北两部分。农户认为剩余果树因高速公路建设方不当施工行为导致减产失收，相关经济损失应由施工单位及业主单位负责赔偿，双方经多次调解仍无法达成共识，果园主向法院提起经济损失赔偿诉讼。本案典型意义在于以下几方面。①《中华人民共和国民法典》确立了"绿色原则"，强调民事行为应当以保护环境与生态为前提；施工单位虽在红线内按工程设计图纸施工，但也需要合理采取措施，减少对周边环境的破坏和影响。②建设方在实际施工过程中存在未有效控制粉尘、未及时建设涵洞通道、施工铺路没有下埋涵管与排水沟连接、排水渠进水口未与果园排水沟有效对接等行为，造成涉案果园的果树生长不良或死亡等不良生态后果，违背了"绿色原则"，应当赔偿经济损失。③法院综合建设方过错程度、侵权行为与损害后果的致损原因程度，果园主对损害发生也存在过错等因素，判决建设方承担果园损失35%的赔偿责任。本案对各种生产建设项目类似生态破坏行为造成的生态环境损害的因果关系鉴定、损害价值量化及损害赔偿机制探索都有重要参考意义和实践范式。

2021 年贵州某高速公路在跨河桥梁修建时，未经审批将主桥墩、引流坝和临时施工便道延伸至河心，在汛期对河道行洪产生明显的壅水效果，加剧洪灾对沿岸部分群众生产生活的损害风险，且涉案桥梁未通过防洪影响评价。水务部门多次责令其停止违法行为、拆除违法建筑、补办审查同意或批准手续。本案典型意义在于：①在案件审理执行过程中，法院始终将修复河道行洪功能、消除流域生态安全风险、维护沿岸群众权益贯穿案件审理和执行的全过程；②法院坚持"生态优先，绿色发展"理念，坚守社会经济发展与生态环境保护两条底线，通过采取新型环境修复治理方式，对重大基础设施安全与运营发挥重要保障作用，也是司法促进生态保护与经济发展同频共振的可参考实例。

7.6.4　矿山开采典型案例分析

矿山开采是对原地貌人为扰动程度最为剧烈的生产建设项目类型，其影响主要包括大型机械对原地土壤、母质和岩层的剥离、开挖，对项目区及周边地区水循环系统的巨大影响，以及破坏原生植被种类分布、降低植被盖度；如果防护不当，大量松散弃土弃渣和尾矿库在暴雨诱发条件下可能发生人为滑坡或人为泥石流，给周边地区带来巨大安全隐患。

重庆某采石矿区位于乌江支流大溪河旁，2012 年 12 月以来在石灰岩露天开采过程中因防护措施不当，致大量弃土石渣滚落入大溪河。2017 年、2018 年、2019 年，多个行政部门对该石材公司履行了监管职责，但 2020 年 4 月航拍发现矿区植被损毁超过 15hm^2，矿区边坡弃渣累积 2.6 万 m^3，弃渣侵占大溪河河道超过 1.44hm^2，使社会公共利益仍处于受侵害状态。本案例典型意义在于：①本案针对同一违法事实造成的不同行业领域生态环境破坏，检察机关通过督促负有监管职责的不同行政机关依法履职，最终恢复治理矿区地质环境并整治被损毁的河道岸线，可为多监管部门分类认定生态环境损害情形和多行政机关协同有效履职提供实践参考；②在案件审理过程中，检察机关坚持以公共利益有效保护作为撤回起诉的必要条件，坚持生态环境应得到有效保护的原则。由此可见，在人为水土流失生态环境损害鉴定评估活动中，水土保持生态服务功能评价是损害价值量化的重要依据之一，同时可保证和推动生态环境损害事件赔偿的规范性和公正性。

尾矿库是矿山开采项目区的高风险水土流失地貌单元，在降雨诱发作用下也是重大滑坡、泥石流危险源，尾矿中往往还存在复杂污染物质，对周边居民健康安全存在巨大威胁，因此对各类尾矿库灾害造成的生态环境损害都应进行实时监测评估，编制合理的生态环境修复方案，将生态环境损害所带来的不利影响降到最低。湖南某锡矿在多日强降雨天气后，尾矿库排水竖井上部坍塌，尾矿库内积水及部分尾矿经排水涵洞下泄，造成杨家河部分河堤被洪水冲塌，沿岸 91.8hm^2 农田菜地、林地和荒地被洪水淹没，部分居民饮水安全受到影响，下游部分重金属治理工程被冲毁，杨家河和武水河砷浓度超标。本次尾矿库水毁灾害事件造成区域水环境被污染、土地资源被破坏、植被资源被破坏，原有生态环境治理措施被损毁，人居生态环境被破坏。当地政府通过专业鉴定机构对损失赔偿和修复进行评估，多次与赔偿义务人涉案企业磋商，最终确定赔偿总金额为 1568.7 万元。生态环境修复工程主要包括修复农用地 91.8hm^2，清理河道、修复河道与河堤护坡 15 660m^3，固化河道淤泥及废渣 6000m^3，开展河道两岸绿化工程 23 847m^3，对 3 口超出地下水质量标准的水井进行清洗和抽出处理，并对水井水质进行跟踪监测。本案例典型意义在于：①在应急处理后能够及时开展生态环境损害调查，保证了生态环境损害鉴定数据的可靠性与时效性。②通过第三方机构编制修复方案，确定了河道生态修复、土壤修复和饮用水源修复 3 个生态修复工程，力争生态修复程度达到最佳效果。③采取了生态环境部门统一监督、具体区县负责的方式，修复资金由赔偿主体直接拨付到相关区县的专用账户，确保了专款专用。

非法采砂多具有作案隐蔽、客观证据相对缺乏、矿产资源损失鉴定难等特点。2018 年四川宜宾涉案人员未取得采砂许可证，在长江河道宜宾境内禁采江段采挖砂夹石、泥夹石和黄沙，2019 年公安机关接到群众举报后立案侦查；由于案发地位于长江上游珍稀鱼类国家级自然保护区核心区，审理过程中开展了生物资源及生态价值损害鉴定，以评估其行为引起的危害后果。本案例典型意义在于以下几个方面。①案发地虽然禁止采砂但属在建工程范围，承包方行为是否属于非法采砂存在疑问，因此商请检察机关介入侦查；检察机关通过系列现场取证，夯实了非法采矿行为的证据基础，对长江非法采砂的现场取证和监管执法有示范性作用。②鉴于案发时间已两年且案件审理周期长，针对非法采挖砂石在河床上形成的两个大坑凼边坡不稳定和江水倒灌现象，委托有资质的企业对受损河道先予修复回填，避免因诉讼时间过长对公共利益造成损失。③检察机关在调查取证过程中，发现了因水位上涨被淹没的新非法采挖点；由于案发地位于国家级自然保护区核心区，建议公安机关开展生态环境损害鉴定评估，这为公益诉讼协作提供了实践参考。

7.6.5　其他类型典型案例分析

2011 年重庆某工业园区建设和运营占用某国家级湿地保护区部分滩涂，其重叠面积比例达湿地总面积的 20.85%，较大程度且不可逆转地改变了工业园区与保护区重叠区域的生态系统结构、性质与功能，对湿地生态系统和保护区内的动物有一定影响。本案典型意义在于：①在自然保护区规划建设工业园区，地方政府应根据《中华人民共和国自然保护区条例》规定，积极履行生态环境监管职责，对生态环境破坏承担修复责任；②案件结束于行政公益诉讼诉前程序，检察长当场公开宣告检察建议，行政机关积极履行环境监管并制定科学整改修复方案，有效修复了被破坏生态环境，维护了社会公共利益；③在办案中，检察机关切实加强与被监督对象的沟通交流，严格跟踪落实反馈机制，实现了保护生态环境、服务民营企业、保障地方经济发展的双赢共赢多赢效果；本案是检察机关开展"保护长江母亲河"公益诉讼专项行动的重要内容，可为有效推动长江经济带生态环境保护提供实践参考。

2012 年贵州某化肥公司委托某劳务公司承担废石膏渣的清运工作，劳务公司未按要求将废石膏渣运送至渣场集中处置，而是向地块内非法倾倒，倾倒区域长约 360m，宽约 100m，堆填厚度最高约 50m，占地约 100ha，堆存量约 8 万 m^3。2017 年在贵州律师协会的参与下，赔偿权利人与赔偿义务人化肥公司、劳务公司进行磋商，将废渣全部开挖转运至合法渣场，并进行覆土回填和植被绿化。本案例典型意义在于以下几个方面。①本案是全国首例经磋商达成生态环境损害赔偿协议的案件，也是全国首例经人民法院司法确认的生态环境损害赔偿案件。案件对磋商机制、司法确认制度、企业自行修复等进行了多方面探索。②尝试通过司法确认程序，赋予赔偿协议强制执行的法律效力，可有力保障和促进磋商制度实施；本案探索形成的生态环境损害赔偿协议司法确认制度已被 2017 年中共中央办公厅、国务院办公厅印发的《生态环境损害赔偿制度改革方案》认可、采纳。③本案赔偿到位，企业自行履行环境修复责任，央视栏目《焦点访谈》专题报道推动了"环境有价、损害担责"的改革理念，可为类似生产建设项目生态环境损害案件提供实践参考。

7.7　小结与鉴定建议

7.7.1　小结

(1)对于生产建设项目人为水土流失生态环境损害鉴定评估，首先应厘清生态环境损害、生态破坏行为、人为水土流失、人为水土流失生态环境损害等几个基本术语。人为水土流失生态环境损害鉴定评估原则有合法合规原则、科学合理原则、独立客观原则和实用性原则，程序包括损害事实确认、因果关系分析、损害实物量化、损害价值评估、恢复效果评估。

(2)针对各种违法违规的生产建设项目生态破坏行为造成的单个致损体的损害鉴定评估,可分类建立人为水土流失生态环境损害评估最小数据集。土地(土壤)损害采用土石方开挖总量、工程堆积体总量、表土保护率、有效土层厚度、土壤容重、土壤有机质指标,水资源损害采用不透水硬化地表面积、径流系数、渗透系数,植被损害采用林草类植被面积、可恢复林草植被面积,水土保持生态服务功能损害采用水土保持措施面积、扰动土地面积、占用耕地面积、临时占地面积,对周边生态环境影响采用工程堆积体边坡失稳概率、人为崩塌、人为滑坡、人为泥石流发生风险指标。

(3)生产建设项目人为水土流失生态环境损害实证分析可为评估区致损体的土壤恢复、价值评估提供范式。土壤重构工程类型主要有乔木适生型、灌木适生型和草本适生型,紫色丘陵区草本植物在定植后 2 月、乔灌木在定植后 4~5 月充分发挥其调控地表径流、缓解城市内涝的潜在作用;矿山开采水土流失影响主要表现为局部地表汇流及地下水循环改变、排土场等人为滑坡、人为泥石流,房地产水土流失影响为地面压实、硬化路面增加引起的水源涵养功能下降或丧失。

(4)不同生产建设项目类型对项目区土壤、植被、水文、生态系统及周边环境的扰动程度及形式差异很大,其违法违规生态破坏造成的生态环境损害类型迥异。通过对房地产项目、道路建设、矿山开采及其他类型的典型生态环境损害案例特点及典型意义的系统分析,可为有效落实人为水土流失生态环境损害责任主体,推动生态环境损害鉴定评估及损害赔偿机制的建立提供范式参考。

(5)生态环境损害鉴定评估报告是行政磋商和公益诉讼的证据之一。在进行生产建设项目各种违法违规的生态破坏行为导致的生态环境损害调查确认时,可采用生产建设项目水土保持方案编制、监测、验收等监管环节的基础数据,实现人为水土流失生态环境损害鉴定评估与生产建设项目人为水土流失全过程监管的有效衔接与全方位监管,从法律法规视角为各种损害事件提供证据支持,也为区域生态安全和社会经济协同发展提供了法律保障途径。

7.7.2　鉴定建议

生产建设项目人为水土流失生态环境损害鉴定评估是一项涉及土壤侵蚀过程、水土保持措施布局、水土保持经济学、水文与水资源学、土壤学、生态学的多学科、多技术及法律法规、社会经济发展的系统工程,是新时代水土保持学科的一个综合性新方向。从水土保持领域视角出发,生产建设项目人为水土流失生态环境损害重点研究方向有人为水土流失损害评估方法、人为水土流失损害鉴定关键环节及人为水土流失损害鉴定评估标准等,关键科学问题有生态破坏行为与生态环境损害之间的因果关系链条解析范式(即通过损害评估最小数据集建立进行损害溯源问题)、生态环境损害基线阈值判定、生态环境损害价值评估方法及边界条件。未来人为水土流失生态环境损害评估可在以下几方面切入和突破(图 7.11)。

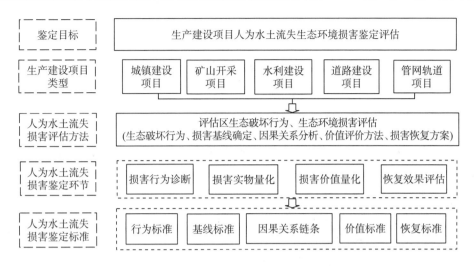

图 7.11   人为水土流失生态环境损害的基础科学问题

1) 损害鉴定评估方法

对于各种生产建设项目违法违规引起的人为水土流失生态环境损害鉴定评估,应针对评估区致损体重点关注损害事实确认、损害因果关系分析、损害基线阈值判定、损害价值评估方法 4 个环节,建立生态破坏行为所致的土壤流失、径流损失、植被盖度下降和水土保持生态服务功能受损的"损害原因(源)—损害方式(路径)—损害结果"的因果关系链条范式。

2) 损害鉴定评估标准

针对评估区致损体损害事件的鉴定评估,应建立违法违规的生态破坏行为标准,确定土壤、植被、水资源和水土保持生态服务功能的基线阈值范围标准,分类提出损害价值量化标准及边界条件,建立损害可恢复性评价标准及损害恢复标准,探索整合生产建设项目人为水土流失方案编制、监测、验收技术环节标准和人为水土流失生态环境损害鉴定评估标准的大数据平台,实现对生产建设项目人为水土流失全过程、全方位的有效监管。

3) 面向公众的全媒体矩阵宣传

生态环境损害鉴定评估是新时代生产建设项目人为水土流失强监管所面临的新课题,要密切关注人为水土流失生态环境损害鉴定评估的科技支持、定期业务培训,加强水土保持行政执法与相关涉案部门的协同执法,重视面向公众的电视、报纸、期刊、网络等全媒体矩阵宣传,推动新时代水土保持高质量发展。

参 考 文 献

白中科, 王文英, 李晋川, 等, 1998. 黄土区大型露天煤矿剧烈扰动土地生态重建研究[J]. 应用生态学报, 9(6): 63-68.

白中科, 段永红, 杨红云, 等, 2006. 采煤沉陷对土壤侵蚀与土地利用的影响预测[J]. 农业工程学报, 22(6): 67-70.

白中科, 周伟, 王金满, 等, 2018. 再论矿区生态系统恢复重建[J]. 中国土地科学, 32(11): 1-9.

蔡强国, 王贵平, 陈永宗, 1998. 黄土高原小流域侵蚀产沙过程与模拟[M]. 北京: 科学出版社.

岑国平, 1990. 城市雨水径流计算模型[J]. 水利学报, 21(10): 68-75.

柴翼翔, 2014. 用编织袋填土和钢筋网(笼)填石渣治理边坡坍塌[J]. 山西建筑, 40(10): 66-67.

常鸣, 唐川, 2014. 基于水动力的典型矿山泥石流运动模式研究[J]. 水利学报, 45(11): 1318-1326.

陈洪江, 韩珠峰, 周春梅, 等, 2017. 降雨条件下黄土路堑高边坡稳定性分析[J]. 公路, 62(2): 6-11.

陈剑桥, 2013. 开发建设项目堆积体的水土保持分析: 以阿海水电站东联、库枝堆积体为例[J]. 水土保持应用技术, (5): 36-38.

陈利顶, 孙然好, 刘海莲, 2013. 城市景观格局演变的生态环境效应研究进展[J]. 生态学报, 33(4): 1042-1050.

陈朋铭, 曹长春, 唐一夫, 2022. 城市下垫面渗蓄性能量化模拟试验研究[J]. 水资源开发与管理, 8(2): 34-39.

陈晓, 石崇, 杨俊雄, 2020. 土石混合体边坡细观特征对滑面形成影响研究[J]. 工程地质学报, 28(4): 813-821.

陈卓, 高照良, 李永红, 等, 2020. 2种扰动土壤工程堆积体坡面泥沙运移特征比对研究[J]. 水土保持学报, 34(1): 34-40.

陈卓鑫, 王文龙, 康宏亮, 等, 2019. 砾石对红壤工程堆积体边坡径流产沙的影响[J]. 生态学报, 39(17): 6545-6556.

程展林, 丁红顺, 吴良平, 2007. 粗粒土试验研究[J]. 岩土工程学报, 29(8): 1151-1158.

丁鹏玮, 戴全厚, 姚一文, 等, 2021. 工程堆积体上不同植被类型枯落物和土壤水文效应[J]. 水土保持学报, 35(4): 135-142, 151.

丁文斌, 李叶鑫, 史东梅, 等, 2017. 重庆市典型工程堆积体边坡物理力学变化及稳定性特征[J]. 水土保持学报, 31(1): 109-115.

董霁红, 吉莉, 房阿曼, 2021. 典型干旱半干旱草原矿区生态累积效应[J]. 煤炭学报, 46(6): 1945-1956.

冯明明, 杨建英, 史常青, 等, 2014. 采石场松散体坡面两种治理措施的水土保持效益[J]. 水土保持通报, 34(6): 49-53.

甘永德, 刘欢, 贾仰文, 等, 2018. 土石山区山坡降雨入渗产流模型[J]. 水利水电科技进展, 38(2): 8-13.

甘枝茂, 1989. 黄土高原地貌与土壤侵蚀研究[M]. 西安: 陕西人民出版社.

甘枝茂, 孙虎, 甘锐, 1999. 黄土高原地区城郊型侵蚀环境及其特征[J]. 土壤侵蚀与水土保持学报, 13(2): 39-43, 50.

高儒学, 戴全厚, 甘艺贤, 等, 2018. 土石混合堆积体坡面土壤侵蚀研究进展[J]. 水土保持学报, 32(6): 1-8, 39.

高旭彪, 黄成志, 刘朝晖, 2007. 开发建设项目水土流失防治模式[J]. 中国水土保持科学, 5(6): 93-97.

高玉华, 林海鹰, 王晓惠, 2002. 开发建设项目水土流失预测方法探讨[J]. 黑龙江水利科技, 30(1): 25.

耿绍波, 洪倩, 卢建利, 等, 2021. 工程堆积体坡面侵蚀影响因素研究进展[J]. 人民黄河, 43(S1): 104-108.

龚雪刚, 廖晓勇, 阎秀兰, 等, 2016. 环境损害鉴定评估的土壤基线确定方法[J]. 地理研究, 35(11): 2025-2040.

郭凤, 陈建刚, 杨军, 等, 2015. 植草沟对北京市道路地表径流的调控效应[J]. 水土保持通报, 35(3): 176-181.

郭宏忠, 于娅莉, 黄建辉, 等, 2006. 开发建设项目水土保持监测评价指标体系研究[J]. 水土保持研究, 13(6): 247-249, 252.

郭宏忠, 江东, 蒋光毅, 等, 2014. 生产建设项目弃渣场物理性质变化特征及类型划分[J]. 水土保持应用技术, (6): 32-35.

郭宏忠, 蒋光毅, 江东, 等, 2014. 生产建设项目弃土弃渣与林地土壤入渗特征分析[J]. 中国水土保持, (7): 51-53, 73.

郭江, 铁卫, 李国平, 2018. 运用 CVM 评估煤炭矿区生态环境外部成本的测算尺度选择研究: 基于有效性和可靠性分析视角[J]. 生态经济, 34(8): 163-168.

郭明明, 王文龙, 李建明, 等, 2014. 神府煤田土壤颗粒分形及降雨对径流产沙的影响[J]. 土壤学报, 51(5): 983-992.

郭培培, 於方, 王膑, 等, 2021. 基于替代等值分析的矿山生态环境损害评估[J]. 环境科学与技术, 44(S2): 359-365.

郭秀荣, 2006. 植被恢复在矸石山灾害治理中的作用[D]. 重庆: 重庆大学.

韩鹏, 倪晋仁, 王兴奎, 2003. 黄土坡面细沟发育过程中的重力侵蚀实验研究[J]. 水利学报, 34(1): 51-56, 61.

贺康宁, 王治国, 赵永军, 2009. 开发建设项目水土保持[M]. 北京: 中国林业出版社.

贺秀斌, 陈晨宇, 韦杰, 等, 2006. 工程建设弃土弃渣水土流失～7Be 核素示踪监测技术[J]. 水土保持通报, 26(6): 67-71.

何毓蓉, 2003. 中国紫色土(下篇)[M]. 北京: 科学出版社.

胡平, 2020. 西北干旱露天矿区不同下垫面风沙流研究: 以乌海市露天矿区为例[D]. 北京: 北京林业大学.

胡世雄, 靳长兴, 1999. 坡面土壤侵蚀临界坡度问题的理论与实验研究[J]. 地理学报, 54(4): 347-356.

胡昕, 洪宝宁, 杜强, 等, 2009. 含水率对煤系土抗剪强度的影响[J]. 岩土力学, 30(8): 2291-2294.

胡振琪, 赵艳玲, 2022. 黄河流域矿区生态环境与黄河泥沙协同治理原理与技术方法[J]. 煤炭学报, 47(1): 438-448.

花可可, 魏朝富, 任镇江, 2011. 土壤液限和抗剪强度特征值及其影响因素研究: 基于紫色土区[J]. 农机化研究, 33(6): 105-110.

黄鑫, 张晓辉, 薛雷, 等, 2010. 陕西省金堆城露天矿排土场高边坡稳定性评价[J]. 中国地质灾害与防治学报, 21(2): 40-43.

黄盛锋, 陈志波, 郑道哲, 2020. 基于灰色关联度法和强度折减法的边坡稳定性影响因素敏感性分析[J]. 中国地质灾害与防治学报, 31(3): 35-40.

蒋爱萍, 靳甜甜, 张丽萍, 等, 2022. 西南地区道路建设对植被净初级生产力的影响[J]. 生态学报, 42(9): 3624-3632.

姜德文, 2007. 开发建设项目水土流失影响度评价方法研究[J]. 中国水土保持科学, 5(2): 107-109.

姜德文, 2017. 保护水土资源 改善生态环境 推进生态文明建设[J]. 中国水土保持, (11): 3-10.

姜德文, 2018. 论水土流失生态损害责任追究的情形设定[J]. 中国水土保持, (3): 1-3.

蒋平, 汪三树, 李叶鑫, 等, 2013. 紫色丘陵区堆渣体物理性质变化及边坡稳定性分析[J]. 中国水土保持, (1): 27-30.

姜勇军, 2022. 不同护坡模式下的高路堑边坡水土流失研究[J]. 安徽农业科学, 50(5): 178-180, 187.

江玉林, 张洪江, 2008. 公路水土保持[M]. 北京: 科学出版社.

晋存田, 赵树旗, 闫肖丽, 等, 2010. 透水砖和下凹式绿地对城市雨洪的影响[J]. 中国给水排水, 26(1): 40-42, 46.

康宏亮, 王文龙, 薛智德, 等, 2016. 北方风沙区砾石对堆积体坡面径流及侵蚀特征的影响[J]. 农业工程学报, 32(3): 125-134.

李发鹏, 王建平, 孙嘉, 等, 2017. 水土保持领域生态环境损害责任追究制度 I: 概念辨析[J]. 中国水土保持, (9): 6-8.

李慧, 易齐涛, 章磊, 等, 2015. 采煤沉陷区农田—水域生态系统变化前后服务价值评估[J]. 环境科学与技术, 38(S1): 354-361.

李佳洺, 余建辉, 张文忠, 2019. 中国采煤沉陷区空间格局与治理模式[J]. 自然资源学报, 34(4): 867-880.

李建明, 王一峰, 张长伟, 等, 2019. 三种土壤质地工程堆积体坡面流速及产沙特征[J]. 长江科学院院报, 36(12): 28-35.

李建中, 何倩, 2022. 开发建设项目对水土保持与生态环境的影响及对策: 以甘肃省华亭市石堡子水库为例[J]. 农业科技与信息, (18): 35-38, 45.

李俊业, 2011. 基于非饱和土力学理论的工程弃土堆积体边坡稳定性分析[D]. 重庆: 重庆交通大学.

李俊业, 曾蓉, 2010. 降雨对工程弃土堆积体稳定性的影响分析[J]. 地质灾害与环境保护, 21(3): 104-107.

李丽, 华晓宾, 王玉娟, 2012. 遥感技术在公路建设项目综合环境长期监测及评估中的应用[J]. 中外公路, 32(1): 292-296.

李璐, 袁建平, 刘宝元, 2004. 开发建设项目水蚀量预测方法研究[J]. 水土保持研究, 11(2): 81-84.

李山, 仵苗, 李静思, 等, 2020. 透水砖与垫层入渗特性对城市降雨产流的影响研究[J]. 自然灾害学报, 29(6): 147-157.

李树志, 2014. 我国采煤沉陷土地损毁及其复垦技术现状与展望[J]. 煤炭科学技术, 42(1): 93-97.

李文银, 王治国, 蔡继清, 1996. 工矿区水土保持[M]. 北京: 科学出版社.

李延森, 周金星, 吴秀芹, 2017. 青藏铁路(格拉段)修建对沿线植被生态系统及其弹性的影响[J]. 地理研究, 36(11): 2129-2140.

李叶鑫, 史东梅, 吕刚, 等, 2017. 不同恢复年限弃渣场入渗特征研究与评价[J]. 水土保持学报, 31(3): 91-95.

李叶鑫, 吕刚, 王道涵, 等, 2022. 排土场土体裂缝特征对土壤物理性质的影响[J]. 干旱地区农业研究, 40(4): 214-222.

李夷荔, 林文莲, 2001. 论工程侵蚀特点及其防治对策[J]. 福建水土保持, 13(3): 27-31, 40.

李智广, 曾大林, 2001. 开发建设项目土壤流失量预测方法初探[J]. 中国水土保持, (4): 27-29, 48.

梁洪儒, 余新晓, 樊登星, 等, 2014. 砾石覆盖对坡面产流产沙的影响[J]. 水土保持学报, 28(3): 57-61.

蔺明华, 杜靖澳, 张瑞, 2006. 黄河中游地区开发建设新增水土流失预测方法研究[J]. 水土保持通报, 26(1): 61-67.

林姿, 史东梅, 娄义宝, 等, 2019. 岩溶区煤矿工程堆积体边坡细沟发育及其水沙关系研究[J]. 土壤学报, 56(3): 615-626.

刘刚才, 李兰, 周忠浩, 等, 2008. 紫色土容许侵蚀量的定位试验确定[J]. 水土保持通报, 28(6): 90-94.

刘衡秋, 胡瑞林, 2008. 大型复杂松散堆积形成机制的内外动力耦合作用初探[J]. 工程地质学报, 16(3): 291-297.

刘情, 罗俐, 王红运, 等, 2020. 浅谈滑移泥石流堆积体路基工程施工的监测[J]. 中国设备工程, (23): 246-247.

刘瑞顺, 王文龙, 廖超英, 等, 2014. 露天煤矿排土场边坡防护措施减水减沙效益分析[J]. 西北林学院学报, 29(4): 59-64.

刘文虎, 赵茂强, 黄成敏, 2020. 川西高原不同植物类型对边坡防护生态效益影响研究[J]. 环境生态学, 2(9): 19-24.

刘英, 魏嘉莉, 毕银丽, 等, 2021. 神东矿区生态系统服务功能评价[J]. 煤炭学报, 46(5): 1599-1613.

刘志勇, 黄伟伟, 吴仁铣, 2012. 晴兴高速公路典型弃土场分类与渣体性质研究[J]. 交通科技, (4): 97-99.

娄义宝, 史东梅, 蒋平, 等, 2018. 紫色丘陵区城镇化不同地貌单元的水文特征及土壤重构[J]. 土壤学报, 55(3): 650-663.

鲁春霞, 于云江, 关有志, 2001. 甘肃省土壤盐渍化及其对生态环境的损害评估[J]. 自然灾害学报, 10(1): 99-102.

罗婷, 李宏伟, 詹松, 等, 2012a. 神府东胜煤田不同下垫面侵蚀特征野外试验[J]. 中国水土保持科学, 10(6): 52-57.

罗婷, 王文龙, 李宏伟, 等, 2012b. 开发建设中扰动地面新增水土流失研究[J]. 水土保持研究, 19(3): 30-35.

吕晨璨, 张雪琦, 孙晓萌, 等, 2021. 基于景感生态学认知的生态环境损害问题辨析[J]. 生态学报, 41(3): 959-965.

吕春娟, 2004. 矿区排土场岩土侵蚀特征及植被恢复的水保效应[D]. 太原: 山西农业大学.

麻文章, 史常青, 胡平, 等, 2022. 西北干旱荒漠区典型露天煤矿不同下垫面风沙流特征[J]. 农业工程学报, 38(7): 146-154.

莫菲, 李叙勇, 贺淑霞, 等, 2011. 东灵山林区不同森林植被水源涵养功能评价[J]. 生态学报, 31(17): 5009-5016.

倪含斌, 2009. 煤炭资源开发过程中矿区水土流失动态模拟研究[D]. 杭州: 浙江大学.

倪含斌, 张丽萍, 2007. 神东矿区堆积弃土坡地入渗规律试验研究[J]. 水土保持学报, 21(3): 28-31.

倪九派, 高明, 魏朝富, 等, 2009. 土壤含水率对浅层滑坡体不同层次土壤抗剪强度的影响[J]. 水土保持学报, 23(6): 48-50.

倪晓辉, 2022. 基于GeoStudio软件分析浅层滑坡不同工况下失稳概率[J]. 江西建材, (2): 77-78.

聂兵其, 汤明高, 邵山, 等, 2019. 基于灰色关联法的涉水边坡稳定性影响因素敏感性分析[J]. 长江科学院院报, 36(1): 123-126.

牛耀彬, 吴旭, 高照良, 等, 2020. 降雨和上方来水条件下工程堆积体坡面土壤侵蚀特征[J]. 农业工程学报, 36(8): 69-77.

彭旭东, 2015. 生产建设项目工程堆积体边坡土壤侵蚀过程[D]. 重庆: 西南大学.

彭旭东, 江东, 史东梅, 等, 2013. 紫色丘陵区不同弃土弃渣下垫面产流产沙试验研究[J]. 水土保持学报, 27(3): 9-13.

乔冰, 兰儒, 李涛, 等, 2021. 海洋溢油生态环境损害因果关系判定方法与模型研究[J]. 生态学报, 41(13): 5266-5278.

任永强, 2013. 三峡库区公路建设弃土场选址规划及稳定性评价[D]. 武汉: 中国地质大学.

邵雅静, 杨悦, 员学锋, 2022. 黄河流域城镇化与生态系统服务的时空互动关系[J]. 水土保持学报, 36(3): 86-93, 99.

沈水进, 孙红月, 尚岳全, 等, 2011. 降雨作用下路堤边坡的冲刷-渗透耦合分析[J]. 岩石力学与工程学报, 30(12): 2456-2462.

沈雪建, 李智广, 王海燕, 2021. 我国人为水土流失防治进程加快推进[J]. 中国水土保持, (4): 9-11.

沈子欣, 阚丽艳, 车生泉, 2015. 生态植草沟结构参数变化对降雨径流调蓄净化效应的影响[J]. 上海交通大学学报(农业科学版), 33(6): 46-52.

史东梅, 2006. 高速公路建设中侵蚀环境及水土流失特征的研究[J]. 水土保持学报, 20(2): 5-9.

史东梅, 江东, 卢喜平, 等, 2008. 重庆涪陵区降雨侵蚀力时间分布特征[J]. 农业工程学报, 24(9): 16-21.

史东梅, 蒋光毅, 彭旭东, 等, 2015. 不同土石比的工程堆积体边坡径流侵蚀过程[J]. 农业工程学报, 31(17): 152-161.

史东梅, 蒋光毅, 彭旭东, 等, 2017. 城镇化人为扰动下垫面类型影响水源涵养功能的评价[J]. 农业工程学报, 33(22): 92-102.

史东梅, 郭宏忠, 蒋光毅, 等, 2020. 生产建设类项目的生态环境损害鉴定评估案例分析[J]. 中国水土保持, (11): 9-11, 18.

史倩华, 王文龙, 郭明明, 等, 2015. 模拟降雨条件下含砾石红壤工程堆积体产流产沙过程[J]. 应用生态学报, 26(9): 2673-2680.

史倩华, 李垚林, 王文龙, 等, 2016. 不同植被措施对露天煤矿排土场边坡径流产沙影响[J]. 草地学报, 24(6): 1263-1271.

水土保持司, 2019. 水土保持 70 年[J]. 中国水土保持, (10): 3-7.

孙飞云, 杨成永, 杨亚静, 2005. 开发建设项目水土流失生态影响分析[J]. 人民长江, 36(10): 61-63.

孙虎, 甘枝茂, 1998. 城市化建设人为弃土引发的侵蚀产沙过程研究[J]. 陕西师范大学学报(自然科学版), 26(3): 98-101.

孙虎, 唐克丽, 1998. 城镇建设中人为弃土降雨侵蚀实验研究[J]. 土壤侵蚀与水土保持学报, 12(2): 29-35.

孙立博, 余新晓, 陈丽华, 等, 2019. 坝上高原杨树人工林的枯落物及土壤水源涵养功能退化[J]. 水土保持学报, 33(1): 104-110.

孙世国, 方楠楠, 何健, 等, 2021. 降雨入渗对渣土堆积体边坡稳定性的影响[J]. 黑龙江工业学院学报(综合版), 21(9): 77-82.

唐紫晗, 李妍均, 陈朝, 等, 2014. 西南山区采煤塌陷地生态服务价值分析: 以重庆市松藻矿区为例[J]. 水土保持研究, 21(2): 172-178, 2.

王承书, 杨晓楠, 孙文义, 等, 2020. 极端暴雨条件下黄土丘陵沟壑区土壤蓄水能力和入渗规律[J]. 土壤学报, 57(2): 296-306.

王答相, 2004. 神府东胜矿区煤田开发新增水土流失试验研究[D]. 西安理工大学.

王国, 王冬梅, 孟岩, 等, 2013. 北京市房地产项目雨水径流的研究[J]. 南水北调与水利科技, 11(2): 112-116.

王乐华, 郭永成, 韩梅, 2009. 削坡减载法在边坡稳定治理中应用[J]. 三峡大学学报(自然科学版), 31(4): 57-60.

王利娟, 李恒凯, 肖松松, 2022. 基于 SBAS-InSAR 的稀土矿区地表扰动监测[J]. 稀土, 43(3): 67-76.

王奇, 姜明栋, 黄雨萌, 2020. 生态正外部性内部化的实现途径与机制创新[J]. 中国环境管理, 12(6): 21-28.

王如宾, 夏瑞, 徐卫亚, 等, 2019. 滑坡堆积体降雨入渗过程物理模拟试验研究[J]. 工程科学与技术, 51(4): 47-54.

王森, 戎玉博, 谢永生, 等, 2017. 工程堆积体坡面砾石分布及含量概化[J]. 水土保持学报, 31(5): 108-113, 119.

王升, 王全九, 董文财, 等, 2012. 黄土坡面不同植被覆盖度下产流产沙与养分流失规律[J]. 水土保持学报, 26(4): 23-27.

王石会, 韩培义, 邱富才, 等, 2011. 黄草梁生态旅游区挡土埝修复草甸植被技术研究[J]. 山西林业科技, 40(1): 18-20.

王佟, 杜斌, 李聪聪, 等, 2021. 高原高寒煤矿区生态环境修复治理模式与关键技术[J]. 煤炭学报, 46(1): 230-244.

王文龙, 李占斌, 张平仓, 2003. 神府东胜煤田开发中人为泥石流发育现状及其分布特征[J]. 山地学报, 21(3): 354-359.

王文龙, 王兆印, 李占斌, 等, 2006. 神府东胜煤田开发中扰动地面径流泥沙模拟研究[J]. 泥沙研究, (2): 60-64.

王瑄, 李占斌, 2010. 坡面水蚀输沙动力过程试验研究[M]. 北京: 科学出版社.

王云琦, 王玉杰, 张洪江, 等, 2006. 重庆缙云山不同土地利用类型土壤结构对土壤抗剪性能的影响[J]. 农业工程学报, 22(3):

40-45.

王朝伦, 2017. 探究高速公路建设中的生态破坏及其恢复[J]. 科技风, (6): 162.

王哲, 石豫川, 柴贺军, 等, 2004. 山区公路边坡岩体结构特征及其对边坡稳定性影响浅析[J]. 地质灾害与环境保护, 15(2): 78-81.

王治国, 白中科, 赵景逵, 等, 1994. 黄土区大型露天矿排土场岩土侵蚀及其控制技术的研究[J]. 水土保持学报, 8(2): 10-17.

王紫雯, 程伟平, 2002. 城市水涝灾害的生态机理分析和思考: 以杭州市为主要研究对象[J]. 浙江大学学报(工学版), 36(5): 582-587.

魏忠义, 王萍, 王秋兵, 2010. 膨胀性阻水层对煤矸石山水分入渗的影响[J]. 水土保持学报, 24(2): 188-191.

吴成浩, 2018. 透水路面植草沟的渗蓄排性能研究[D]. 南京: 南京航空航天大学.

吴发启, 张洪江, 2012. 土壤侵蚀学[M]. 北京: 科学出版社.

吴钢, 曹飞飞, 张元勋, 等, 2016. 生态环境损害鉴定评估业务化技术研究[J]. 生态学报, 36(22): 7146-7151.

吴桂芹, 2006. 土质边坡稳定性因子研究: 以黔北某厂技术项目十六号道路填土边坡为例[D]. 贵阳: 贵州大学.

吴岚, 2007. 水土保持生态服务功能及其价值研究[D]. 北京: 北京林业大学.

吴秦豫, 张绍良, 杨永均, 等, 2021. 基于恢复力的半干旱矿区生态系统退化风险空间评估[J]. 煤炭学报, 46(5): 1587-1598.

吴淑芳, 吴普特, 原立峰, 2010. 坡面径流调控薄层水流水力学特性试验[J]. 农业工程学报, 26(3): 14-19.

奚成刚, 杨成永, 许兆义, 2002. 铁路工程施工期路堑坡面产流产沙规律研究[J]. 中国环境科学, 22(2): 174-178.

奚成刚, 杨成永, 许兆义, 2003. 铁路工程建设中重塑坡面单元产流产沙规律研究[J]. 土壤, 35(1): 48-51, 61.

肖武, 陈文琦, 何厅厅, 等, 2022. 高潜水位煤矿区开采扰动的长时序过程遥感监测与影响评价[J]. 煤炭学报, 47(2): 922-933.

徐文杰, 胡瑞林, 2009. 土石混合体概念、分类及意义[J]. 水文地质工程地质, 36(4): 50-56, 70.

徐宪立, 张科利, 刘宪春, 2006. 道路侵蚀研究进展[J]. 地理科学进展, 25(6): 52-61.

徐扬, 高谦, 李欣, 等, 2009. 土石混合体渗透性现场试坑试验研究[J]. 岩土力学, 30(3): 855-858.

徐以祥, 2021. 《民法典》中生态环境损害责任的规范解释[J]. 法学评论, 39(2): 144-154.

许兆义, 王美芝, 杨成永, 2003. 施工期路堤对小流域径流和产沙影响的试验研究[J]. 水土保持学报, 17(2): 16-19.

薛丽芳, 谭海樵, 2009. 城市化进程中的洪涝灾害与雨水水文循环修复[J]. 安徽农业科学, 37(23): 11058-11061.

杨成永, 王美芝, 许兆义, 等, 2001. 秦沈客运专线路堤边坡土壤侵蚀预报研究[J]. 水土保持学报, 15(2): 14-16, 29.

杨金玲, 汪景宽, 张甘霖, 2004. 城市土壤的压实退化及其环境效应[J]. 土壤通报, 35(6): 688-694.

杨金玲, 张甘霖, 袁大刚, 2008. 南京市城市土壤水分入渗特征[J]. 应用生态学报, 19(2): 363-368.

杨巧, 汪志荣, 潘声远, 等, 2022. 天津城市下垫面降雨损失特性试验研究[J]. 长江科学院院报, 39(2): 21-27.

杨茹珍, 张风宝, 杨明义, 等, 2020. 急陡黄土坡面细沟侵蚀的水动力学特性试验研究[J]. 水土保持学报, 34(4): 31-36, 42.

杨帅, 高照良, 李永红, 等, 2017. 工程堆积体坡面植物篱的控蚀效果及其机制研究[J]. 农业工程学报, 33(15): 147-154.

杨永成, 2002. 镇安县幅I49C003001 1/25 万区域地质调查报告[R]. 西安: 陕西省地质调查院.

姚小兰, 周琳, 吴挺勋, 等, 2022. 海南热带雨林国家公园高速公路穿越段景观动态与生态风险评估[J]. 生态学报, 42(16): 6695-6703.

姚一文, 戴全厚, 林栌桓, 等, 2021. 土石混合工程堆积体土壤理化性状与物种多样性的响应[J]. 水土保持研究, 28(2): 41-48.

叶水根, 刘红, 孟光辉, 2001. 设计暴雨条件下下凹式绿地的雨水蓄渗效果[J]. 中国农业大学学报, 6(6): 53-58.

尹斌, 姜德文, 李岚斌, 等, 2016. 生产建设项目扰动范围合规性判别与预警技术[J]. 中国水土保持, (11): 20-23, 37.

于国强, 李占斌, 李鹏, 等, 2010. 不同植被类型的坡面径流侵蚀产沙试验研究[J]. 水科学进展, 21(5): 593-599.

於方, 田超, 张衍燊, 等, 2022. 生态环境损害赔偿与鉴定评估相关术语辨析[J]. 环境保护, 50(10): 43-48.

於方, 赵丹, 田超, 等, 2020. 生态环境损害鉴定评估工作指南与手册[M]. 北京: 中国环境出版集团.

余新晓, 2015. 水土保持学前沿[M]. 北京: 科学出版社.

余新晓, 吴岚, 饶良懿, 等, 2007. 水土保持生态服务功能评价方法[J]. 中国水土保持科学, 5(2): 110-113.

岳桓陞, 杨建英, 杨阳, 等, 2015. 不同降雨强度条件下植被毯护坡技术的产流特性[J]. 中国水土保持科学, 13(1): 35-41.

臧亚君, 2008. 山区矸石山降雨入渗特性及其稳定性研究[D]. 重庆: 重庆大学.

查小春, 贺秀斌, 1999. 土壤物理力学性质与土壤侵蚀关系研究进展[J]. 水土保持研究, 6(2): 98-104.

张长印, 2008. 水土保持生态补偿研究[M]. 北京: 中国大地出版社.

张光辉, 2002. 坡面薄层流水动力学特性的实验研究[J]. 水科学进展, 13(2): 159-165.

张红振, 董璟琦, 吴舜泽, 等, 2016. 某焦化厂污染场地环境损害评估案例研究[J]. 中国环境科学, 36(10): 3159-3165.

张建民, 付晓, 李全生, 等, 2022. 大型煤电基地开发生态累积效应及定量分析方法研究[J]. 生态学报, 42(8): 3066-3081.

张宽地, 王光谦, 孙晓敏, 等, 2014. 坡面薄层水流水动力学特性试验[J]. 农业工程学报, 30(15): 182-189.

张乐涛, 董俊武, 袁琳, 等, 2019. 黄土区工程堆积体陡坡坡面径流调控工程措施的减沙效应[J]. 农业工程学报, 35(15): 101-109.

张乐涛, 高照良, 2014. 生产建设项目区土壤侵蚀研究进展[J]. 中国水土保持科学, 12(1): 114-122.

张乐涛, 高照良, 李永红, 等, 2013. 模拟径流条件下工程堆积体坡面土壤侵蚀过程[J]. 农业工程学报, 29(8): 145-153.

张丽萍, 叶碎高, 2011. 基于可侵蚀面类型的开发建设项目水土流失预测模型[J]. 浙江水利科技, 39(6): 1-3.

张丽萍, 唐克丽, 张平仓, 1999. 人为泥石流形成的固体物质补给特点研究: 以神府东胜矿区为例[J]. 中国地质灾害与防治学报, 10(1): 61-66.

张丽萍, 唐克丽, 张平仓, 2000. 神府—东胜矿区人为泥石流沟道流域地形条件分析[J]. 水土保持通报, 20(4): 20-23.

张平仓, 王文龙, 高学田, 1994. 神府—东胜煤田开发区人为滑坡崩塌的发生及其防治[J]. 水土保持研究, 1(4): 45-53.

张骞棋, 2018. 基于 Geostudio 与 Flac 3D 的浅层滑坡稳定性研究[J]. 中国锰业, 36(6): 161-165.

张祥祥, 2018. 坡顶裂隙对黄土边坡稳定性多因素影响分析研究[D]. 西安: 西安理工大学.

张晓明, 王玉杰, 夏一平, 等, 2006. 重庆缙云山典型植被原状土与重塑土抗剪强度研究[J]. 农业工程学报, 22(11): 6-9.

张新和, 郑粉莉, 汪晓勇, 等, 2008. 上方汇水对黄土坡面侵蚀方式演变及侵蚀产沙的影响[J]. 西北农林科技大学学报(自然科学版), 36(3): 105-110.

张耀方, 江东, 史东梅, 等, 2011. 重庆市煤矿开采区土壤侵蚀特征及水土保持模式研究[J]. 水土保持研究, 18(6): 94-99.

张志华, 聂文婷, 许文盛, 等, 2022. 不同水土保持临时措施下工程堆积体坡面减流减沙效应[J]. 农业工程学报, 38(1): 141-150.

赵纯勇, 杨华, 孔德树, 等, 2002. 南方山地丘陵城市水土流失及对策研究[J]. 中国水土保持, (6): 28-29.

赵晶, 高照良, 蔡艳蓉, 2011. 高速公路建设对土地利用类型的影响及其生态服务价值评估: 以陕西省 5 个典型区域为研究对象[J]. 水土保持研究, 18(3): 226-231, 237.

赵炳昌, 潘岱立, 卫伟, 等, 2021. 植被格局对土壤入渗和水沙过程影响的模拟试验研究[J]. 生态学报, 41(4): 1373-1380.

赵满, 王文龙, 郭明明, 等, 2019. 含砾石风沙土堆积体坡面径流产沙特征[J]. 土壤学报, 56(4): 847-859.

赵庆俊, 2018. 高渗透下凹式绿地技术研究[D]. 扬州: 扬州大学.

赵暄, 谢永生, 王允怡, 等, 2013. 模拟降雨条件下弃土置体侵蚀产沙试验研究[J]. 水土保持学报, 27(3): 1-8, 76.

赵永军, 2007. 开发建设项目水土保持方案编制技术[M]. 北京: 中国大地出版社.

赵远玲, 王建龙, 李璐菡, 等, 2020. 不同类型透水砖对雨水径流水量的控制效果[J]. 环境工程学报, 14(3): 835-841.

中国水土保持学会水土保持规划设计专业委员会, 2011. 生产建设项目水土保持设计指南[M]. 北京: 中国水利水电出版社.

周蓓蓓, 邵明安, 2007. 不同碎石含量及直径对土壤水分入渗过程的影响[J]. 土壤学报, 44(5): 801-807.

周跃, 2004. 山地灾害与生态工程[M]. 昆明: 云南科技出版社.

周志林, 2005. 西攀高速公路边坡工程若干问题的探讨[D]. 成都: 西南交通大学.

朱波, 高美荣, 刘刚才, 等, 1999. 紫色页岩风化侵蚀与环境效应[J]. 土壤侵蚀与水土保持学报, 13(3): 33-37.

朱波, 莫斌, 汪涛, 等, 2005. 紫色丘陵区工程建设松散堆积物的侵蚀研究[J]. 水土保持学报, 19(4): 193-195.

朱波, 高美荣, 刘刚才, 2011. 紫色泥页岩的风化侵蚀与工程建设增沙[J]. 山地学报, 19(S1): 50-55.

朱首军, 黄炎和, 2013. 开发建设项目水土保持[M]. 北京: 科学出版社.

卓慕宁, 李定强, 朱照宇, 2008. 城乡结合部开发建设扰动土壤质量变化特征[J]. 土壤, 40(1): 61-65.

Auerswald K, Fiener P, Dikau R, 2009. Rates of sheet and rill erosion in Germany—a meta-analysis[J]. Geomorphology, 111(3/4): 182-193.

Álvarez-Rogel J, Peñalver-Alcalá A, Jiménez-Cárceles F J, et al., 2021. Evidence supporting the value of spontaneous vegetation for phytomanagement of soil ecosystem functions in abandoned metal (loid) mine tailings[J]. CATENA, 201: 105191.

Beullens J, Van de Velde D, Nyssen J, 2014. Impact of slope aspect on hydrological rainfall and on the magnitude of rill erosion in Belgium and northern France[J]. CATENA, 114: 129-139.

Biemelt D, Schapp A, Kleeberg A, et al., 2005. Overland flow, erosion, and related phosphorus and iron fluxes at plot scale: A case study from a non-vegetated lignite mining dump in Lusatia[J]. Geoderma, 129(1/2): 4-18.

Blicharska M, Hedblom M, Josefsson J, et al., 2022. Operationalisation of ecological compensation-Obstacles and ways forward[J]. Journal of Environmental Management, 304: 114277.

Brandes H, Doygun O, Francis O, et al., 2021. CRESI: A susceptibility index methodology to assess roads threatened by coastal erosion[J]. Ocean & Coastal Management, 213: 105845.

Cerdà A, 2007. Soil water erosion on road embankments in eastern Spain[J]. The Science of the Total Environment, 378(1/2): 151-155.

Chehlafi A, Kchikach A, Derradji A, et al., 2019. Highway cutting slopes with high rainfall erosion in Morocco: Evaluation of soil losses and erosion control using concrete arches[J]. Engineering Geology, 260: 105200.

Chen T, Shu J S, Han L, et al., 2022. Modeling the effects of topography and slope gradient of an artificially formed slope on runoff, sediment yield, water and soil loss of sandy soil[J]. CATENA, 212: 106060.

Conte P, Ferro V, 2022. Measuring hydrological connectivity inside soils with different texture by fast field cycling nuclear magnetic resonance relaxometry[J]. CATENA, 209: 105848.

Croke J, Mockler S, 2001. Gully initiation and road-to-stream linkage in a forested catchment, southeastern Australia[J]. Earth Surface Processes and Landforms, 26(2): 205-217.

D'Ambrosio R, Balbo A, Longobardi A, et al., 2022. Re-think urban drainage following a SuDS retrofitting approach against urban flooding: A modelling investigation for an Italian case study[J]. Urban Forestry & Urban Greening, 70: 127518.

Dangerfield C R, Voelker S L, Lee C A, 2021. Long-term impacts of road disturbance on old-growth coast redwood forests[J]. Forest Ecology and Management, 499: 119595.

David O A, Akin-Fajiye M, Akomolafe G F, et al., 2021. Post-mine succession and short term effects of coal mining in a Guinea savanna ecosystem[J]. Acta Oecologica, 112: 103766.

de Vente J, Poesen J, Bazzoffi P, et al., 2006. Predicting catchment sediment yield in Mediterranean environments: The importance of sediment sources and connectivity in Italian drainage basins[J]. Earth Surface Processes and Landforms, 31(8): 1017-1034.

Elmes M C, Petrone R M, Volik O, et al., 2022. Changes to the hydrology of a boreal fen following the placement of an access road and below ground pipeline[J]. Journal of Hydrology: Regional Studies, 40: 101031.

Fattet M, Fu Y, Ghestem M, et al., 2011. Effects of vegetation type on soil resistance to erosion: Relationship between aggregate stability and shear strength[J]. CATENA, 87(1): 60-69.

Fryirs K, Gore D B, 2014. Geochemical insights to the formation of "sedimentary buffers": Considering the role of tributary—trunk stream interactions on catchment-scale sediment flux and drainage network dynamics[J]. Geomorphology, 219: 1-9.

Gastineau P, Mossay P, Taugourdeau E, 2021. Ecological compensation: How much and where?[J]. Ecological Economics, 190: 107191.

Geris J, Verrot L, Gao L, et al., 2021. Importance of short-term temporal variability in soil physical properties for soil water modelling under different tillage practices[J]. Soil and Tillage Research, 213: 105132.

Gilley J E, Gee G W, Bauer A, et al., 1977. Runoff and erosion characteristics of surface-mined sites in western North Dakota[J]. Transactions of the ASAE, 20(4): 697-700.

Govers G, 1992. Relationship between discharge, velocity and flow area for rills eroding loose, non-layered materials[J]. Earth Surface Processes and Landforms, 17(5): 515-528.

Grayson R B, Haydon S R, Jayasuriya M D A, et al., 1993. Water quality in mountain ash forests—Separating the impacts of roads from those of logging operations[J]. Journal of Hydrology, 150(2/3/4): 459-480.

Gresswell S, Heller D, Swanston D N, 1979. Mass Movement Response to Forest Management in the Central Oregon Coast Ranges[M]. Department of Agriculture, Forest Service, Pacific Northwest Forest and Range Experiment Station.

Han Z, Zhong S Q, Ni J P, et al., 2019. Estimation of soil erosion to define the slope length of newly reconstructed gentle-slope lands in hilly mountainous regions[J]. Scientific Reports, 9: 4676.

Hancock G R, Crawter D, Fityus S G, et al., 2008. The measurement and modelling of rill erosion at angle of repose slopes in mine spoil[J]. Earth Surface Processes and Landforms, 33(7): 1006-1020.

Hoang A N, Pham T T K, Mai D T T, et al., 2022. Health risks and perceptions of residents exposed to multiple sources of air pollutions: A cross-sectional study on landfill and stone mining in Danang city, Vietnam[J]. Environmental Research, 212: 113244.

Hossain M U, Poon C S, Lo I M C, et al., 2016. Evaluation of environmental friendliness of concrete paving eco-blocks using LCA approach[J]. The International Journal of Life Cycle Assessment, 21(1): 70-84.

Ignacy D, 2021. Comprehensive method of assessing the flood threat of artificially drained mine subsidence areas for identification and sustainable repair of mining damage to the aquatic environment[J]. Water Resources and Industry, 26: 100153.

Jing Y R, Zhao Q H, Lu M W, et al., 2022. Effects of road and river networks on sediment connectivity in mountainous watersheds[J]. Science of the Total Environment, 826: 154189.

Karan S K, Ghosh S, Samadder S R, 2019. Identification of spatially distributed hotspots for soil loss and erosion potential in mining areas of Upper Damodar Basin-India[J]. CATENA, 182: 104144.

Katritzidakis M, Pipinis E, Liapis A, et al., 2007. Restoration of slopes disturbed by a motorway Company: Egnatia Odos, greece[M]. Dordrecht: Springer: 401-409.

Khan M S, Nobahar M, Stroud M, et al., 2021. Evaluation of rainfall induced moisture variation depth in highway embankment made of Yazoo clay[J]. Transportation Geotechnics, 30: 100602.

Kimaro D N, Poesen J, Msanya B M, et al., 2008. Magnitude of soil erosion on the northern slope of the Uluguru Mountains, Tanzania:

Interrill and rill erosion[J]. CATENA, 75(1): 38-44.

Kleeberg A, Hupfer M, Gust G, 2008. Quantification of phosphorus entrainment in a lowland river by in situ and laboratory resuspension experiments[J]. Aquatic Sciences, 70(1): 87-99.

Kløve B, 1998. Erosion and sediment delivery from peat mines[J]. Soil and Tillage Research, 45(1/2): 199-216.

Korshunov A A, Doroshenko S P, Nevzorov A L, 2016. The impact of freezing-thawing process on slope stability of earth structure in cold climate[J]. Procedia Engineering, 143: 682-688.

Kukemilks K, Wagner J F, Saks T, et al., 2018. Physically based hydrogeological and slope stability modeling of the Turaida castle mound[J]. Landslides, 15(11): 2267-2278.

Lal R, 1994. Soil Erosion Research Methods[M]. London: CRC Press.

Larsen M C, Parks J E, 1997, How wide is a road? The association of roads and mass-wasting in a forested montane environment[J]. Earth Surface Processes and Landforms, 22(9): 835-848.

Lavee H, Poesen J W A, 1991. Overland flow generation and continuity on stone-covered soil surfaces[J]. Hydrological Processes, 5(4): 345-360.

Lazorenko G, Kasprzhitskii A, Khakiev Z, et al., 2019. Dynamic behavior and stability of soil foundation in heavy haul railway tracks: A review[J]. Construction and Building Materials, 205: 111-136.

Léonard J, Richard G, 2004. Estimation of runoff critical shear stress for soil erosion from soil shear strength[J]. CATENA, 57(3): 233-249.

Li G F, Zheng F L, Lu J, et al., 2016. Inflow rate impact on hillslope erosion processes and flow hydrodynamics[J]. Soil Science Society of America Journal, 80(3): 711-719.

Li G S, Hu Z Q, Li P Y, et al., 2022. Optimal layout of underground coal mining with ground development or protection: A case study of Jining, China[J]. Resources Policy, 76: 102639.

Liao Y S, Yuan Z J, Zhuo M N, et al., 2019. Coupling effects of erosion and surface roughness on colluvial deposits under continuous rainfall[J]. Soil and Tillage Research, 191: 98-107.

Longhini C M, Rodrigues S K, Costa E S, et al., 2022. Environmental quality assessment in a marine coastal area impacted by mining tailing using a geochemical multi-index and physical approach[J]. Science of the Total Environment, 803: 149883.

MacDonald L H, Sampson R W, Anderson D M, 2001. Runoff and road erosion at the plot and road segment scales, St John, US Virgin Islands[J]. Earth Surface Processes and Landforms, 26(3): 251-272.

Mancini D, Lane S N, 2020. Changes in sediment connectivity following glacial debuttressing in an Alpine valley system[J]. Geomorphology, 352: 106987.

Martins W B R, de Matos Rodrigues J I, de Oliveira V P, et al., 2022. Mining in the Amazon: Importance, impacts, and challenges to restore degraded ecosystems. Are we on the right way?[J]. Ecological Engineering, 174: 106468.

McClintock K, Harbor J M, 1995. Modeling potential impacts of land development on sediment yields[J]. Physical Geography, 16(5): 359-370.

Mclsaac G F, Mitchell J K, Hirschi M C, 1987. Slope steepness effects on soil loss from disturbed lands[J]. Transactions of the ASAE, 30(4): 1005-1012.

Mhaske S N, Pathak K, Dash S S, et al., 2021. Assessment and management of soil erosion in the hilltop mining dominated catchment using GIS integrated RUSLE model[J]. Journal of Environmental Management, 294: 112987.

Mills A, Fey M, Donaldson J, et al., 2009. Soil infiltrability as a driver of plant cover and species richness in the semi-arid Karoo,

South Africa[J]. Plant and Soil, 320(1): 321-332.

Mooselu M G, Liltved H, Hindar A, et al., 2022. Current European approaches in highway runoff management: A review[J]. Environmental Challenges, 7: 100464.

Moses T, Morris S, 1998. Environmental constraints to urban stream restoration. Part 2[J]. Public Works, 129: 25-28.

Napoli M L, Barbero M, Ravera E, et al., 2018. A stochastic approach to slope stability analysis in bimrocks[J]. International Journal of Rock Mechanics and Mining Sciences, 101: 41-49.

Nassani A A, Aldakhil A M, Zaman K, 2021. Ecological footprints jeopardy for mineral resource extraction: Efficient use of energy, financial development and insurance services to conserve natural resources[J]. Resources Policy, 74: 102271.

Niu Y B, Gao Z L, Li Y H, et al., 2020. Characteristics of rill erosion in spoil heaps under simulated inflow: A field runoff plot experiment[J]. Soil and Tillage Research, 202: 104655.

Nyssen J, Poesen J, Moeyersons J, et al., 2002. Impact of road building on gully erosion risk: A case study from the northern Ethiopian Highlands[J]. Earth Surface Processes and Landforms, 27(12): 1267-1283.

Obeng E A, Oduro K A, Obiri B D, et al., 2019. Impact of illegal mining activities on forest ecosystem services: Local communities' attitudes and willingness to participate in restoration activities in Ghana[J]. Heliyon, 5(10): e02617.

Olokeogun O S, Kumar M, 2022. Indicator-based vulnerability assessment of riparian zones in Nigeria's Ibadan region due to urban settlement pressure[J]. Environmental Challenges, 7: 100501.

Pacetti T, Lompi M, Petri C, et al., 2020. Mining activity impacts on soil erodibility and reservoirs silting: Evaluation of mining decommissioning strategies[J]. Journal of Hydrology, 589: 125107.

Parviainen A, Vázquez-Arias A, Arrebola J P, et al., 2022. Human health risks associated with urban soils in mining areas[J]. Environmental Research, 206: 112514.

Peng X D, Shi D M, Jiang D, et al., 2014. Runoff erosion process on different underlying surfaces from disturbed soils in the Three Gorges Reservoir Area, China[J]. CATENA, 123: 215-224.

Peng X D, Shi D M, Guo H Z, et al., 2015. Effect of urbanisation on the water retention function in the Three Gorges Reservoir area, China[J]. CATENA, 133: 241-249.

Penka J B, Nana U J M P, Manjia M B, et al., 2022. Hydrological, mineralogical and geotechnical characterisation of soils from Douala(coastal, Cameroon): Potential used in road construction[J]. Heliyon, 8(11): e11287.

Poesen J, Lavee H, 1994. Rock fragments in top soils: Significance and processes[J]. CATENA, 23(1/2): 1-28.

Rahmati O, Kalantari Z, Ferreira C S, et al., 2022. Contribution of physical and anthropogenic factors to gully erosion initiation[J]. CATENA, 210: 105925.

Ramos-Scharrón C E, MacDonald L H, 2005. Measurement and prediction of sediment production from unpaved roads St John, US Virgin Islands[J]. Earth Surface Processes and Landforms, 30(10): 1283-1304.

Ramos-Scharrón C E, Alicea-Díaz E E, Figueroa-Sánchez Y A, et al., 2022. Road cutslope erosion and control treatments in an actively-cultivated tropical montane setting[J]. CATENA, 209: 105814.

Riley S, 1995, Aspects of the differences in the erodibility of the waste rock dump and natural surfaces, Ranger Uranium Mine, Northern Territory, Australia[J]. Applied Geography, 15(4): 309-323.

Roach B, Wade W W, 2006. Policy evaluation of natural resource injuries using habitat equivalency analysis[J]. Ecological Economics, 58(2): 421-433.

Rodrigues M V C, Guimarães D V, Galvão R B, et al., 2022. Urban watershed management prioritization using the rapid impact assessment matrix(RIAM-UWMAP), GIS and field survey[J]. Environmental Impact Assessment Review, 94: 106759.

Rubio-Montoya D, Brown K W, 1984. Erodibility of strip-mine spoils[J]. Soil Science, 138(5): 365-373.

Schroeder S A, 1987. Slope gradient effect on erosion of reshaped spoil[J]. Soil Science Society of America Journal, 51(2): 405-409.

Selkirk J M, Riley S J, 1996. Erodibility of road batters under simulated rainfall[J]. Hydrological Sciences Journal, 41(3): 363-376.

Shao W, Bogaard T, Bakker M, et al., 2016. The influence of preferential flow on pressure propagation and landslide triggering of the Rocca Pitigliana landslide[J]. Journal of Hydrology, 543: 360-372.

Shen E S, Liu G, Jia Y F, et al., 2020. Effects of raindrop impact on the resistance characteristics of sheet flow[J]. Journal of Hydrology, 592: 125767.

Shi D M, Wang W L, Jiang G Y, et al., 2016. Effects of disturbed landforms on the soil water retention function during urbanization process in the Three Gorges Reservoir Region, China[J]. CATENA, 144: 84-93.

Shi D M, Jiang G Y, Peng X D, et al., 2021. Relationship between the periodicity of soil and water loss and erosion-sensitive periods based on temporal distributions of rainfall erosivity in the Three Gorges Reservoir Region, China[J]. CATENA, 202: 105268.

Sidle R C, Sasaki S, Otsuki M, et al., 2004. Sediment pathways in a tropical forest: Effects of logging roads and skid trails[J]. Hydrological Processes, 18(4): 703-720.

Singh A N, Kumar A, 2022. Ecological performances of exotic and native woody species on coal mine spoil in Indian dry tropical region[J]. Ecological Engineering, 174: 106470.

Sleeman W, 1990. Environmental effects to the utilization of coal mining waster[C]. Rotterdam: Reclamation, Treatment and Utilization of Coal Mining Wastes: 65-76.

Slonecker E T, Benger M J, 2001. Remote sensing and mountaintop mining[J]. Remote Sensing Reviews, 20(4): 293-322.

Sosa-Pérez G, MacDonald L H, 2017. Effects of closed roads, traffic, and road decommissioning on infiltration and sediment production: A comparative study using rainfall simulations[J]. CATENA, 159: 93-105.

Takken I, Jetten V, Govers G, et al., 2001. The effect of tillage-induced roughness on runoff and erosion patterns[J]. Geomorphology, 37(1/2): 1-14.

Uzarowicz Ł, Górka-Kostrubiec B, Dudzisz K, et al., 2021. Magnetic characterization and iron oxide transformations in Technosols developed from thermal power station ash[J]. CATENA, 202: 105292.

Vandoorne R, Gräbe P J, Heymann G, 2021. Soil suction and temperature measurements in a heavy haul railway formation[J]. Transportation Geotechnics, 31: 100675.

Vessia G, Kozubal J, Puła W, 2017. High dimensional model representation for reliability analyses of complex rock—Soil slope stability[J]. Archives of Civil and Mechanical Engineering, 17(4): 954-963.

Wang G Y, Innes J, Yang Y S, et al., 2012. Extent of soil erosion and surface runoff associated with large-scale infrastructure development in Fujian Province, China[J]. CATENA, 89(1): 22-30.

Wang H, Zhao H, 2020. Dynamic changes of soil erosion in the Taohe River Basin using the RUSLE model and Google earth Engine[J]. Water, 12(5): 1293.

Wemple B C, Swanson F J, Jones J A, 2001. Forest roads and geomorphic process interactions, Cascade Range, Oregon[J]. Earth Surface Processes and Landforms, 26(2): 191-204.

Wilcox B P, Wood M K, Tromble J M, 1988. Factors influencing infiltrability of semiarid mountain slopes[J]. Journal of Range Management, 41(3): 197.

Wiles T J, Sharp J M, 2008. The secondary permeability of impervious cover[J]. Environmental and Engineering Geoscience, 14(4):

251-265.

Wu Q, Wang D M, Yang C X, 2012. Discussion on on-way distribution regulation of slop runoff shear stress and its influencing factors[J]. Advanced Materials Research, 518-523: 4394-4398.

Xu W X, Wang J M, Zhang M, et al., 2021. Construction of landscape ecological network based on landscape ecological risk assessment in a large-scale opencast coal mine area[J]. Journal of Cleaner Production, 286: 125523.

Zech W C, Halverson J L, Clement T P, 2008. Intermediate-scale experiments to evaluate silt fence designs to control sediment discharge from highway construction sites[J]. Journal of Hydrologic Engineering, 13(6): 497-504.

Zhang L, Wang J M, Bai Z K, et al., 2015. Effects of vegetation on runoff and soil erosion on reclaimed land in an opencast coal-mine dump in a loess area[J]. CATENA, 128: 44-53.

Zhang S, Zhang X C, Pei X J, et al., 2019. Model test study on the hydrological mechanisms and early warning thresholds for loess fill slope failure induced by rainfall[J]. Engineering Geology, 258: 1-10.

附　录

生产建设项目水土保持常用植物生态特性及利用途径

名称	科属	生活型	植株高度/cm	花期分布	繁殖方式	抗干旱性	抗瘠薄性	耐水淹性	抗污染性	适宜生境	利用途径
百喜草	禾本科雀稗属	多年生草本	15~80	9月	播种	●	■	◆	★	适应性广，对土壤的要求不严，在肥力较低、较干旱的沙质土壤上生长仍很强	复垦区、取土区
白三叶	豆科车轴草属	多年生草本	15~45	4~6月	播种	○	■	◇	★	耐热性强，喜湿润	其他扰动区
川泡桐	玄参科泡桐属	多年生落叶乔木	2000	4~5月	分根、播种、嫁接	●	■	◇	★	适宜生长于排水良好的、土层深厚、通气性好的沙壤土或砂砾土上，喜土壤湿润肥沃，以pH6~8为好	堆垫边坡
刺槐	豆科刺槐属	多年生落叶乔木	1000~2500	4~6月	播种	●	◧	◇	★	有一定的抗旱能力；喜光，不耐庇阴；萌芽力和根蘖力都很强	其他扰动区
侧柏	柏科侧柏属	多年生常绿乔木	2000	3~4月	播种、植苗	●	■	◇	★	喜光，但幼苗、幼树有一定耐阴能力；较耐寒，抗风力较差；耐干旱、喜湿润，但不耐水涝；耐贫瘠，可在微酸性至微碱性土壤上生长；生长速度缓慢，寿命极长	堆垫边坡
重阳木	大戟科秋枫属	多年生落叶乔木	1500	4~5月	播种	●	■	◆	★	喜光，略耐阴，在酸性土和微碱性土中皆可生长	堆垫边坡
常春藤	五加科常春藤属	多年生常绿攀缘藤木	300~2000	9~11月	扦插、压条	○	■	◆	★	阴性藤本植物，能生长在全光照的环境中，在温暖湿润的气候条件下生长良好，不耐寒	其他扰动区
杜英	杜英科杜英属	多年生常绿乔木	1500	6~7月	播种、扦插	●	◧	◇	★	稍耐阴，根系发达，萌芽力强，耐修剪	复垦区、堆垫边坡

续表

名称	科属	生活型	植株高度/cm	花期分布	繁殖方式	抗干旱性	抗瘠薄性	耐水淹性	抗污染性	适宜生境	利用途径
多花木兰	木兰科木兰属	多年生落叶乔木	1400	5月	播种	●	■	◇	★	适宜于亚热带、暖温带中低海拔广大地区，在pH4.5~7.0的红壤、黄壤和紫壤红壤土上均生长良好	堆垫边坡
杜仲	杜仲科杜仲属	多年生落叶乔木	2000	4~5月	播种、根插、压条	○	■	◆	★	喜温暖湿润气候和阳光充足环境，耐高温	其他扰动区
凤尾竹	禾本科簕竹属	多年生常绿丛生灌木	100~300	—	分株、播种、扦插	○	◪	◇	★	喜温暖湿润和半阴环境，喜酸性、微酸性或中性土壤，不耐强光曝晒，宜肥沃、疏松和排水良好的壤土	其他扰动区
狗牙根	禾本科狗牙根属	多年生草本	10~30	5~10月	播种、分根	●	■	◆	★	极耐热和抗旱，但不抗寒也不耐阴，最适于生长在排水良好、肥沃、较细的土壤上	取土区、开挖边坡
柑橘	芸香科柑橘属	多年生常绿小乔木	300~400	4~5月	嫁接	◐	◪	◇	☆	喜温暖湿润气候	复垦区
广玉兰	木兰科木兰属	多年生常绿乔木	3000	5~6月	播种、嫁接	○	◪	◇	★	喜温暖湿润气候，适生于干燥、肥沃、湿润与排水良好的微酸性或中性土上	其他扰动区
高山榕	桑科榕属	多年生常绿乔木	2500~3000	3~4月	播种、扦插、组织培养	●	■	◆	★	喜高温多湿气候	复垦区
枸杞	茄科枸杞属	多年生落叶灌木	50~100	6~11月	播种、扦插、压条、分株	●	■	◇	☆	喜光，属阳性植物，在全光照下生长迅速，发育健壮，产量高，品质高，地势高，但也可以在林下正常发育，在土壤酸碱度适中的地区生长较好，土质疏松肥沃、排水良好的沙质壤土上生长良好	开挖边坡
构树	桑科构属	多年生落叶乔木	1000~2000	4~5月	播种、扦插	●	■	◆	★	一般喜欢强烈的阳光，但也可以在林下生长，土壤要求不严，pH为8.5也能生长于石灰岩较好，也能生长于石灰岩山地	堆垫边坡
皇竹草	禾本科狼尾草属	多年生高大草本	400~500	—	分蘖	●	■	◇	★	耐酸性、耐高温、耐火烧等	取土区、开挖边坡
黑麦草	禾本科黑麦草属	一年生草本	30~90	5~7月	播种	●	■	◆	★	喜温暖潮湿气候	取土区
黄花槐	豆科苦参属	多年生草本或亚灌木	100~300	9~11月	播种、扦插	●	◪	◇	★	喜光，稍能耐阴，生长快，宜在疏松、排水良好的土壤中生长，耐修剪	开挖边坡

续表

名称	科属	生活型	植株高度/cm	花期分布	繁殖方式	抗干旱性	抗瘠薄性	耐水淹性	抗污染性	适宜生境	利用途径
核桃	胡桃科胡桃属	多年生落叶乔木	300~2000	5月	播种、嫁接	●	□	◇	☆	喜光、抗病能力强，适应多种土壤生长，喜肥沃湿润的沙质土壤，喜水、喜肥，喜阴同时对水肥要求不严	复垦区
含笑	木兰科含笑属	多年生常绿灌木	200~300	3~5月	扦插、圈枝、嫁接	○	□	◇	☆	喜肥、喜半阴，在弱阴下最利生长，忌强烈阳光直射，夏季要注意遮阴	其他扰动区
黄葛树	桑科榕属	多年生落叶乔木	1500~2000	5~8月	播种、扦插、压条	●	■	◆	★	阳性树种，喜温暖、高温湿润气候，生长迅速，萌发力强，易栽植	复垦区、堆垫边坡
黄花决明	云实科决明属	多年生常绿灌木	1000	6~12月	播种、扦插	●	■	◇	☆	喜光、稍能耐阴，生长较快，耐修剪	开挖边坡
胡枝子	豆科胡枝子属	多年生低矮灌木	100~300	8月	播种、插条	●	■	◆	★	耐酸性、耐盐碱，耐刈割	复垦区、取土区
黄荆	马鞭草科黄荆属	多年生落叶灌木	500~800	4~6月	播种、分株、压条	●	■	◆	☆	生长于山坡路旁或灌木丛中；耐干旱、耐瘠薄土壤，萌芽能力强，适应性强	开挖边坡
夹竹桃	夹竹桃科夹竹桃属	多年生常绿灌木	500	4~12月	扦插、压条	○	■	◇	★	喜光、喜温暖湿润气候，忌水渍，耐一定程度空气干燥	取土区
结缕草	禾本科结缕草属	多年生草本	15~20	5~6月	播种、嫁接	●	■	◆	★	喜光、喜温暖湿润气候，有一定的耐阴性	取土区、开挖边坡
金叶女贞	木犀科女贞属	多年生落叶灌木	100~200	6~7月	扦插	●	◪	◆	★	喜光，稍耐阴，不耐高温高湿	复垦区、取土区
灯芯草（龙须草）	灯芯草科灯芯草属	多年生草本	40~150	5~6月	播种	●	■	◇	★	性喜湿润，也耐一定的干旱，在地下水位较高处、潮湿土壤中长势良好，喜光照，稍耐一定的遮阴	取土区、开挖边坡
老芒麦	禾本科披碱草属	多年生草本	60~90	—	播种	○	■	◇	☆	对土壤的适应性较强，适于弱酸性或微碱性腐殖质土壤中生长	其他扰动区
连翘	木犀科连翘属	多年生落叶灌木	300	3~4月	播种、扦插、压条、分株	●	■	◇	★	在中性、微酸性或碱性土壤中均能正常生长，喜光，也耐阴，有一定程度的耐阴，喜温暖湿润气候，也很耐寒	复垦区、开挖边坡

续表

名称	科属	生活型	植株高度/cm	花期分布	繁殖方式	抗干旱性	抗瘠薄性	耐水淹性	抗污染性	适宜生境	利用途径
马尾松	松科松属	多年生常绿乔木	4500	4~5月	播种、植苗	●	■	◇	★	喜光、喜温、喜微酸性土壤，但怕水涝，不耐盐碱	堆垫边坡
木豆	豆科木豆属	多年生常绿灌木	100~300	4月	播种、植苗	●	■	◇	★	喜光，稍耐阴，适于湿润气候，耐盐碱	复垦区、开挖边坡
麦冬	百合科沿阶草属	多年生常绿草本	30	7~8月	分株	●	■	◆	☆	喜温暖和湿润气候	开挖边坡
美人蕉	美人蕉科美人蕉属	多年生草本	150	3~12月	播种	○	■	◆	★	怕强风和霜冻，喜温暖湿润气候，喜阳光充足，土地肥沃，生长期每天应向叶面喷水1~2次，以保持湿度，极喜肥耐湿，盆内要浇透水	其他扰动区
马桑	马桑科马桑属	落叶灌木	150~250	3~4月	播种、扦插	●	■	◆	☆	喜光	开挖边坡
沙打旺	豆科黄芪属	多年生草本	200	6~8月	播种	●	■	◇	☆	较耐盐碱	开挖边坡
木槿	锦葵科木槿属	落叶乔木	300~400	7~10月	播种、压条、分株	●	■	◆	★	喜光和温暖潮湿的气候，而耐修剪，耐热又耐寒，萌蘖性强	复垦区、取土区、堆垫边坡
地锦(爬山虎)	葡萄科地锦属	多年生木质藤本	—	6月	播种、扦插	●	■	◇	★	喜阴湿环境，不怕强光，耐寒，耐贫瘠，耐修剪	开挖边坡
披碱草	禾本科披碱草属	多年生草本	70~140	7月	播种	●	■	◆	★	适宜在光照充足，干燥至中等、排水良好的土壤中生长	取土区、开挖边坡
枇杷	蔷薇科枇杷属	常绿小乔木	300~1000	10~12月	播种、嫁接	●	◪	◇	☆	喜光，稍耐阴，喜温暖气候和肥水湿润、排水良好的土壤，稍耐寒，生长缓慢	其他扰动区
石竹	石竹科石竹属	一年或多年生草本	30~50	5~6月	播种、扦插、分株	●	■	◇	★	喜阳光充足、干燥，通风及凉爽湿润气候，耐寒，酷暑，夏季多生长不良或枯萎	取土区、开挖边坡
桑树	桑科桑属	多年生落叶乔木	300~1000	5月	植苗	●	■	◆	★	耐轻碱性，萌芽力强，耐修剪，有较强的抗烟生能力	复垦区、堆垫边坡

续表

名称	科属	生活生型	植株高度/cm	花期分布	繁殖方式	抗干旱性	抗瘠薄性	耐水淹性	抗污染性	适宜生境	利用途径
细叶结缕草（天鹅绒草）	禾本科 结缕草属	多年生草本	15	5~6月	播种	●	■	◆	☆	喜温暖气候和湿润的土壤环境，耐寒性和耐阴性较差	开挖边坡
马缨丹（五色梅）	马鞭草科 马缨丹属	多年生常绿灌木	100~200	5~10月	播种、扦插、压条	●	■	◆	★	喜光，喜温暖湿润气候，喜高温高湿	开挖边坡
弯叶画眉草	禾本科 画眉草属	多年生草本	90~120	7~11月	播种	●	■	◇	★	较耐炎热，适生温度为5.9~26.2℃，喜生于砂质坡地、林缘、农田边缘，公路坡面以及植被受到破坏的地段	取土区
雅榕	桑科 榕属	多年生常绿乔木	1500~2000	3~6月	播种、扦插	○	■	◆	★	喜欢温暖和潮湿，充分的阳光和肥沃的土壤能够使其更好生长	其他扰动区
香根草	禾本科 香根草属	多年生草本	100~200	8~10月	播种	●	■	◆	★	喜水湿溪流旁和疏松黏壤土上	开挖边坡
香樟	樟科 樟属	多年生常绿乔木	3000	4~6月	播种、扦插	○	□	◆	★	喜光，喜温暖湿润气候	其他扰动区
青冈树	壳斗科 栎属	多年生落叶乔木	2000	4~5月	播种	●	■	◇	★	喜生于微碱性或中性的石灰岩土壤上，在酸性土壤上也生长良好、深根性直根系，可生长于多石砾的山地，萌芽力强	复垦区、堆垫边坡
银合欢	含羞草科 银合欢属	多年生落叶小乔木	200~600	4~7月	播种、植苗	●	■	◇	☆	喜温暖湿润的气候，适合于种植在中性或微碱性（pH6.0~7.7）的土壤，在岩石缝隙中也能生长	堆垫边坡
野菊	菊科 菊属	多年生草本	25~100	6~11月	播种、扦插、分株	●	■	◆	☆	喜阳光，忌阴蔽，较耐旱、怕涝，喜温暖湿润气候，但亦能耐寒，严冬季节根茎能在地下越冬	开挖边坡、堆垫边坡
油麻藤	豆科 油麻属	多年生常绿藤本	2500	4~5月	播种、扦插、压条	●	■	◆	★	喜温暖、湿润环境，喜光，亦耐荫，喜土层深厚、肥沃与排水良好的环境	开挖边坡
紫花苜蓿	豆科 苜蓿属	多年生草本	30~100	5~7月	播种	●	■	◇	★	喜干燥、温暖、多晴天、少雨天的气候，喜干燥、疏松、富含钙质的土壤，不适应强酸、中性至微碱性土壤，强碱性土壤	复垦区、取土区

续表

名称	科属	生活型	植株高度/cm	花期分布	繁殖方式	抗干旱性	抗瘠薄性	耐水淹性	抗污染性	适宜生境	利用途径
紫丁香	木犀科丁香属	落叶灌木或小乔木	500	4~5月	播种、扦插、嫁接、分株、压条	●	■	◇	★	喜光、温暖、湿润及阳光充足	复垦区
紫叶小檗	小檗科小檗属	落叶灌木	100	4~6月	播种、扦插、分株	●	■	◇	☆	喜阳、耐半阴、不畏炎热高温、耐修剪	开挖边坡
竹节草	禾本科金须茅属	多年生草本	20~50	4~6月	播种、分株	●	■	◆	★	在养护时，可养在疏松、透气、肥沃、排水好的土壤中	开挖边坡
紫穗槐	豆科紫穗槐属	多年生落叶灌木	100~400	5~10月	播种、插条、压根	●	■	◆	★	在沙地、黏土、中性土、盐碱土、酸性生、低湿地及土质瘠薄的山坡上均能生长	开挖边坡
酸橙	芸香科柑橘属	多年生常绿小乔木	500	4~5月	扦插、嫁接	◐	◪	◆	☆	喜温暖湿润，雨量充沛，阳光充足的气候条件，一般在年平均温度15℃以上生长良好	复垦区
栀子	茜草科栀子属	多年生常绿灌木	100~300	3~7月	播种、扦插、水插	●	■	◆	★	喜温暖湿润气候，好阳光但又不能经受强烈阳光照射，萌芽力强、耐修剪	复垦区、取土区、开挖边坡
珍珠梅	蔷薇科珍珠梅属	多年生落叶灌木	200	7~8月	播种、插条、压条	●	■	◇	★	耐寒、耐湿、生长较快、萌蘖力强、耐修剪	取土区、开挖边坡
早熟禾	禾本科早熟禾属	一年生草本	7~30	4~5月	播种	○	■	◇	★	喜光、耐阴性和耐旱性较强	取土区
天竺桂	樟科樟属	多年生常绿乔木	1000~1500	4~5月	播种、扦插	○	□	◇	★	喜温暖湿润气候	其他扰动区

注：抗干旱性——●高度；◐中度；○微度；抗瘠薄性——■高度；◪中度；□微度；耐水淹性——◆高度；◇中度；○微度；抗污染性——★高度；☆中度；利用途径——指适用于生产建设项目不同扰动地貌单元或立地条件，分为复垦区、取土区、开挖边坡、堆垫边坡、其他扰动区。

后　记

　　生产建设项目土壤侵蚀是典型现代人为加速侵蚀类型，其作用营力以各种人为建设活动叠加原生侵蚀动力为主，具有侵蚀空间有限、侵蚀时间较短、侵蚀类型复杂、危害严重等特征，对水土资源和土地生产力造成较大破坏和损失。从水土保持领域的视角出发，生产建设项目人为水土流失生态环境损害主要表现为水土植被资源和水土保持设施破坏、水土保持生态服务功能下降及对周边生态环境的潜在影响。

　　研究团队对重庆不同生产建设项目类型的水土流失危害进行系统性分类研究，全面调查了弃土弃渣堆积体形态特征并选取代表性弃土弃渣建立定位试验基地，采用野外放水冲刷试验揭示不同土石比及坡度的工程堆积体边坡径流侵蚀及细沟发育过程，采用现场原位双环入渗试验阐明城镇化过程中各种扰动地貌单元物质组成和水源涵养功能变化，并对贵州生产建设项目水土流失危害评价标准进行调查研究。2020 年颁布的《中华人民共和国民法典》标志着我国生态环境损害赔偿制度的正式确立，2022 年 5 月最高人民检察院、水利部联合印发《关于建立健全水行政执法与检察公益诉讼协作机制的意见》，提出水土保持是水行政执法与检察公益诉讼协作的重点领域之一。团队历经 2 年研究及案例分析，在 2022 年 12 月发布了全国首个地方标准——《生产建设项目人为水土流失生态环境损害鉴定评估导则》（DB 50/T 1309—2022），同时发表多篇论文探讨生产建设项目人为水土流失生态环境损害鉴定评估的关键环节和典型案例，可为类似人为水土流失生态环境损害鉴定评估提供可参考的评估范式。

　　《生产建设项目土壤侵蚀及其生态环境损害评估》既是对以往研究成果的系统总结和提升，也思考了生产建设项目人为水土流失生态环境损害鉴定评估未来的科学问题。专著已经出版，但学术探索仍然在路上，"这里是终点，也是起点"。

史东梅